计算机基础与实训教材系列

中文版 Photoshop CS3图像处理实用教程

张哲峰　张蔚　编著

清华大学出版社
北　京

内 容 简 介

本书由浅入深、循序渐进地介绍了使用Adobe公司最新推出的Photoshop CS3进行图形图像处理的基础知识和操作技巧。本书共分12章，分别介绍了Photoshop CS3基础知识、基本操作、选区的创建与编辑、图像的绘制与修饰、图像色彩的调整、路径的创建和使用、文字的应用、图层的使用、通道和蒙版的使用、滤镜的使用以及自动化处理等内容。最后一章还安排有综合实例，用于提高和拓宽读者对Photoshop CS3操作的掌握与应用。

本书内容丰富，结构清晰，语言简练，图文并茂，具有很强的实用性和可操作性，是一本适合于大中专院校、职业院校及各类社会培训学校的优秀教材，也是广大初、中级电脑用户的自学参考书。

本书对应的电子教案、实例源文件和习题答案可以到http://www.tupwk.com.cn/edu网站下载。

图书在版编目(CIP)数据

中文版Photoshop CS3图像处理实用教程/张哲峰，张蔚 编著. —北京：清华大学出版社，2009.1
(计算机基础与实训教材系列)
ISBN 978-7-302-18915-2

Ⅰ. 中…　Ⅱ. ①张…②张…　Ⅲ. 图形软件，Photoshop CS3—教材　Ⅳ. TP391.41

中国版本图书馆CIP数据核字(2008)第179455号

责任编辑：胡辰浩(huchenhao@263.net)　胡花蕾
装帧设计：孔祥丰
责任校对：成凤进
责任印制：何　芋
出版发行：清华大学出版社　　**地　　址**：北京清华大学学研大厦A座
http://www.tup.com.cn　　**邮　　编**：100084
社　总　机：010-62770175　　**邮　　购**：010-62786544
投稿与读者服务：010-62776969，c-service@tup.tsinghua.edu.cn
质 量 反 馈：010-62772015，zhiliang@tup.tsinghua.edu.cn
印 刷 者：北京密云胶印厂
装 订 者：北京市密云县京文制本装订厂
经　　销：全国新华书店
开　　本：190×260　**印　张**：19.75　**字　数**：518千字
版　　次：2009年1月第1版　　**印　　次**：2009年1月第1次印刷
印　　数：1～5000
定　　价：30.00元

本书如存在文字不清、漏印、缺页、倒页、脱页等印装质量问题，请与清华大学出版社出版部联系调换。联系电话：(010)62770177转3103　　产品编号：029706-01

编审委员会

计算机基础与实训教材系列

丛书序

计算机已经广泛应用于现代社会的各个领域，熟练使用计算机已经成为人们必备的技能之一。因此，如何快速地掌握计算机知识和使用技术，并应用于现实生活和实际工作中，已成为新世纪人才迫切需要解决的问题。

为适应这种需求，各类高等院校、高职高专、中职中专、培训学校都开设了计算机专业的课程，同时也将非计算机专业学生的计算机知识和技能教育纳入教学计划，并陆续出台了相应的教学大纲。基于以上因素，清华大学出版社组织一线教学精英编写了这套“计算机基础与实训教材系列”丛书，以满足大中专院校、职业院校及各类社会培训学校的教学需要。

一、丛书书目

本套教材涵盖了计算机各个应用领域，包括计算机硬件知识、操作系统、数据库、编程语言、文字录入和排版、办公软件、计算机网络、图形图像、三维动画、网页制作以及多媒体制作等。众多的图书品种，可以满足各类院校相关课程设置的需要。

◎ 第一批出版的图书书目

《计算机基础实用教程》	《中文版 AutoCAD 2009 实用教程》
《计算机组装与维护实用教程》	《AutoCAD 机械制图实用教程(2009 版)》
《五笔打字与文档处理实用教程》	《中文版 Flash CS3 动画制作实用教程》
《电脑办公自动化实用教程》	《中文版 Dreamweaver CS3 网页制作实用教程》
《中文版 Photoshop CS3 图像处理实用教程》	《中文版 3ds Max 9 三维动画创作实用教程》
《Authorware 7 多媒体制作实用教程》	《中文版 SQL Server 2005 数据库应用实用教程》

◎ 即将出版的图书书目

《中文版 Word 2003 文档处理实用教程》	《中文版 3ds Max 2009 三维动画创作实用教程》
《中文版 PowerPoint 2003 幻灯片制作实用教程》	《中文版 Indesign CS3 实用教程》
《中文版 Excel 2003 电子表格实用教程》	《中文版 CorelDRAW X3 平面设计实用教程》
《中文版 Access 2003 数据库应用实用教程》	《中文版 Windows Vista 实用教程》
《中文版 Project 2003 实用教程》	《电脑入门实用教程》
《中文版 Office 2003 实用教程》	《Java 程序设计实用教程》
《Oracle Database 11g 实用教程》	《JSP 动态网站开发实用教程》
《Director 11 多媒体开发实用教程》	《Visual C#程序设计实用教程》
《中文版 Premiere Pro CS3 多媒体制作实用教程》	《网络组建与管理实用教程》
《中文版 Pro/ENGINEER Wildfire 5.0 实用教程》	《Mastercam X3 实用教程》
《ASP.NET 3.5 动态网站开发实用教程》	《AutoCAD 建筑制图实用教程(2009 版)》

二、丛书特色

1、选题新颖，策划周全——为计算机教学量身打造

本套丛书注重理论知识与实践操作的紧密结合，同时突出上机操作环节。丛书作者均为各大院校的教学专家和业界精英，他们熟悉教学内容的编排，深谙学生的需求和接受能力，并将这种教学理念充分融入本套教材的编写中。

全套丛书取材于高职高专院校、中职中专院校和培训学校，全面贯彻“理论→实例→上机→习题”4 阶段教学模式，在内容选择、结构安排上更加符合读者的认知习惯，从而达到老师易教、学生易学的目的。

2、教学结构科学合理，循序渐进——完全掌握“教学”与“自学”两种模式

本套丛书完全以高职高专院校、中职中专院校以及培训学校的教学需要为出发点，紧密结合学科的教学特点，由浅入深地安排章节内容，循序渐进地完成各种复杂知识的讲解，使学生能够一学就会、即学即用。

对教师而言，本套丛书根据实际教学情况安排好课时，提前组织好课前备课内容，使课堂教学过程更加条理化，同时方便学生学习，让学生在学习完后有例可学、有题可练；对自学者而言，可以按照本书的章节安排逐步学习。

3、内容丰富、学习目标明确——全面提升“知识”与“能力”

本套丛书内容丰富，信息量大，章节结构完全按照教学大纲的要求来安排，并细化了每一章内容，符合教学需要和计算机用户的学习习惯。在每章的开始，列出了学习目标和本章重点，便于教师和学生提纲挈领地掌握本章知识点，每章的最后还附带有上机练习和思考练习两部分内容，教师可以参照上机练习，实时指导学生进行上机操作，使学生及时巩固所学的知识。自学者也可以按照上机练习内容进行自我训练，快速掌握相关知识。

4、实例精彩实用，讲解细致透彻——全方位解决实际遇到的问题

本套丛书精心安排了大量实例讲解，每个实例解决一个问题或是介绍一项技巧，以便读者在最短的时间内掌握计算机应用的操作方法，从而能够顺利解决实践工作中的问题。

范例讲解语言通俗易懂，通过添加大量的“提示”和“知识点”的方式突出重要知识点，以便加深读者对关键技术和理论知识的印象，使读者轻松领悟每一个范例的精髓所在，提高读者的思考能力和分析能力，同时也加强了读者的综合应用能力。

5、版式简洁大方，排版紧凑，标注清晰明确——打造一个轻松阅读的环境

本套丛书的版式简洁、大方，合理安排图与文字的占用空间，对于标题、正文、提示和知识点等都设计了醒目的字体符号，读者阅读起来会感到轻松愉快。

三、读者定位

本丛书为所有从事计算机教学的老师和自学人员而编写，非常适合作为各类高职高专院校、中职中专院校和社会培训学校的教材，也可作为计算机初、中级用户、计算机爱好者等学习计算机知识的自学参考书。

四、周到体贴的售后服务

为了方便教学，本套丛书提供精心制作的 PowerPoint 教学课件(即电子教案)、素材、源文件、习题答案等相关内容，可在网站上免费下载，也可发送电子邮件至 wkservice@vip.163.com 索取。

此外，如果读者在使用本系列图书的过程中遇到疑惑或困难，可以在丛书支持网站(http://www.tupwk.com.cn/edu)的互动论坛上留言，本丛书的作者或技术编辑会及时提供相应的技术支持。咨询电话：010-62796045。

前言

Photoshop 是 Adobe 公司推出的图形图像编辑处理软件，广泛应用于广告设计、招贴、海报、数码照片处理、图像合成等各种与平面设计相关的行业。随着 Photoshop 最新版本 Photoshop CS3 的推出，其新增的颜色校正和修复等方面的新功能都使该软件的功能更加强大、完善。

本书从教学实际需求出发，合理安排知识结构，从零开始、由浅入深、循序渐进地讲解 Photoshop CS3 的基本知识和使用方法，本书共分为 12 章，主要内容如下：

第 1 章和第 2 章介绍图像编辑处理的基础知识和图像文件的基本操作方法。

第 3 章介绍使用各种工具及命令的操作方法，以及填充选区和描边选区的操作方法。

第 4 章介绍绘图工具的设置方法，绘图工具组的使用，橡皮擦工具组擦除图像的方法，各种图像色彩、画面修饰工具的使用，以及常用的图像编辑命令操作。

第 5 章介绍图像颜色调整的各种命令的使用方法。

第 6 章介绍路径的基础知识，创建和编辑路径的操作方法。

第 7 章介绍图像中文字的输入方法，文字和段落属性的设置方法，创建路径文字和变形文字的操作等内容。

第 8 章和第 9 章介绍图层和通道的基本知识，以及它们的使用方法和技巧。

第 10 章介绍滤镜和滤镜库的使用方法。

第 11 章介绍通过【动作】调板录制、编辑、应用动作的操作方法，【批处理】命令的使用，以及创建演示文稿、联系表等操作。

第 12 章介绍制作书籍封面、招贴海报、电脑桌面和播放器界面 4 个应用实例，综合应用 Photoshop CS3 进行平面设计的方法与技巧。

本书图文并茂，条理清晰，通俗易懂，内容丰富，在讲解每个知识点时都配有相应的实例，方便读者上机实践。同时在难于理解和掌握的部分内容上给予相关提示，让读者能够快速地提高操作技能。此外，书中配有大量综合实例和练习，可以让读者在不断的实际操作中更加牢固地掌握书中讲解的内容。

本书是集体智慧的结晶，参加本书编写和制作的人员还有陈笑、方峻、何亚军、王通、高娟妮、李亮辉、杜思明、张立浩、曹小震、蒋晓冬、洪妍、孔祥亮、王维、牛静敏、葛剑雄等人。由于作者水平有限，本书不足之处在所难免，欢迎广大读者批评指正。我们的邮箱是：huchenhao@263.net，电话：010-62796045。

作者

2008 年 10 月

推荐课时安排

章 名	重点掌握内容	教学课时
第 1 章 Photoshop CS3 概述	1. 了解位图和矢量图特点、区别 2. 了解图像分辨率和颜色模式 3. 了解常用图像文件格式 4. 熟悉 Photoshop CS3 的工作区 5. 了解如何优化 Photoshop CS3 软件使用环境	2 学时
第 2 章 Photoshop CS3 基本操作	1. 掌握图像文件的基本操作 2. 掌握图像文件的查看方法 3. 掌握辅助工具的使用 4. 掌握调整图像大小的操作方法 5. 掌握颜色设置方法	2 学时
第 3 章 图像选区的创建与编辑	1. 掌握各个选区工具的使用 2. 掌握调整选区的方法 3. 掌握填充选区的方法 4. 掌握描边选区的方法	3 学时
第 4 章 图像的绘制与修饰	1. 了解绘图工具的基本设置 2. 掌握自定义画笔方法 3. 掌握绘图工具组的使用 4. 了解橡皮擦工具组的使用 5. 掌握图像修饰工具的使用 6. 掌握常用图像编辑操作	3 学时
第 5 章 调整图像色彩	1. 了解自动调整色彩的方法 2. 掌握使用【色阶】命令 3. 掌握使用【曲线】命令 4. 掌握使用【色彩平衡】命令 5. 掌握使用【色相/饱和度】命令 6. 了解特殊效果调整命令	3 学时
第 6 章 路径的使用	1. 了解路径基础知识 2. 掌握创建路径的方法 3. 掌握编辑路径的操作 4. 掌握【路径】调板的使用 5. 掌握路径的填充和描边方法	3 学时

第 7 章 文字操作	1. 掌握文字的输入 2. 了解设置文字属性 3. 了解设置段落属性 4. 掌握创建路径文字 5. 了解变形文字方法	3 学时
第 8 章 图层的使用	1. 了解图层基本知识 2. 掌握图层的操作 3. 掌握图层混合模式和不透明度的应用 4. 掌握图层样式的应用	3 学时
第 9 章 通道与蒙版的使用	1. 了解通道基本知识 2. 掌握通道的操作 3. 掌握通道的计算 4. 掌握图层蒙版的使用	3 学时
第 10 章 滤镜的使用	1. 了解滤镜基本使用方法 2. 熟悉滤镜库的使用 3. 熟悉校正性滤镜 4. 熟悉破坏性滤镜 5. 熟悉效果性滤镜	3 学时
第 11 章 自动化处理	1. 掌握【动作】调板使用 2. 掌握录制、应用动作 3. 掌握【批处理】命令应用 4. 熟悉创建演示文稿和联系表	3 学时
第 12 章 Photoshop 综合实例应用	1. 制作书籍封面 2. 制作电脑桌面 3. 制作招贴海报 4. 制作播放器界面	4 学时

目录

CONTENTS

计算机基础与实训教材系列

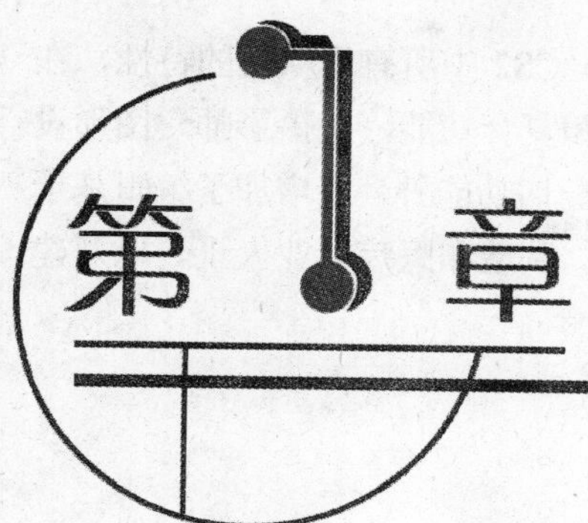

第1章 Photoshop CS3概述

学习目标

Photoshop CS3是一款功能强大的图像处理软件。本章将主要介绍Photoshop CS3软件功能，图像处理基础知识，Photoshop CS3软件操作界面，以及优化Photoshop CS3软件使用环境等内容。

本章重点

- 位图与矢量图
- 分辨率与图像颜色模式
- 常用图像文件格式
- Photoshop CS3软件工作区
- 优化Photoshop CS3软件使用环境

1.1 Photoshop CS3概述

Adobe Photoshop是基于Macintosh和Windows平台运行的最为流行的图形图像编辑应用程序。Photoshop软件一直都以界面美观，操作便捷，功能齐全，在图像处理和电脑绘图软件领域里独占鳌头。

Photoshop 软件的应用领域非常广泛，市面上可以看到的各类制作精美的户外广告、店面招贴、产品包装、电影海报以及各种书籍杂志的封面插图等平面作品基本上都是使用Photoshop软件处理完成的。使用Photoshop软件强大的图像修饰和色彩调整功能，可以修复图像素材的瑕疵，调整素材图像的色彩和色调，自由合成多张素材从而获得满意的图像效果。使用Photoshop软件所具有的绘画和调色功能，还可以创作出独特的卡通形象，并使设计出来的作品达到意想不到的艺术效果。

近期，Adobe公司又发布了备受业内人士关注的Photoshop CS3版本。此次发布的Photoshop

CS3 包括标准版和扩展版两个版本。标准版中包括了 Photoshop CS2 中所有受欢迎的特性，在此基础上又添加了许多创新性能，大大提高了软件的编辑能力和复合功能，是摄影师、图形设计师和 web 设置人员的理想选择；而扩展版除了拥有标准版的一切功能外，还增加了编辑基于 3D、动画的内容和执行图像分析的工具，是 3D 动画设计人员、制造和医疗专业人士，以及建筑师、工程师和科研人员的理想选择。

1.2 图像处理基础知识

在图像处理过程中会遇到一些基本术语和概念性的问题，如图像的类型、文件的格式和分辨率等。了解这些基础的知识可以帮助用户更加有效、合理的使用 Photoshop 软件进行图像文件的编辑处理操作。

1.2.1 位图与矢量图

在电脑中，图像都是以数字的方式进行记录和存储的，类型大致可分为矢量式图像和位图式图像两种。这两种图像类型有着各自的优点，在处理编辑图像文件过程中这两种类型经常交叉使用。

矢量图像也可以称为面向对象的图像或绘图图像。顾名思义，它是以数学式的方法记录图像的内容，其记录的内容以线条和色块为主。由于记录的内容比较少，不需要记录每一个点的颜色和位置等，所以它的文件容量比较小，并且这类图像很容易进行放大、旋转等操作，不易失真，精确度较高，所以在一些专业的图形绘制软件中应用较多为矢量图像。如图 1-1 所示。

图 1-1　矢量图像

> **提示**
>
> 由于矢量图像的属性特点，这种图像类型不适于制作一些色彩变化较大的图像，并且由于不同软件的存储方法不同，在不同软件之间的转换也有一定的困难。制作矢量图像的软件很多，常用的如 FreeHand、Illustrator、AutoCAD 等。

位图图像是由像素点组合成的图像，因此，位图图像弥补了矢量图像的某些缺陷，它能够制作出颜色和色调变化丰富的图像，同时也可以很容易地在不同软件之间进行交换应用。但是，由于位图图像是以排列的像素集合体形式创建的，因此不能单独操作局部的位图像素；同时位图图像所记录的信息内容较多，文件容量较大，所以对电脑内存和硬盘的要求相对提高。在 Photoshop 新版本中还集成了矢量绘图的功能，因而扩展了用户的创作空间，也省去了软件之间

互相转换的操作过程为位图图像。如图 1-2 所示。

图 1-2　位图图像

提示

Photoshop 和其他绘画及图像编辑软件产生的图像基本上都是位图图像。位图图像的显示与分辨率有着很密切的关系，如果在屏幕上以较大的倍数放大显示，或以过低的分辨率打印，位图图像会出现锯齿状的边缘，丢失细节。

1.2.2　分辨率

分辨率是有关图像的一个重要而基本的概念，它是衡量图像细节表现力的技术指标。分辨率指的是位图图像在每英寸上所包含的像素数量。但分辨率的种类有很多，其含义也各不相同。正确理解分辨率在各种情况下的具体含义，弄清不同表示方法之间的相互关系，是至关重要的一步。

- 图像分辨率：图像分辨率是指图像中存储的信息量。这种分辨率有多种衡量方法，典型的是以每英寸的像素数 ppi 来衡量。图像分辨率和图像尺寸的值一起决定文件的大小及输出质量，该值越大图像文件占用的磁盘空间也就越多。图像分辨率与比例关系影响着文件的大小，文件大小与其图像分辨率的平方成正比，即使保持图像尺寸不变，将图像分辨率提高一倍，其文件大小也将增大为原来的四倍。
- 设备分辨率：设备分辨率也称为输出分辨率，指的是各类输出设备每英寸上产生的点数，如显示器、喷墨打印机、激光打印机和绘图仪的分辨率。这种分辨率通过 dpi 来衡量，目前，电脑显示器的设备分辨率在 60dpi 至 120dpi 之间。而打印设备的分辨率则在 360dpi 至 1440dpi 之间。
- 屏幕分辨率：屏幕分辨率是屏幕图像的精密度，是指显示其所能显示的点数的多少。由于屏幕上的点、线和面都是由点组成的，所以显示器可现实的点数越多，画面就越精细，屏幕区域内能显示的信息也就越多。屏幕分辨率不仅与显示尺寸有关，还受到显像管点距、视频带宽等因素的影响。其中，它和刷新频率的关系比较密切，严格地说，只有当刷新频率【无闪烁刷新频率】时，显示器才能达到最高分辨率。
- 扫描分辨率：扫描分辨率是指在扫描一幅图像之前所设定的分辨率，它将影响扫描所生成的图像文件的质量和使用性能，决定图像将以何种品质显示或打印。如果扫描图像用于 640 像素×480 像素的屏幕显示，则扫描分辨率不必大于一般显示器屏幕的设备分辨率，即一般不超过 120dpi。但大多数情况下，扫描的图像用于高分辨率的设备中输出。如果图像扫描分辨率过低，会导致输出的效果非常粗糙。相反，如果扫描分辨率过高，则数字图像中会产生超出打印所需要的信息，不但减慢打印速度，而且在打印输出时图像色调的细节会丢失。

知识点

电脑中的图像大小是以像素为度量单位来衡量的。像素是用于记作图像的基本单位，其形状为正方形，并且具有颜色属性。

1.2.3 图像的颜色模式

在 Photoshop 软件中，颜色模式是个非常重要的概念。只有了解了不同颜色模式才能准确地描述、修改和处理图像的色彩色调。

颜色模式是描述颜色的依据，是用于表现色彩的一种数学算法，是指一幅图像用什么方式在电脑中显示或打印输出。常见的颜色模式包括位图、灰度、双色调、索引颜色、RGB 颜色、CMYK 颜色、Lab 颜色、多通道及 8 位或 16 位/通道模式。颜色模式的不同，对图像的描述和所能显示的颜色数量就不同。除此之外，颜色模式还影响通道数量和文件大小。默认情况下，位图、灰度和索引颜色模式的图像中只有 1 个通道；RGB 和 Lab 颜色模式的图像有 3 个通道；CMYK 颜色模式的图像有 4 个通道。

- 位图模式是由黑白两种像素组成的色彩模式，它有助于较为完善地控制灰度图的打印。只有灰度模式或多通道(Multichannel)模式的图像才能转换成位图模式。因此，要把 RGB 模式转换成位图模式，应先转换成灰度模式，再由灰度模式转换成位图模式。
- 灰度模式中只存在灰度色彩，并最多可达 256 级。灰度图像文件中，图像的色彩饱和度为 0，亮度是唯一能够影响灰度图像的参数。
- 双色调模式的作用是通过使用 2～4 种不同颜色混合成一种颜色表现图像色彩，以便在印刷中能够印出由这 2～4 种油墨混合的【单色】图像。对于用专色的双色打印输出双色调模式，主要用于增加灰度图像的色调范围。
- 索引模式又叫做映射色彩模式，该模式的像素只有 8 位，即图像只含有 256 种颜色。这些颜色是预先定义好的，并且排列在一张颜色列 d 表中。当用户从 RGB 模式转换成索引模式时，RGB 模式中的 16 兆种颜色将映射到这 256 种颜色中进行显示。索引模式显然会使图像颜色信息丢失，但使用这种模式的图像文件都比较小，比较适合于在 256 色的显示器上使用，因此经常应用在 Web 领域中。
- RGB 模式是测光的彩色模式，R 代表 Red(红色)，G 代表 Green(绿色)，B 代表 Blue(蓝色)。3 种色彩叠加形成其他色彩，因为 3 种颜色每一种都有 256 个亮度水平级，所以彼此叠加就能形成 1670 万种颜色。RGB 颜色模式是由红、绿、蓝相叠加而形成的其他颜色，因此该模式也叫做加色模式。使用 RGB 颜色模式产生的颜色方法叫做色光加色法。图像色彩均有 RGB 数值决定。当 RGB 数值均为 0 时，为黑色；当 RGB 数值均为 255 时，为白色；当 RGB 数值相等时，产生灰色。

- CMYK 模式是印刷中必须使用的颜色模式。C 代表青色，M 代表洋红，Y 代表黄色，K 代表黑色。实际应用中，青色、洋红和黄色很难形成真正的黑色，因此引入黑色用来强化暗部色彩。在 CMYK 模式中，由于光线照射到不同比例的 C、M、Y、K 油墨纸上，部分光谱被吸收，反射到人眼中产生颜色，所以该模式是一种减色模式。使用 CMYK 模式产生颜色的方法叫做色光减色法。
- Lab 模式包含的颜色最广，是一种与设备无关的模式。该模式由三个通道组成，它的一个通道代表发光率，即 L，另外两个用于颜色范围，a 通道包括的颜色是从深绿(低亮度值)到灰(中亮度值)，再到亮粉红色(高亮度值)；b 通道则是从亮蓝色(低亮度值)到灰(中亮度值)，再到焦黄色(高亮度值)。当 RGB 颜色模式要转换成 CMYK 颜色模式时，通常要先转换为 Lab 颜色模式。
- 多通道模式包含了多种灰阶通道，每一通道均有 256 级灰阶组成。这种模式通常被用来处理特殊的打印需求。
- HSB 颜色模式中，H 表示色相，S 表示饱和度，B 表示亮度，其色相沿着 0°~360°的色环来进行变换，只有在色彩编辑时才能看到这种色彩模式。

1.2.4 图像的文件格式

同一幅图像文件可以使用不同的文件格式来进行存储，但不同文件格式所包含的信息并不完全相同，文件大小也有很大的差别，因而，在使用时因根据需要选用适当的格式。不同的图像编辑处理软件所保存的文件格式有所不同。各种格式的图像文件有着各自的优缺点，而在 Photoshop 中，支持的图像文件格式就有 20 余种。因此，在 Photoshop 可以打开多种格式的文件进行编辑处理，并可以另存为其他格式的图像文件。

- TIFF 格式：一种比较通用的图像格式，几乎所有的扫描仪和大多数图像软件都支持这一格式。这种格式支持 RGB、CMYK、Lab、Indexed Color、位图和灰度颜色模式，有非压缩方式和 LZW 压缩方式之分。同 EPS 和 BMP 等文件格式相比，其图像信息最紧凑，因此 TIF 文件格式在各软件平台上得到了广泛支持。
- BMP 格式：是标准的 Windows 及 OS/2 平台上的图像文件格式，Microsoft 的 BMP 格式是专门为【画笔】和【画图】程序建立的。这种格式支持 1~24 位颜色深度，使用的颜色模式可为 RGB、索引颜色、灰度和位图等，且与设备无关。
- GIF 格式：是由 CompuServe 提供的一种图像格式。由于 GIF 格式可以用 LZW 方式进行压缩，所以它被广泛应用于通信领域和 HTML 网页文件中。不过，这种格式仅支持 8 位图像文件。
- JPEG 格式：是一种带压缩的文件格式，其压缩率是目前各种图像文件格式中最高的。但 JPEG 在压缩时图像存在一定程度的失真，因此，在制作印刷制品的时候最好不要用该格式。JPEG 格式支持 RGB、CMYK 和灰度颜色模式，但不支持 Alpha 通道，它主要用于图像的预览和制作 HTML 网页。

◎ PDF 格式：该文件格式是由 Adobe 公司推出的，它以 PostScript Level2 语言为基础，因此可以覆盖矢量式图像和点阵式图像，并且支持超链接。利用此格式可以保存多页信息，其中可以包含图像和文本，同时它也是网络下载经常使用的文件格式。

◎ PSD 格式：这是 Photoshop 软件的专用图像文件格式，它能保存图像数据的每一细节，可以存储成 RGB 或 CMKY 颜色模式，也能自定义颜色数目进行存储，它能保存图像中各图层的效果和相互关系，各图层之间相互独立，以便于对单独的图层进行修改和制作各种特效。其唯一缺点就是占用的存储空间较大。

1.3 Photoshop CS3 的工作区

Photoshop CS3 安装完成后，在系统的【开始】菜单的【程序】子菜单中便会自动出现 Photoshop CS3 程序图标，在此选择 Adobe Photoshop CS3 便可启动 Photoshop CS3。软件启动后，首先会出现 Photoshop CS3 的启动引导画面，等检测完成后，Photoshop CS3 就打开了。启动后的 Photoshop CS3 的工作区主要由菜单栏、【工具】调板、工具选项栏、调板、文件窗口及状态栏等组成，如图 1-3 所示。

图 1-3　Photoshop CS3 工作区

1.3.1 标题栏与菜单栏

标题栏用于显示应用程序的名称 Adobe Photoshop CS3 和软件图标 Ps，标题栏最右侧的 3 个按钮分别用于实现最小化窗口、最大化窗口和关闭窗口。在标题栏上单击右键，在弹出的菜单中选择相应命令，同样可以完成类似操作。

菜单栏是 Photoshop 的重要组成部分，和其他应用程序一样，Photoshop CS3 将所有的功能命令分类后，分别放入 10 个菜单中。菜单栏提供了包含【文件】、【编辑】、【图像】、【图层】、【选择】、【滤镜】、【分析】、【视图】、【窗口】和【帮助】等 10 个命令菜单，只

要单击其中一个菜单，随即会出现一个下拉式菜单命令。在菜单中，如果命令显示为浅灰色，则表示该命令目前状态为不可执行；命令右方的字母组合代表该命令的键盘快捷键，按下快捷键即可快速执行该命令，使用键盘快捷键有助于提高工作效率；若命令后面带省略号，则表示执行该命令后，屏幕上将会出现对话框。

菜单栏中包括了 Photoshop 的大部分命令操作，大部分的功能都可以在菜单的使用中的一一实现。一般情况下，菜单中的命令是固定不变的，但有些菜单却可以根据当前环境的变化添加或减少一些命令。下面重点介绍菜单栏的主要功能，其他具体介绍请参见以后章节。

- 【文件】菜单：该菜单中的命令是最基本的命令。该菜单下的命令主要用于图像文件的打开、新建、存储、置入、导入导出、打印以及自动化等相关的文件管理操作。
- 【编辑】菜单：该菜单用于在处理图像时复制、粘贴、撤销、恢复、变换以及定义图案等。
- 【图像】菜单：该菜单中的命令主要用来设置图像的各项属性，例如颜色模式、颜色调整、图像大小等各项图像设置。
- 【图层】菜单：该菜单中的命令用来编辑、管理图像操作时创建的多图层。包括创建图层、图层的编组、合并等各种相关命令。
- 【选择】菜单：该菜单选项允许用户修改、取消选区，重新设置选区和反选，还可以将已经设置好的选区进行保存或将保存在通道中的选区调出。
- 【滤镜】菜单：该菜单包括了多组滤镜命令，通过选择相应的滤镜，可以制作出各种特殊图像效果。
- 【分析】菜单：该菜单中命令，可以测量用标尺工具或选择工具定义的任何区域，包括用套索工具、快速选择工具或魔棒工具选定的不规则区域。也可以计算高度、宽度、面积和周长，或跟踪一个或多个图像的测量。测量数据将记录在【测量记录】调板中。可以自定【测量记录】列，将列内的数据排序，并将记录中的数据导出到 CSV（逗号分隔值）文件中。
- 【视图】菜单：该菜单的用户可以分别对图形的路径、选区、网格、参考线、切片、注释等进行预览。这些操作只影响图像在屏幕中的显示状态，而对图像本身没有任何影响，使用【视图】命令的主要目的是协助用户顺利进行图像处理的工作。
- 【窗口】菜单：该菜单的选项可将一一打开的图像窗口按所需要的方式排列、显示。
- 【帮助】菜单：该菜单能随时为用户提供帮助，以便更好地使用 Photoshop 软件。操作的过程中，如果遇到问题均可求助【帮助】菜单，可以在其中找到想要的答案。

【例 1-1】通过执行【窗口】菜单下的命令来打开相应调板。

(1) 启动 Photoshop CS3 应用程序后，单击菜单栏中的【帮助】菜单，在打开的菜单中选择【如何使用文字】命令，打开的子菜单如图 1-4 所示。

(2) 在子菜单中选择【为文本添加投影】命令，打开帮助窗口，其中列出为文本添加投影的操作方法，如图 1-5 所示。

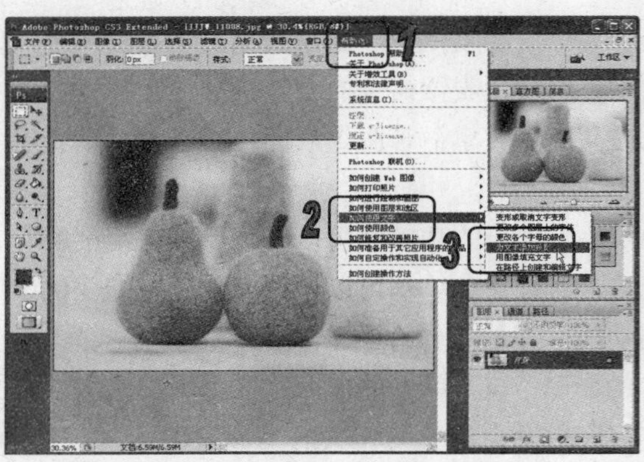

图 1-4 执行菜单命令

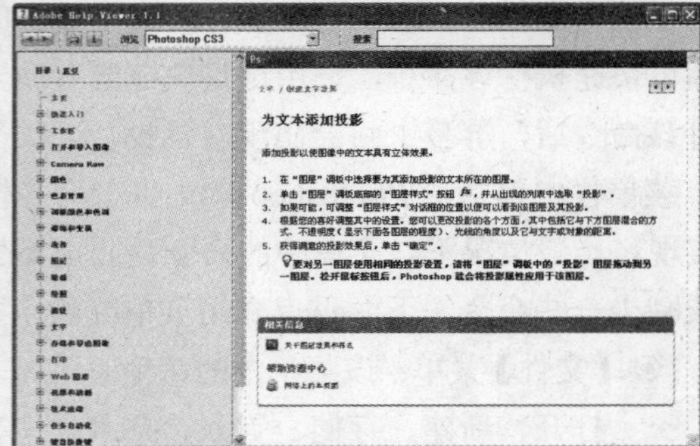

图 1-5 打开帮助窗口

1.3.2 【工具】调板及选项栏

Photoshop【工具】调板中总计有 22 组工具，加上其他弹出式的工具，则所有工具总计达 50 多个。【工具】调板内容如图 1-6 所示，其中依照工具功能与用途分为 7 类，分别是：选取和编辑类工具、绘图类工具、修图类工具、路径类工具、文字类工具、填色类工具以及预览类工具。【工具】调板底部有三组调板：填充颜色控制支持用户设置前景色与背景色；工作模式控制用来选择以标准工作模式或是快速蒙版工作模式进行图像编辑；画面显示模式控制则支持用户决定窗口的显示模式。

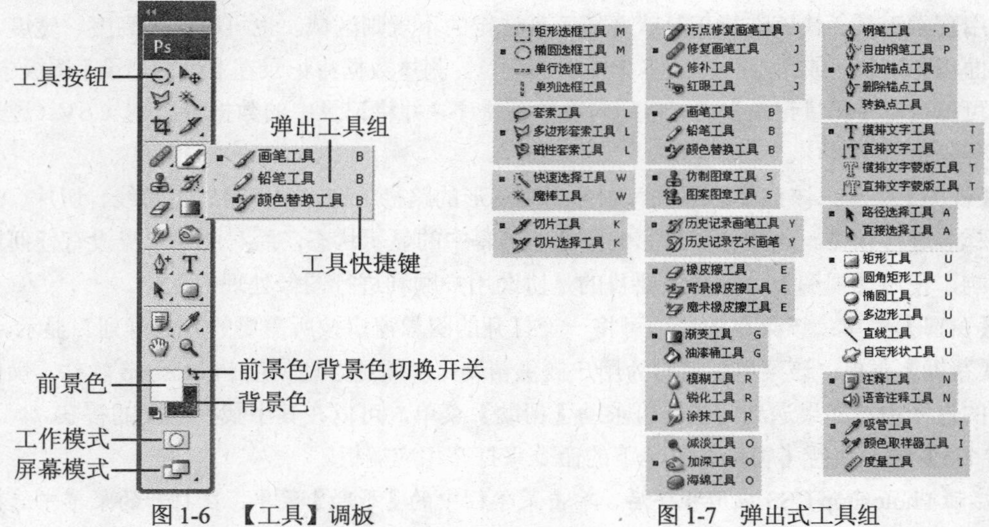

图 1-6 【工具】调板　　图 1-7 弹出式工具组

弹出式工具组如图 1-7 所示，用鼠标单击【工具】调板中的工具按钮图标即可使用该工具。如果工具按钮右下方有一个三角形符号，则代表该工具还有弹出式的工具，点按住工具按钮则会出现一个工具组，将鼠标移动到工具图标上即可切换不同的工具，也可以按住 Alt 键单击工

具按钮以切换工具组中不同的工具。弹出式工具还可以通过快捷键来执行，工具名称后的字母即是快捷键。

工具选项栏具有非常关键的地位，它位于菜单栏的下方，当选中【工具】调板中的某一个工具时，工具选项栏就会改变成相应工具的属性设置选项，用户可以很方便地利用它来设置工具的各种属性，它的外观也会随着选取工具的不同而改变，如图 1-8 所示。

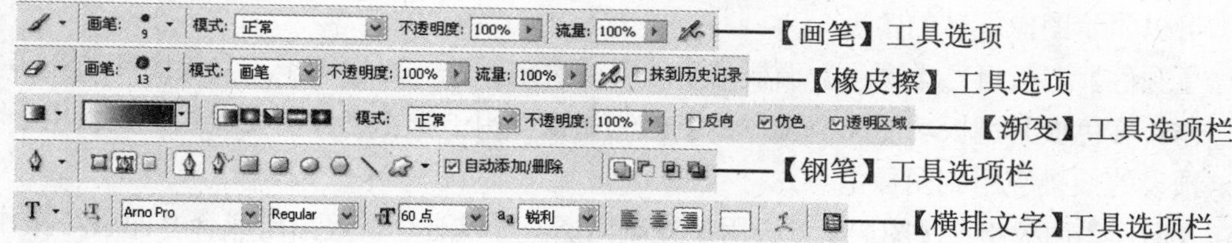

图 1-8　选择不同工具时的工具选项栏

1.3.3　【文件】窗口及状态栏

【文件】窗口是对图像进行浏览和编辑操作的主要场所。【文件】窗口标题栏主要显示当前图像文件的文件名及文件格式、显示比例及图像颜色模式等信息，如图 1-9 所示。

状态栏位于【文件】窗口的底部，用于显示诸如当前图像的缩放比例、文件大小以及有关使用当前工具的简要说明等信息，如图 1-10 所示。在最左端的文本框中输入数值，然后按下 Enter 键，可以改变图像窗口显示比例。

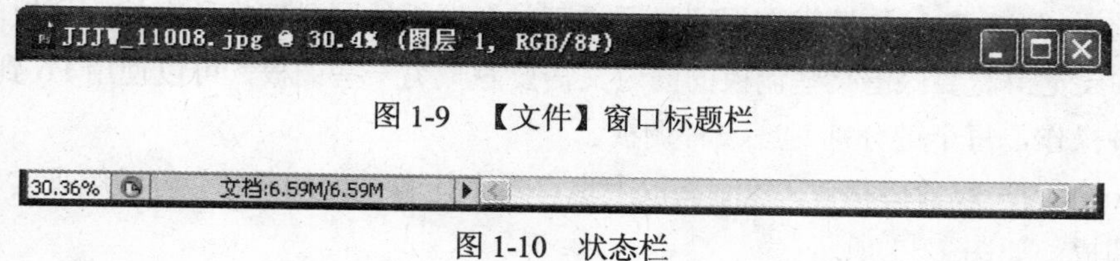

图 1-9　【文件】窗口标题栏

图 1-10　状态栏

1.3.4　调板

调板是 Photoshop CS3 工作区中非常重要的组成部分，通过调板可以完成图像处理时工具参数设置，图层、路径编辑等操作。

1. 认识调板作用

在默认状态下，启动 Photoshop CS3 应用程序后，常用调板会放置在工作区的右侧，由于有些控制调板不是常用调板，所以 Photoshop 中将其默认为隐藏的，可以通过选择“窗口”菜单中的相应的命令使其显示在操作窗口内。

Photoshop CS3 中常用调板组的作用如下。

- 【导航器】调板组：【导航器】调板用于显示图像的缩略图，可用来调节显示比例，迅速移动图像显示内容。【直方图】调板显示图像的色阶分布信息。【信息】调板用于显示鼠标所在位置的坐标，以及鼠标当前位置的像素的色彩数值。如果在图像中选取了范围，那么可以显示选取范围的大小。此外，在对图像进行旋转变形操作时，还可以显示图像旋转的角度。
- 【颜色】调板组：【颜色】调板用于选取或设定颜色，以便用于工具绘图和填充等操作。【色板】调板功能类似【颜色】控制调板，用于颜色选择。【样式】调板用于将预设的效果应用到图像中。
- 【图层】调板组：【图层】调板用于控制图层，可以进行新建图层或合并图层等操作。【通道】调板用于记录图像的颜色数据和保存蒙版内容。可以在通道中进行各种通道操作，如切换显示通道内容、安装、保存和编辑蒙版等。【路径】调板用于建立矢量式的图像的路径。

2. 打开和关闭调板

调板最大的优点，就是在需要时可以打开以便进行图像处理，不需要时又可以将其隐藏，以免因控制调板遮住图像而带来不便。控制调板开启或隐藏的方法是通过对【窗口】菜单命令的操作，在需要打开的调板名字前单击即可，调板的显示状态可以从调板名字前面的√得知。这样，在需要时将其打开进行编辑工作，而在不需要时就可以将其隐藏以便于增大显示区域的面积。

也可以通过 Shift+Tab 快捷键在保留显示【工具】调板的同时切换所有控制调板的显示和隐藏状态。如果觉得需要保留某些调板的同时又需要隐藏另一些调板，可以使用 F6 到 F9 快捷键来完成这种操作，每个键分别对应一种调板。

同 Windows 的一般窗口相似，控制调板上也有最小化和关闭的按钮，可以用来实现最小化调板和关闭调板，如图 1-11 所示。

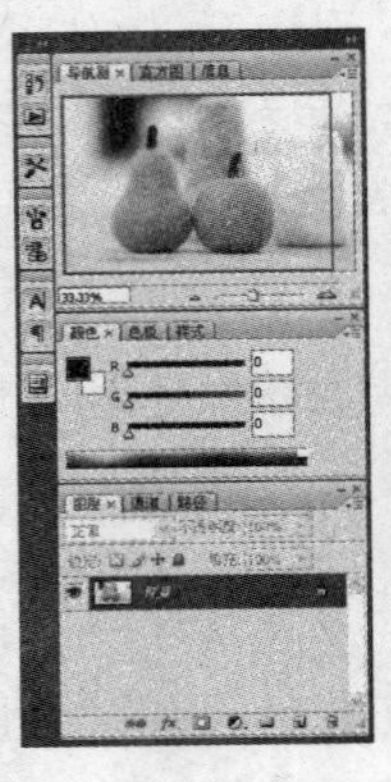
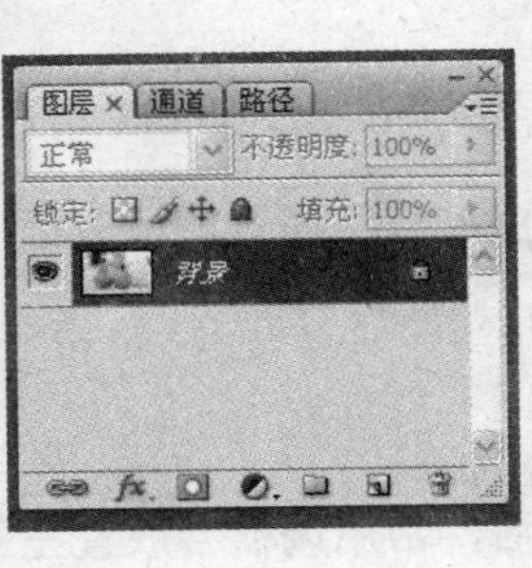

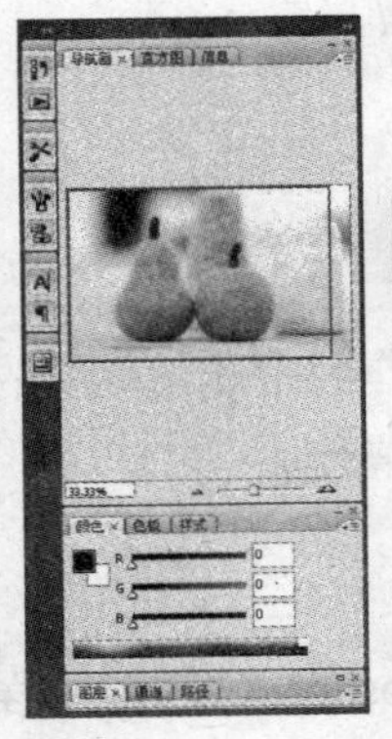

图 1-11　最小化【图层】调板

3. 拆分与合并调板

默认设置下，每个控制调板窗口中都包含 2~3 个不同的调板，如果要同时使用同一调板窗口中的两个不同调板时，就很不方便，需要来回切换。此时最好的解决方法就是将这两个调板分离，同时在屏幕上显示。方法很简单，只要在调板标签上按住鼠标并拖动，将其拖出调板窗口后释放就可以将两个调板分开。同样也可以将某些不常用的调板合并起来，只要用鼠标拖动调板到要合并的面板上即可实现。

【例 1-2】将【通道】调板从【通道】调板组中拆分出来，然后再将其合并到【导航器】调板组中。

(1) 将鼠标光标放置在【通道】调板选项卡上，单击并按住不放，向左侧调板组区域外拖动，释放鼠标后，【通道】调板成为独立的调板，如图 1-12 所示。

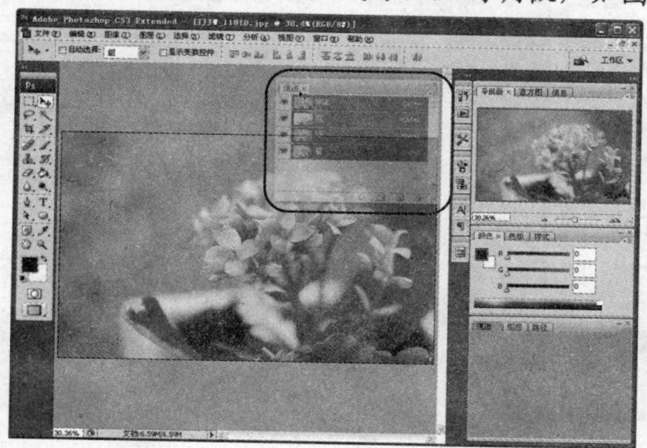

图 1-12　拆分调板

(2) 将鼠标光标移至拆分后的【通道】调板选项上，单击并按住鼠标不放将其拖动至【导航器】调板组后的空白选项卡区域，释放鼠标将【通道】调板合并到【导航器】调板组中，如图 1-13 所示。

图 1-13　合并调板

在经常执行这种操作后，可能某些调板设置看上去有些杂乱，这时候如果需要将面板状态返回到默认状态，选择【窗口】|【工作区】|【复位调板位置】命令即可。

1.3.5 优化工作区

Photoshop 软件为用户提供了标准屏幕模式、最大化屏幕模式、带菜单栏的全屏模式和全屏模式 4 种工作区视图模式。

- 标准屏幕模：Photoshop 默认的屏幕显示模式是标准屏幕模式。在这种模式下，Photoshop 的所有组件，如菜单栏、工具栏和状态栏都被显示在屏幕上，如图 1-14 所示。
- 最大化屏幕模式：在最大化屏幕模式下，Photoshop 中的文件标题栏将被隐藏起来，如图 1-15 所示。

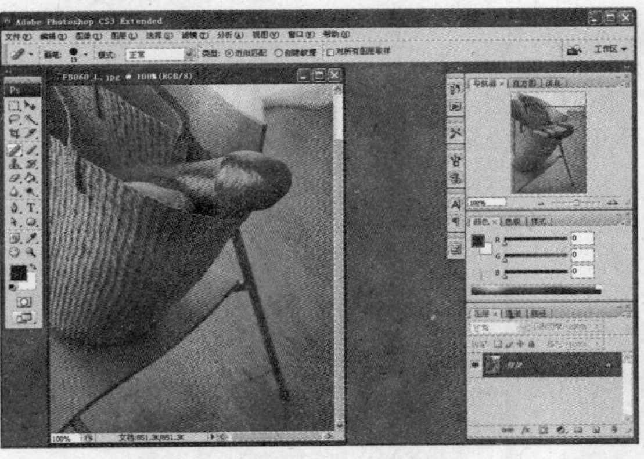

图 1-14　标准屏幕模式

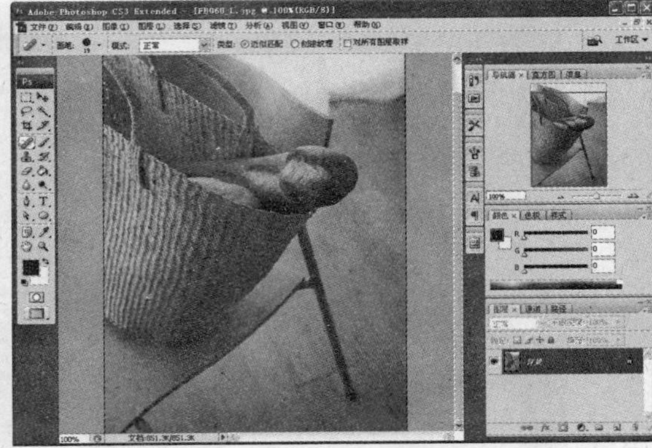

图 1-15　最大化屏幕模式

- 带菜单栏的全屏模式：在带菜单栏的全屏模式下，Photoshop 的标题栏和状态栏将被隐藏起来，如图 1-16 所示。
- 全屏模式：在全屏模式下，图像之外的区域以黑色显示，并且在屏幕中隐藏菜单栏、状态栏和系统的任务栏，图像最大化充满屏幕。在全屏模式下可以清晰、全面的查看图像文件效果，如图 1-17 所示。

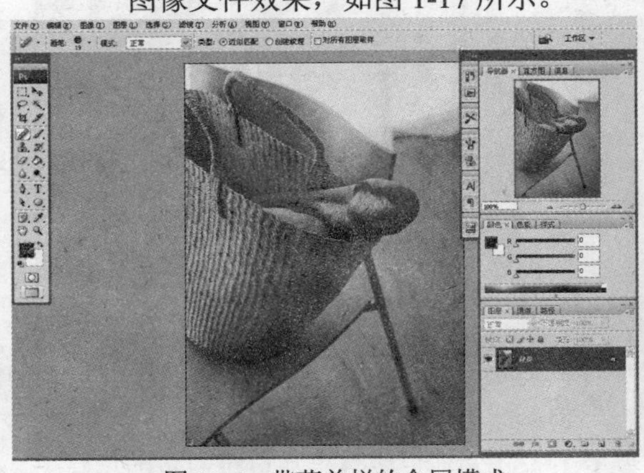

图 1-16　带菜单栏的全屏模式

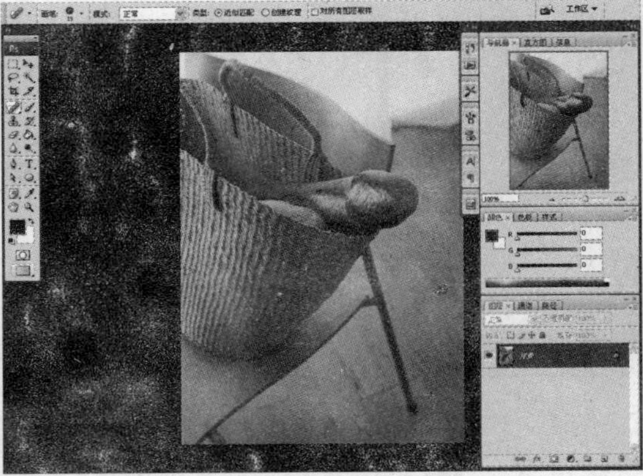

图 1-17　全屏模式

通过选择【视图】|【屏幕模式】命令下的菜单选项，或单击【工具】调板下方的按钮

或是使用快捷键 F 可以实现不同模式之间的切换。

1.3.6 存储、删除与切换工作区

在 Photoshop CS3 工作区中，用户可以按照自己的操作习惯重新调整【工具】调板和各个功能调板的位置，也可以显示、隐藏、组合或拆分所需的功能调板，并且还可以通过【窗口】|【工作区】|【存储工作区】命令存储调整后的工作区，以便于今后操作时载入应用。

【例 1-3】关闭【导航器】调板组，并将工作区存储为【自定义工作区】。

(1) 在 Photoshop CS3 工作区中，单击【导航器】调板组右侧的【关闭】按钮，将调板组关闭，如图 1-18 所示。

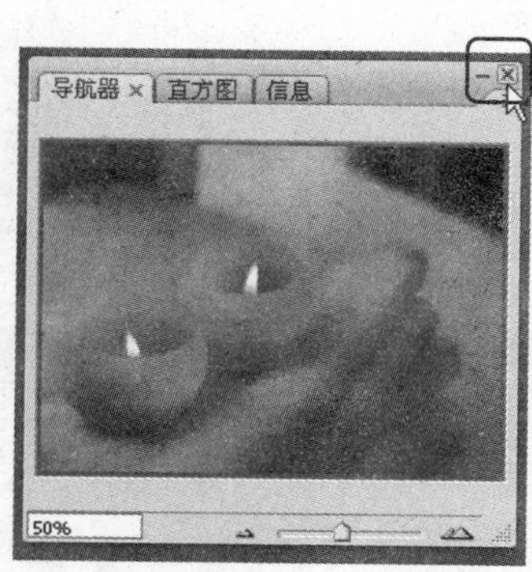

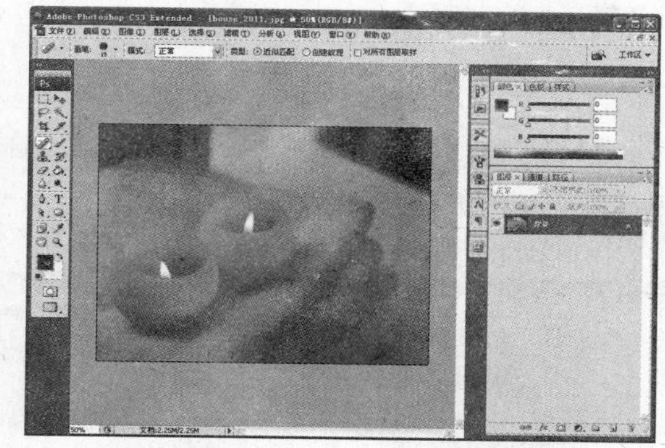

图 1-18　关闭【导航器】调板组

(2) 选择【窗口】|【工作区】|【存储工作区】命令，打开【存储工作区】对话框，在【名称】文本框中输入"自定义工作区"，然后单击【存储】按钮，如图 1-19 所示。存储后的工作区名称将出现在【工作区】子菜单的最下端。

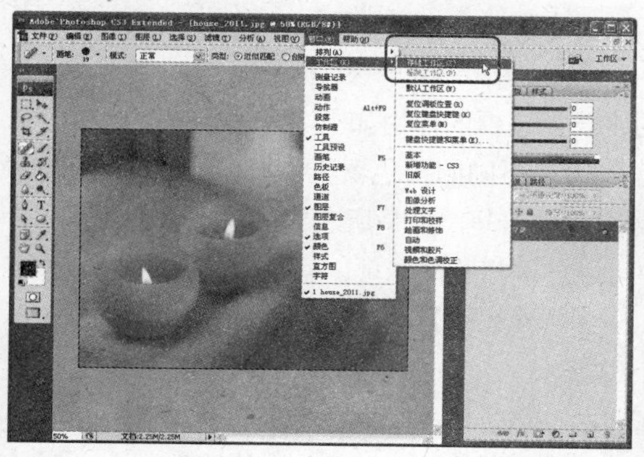

图 1-19　【存储工作区】

1.4 优化 Photoshop CS3 软件使用环境

设置 Photoshop CS3 的软件使用环境，可以更加有效的提高 Photoshop 的运行效率，使其更加符合用户的操作习惯。

1.4.1 预置选项设置

预置选项设置是指 Photoshop CS3 的【编辑】|【首选项】子菜单下个命令的选项设置，其中包括常规显示选项、文件存储选项、性能选项、光标选项、透明度选项、文字选项以及用于增效工具和暂存盘的选项。

1. 【常规】设置

选择【编辑】|【首选项】|【常规】命令，打开【首选项】对话框的【常规】设置选项页面，如图 1-20 所示。该对话框中可以设置拾色器类型、回退与恢复的快捷键及其步数、历史记录面板的操作状态和记录数值等常用选项。

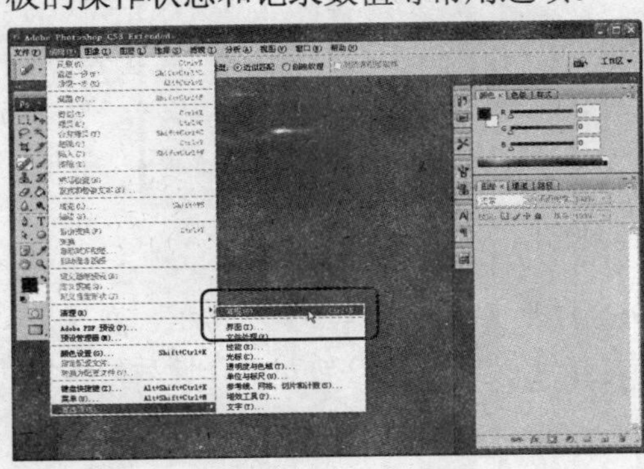
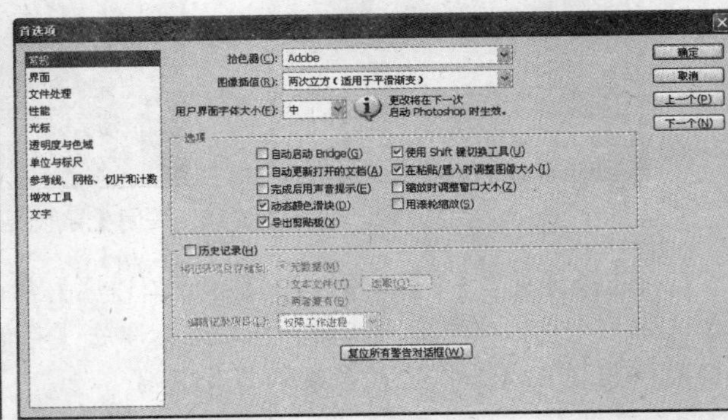

图 1-20　【常规】设置选项

在该设置选项页面中，【选项】选项区域的主要复选框的作用如下。

- 【拾色器】选项：在此下来列表框中可以选择不同的拾色器类型，其中有 Windows 和 Adobe 两种。这两种类型拾色器的功能基本相同，只是所表现的方法有所不同。
- 【图像插值】选项：在此下拉列表框中可通过选择不同选项，确定 Photoshop 在进行插值时所使用的方法，其中有【邻近】、【两次线性】、【两次立方】、【两次立方(较平滑)】、【两次立方(较锐利)】5 个选项。
- 【导出剪贴板】复选框：选中该复选框，在 Photoshop 中执行【复制】操作后，切换至其他程序，可以通过执行粘贴操作，得到在 Photoshop 中所复制的图像。
- 【完成后用声音提示】 复选框：选中该复选框，当 Photoshop 完成一项操作任务后短鸣，以提示用户操作完成。

◎ 【使用 Shift 键切换工具】 复选框：选中该复选框，要在同一组中以快捷键方式切换不同的工具必须按住 Shift 键。

2. 【界面】设置

选择【编辑】|【首选项】|【界面】命令，打开【首选项】对话框的【界面】设置选项页面，如图 1-21 所示。

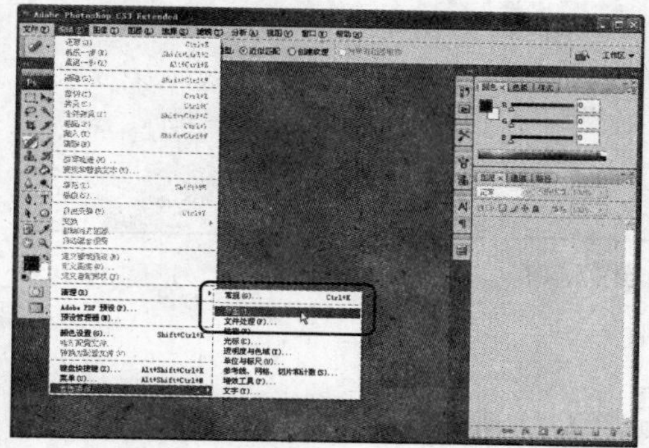

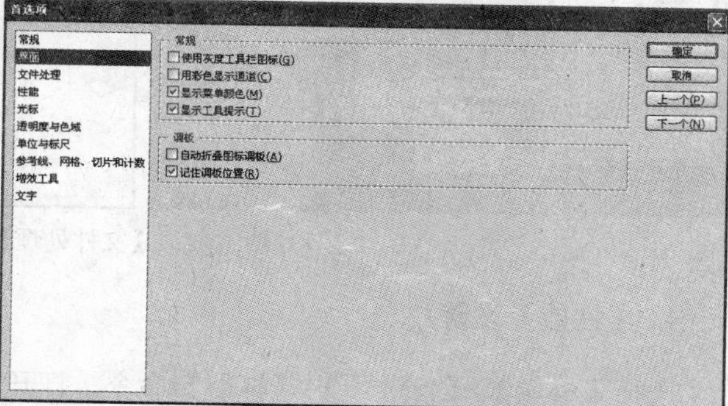

图 1-21　【界面】设置选项

◎ 【使用灰度工具栏图标】复选框：选择此选项，【工具】调板中的图标会显示为灰色。

◎ 【使用彩色显示通道】复选框：默认情况下，【通道】调板中颜色通道都显示为灰色，选择此选项后，可以用相应的颜色显示颜色通道。

◎ 【显示菜单颜色】复选框：选择此选项，可以用颜色突出显示菜单中的命令。

◎ 【显示工具提示】复选框：选择此选项，将光标移至工具上，会显示此工具的名称和快捷键。

◎ 【自动折叠图标调板】复选框：选择此选项，可以自动折叠调板。

◎ 【记住调板位置】复选框：选择此选项，退出 Photoshop CS3 时会保存调板的位置。下一次运行 Photoshop CS3 时，调板将位于上一次使用时的位置。

3. 【文件处理】设置

选择【编辑】|【首选项】|【文件处理】命令，打开如图 1-22 所示的【首选项】对话框的【文件处理】设置选项页面。该页面主要用于设置存储文件时的参数选项。

◎ 【文件存储选项】选项组：在【图像预览】下拉列表中可以选择存储图像时是否保存图像的缩览图，如果选择保存，则打开图像时，【打开】对话框中会显示图像的缩览图。在【文件扩展名】选项下拉列表中可选择将文件扩展名设置为【大写】或【小写】。

◎ 【文件兼容性】选项组：在此选项组中可以选择对 JPEG 文件或者对支持的原始数据文件优先使用 Adobe Camera Raw，此软件可以解释相机原始数据文件。在【最大兼容 PSD 和 PSB 文件】下拉列表中可设置存储 PSD 文件时，是否提高文件的兼容性。如果仅在 Photoshop CS3 中打开文件，则禁用【最大兼容 PSD 文件】可明显缩小文件大小。

◎ 【启用 Version Cue】选项组：选择此选项，可启用 Version Cue 工作组文件管理。

◎【近期文件列表包含_个文件】：此数值用于设置在【文件】|【最近打开文件】子菜单中列出的最近打开的文件数量。

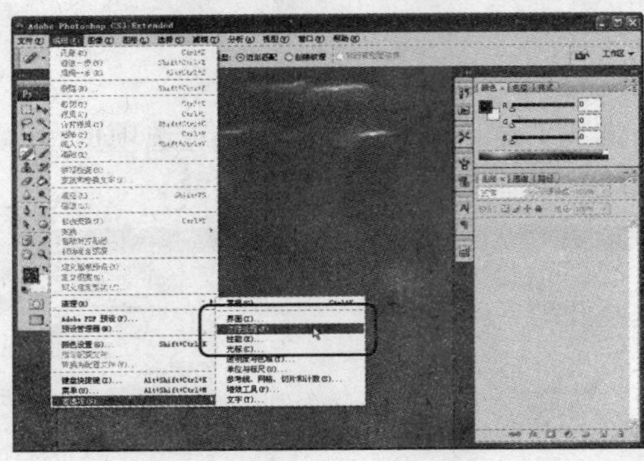

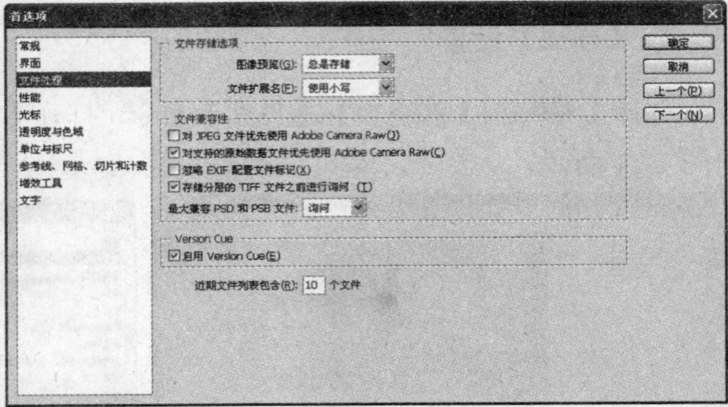

图 1-22 【文件处理】设置选项

4. 【性能】设置

选择【编辑】|【首选项】|【性能】命令，打开如图 1-23 所示的【首选项】对话框的【性能】设置选项页面。

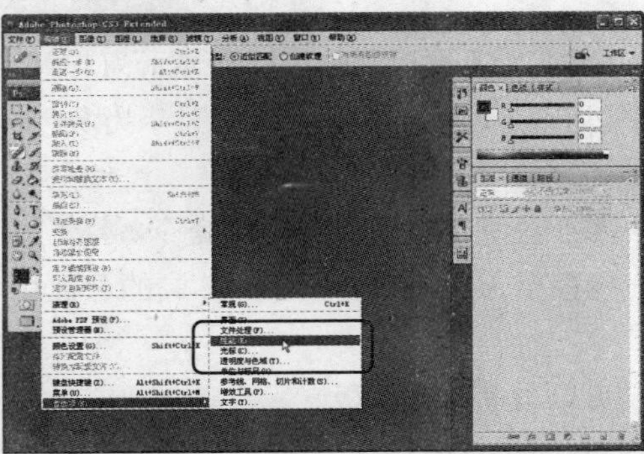

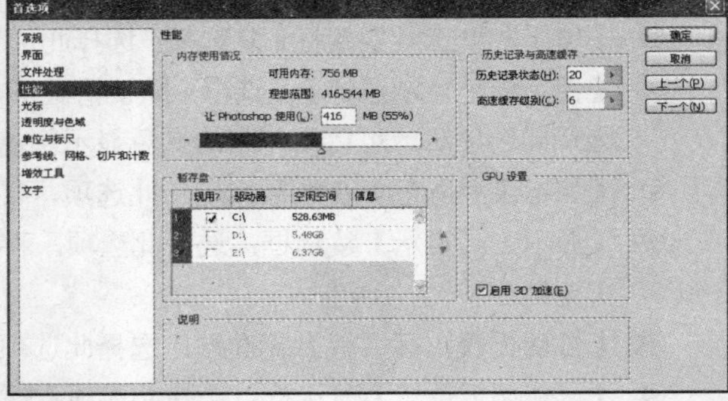

图 1-23 【性能】设置选项

◎【内存使用情况】选项组：显示了计算机内存的使用情况。在【让 Photoshop CS3 使用_MB】数值框中，输入数值可以设定为 Photoshop CS3 在运行时可用的物理内存量，同时运行几个大型程序，此数值不宜设置得过高。修改后，需要重新运行 Photoshop CS3 才能生效。

◎【暂存盘】选项组：如果计算机的内存不能满足操作的需要，则 Photoshop CS3 将启用磁盘空间作为虚拟内存(也称为暂存盘)。默认情况下，Photoshop CS3 将安装可操作系统的硬盘驱动器用作为主暂存盘。在此选项中可以设置主暂存盘和其他的暂存盘，以便在主磁盘已满时启用其他暂存盘。

◎【历史记录与高速缓存】选项组：在【历史记录状态】选项中可以设置【历史记录】调板中保留的历史记录的数量，默认为 20。此数值越大，可保留的历史记录越多，但占用的内存也就越多。在【高速缓存级别】选项中，可以设置高速缓存的级别，高速缓存决定了画面显示和重绘的速度。

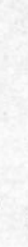

⊙ 【CPU 设置】选项组：选择【启用 3D 加速】选项，可启用 3D 加速覆盖 3D 图层的软件渲染。

5. 【光标】设置

选择【编辑】|【首选项】|【光标】命令，打开如图 1-24 所示的【首选项】对话框的【光标】设置选项页面。

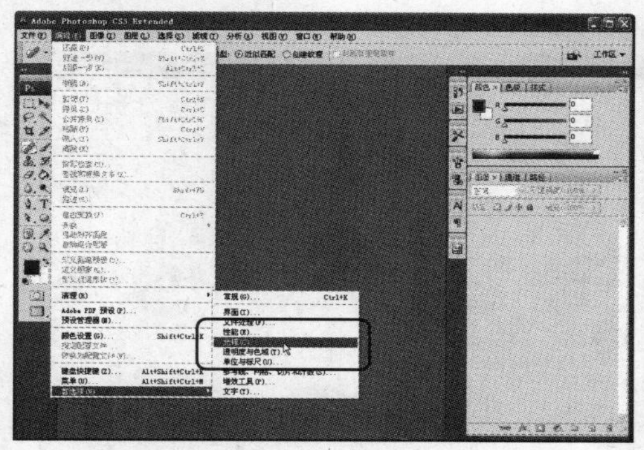

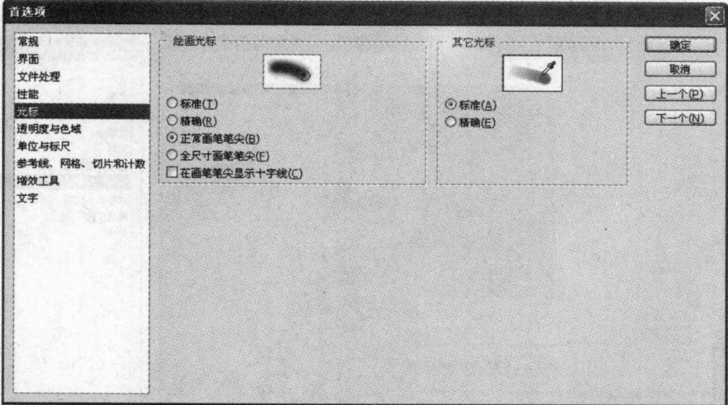

图 1-24　【光标】设置选项

⊙ 【绘画光标】选项组：在此可以选择各工具在工作时的显示光标。

⊙ 【在画笔笔尖显示十字线】复选框：当选择【正常画笔笔尖】或【全尺寸画笔笔尖】选项时，则画笔的中心显示一个十字线。

⊙ 【其他光标】选项组：该选项组用于设定除绘画工具外的其他工具光标的显示状态。

6. 【透明度与色域】设置

选择【编辑】|【首选项】|【透明度与色域】命令，打开如图 1-25 所示的【首选项】对话框的【透明度与色域】设置选项页面。

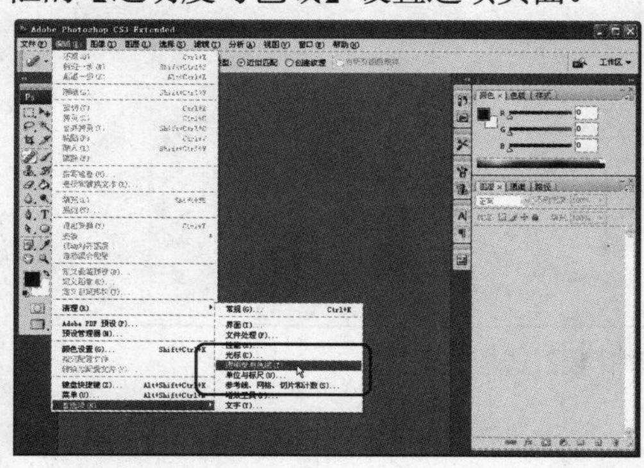

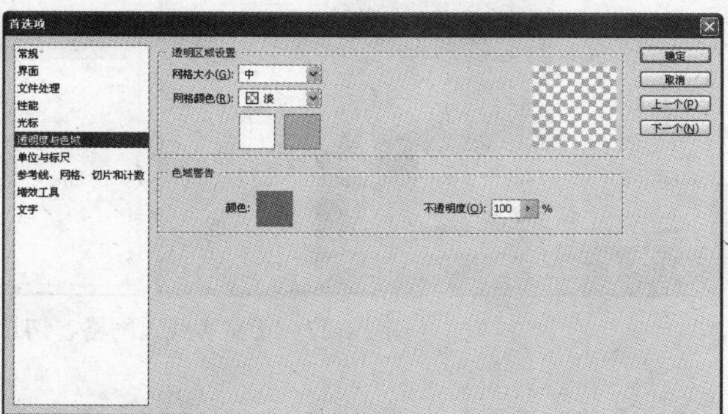

图 1-25　【透明度与色域】设置选项

⊙ 【透明区域设置】选项组：用来设置图层透明区域的网格大小和网格颜色。

⊙ 【色域警告】选项组：用来设置色域警告的颜色和不透明度。默认情况下，启用色域警告后，图像中的溢色会显示为灰色。

7. 【单位与标尺】设置

选择【编辑】|【首选项】|【单位与标尺】命令，打开如图 1-26 所示的【首选项】对话框的【单位与标尺】设置选项页面。在对话框中可以设置标尺和文字的单位，以及新建文件的打印分辨率和屏幕分辨率。除此之外，如果要将图像导入到排版程序(如 InDesign)中，并用于打印和装订时，可以在【列尺寸】选项中设置【宽度】和【装订线】的尺寸，用来指定图像的宽度，使图像正好占据特定数量的列。

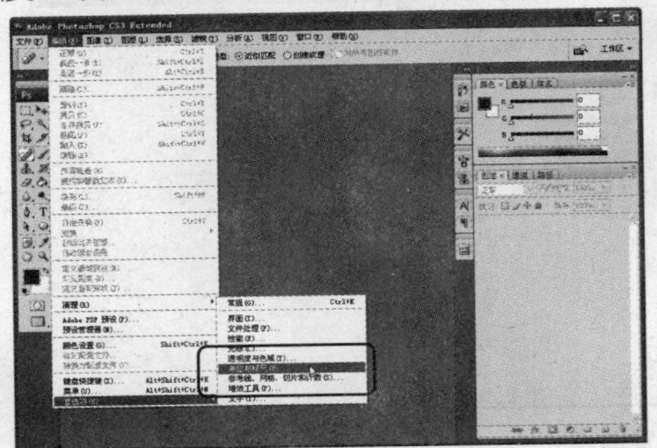

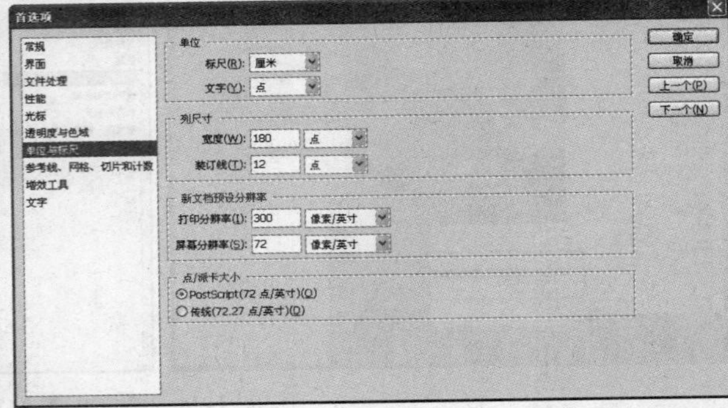

图 1-26 【单位与标尺】选项设置

8. 【参考线、网格、切片和计数】

选择【编辑】|【首选项】|【参考线、网格、切片和计数】命令，打开如图 1-27 所示的【首选项】对话框的【参考线、网格、切片和计数】设置选项页面。在对话框中可以设置参考线、网格的颜色和样式，以及智能参考线、切片和计数项目的颜色。

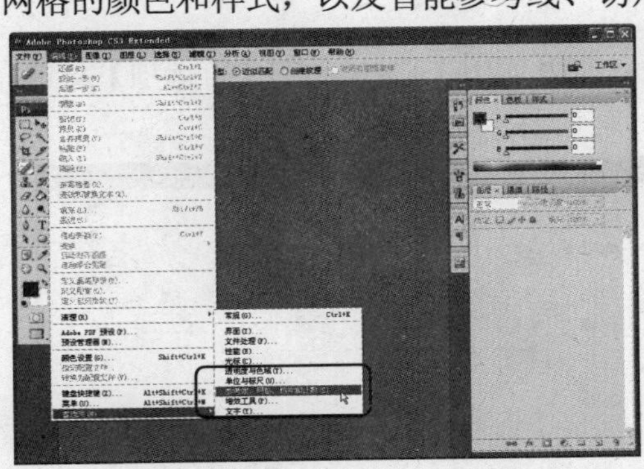

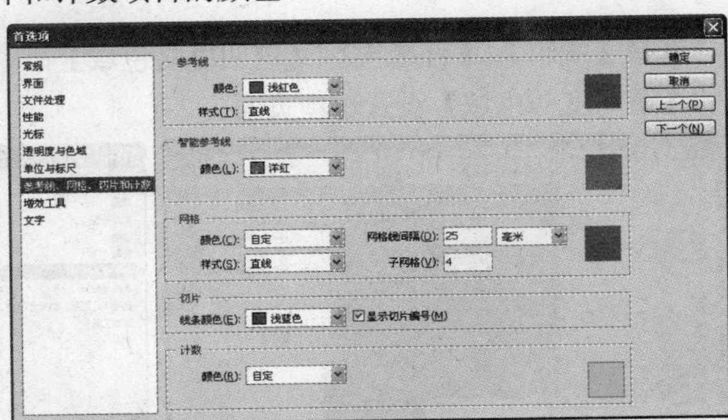

图 1-27 【参考线、网格、切片和计数】选项设置

9. 【增效工具】设置

选择【编辑】|【首选项】|【增效工具】命令，打开【首选项】对话框的【增效工具】设置选项页面。在对话框中可以指定增效工具的文件夹。增效工具是由 Adobe 和第三方厂商开发的外挂滤镜，Photoshop CS3 自带的滤镜保存在 Plug-Ins 文件夹中。如果将增效工具安装在其他文件夹中可选择【附加的增效工具文件夹】选项，然后在打开的对话框中选择安装了增效工具的

文件夹，重新启动 Photoshop CS3 后，外挂滤镜便可以在 Photoshop CS3 中使用。

如果要使用旧版 Photoshop CS3 的增效工具，可在【旧版 Photoshop CS3 序列号】选项内输入旧版 Photoshop CS3 的序列号。

10. 【文字】设置

选择【编辑】|【首选项】|【文字】命令，打开如图 1-28 所示的【首选项】对话框的【文字】设置选项页面。

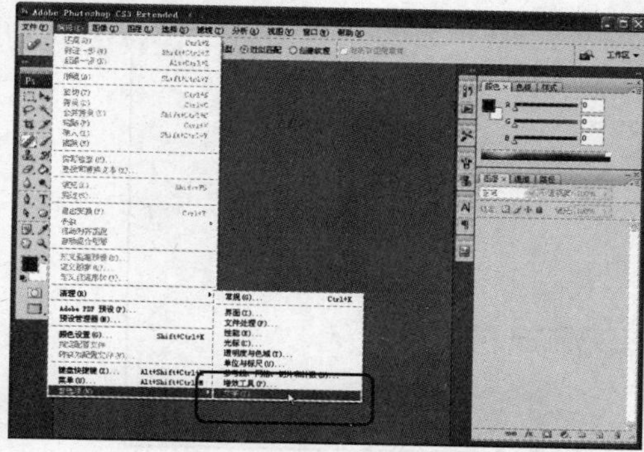

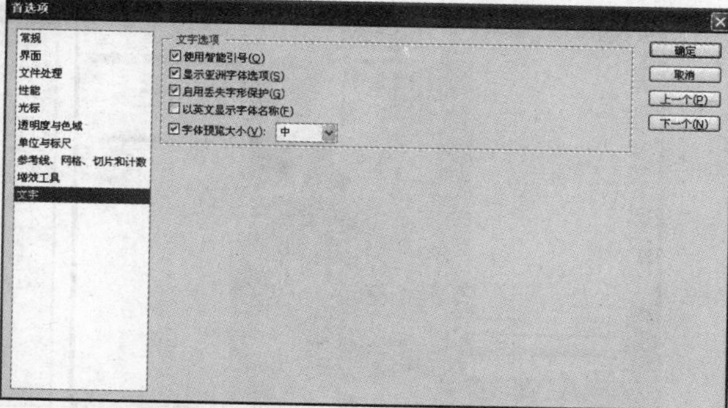

图 1-28 【文字】设置选项

- 【使用智能引号】复选框：选中该复选框，可以使用弯曲的引号替代直引号，以免引号与字体的曲线混淆。
- 【显示亚洲字体选项】复选框：选中该复选框，可以在【字符】和【段落】调板中显示非中文的日文或韩文等版本的亚洲文字的选项。
- 【启用丢失字形保护】复选框：选中该复选框，可以在打开文件时，弹出警告信息，指明缺少了哪些字体，并使用可用的匹配字体替换缺少的字体。
- 【以英文显示字体名称】：选中该复选框，在工具选项条及文字控制面板的字体下拉列表框中将以英文显示中文字体名称。
- 【字体预览大小】：此选项用于设置预览字体的大小。

知识点

启动 Photoshop CS3 程序时按住 Alt+Ctrl+Shift 键，可以弹出一个对话框，单击对话框中的【是】按钮，可以将所有首选项都恢复为默认设置。

1.4.2 自定义操作快捷键

熟练运用快捷键，可以使工作的效率得到很大的提高。Photoshop CS3 给用户提供了自行修改快捷键的权限，可以根据用户的操作习惯来定义菜单快捷键、调板快捷键以及【工具】调

板中各个工具的快捷键。选择【编辑】|【键盘快捷键】命令，打开如图 1-29 所示的【键盘快捷键和菜单】对话框。

在【快捷键用于】下拉列表框中提供了【应用程序菜单】、【调板菜单】和【工具】3 个选项。选择【应用程序菜单】选项后，在下方的列表框中单击展开某一菜单后，再单击需要添加或修改快捷键的命令，然后即可输入新的快捷键；选择【调板菜单】选项，便可以对某个面板的相关操作定义快捷键；选择【工具】选项，则可对【工具】调板中的各个工具的选项设置快捷键。

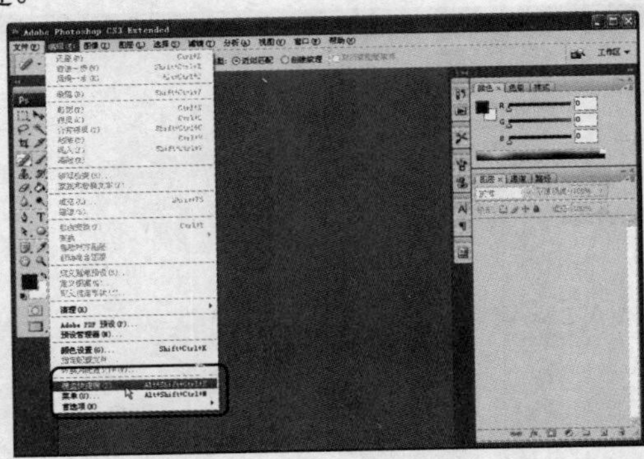
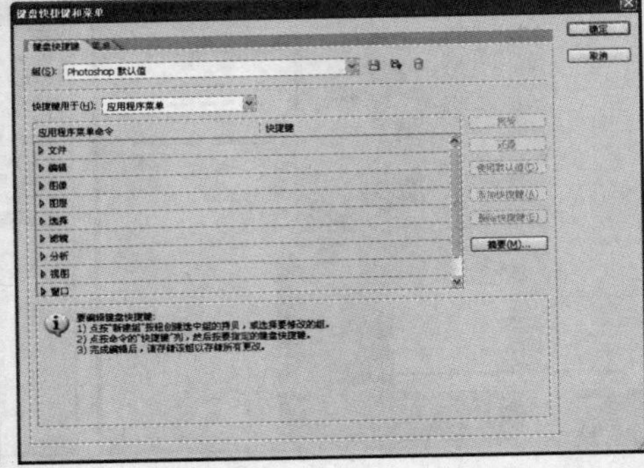

图 1-29 【键盘快捷键和菜单】对话框

1.5 习题

1. 将【图层】调板从【图层】调板组中拆分出来，然后关闭【导航器】调板组，再通过选择【窗口】|【导航器】命令将其显示出来。

2. 根据操作习惯自定义一个工作区，然后使用【窗口】|【工作区】|【默认工作区】命令，复位到默认状态下。

3. 打开【首选项】对话框，根据个人操作需要对其中的各选项进行优化设置。

第2章 Photoshop CS3 基本操作

学习目标

在使用 Photoshop CS3 处理图像时，首先应熟练掌握 Photoshop CS3 的基本操作。本章主要介绍 Photoshop CS3 的基本操作，包括图像文件的新建、打开和保存，图像文件的查看，图像文件尺寸的调整和颜色设置等内容。

本章重点

- 图像文件的基本操作
- 图像文件的查看
- 辅助工具的使用
- 图像文件尺寸调整
- 颜色的设置

2.1 图像文件的基本操作

掌握图像文件的新建、打开、保存、关闭、恢复和置入等基本操作是处理图像的基础。

2.1.1 新建图像文件

启动 Photoshop CS3 后，用户在工作区中还不能进行任何编辑操作。所以进行编辑操作的第一步就是新建图像文件，在文件窗口中才能进行后续的操作。

选择【文件】|【新建】命令，或按 Ctrl+N 键，打开【新建】对话框。对话框各选项含义如下。

- 名称：用于输入新建图像文件的名称，默认文件名称为“未标题-1”。

◎ 预设：单击右侧的▼图标，在弹出的下拉列表框中可以选择系统自定义的各种规格的新建文件大小尺寸。

◎ 宽度：用于手动输入新建图像的宽度，右侧的下拉列表框中可以选择度量单位。

◎ 高度：用于手动输入新建图像的高度，右侧的下拉列表框中可以选择度量单位。

◎ 分辨率：用于设置新建图像的分辨率大小，分辨率越高，图像品质越好，但图像文件尺寸也越大，在右侧的下拉列表框中选择单位为【像素/英寸】或【像素/厘米】。

◎ 颜色模式：用于选择新建图像文件的颜色模式，一般使用【RGB 颜色】模式。

◎ 背景内容：用于设置图像的背景颜色，有 3 个选项。其中【白色】选项表示图像的背景色为白色；【背景色】选项表示图像的背景颜色将使用当前的背景色；【透明】选项表示图像的背景透明，以灰白相间的网格显示，没有填充颜色。

◎ 高级：该栏可以设置新建文件的色彩配置文件和像素纵横比，一般保持默认设置。

【例 2-1】新建一个名为“商品海报”，宽度和高度为 420mm×580mm，分辨率为 300 像素/英寸，“背景内容”为白色的印刷品图像文件。

(1) 启动 Photoshop 应用程序，选择【文件】|【新建】命令，打开【新建】对话框，如图 2-1 所示。

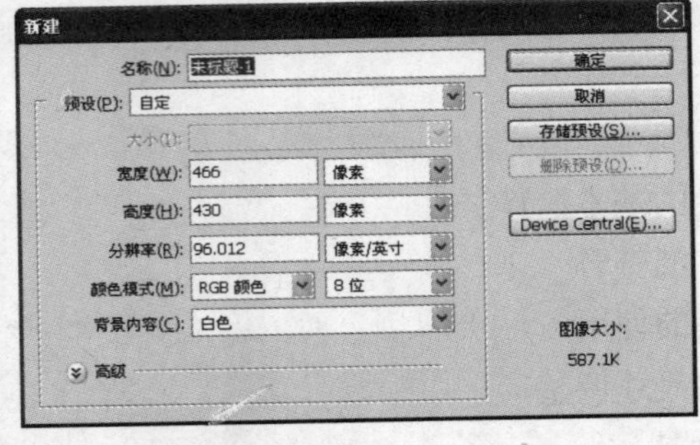

图 2-1 【新建】对话框

(2) 在打开的【新建】对话框中的【名称】文本输入框中输入“商品海报”，在【宽度】和【高度】右侧的单位下拉列表中选择单位为【毫米】，在【宽度】和【高度】文本框中分别输入 420 和 580。

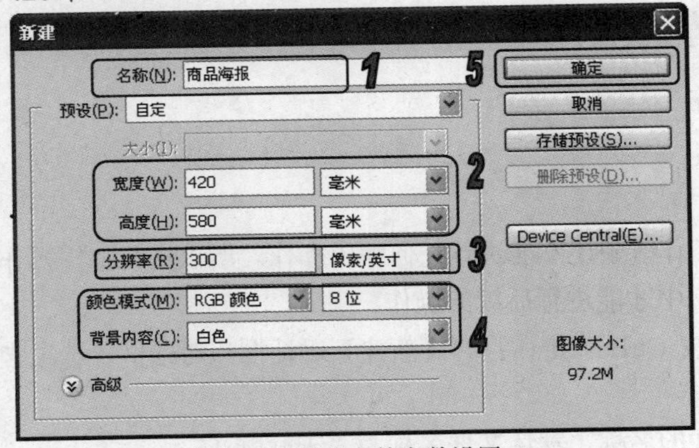

图 2-2 新建文件参数设置

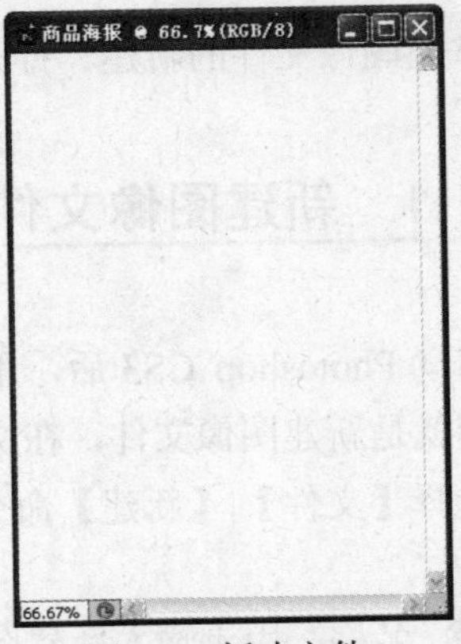

图 2-3 新建文件

(3) 在【分辨率】右侧的下拉列表框中选择【像素/英寸】选项，在【分辨率】文本框中输入300。

(4) 在【颜色模式】下拉列表框中选择【RGB 模式】，然后在【背景内容】下拉列表框中选择【白色】选项，设置后的【新建】对话框如图 2-2 所示。

(5) 单击【确定】按钮，新建的图像文件窗口如图 2-3 所示，在图像文件窗口标题栏中显示文件名称、显示比例和颜色模式。

2.1.2 保存图像文件

新建或打开图像文件后，对图像编辑完毕后或在其过程中应随时对编辑的图像文件进行存储，以免因意外情况造成不必要的损失。

对于新图像文件第一次存储时可选择【文件】|【存储】命令，在打开的【存储为】对话框中需指定保存位置、保存文件名和文件类型。

在【存储为】对话框中还可以设置各种文件存储选项。

- 【作为副本】选项，用于存储文件复制，同时使当前文件在桌面上保持打开。
- 【Alpha 通道】选项，将 Alpha 通道信息与图像一起存储。禁用该选项可将 Alpha 通道从存储的图像中删除。
- 【图层】选项保留图像中的所有图层。如果此选项被停用或者不可用，则会拼合或合并所有可见图层，具体取决于所选格式。
- 【批注】选项用于存储图像的注释，如附注或语音注释。
- 【专色】选项将专色通道信息与图像一起存储。如果禁用该选项，则会从存储的图像中移去专色。
- 【使用校样设置】选项可以将文件的颜色转换为校样色彩描述的文件空间，这对于创建用于打印的输出文件有用。此选项在将文件保存格式设置为 EPS、PDF、DCS1.0 和 DCS2.0 格式时为可选状态。
- 【ICC 配置文件】选项可以保存嵌入文件的 ICC 配置文件。
- 【缩览图】选项可为存储图像文件创建缩览图数据，以后再打开此文件时，可在对话框中预览图像。
- 【使用小写扩展名】选项可将文件的扩展名设置为小写。

在 Photoshop 中打开已有的图像文件后对其进行编辑，如果只需将修改部分保存到原文件中并覆盖原文件，可以选择【文件】|【存储】命令或按 Ctrl+S 键即可。如果想对编辑后的文件以其他文件格式或文件路径进行存储，可以选择【文件】|【存储为】命令进行设置。

【例 2-2】将前面新建的“商品海报”图像文件以 PSD 格式保存在“素材&源文件”文件夹下。

(1) 选择【文件】|【存储为】命令(如图 2-4 所示)或按 Shift+Ctrl+S 键，打开【存储为】对话框。

(2) 在【保存在】下拉列表框中选择要存储文件的目标路径“素材&源文件”文件夹。

(3) 在【文件名】文本框中输入要保存文件的名称“商品海报”，在【格式】下拉列表框中选择 Photoshop(*.PSD;*.PDD)选项，如图 2-5 所示，然后单击【确定】按钮即可。

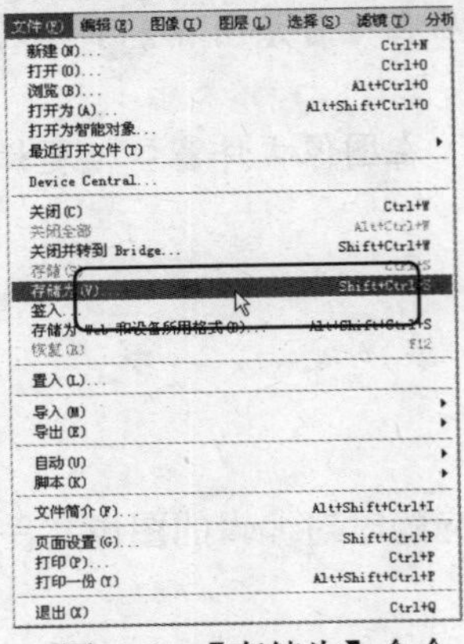
图 2-4 【存储为】命令

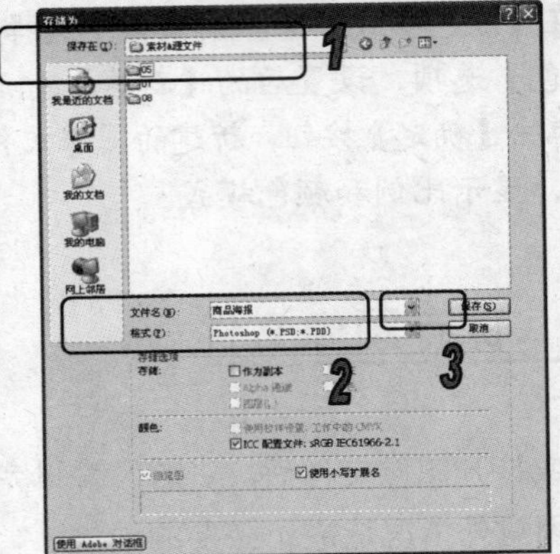
图 2-5 设置【存储为】对话框

2.1.3 打开图像文件

想打开已有的图像文件，可以选择【文件】|【打开】命令，或按 Ctrl+O 快捷键，也可以双击 Photoshop CS3 工作界面中的空白区域，打开如图 2-6 所示的【打开】对话框。在该对话框的【查找范围】下拉列表框中，可以设置所需打开图像文件的位置。默认情况下，文件列表框中显示的是所有格式的文件，如果只想显示指定文件格式的图像文件，可以在【文件类型】下拉列表框选择要打开图像文件的格式类型。在【打开】对话框中选择图像文件后，单击【打开】按钮，即可打开所选的图像文件。

除了以上方法外，用户还可以选择【文件】|【最近打开的文件】命令，打开其级联菜单从中选择最近打开过的图像文件。

通常情况下，都是以图像文件的原有格式打开图像文件。如果想要以指定的图像文件格式打开图像文件，可以选择【文件】|【打开为】命令，打开【打开为】对话框，如图 2-7 所示。在该对话框的文件列表框中，选择要打开的图像文件，然后在【打开为】下拉列表框中设定要转换的图像文件格式，再单击【打开】按钮，即可按选择的图像文件格式打开图像文件。

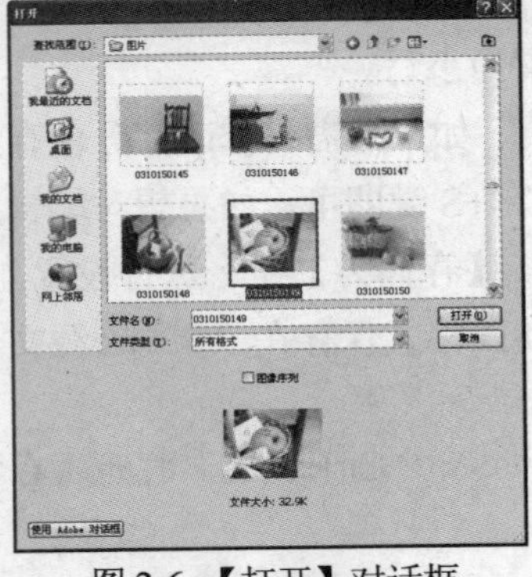
图 2-6 【打开】对话框

图 2-7 【打开为】对话框

提示

用户可以选择【文件】|【打开】命令，在打开的【打开】对话框的文件列表框中按住 Shift 键选择连续排列的多个图像文件，也可以按住 Ctrl 键选择不连续的多个图像文件。然后单击【打开】按钮即可。

2.1.4　关闭图像文件

同时打开几个图像文件窗口会占用一定的屏幕空间，因此文件使用完毕后可以关闭不需要使用的图像文件窗口。关闭的方法有以下几种。

- 选择【文件】|【关闭】命令可关闭当前图像文件窗口。
- 单击需要关闭图像文件窗口右上角的【关闭】按钮☒。
- 按 Ctrl+W 键可关闭当前图像文件窗口。

2.1.5　图像文件的置入与导出

使用 Photoshop CS3 的导入和导出功能，可以实现与其他软件之间的数据交互，即指 Photoshop CS3 支持不同应用程序之间的数据交换。例如，用户可以选择【导入】命令，将扫描仪与 Photoshop CS3 交互使用，使扫描后的图像文件直接在 Photoshop CS3 中处理和保存。

Photoshop CS3 中的导入功能是通过【文件】|【置入】命令和【文件】|【导入】命令实现的，用户可以根据实际处理需要选择它们进行相关操作。

选择【置入】命令，在打开的【置入】对话框中，用户可以选择 AI、或 EPS、PDF、PDP 文件格式的图像文件。然后单击【置入】按钮，即可将选择的图像文件导入至 Photoshop CS3 的当前图像文件窗口中。

【导入】命令的主要作用是直接将输入设备上的图像文件导入至 Photoshop CS3 中使用。这种导入方式与【置入】命令不同之处在于，它会新建一个图像文件窗口，然后将从输入设备获得的图像导入至新创建的图像文件窗口中。如果用户已经安装了扫描仪等输入设备，那么在【导入】命令的级联菜单中会显示扫描仪等输入设备的名称，只需选择相应设备的名称，即可将从输入设备获得的图像文件导入至 Photoshop CS3 中进行处理或使用。【导入】命令子菜单中常规命令有【变量数据组】、【视频帧到图层】、【注释】和【WIA 支持】。

- 【变量数据组】：可以将其他程序，例如文本编辑器或电子表格程序中创建的数据组导入到 Photoshop CS3 中。
- 【视频帧到图层】：可以向打开的文件添加视频。导入视频时，将在视频图层中引用图像帧。

◉ 【批注】：可以从存储为 PDF 格式的 Photoshop CS3 文件或存储为 PDF 或表单数据格式的 Acrobat 文件中导入文字注释和语音注释。

◉ 【WIA 支持】：某些数码相机使用【Windows 图像采集】(WIA)支持来导入图像，将数码相机连接到计算机后，选择【WIA 支持】命令可将照片直接导入到 Photoshop 中。

使用【文件】|【导出】命令，可以把 Photoshop CS3 中的图像文件导出为其他应用程序所需的文件格式，如导出成 Illustrator 默认的 AI 文件格式。

如果想要将当前的图像文件导出至 Illustrator 中使用，可以选择【文件】|【导出】|【路径到 Illustrator】命令，打开如图 2-8 所示的【导出路径】对话框。在该对话框中，可以先设定图像文件存放的磁盘位置，然后在【文件名】文本框中输入保存的文件名，再单击【保存】按钮即可。

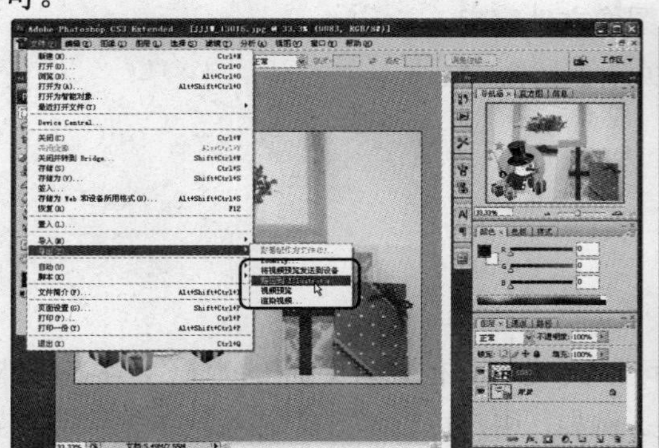

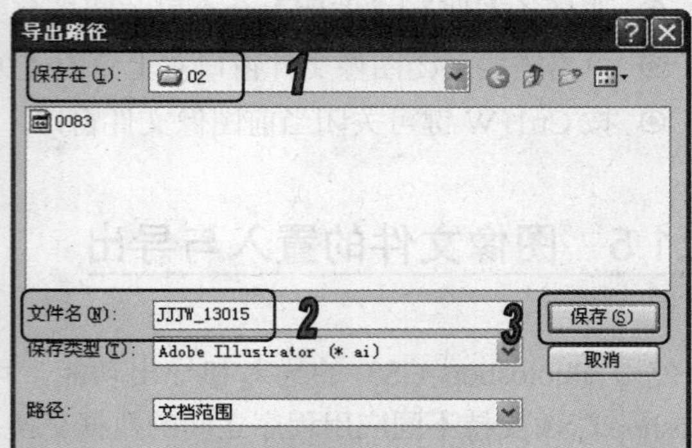

图 2-8　使用【路径到 Illustrator】命令

【例 2-3】在打开的图像文件中置入 AI 格式的图像文件，并以 JPEG 格式导出。

(1) 启动 Photoshop 应用程序，选择【文件】|【打开】命令，在【打开】对话框中选择图像文件所在文件夹，选中所需打开的图像文件，然后单击【打开】按钮，如图 2-9 所示，打开图像文件。

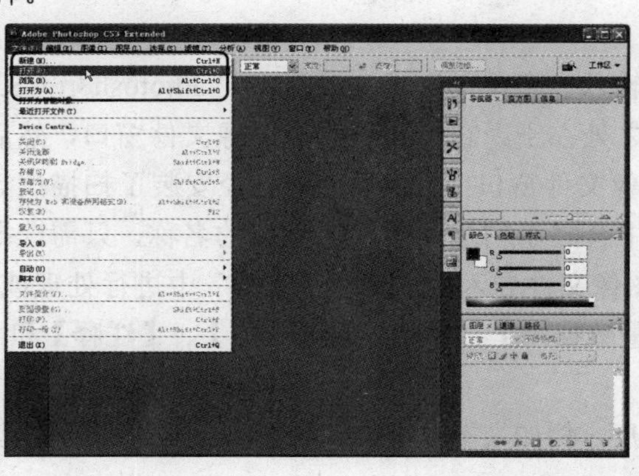

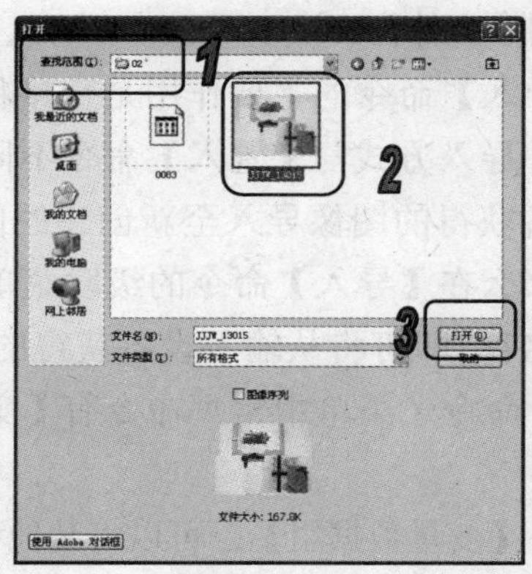

图 2-9　打开图像

(2) 选择【文件】|【置入】命令，在【置入】对话框中选择图像文件所在文件夹，选中所需打开的 AI 格式图像文件，然后单击【置入】按钮，如图 2-10 所示。

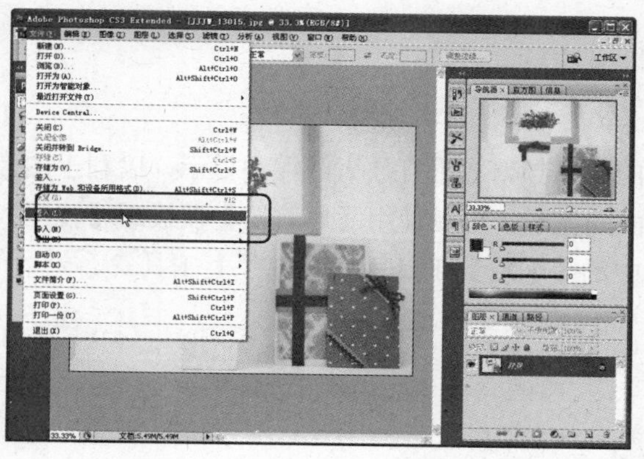
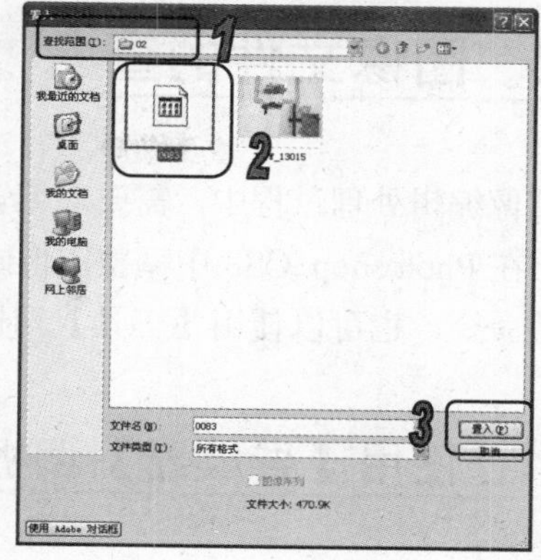

图 2-10　【置入】命令

(3) 在打开的【置入 PDF】对话框中的【缩览图大小】下拉列表中选择【适合页面】选项，然后单击【确定】按钮，将 AI 格式图像置入到打开的图像文件中，如图 2-11 所示。

图 2-11　置入图像

(4) 将鼠标光标移动至置入图像的边框上，当出现双向箭头时，拖动鼠标调整置入图像大小，调整结束后，按 Enter 键应用调整，将 AI 格式图像嵌入到图像中，如图 2-12 所示。

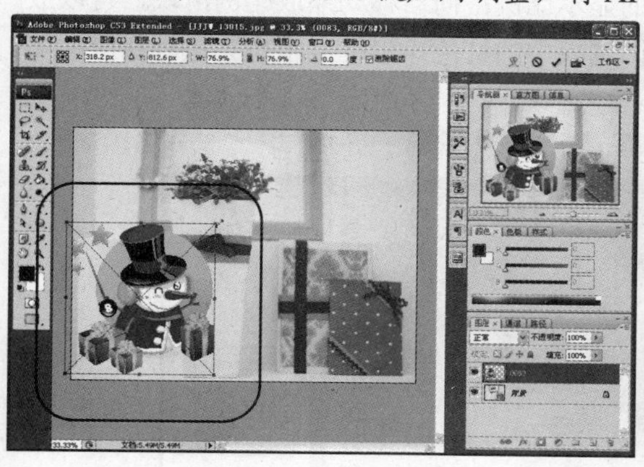

图 2-12　嵌入图像

2.2 图像文件的查看

在图像编辑处理过程中，需要对编辑的图像频繁地进行放大或缩小显示，以利于图像的编辑。要想在 Photoshop CS3 中调整图像画面的显示，可以使用【导航器】调板或【视图】菜单中的相关命令，也可以使用【工具】调板中的【缩放】工具和【抓手】工具。

2.2.1 使用【导航器】调板

使用【导航器】调板，不仅可以很方便地对图像文件窗口中的显示比例进行缩放调整，而且还可以对画面显示的区域进行移动选择。选择【窗口】|【导航器】命令，可以在工作界面中显示【导航器】调板，如图 2-13 所示。

图 2-13　显示【导航器】调板

如果设置【导航器】调板底部的【显示比例】文本框中的数值，可以调整图像文件窗口的显示比例。用户也可以使用【显示比例】文本框右侧的缩放比例滑块，调整图像文件窗口的显示比例。向左移动缩放比例滑块，可以缩小画面的显示比例；向右移动缩放比例滑块，可以放大画面的显示比例。在调整画面显示比例的同时，调板中的红色矩形框大小也会进行相应的缩放，如图 2-14 所示。

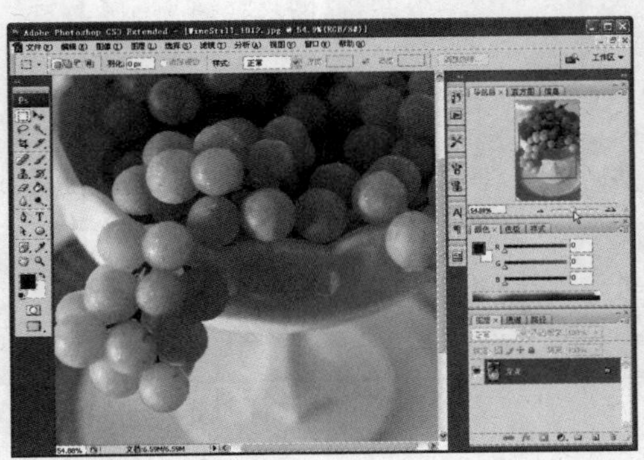

图 2-14　改变视图显示比例

【导航器】调板中的红色矩形框表示当前窗口显示的画面范围。把光标移动至【导航器】调板预览窗口中的红色矩形框内，光标会变为手形标记，单击并拖动手形标记，即可移动红色矩形框，如图 2-15 所示。该操作方式可以很方便地调整放大的图像文件窗口中显示的画面区域。

图 2-15　在【导航器】调板中移动画面显示区域

2.2.2　使用【缩放】、【抓手】工具

除了以上方法，用户还可以使用【工具】调板中的【缩放】工具，实现图像画面的显示比例的缩放。

使用【缩放】工具，在图像文件窗口中每单击一次，图像画面会以 50%的显示比例递增放大显示；按住 Alt 键，在图像文件窗口中每单击一次，图像画面会以 50%的显示比例递减缩小显示。另外，也可以通过单击并拖动出矩形框的操作方法，放大矩形框区域范围内图像画面的显示比例。使用该操作方法时，拖动出的矩形框范围为所要放大显示的图像画面区域，选中所需显示的画面区域后，释放鼠标即可实现该区域的显示放大。

在图像文件窗口观察放大显示的图像画面时，可以选择【工具】调板中的【抓手】工具，在图像文件窗口中单击并拖动调整画面的显示区域。在操作过程中按下键盘上的空格键，也可切换当前操作的工具为【抓手】工具。释放空格键后，即可返回原来使用的操作工具。

在【工具】调板中选择【缩放】工具后，对应的选项栏如图 2-16 所示。

图 2-16　【缩放】工具的选项栏

单击选项栏中的【放大】按钮或【缩小】按钮，可以切换【缩放】工具的放大或缩小功能。另外，单击选项栏中的【实际像素】按钮，图像文件会以 100%的显示比例显示；单击【适合屏幕】按钮，Photoshop CS3 会根据用户设置的显示器分辨率，以最大化方式显示图像文件画面；单击【打印尺寸】按钮，图像文件会以与打印时完全相同的大小显示。

2.2.3 使用菜单命令

在【视图】菜单中，选择【放大】、【缩小】、【满画布显示】、【实际像素】和【打印尺寸】命令，可以调整图像文件窗口的画面显示比例。

- 【放大】：该命令用于放大图像的显示比例。
- 【缩小】：该命令与【放大】命令刚好相反，用于缩小图像的显示比例。
- 【满画布显示】：该命令可以将图像以最适合的比例显示，布满整个画布。
- 【实际像素】：该命令用于将图像以 100%的比例大小显示出来。
- 【打印尺寸】：该命令用于将图像以文档的实际尺寸显示。

2.3 使用辅助工具

辅助工具的主要作用是辅助操作，可以利用辅助工具提高操作的精确程度，提高工作效率。在 Photoshop 中可以利用标尺、参考线和网格等工具来完成辅助操作。

2.3.1 使用【标尺】

标尺可以帮助用户精确地确定图像或元素的位置。选择【视图】|【标尺】命令或按 Ctrl+R 键，可在图像文件窗口顶部和左侧分别显示水平和垂直标尺，如图 2-17 所示。

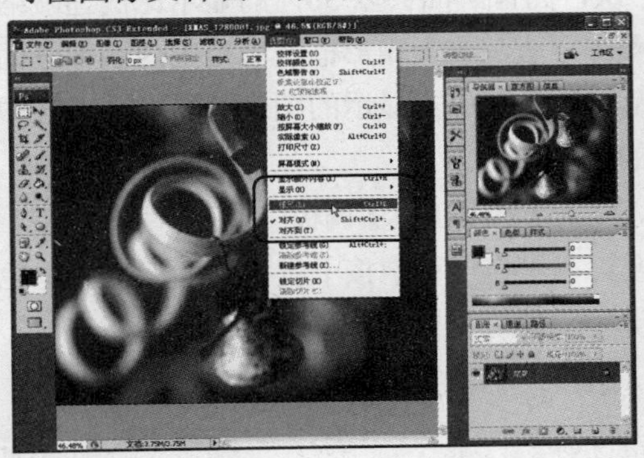

图 2-17 显示标尺

在标尺上单击鼠标右键，在弹出的快捷菜单中可以更改标尺的单位，系统默认为厘米。再次按 Ctrl+R 键可以隐藏标尺。

知识点

标尺内的虚线可显示出当前鼠标移动时的位置。更改标尺原点可以从图像上特定的点开始度量。在左上角按下鼠标左键，然后拖动到特定的位置释放鼠标即可改变原点的位置。要恢复原点的位置，只需在左上角处双击鼠标即可。

2.3.2 使用【网格】

网格在默认情况下显示为不可打印的线条或者网点。网格对于对称布置的图像很有用。选择【视图】|【显示】|【网格】命令，或按 Ctrl+快捷键，即可在当前打开文件的页面中显示网格，如图 2-18 所示。

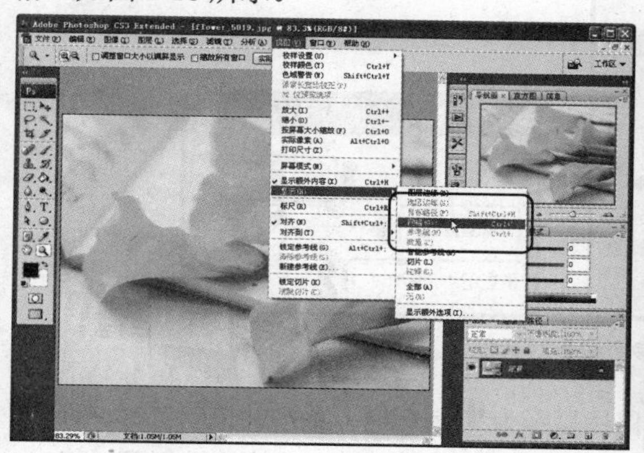
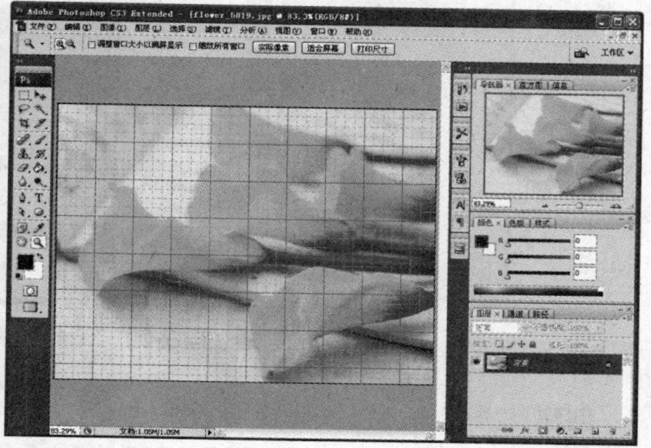

图 2-18 显示网格

显示网格后，选择【视图】|【对齐到】|【网格】命令，在进行创建图形、移动图像或者创建选区等操作时，对象会自动贴近网格。如果要隐藏网格，再次选择【网格】命令即可。

2.3.3 使用参考线

参考线是显示在图像上方的一些不会打印出来的线条，可以帮助用户定位图像。参考线可以移动和删除，也可以将其锁定。

在 Photoshop 中可以通过以下两种方法来创建参考线。

◉ 按 Ctrl+R 快捷键，在图像文件中显示标尺。然后将光标放置在标尺上，按住鼠标不放并向画面中拖动，即可拖出参考线，如图 2-19 所示。如果想要使参考线与标尺上的刻度对齐，可以在拖动时按住 Shift 键。

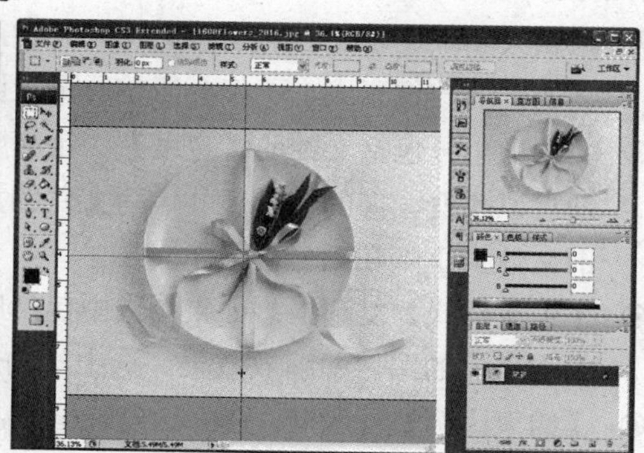

图 2-19 拖动创建参考线

◎ 选择【视图】|【新建参考线】命令，打开【新建参考线】对话框，如图 2-20 所示。在【取向】选项中选择参考线的方向，然后在【位置】文本框中输入数值，此值代表了参考线在画面中的位置。单击【确定】按钮，可以按照设置的位置创建水平或垂直的参考线。

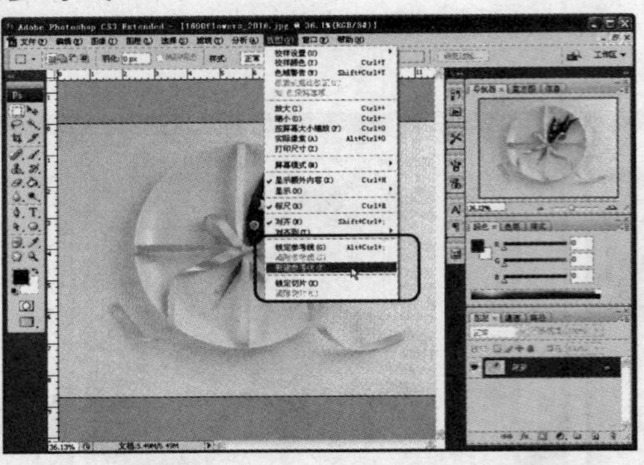
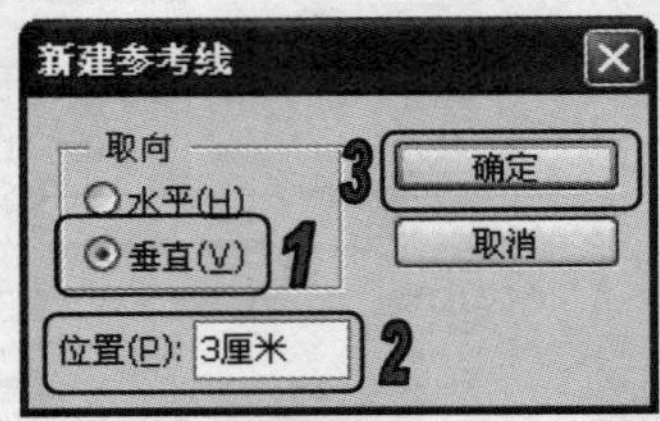

图 2-20 【新建参考线】对话框

创建参考线后，将鼠标移动到参考线上，当鼠标显示为 图标时，单击并拖动鼠标，可以改变参考线的位置。选择【视图】|【显示】|【参考线命令】，或按 Ctrl+; 快捷键，可以将当前参考线隐藏。

2.4 图像文件尺寸调整

图像文件的大小、图像的画面尺寸和图像分辨率是一组相互关联的图像属性，在图像处理的过程中，会经常需要对它们进行设置或调整，以满足实际操作的需要。

2.4.1 使用【图像大小】命令

在 Photoshop 中可以使用【图像大小】对话框来调整图像的像素大小、打印尺寸和分辨率。选择【图像】|【图像大小】命令，打开【图像大小】对话框。对话框中各选项含义如下：

◎ 像素大小：显示了当前图像文件的大小，该栏中的【宽度】和【高度】是以像素来描述的。更改像素大小不仅会影响屏幕上图像的大小，还会影响图像品质和打印特性。

◎ 文件大小：包括文件的【宽度】、【高度】和【分辨率】值，通过设置这三项数值，便可以改变图像的实际尺寸。新文件的大小会出现在【图像大小】对话框的顶部，而旧文件大小则在括号内显示。

◎ 【缩放样式】复选框：如果图像中包括应用了样式的图层，则应选中该复选框，在调整大小后的图像中缩放效果。选中【约束比例】复选框后才能激活该项。

◎ 【约束比例】复选框：选中该复选框后，在【宽度】和【高度】选项后将出现【链接】标志，表示只要改变其中的一个参数，另一个参数也将按相同比例改变。

◎ 【重定图像像素】复选框：只有选中该复选框后，才可以改变像素的大小，并可选择新取样像素的方式；不选中该复选框，像素大小将不发生变化。

【例 2-4】在 Photoshop 中打开图像文件，并改变图像文件大小。

(1) 启动 Photoshop 应用程序，选择【文件】|【打开】命令，在【打开】对话框中选择图像文件所在文件夹，选中所需打开的图像文件，然后单击【打开】按钮，如图 2-21 所示。

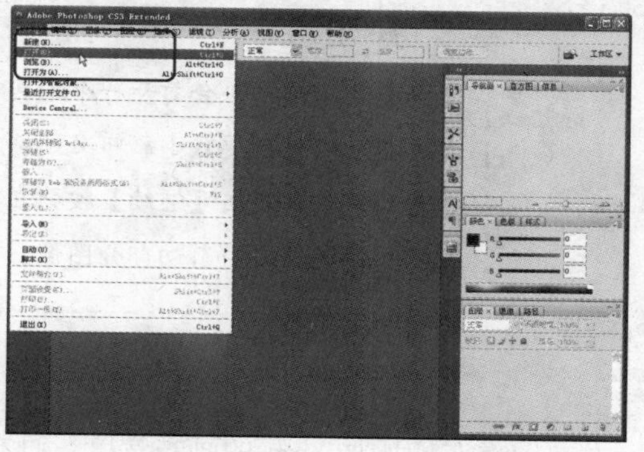

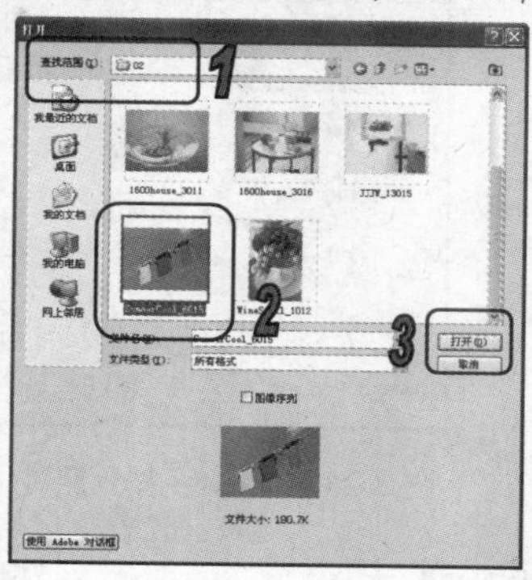

图 2-21　使用【打开】命令

(2) 选择【图像】|【图像大小】命令，打开【图像大小】对话框，在对话框中选中【约束比例】复选框，设置【宽度】为 8 厘米，然后单击【确定】按钮改变图像大小，如图 2-22 所示。更改后图像文件的大小显示在【图像大小】对话框最上端的【像素大小】选项栏上。

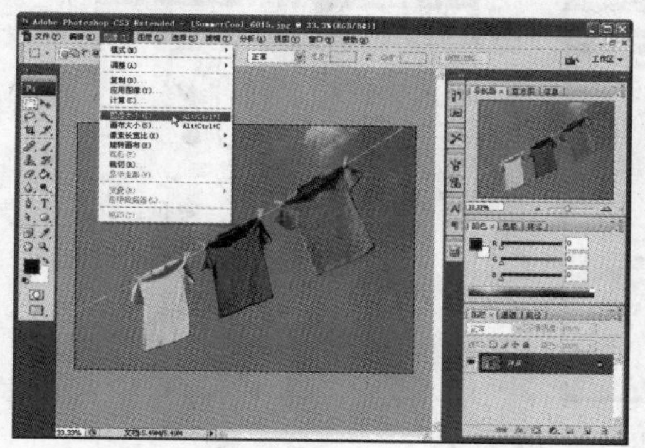

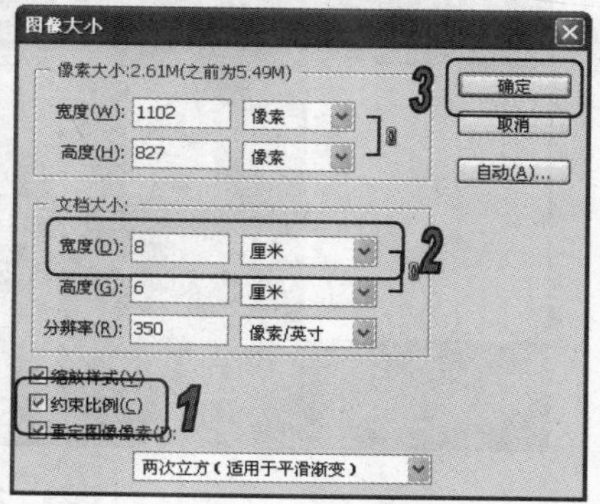

图 2-22　设置图像大小

2.4.2　使用【画布大小】命令

画布大小是指图像四周的工作区的尺寸大小。使用【画布大小】命令可以添加或减少图像现有的工作区。选择【图像】|【画布大小】命令，打开【画布大小】对话框，如图 2-23 所示。对话框中各选项的含义如下：

◎ 当前大小：显示当前图像的画布大小，默认与图像的宽度和高度相同。

◎ 【宽度】和【高度】参数框：在【宽度】和【高度】参数框中输入想要的画布尺寸，在参数框后面的下拉列表中选择所需的度量单位。

◉ 【定位】设置项：单击某一方向按钮，可以指示图像在新画布中的位置。

◉ 【画布扩展颜色】下拉列表：选择新增画布的颜色，可选择背景、前景、白色和黑色等，也可以单击右侧的颜色框，在打开的【选择画布扩展颜色】对话框中选择新的画布颜色。

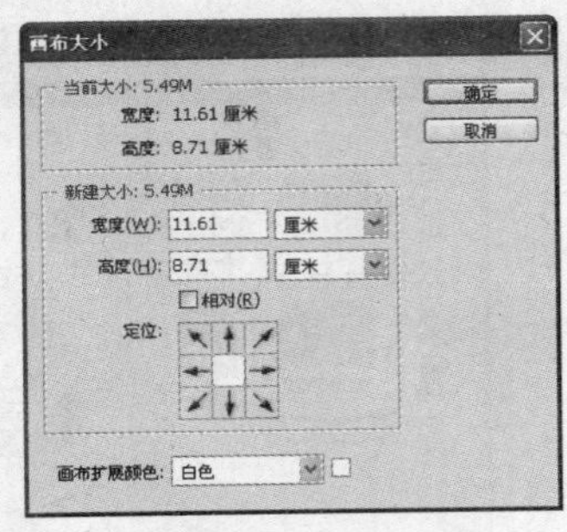

图 2-23 【画布大小】对话框

如果要减小画布，会打开一个询问对话框，提示用户若要减小画布必须将原图像进行裁切，单击【继续】按钮在改变画布大小的同时将剪切部分图像。

【例 2-5】在 Photoshop 中打开图像文件，并在图像左侧增加 3cm 的画布宽度，画布颜色为灰色。

(1) 启动 Photoshop 应用程序，选择【文件】|【打开】命令，在【打开】对话框中选择图像文件所在文件夹，选中所需打开的图像文件，然后单击【打开】按钮，如图 2-24 所示。

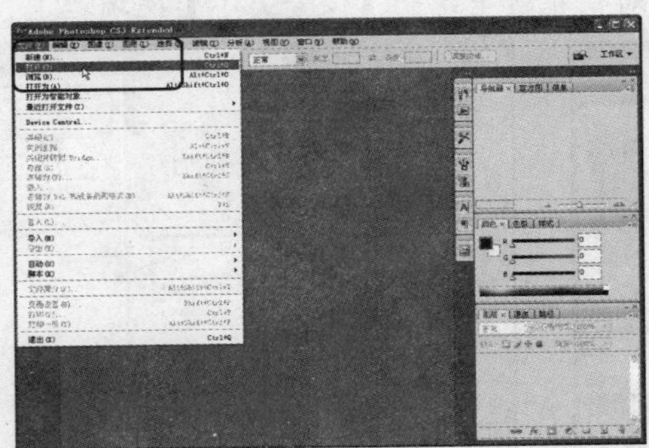

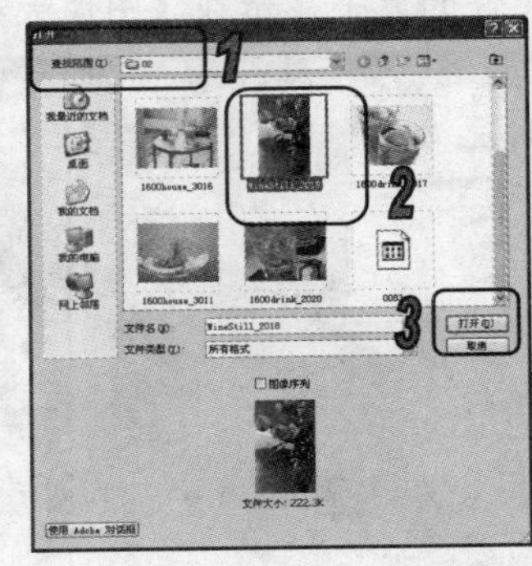

图 2-24 使用【打开】命令

(2) 选择【图像】|【画布大小】命令，打开【画布大小】对话框，如图 2-25 所示。

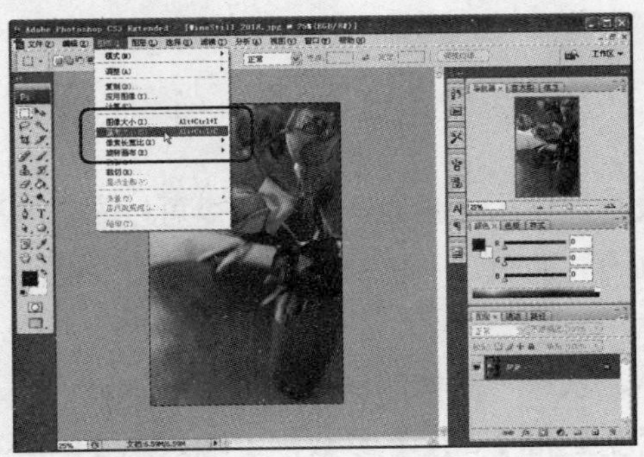

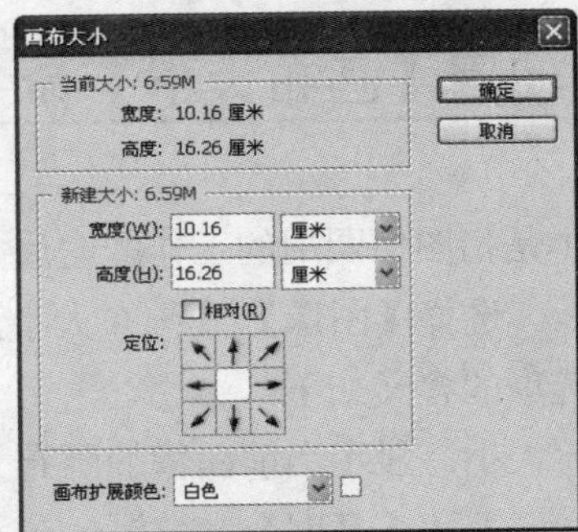

图 2-25 打开【画布大小】对话框

(3) 在对话框中设置【宽度】为 13.16 厘米，单击右侧居中的定位按钮，在【画布扩展颜色】下拉列表中选择【灰色】，然后单击【确定】按钮扩展画布，如图 2-26 所示。

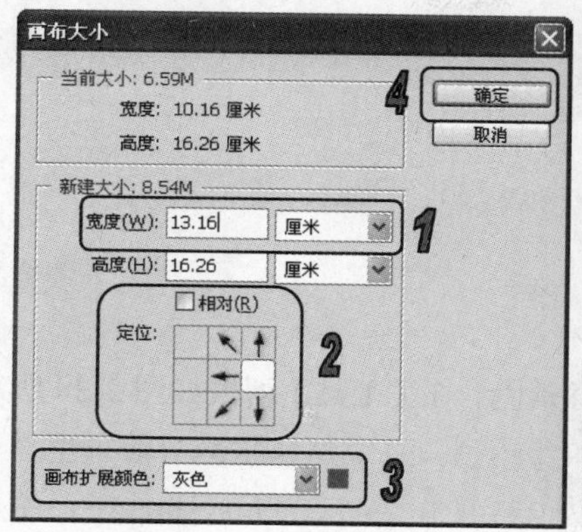

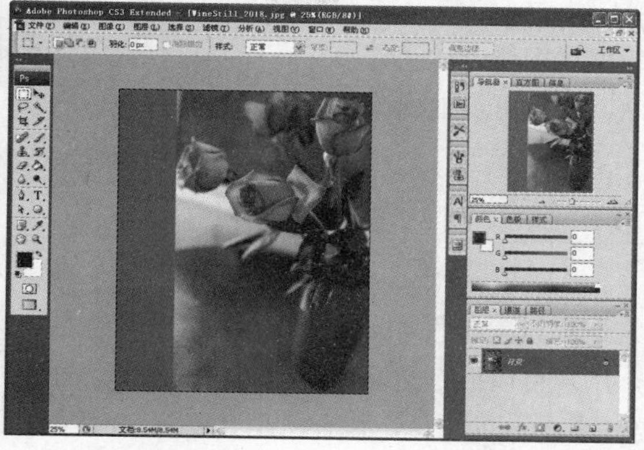

图 2-26　扩展画布

2.4.3　使用【裁剪】工具

在 Photoshop CS3 中，除了通过改变画布大小裁剪图像画面外，还可以使用【裁剪】工具裁剪指定区域外的图像画面。使用这两种裁剪图像的方式，可以在不改变图像文件分辨率的情况下改变图像画面尺寸。

使用【裁剪】工具可以指定保留区域的同时，裁剪保留区域外的图像区域。在【工具】调板中选择【裁剪】工具，然后在图像文件窗口中按住鼠标并拖动，释放鼠标即可创建一个矩形定界框，如图 2-27 所示。

该矩形定界框上有 8 个可供控制手柄，移动光标至手柄位置上，按住鼠标并拖动，即可调整定界框的区域范围；移动光标至定界框外，会变成旋转控制手柄，按住鼠标并拖动，即可围绕定界框的中心点旋转；移动光标至定界框的中心点，按住鼠标并拖动，即可改变定界框的中心点位置。当进行旋转定界框操作时，会以重新设置的中心点进行旋转。调整定界框区域后，按 Enter 键或者在定界框内双击，即可裁剪定界框之外的图像区域。

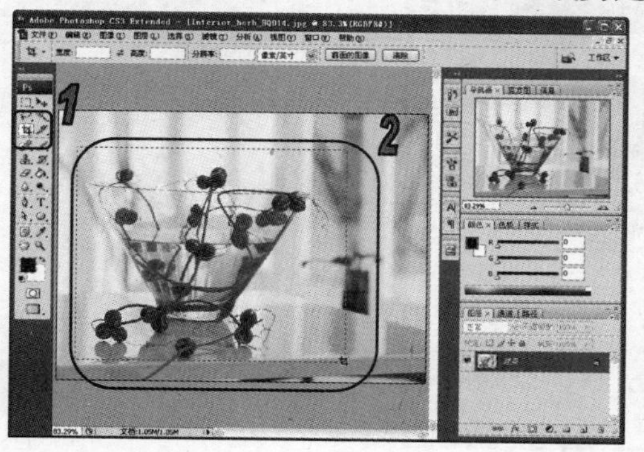

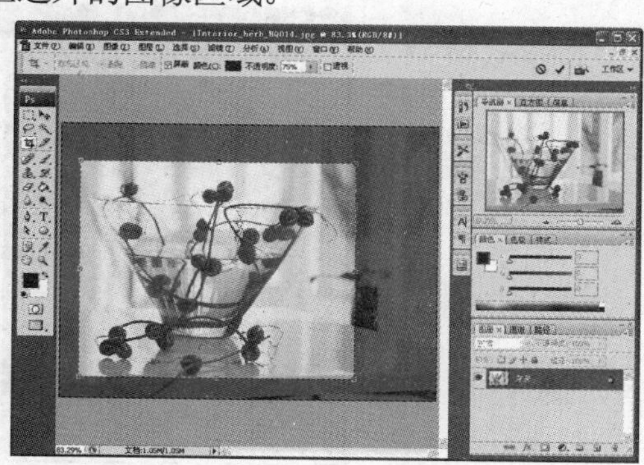

图 2-27　使用【裁剪】工具

2.5 颜色的设置

在绘制或编辑图像文件时，首先要进行颜色的设定。Photoshop 提供了各种选取和设置颜色的方法。用户可以根据需要来选择最适合的方法。

2.5.1 前景色与背景色

在选取和设置颜色时，都会涉及到设置前景色和背景色。在【工具】调板如图 2-28 所示的区域中，用户可以很方便地查看到当前使用的前景色和背景色。系统默认状态下前景色是 R、G、B 数值都为 0 的黑色，背景色是 R、G、B 数值都为 255 的白色。在 Photoshop 中，用户可以通过多种工具设置前景色和背景色的颜色，如【拾色器】对话框、【颜色】调板、【色板】调板和【吸管】工具等。

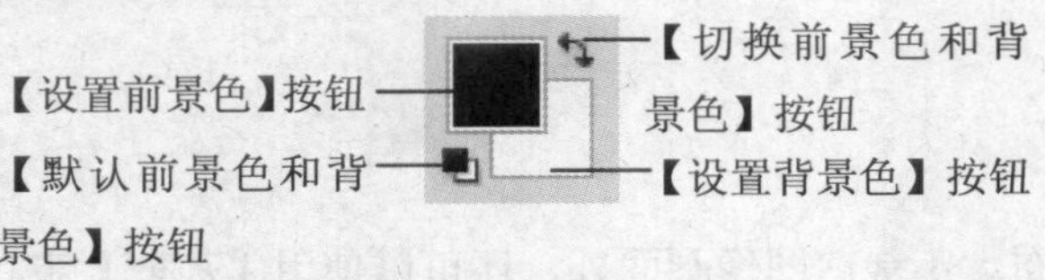

图 2-28　前景色和背景色

> **知识点**
>
> 在【工具】调板中，单击【切换前景色和背景色】按钮，可以互换前景色和背景色设定的颜色；单击【默认前景色和背景色】按钮，可以恢复前景色和背景色的颜色至系统默认状态。

2.5.2 使用【拾色器】对话框

单击【工具】调板下方的【设置前景色】或【设置背景色】按钮都可以打开【拾色器】对话框，如图 2-29 所示。在【拾色器】对话框左侧的主颜色框中单击鼠标可选取颜色，该颜色会显示在右侧上方颜色方框内，同时右侧文本框的数值会随之改变。用户也可以在右侧的颜色文本框中输入数值，或拖动主颜色框右侧颜色滑竿的滑块来改变主颜色框中的主色调。

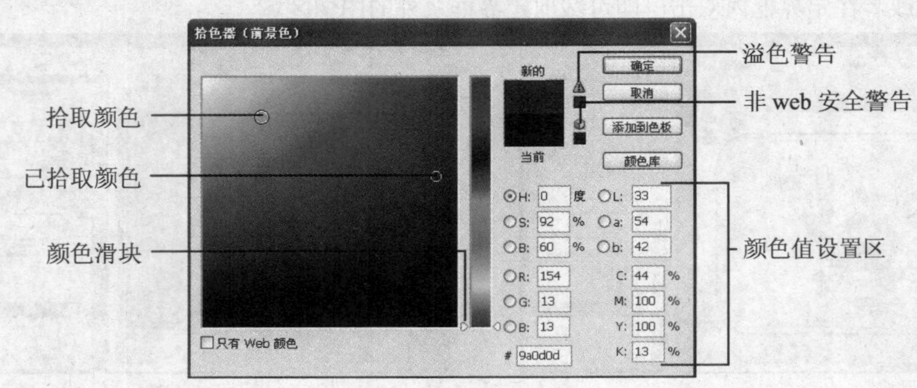

图 2-29　【拾色器】对话框

提示

在【拾色器】对话框中可以使用 HSB、RGB、Lab 和 CMYK 四种颜色模式来选取颜色。还可以对【拾色器】进行配置以便之选取 Web 安全颜色或从特定的颜色系统中选取颜色。

- 颜色滑块/色域/拾取颜色：拖动颜色滑块，或者在竖直的渐变颜色条上单击可选取颜色范围。设置颜色范围后，在色域中单击鼠标，或拖动鼠标，可以在选定的颜色范围内设置当前颜色并调整颜色的深浅。
- 颜色值：【拾色器】对话框中的色域可以显示 HSB、RGB、Lab 颜色模式中的颜色分量。如果知道所需颜色的数值，则可以在相应的数值框中输入数值，精确地定义颜色。
- 新的/当前：颜色滑块右侧的颜色框中有两个色块，上部的色块为【新的】，显示为单前选择的颜色；下部的色块为【当前】，显示的是原始颜色。
- 溢色警告：对于 CMYK 设置而言，在 RGB 模式中显示的颜色可能会超出色域范围，而无法打印。如果当前选择的颜色是不能打印的颜色，则会显示溢色警告。Photoshop 在警告标志下的颜色块中显示了与当前选择的颜色最为接近的 CMYK 颜色，单击警告标志或颜色块，可以将颜色块中的颜色设置为当前颜色。
- 非 Web 安全色警告：Web 安全颜色是浏览器使用的 216 种颜色，如果当前选择的颜色不能在 Web 页上准确显示，则会出现非 Web 安全色警告。Photoshop 在警告标志下的颜色块中显示了与当前选择的颜色最为接近的 Web 安全色，单击警告标志或颜色块，可将颜色块中的颜色设置为当前颜色。
- 【只有 Web 颜色】：选择此选项，色域中只显示 Web 安全色，此时选择的任何颜色都是 Web 安全色。
- 【添加到色板】：单击此按钮，可以将当前设置的颜色添加到【色板】调板，使之成为调板中预设的颜色。

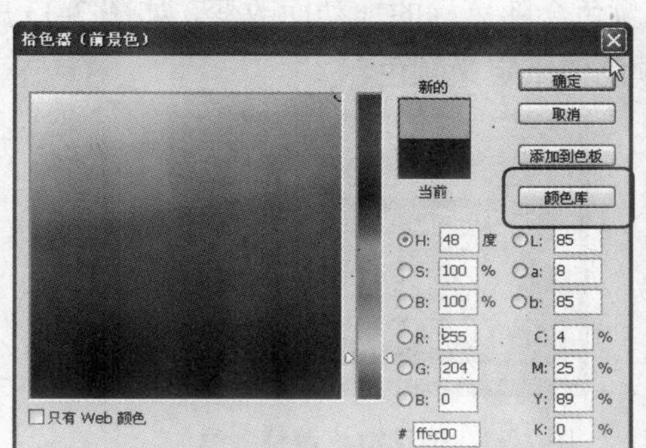

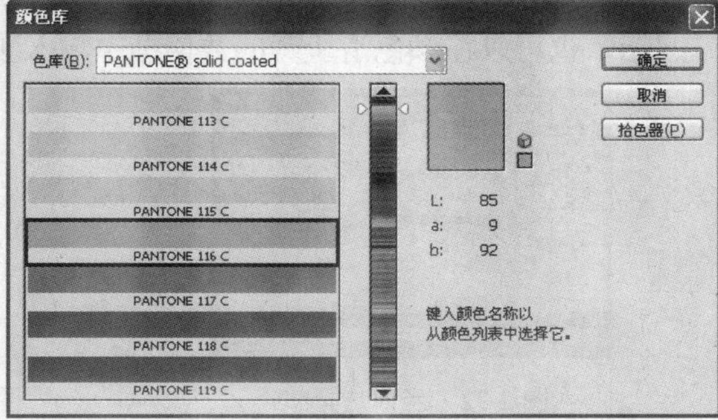

图 2-30　【颜色库】对话框

- 【颜色库】：单击【拾色器】对话框中的【颜色库】按钮，可以打开【颜色库】对话框，如图 2-30 所示。在【颜色库】对话框的【色库】下拉列表框中共有 27 种颜色库。这

些颜色库是国际公认的色样标准。彩色印刷人员可以根据按这些标准制作的色样本或色谱表精确地选择和确定所使用的颜色。在其中拖动滑块可以选择颜色的主色调，在左侧颜色框内单击颜色条可以选择颜色，单击【拾色器】按钮，即可返回到【拾色器】对话框中。

2.5.3 使用【颜色】调板

【颜色】调板显示了当前前景色和背景色的颜色值。使用【颜色】调板中的滑块，可以利用几种不同的颜色模式来编辑前景色和背景色，也可以从显示在调板底部的四色曲线图中的色谱中选取前景色或背景色。选择【窗口】|【颜色】命令，可以打开【颜色】调板，如图 2-31 所示。

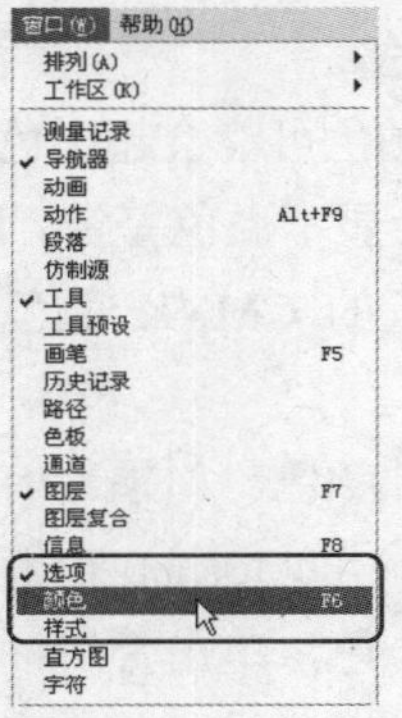

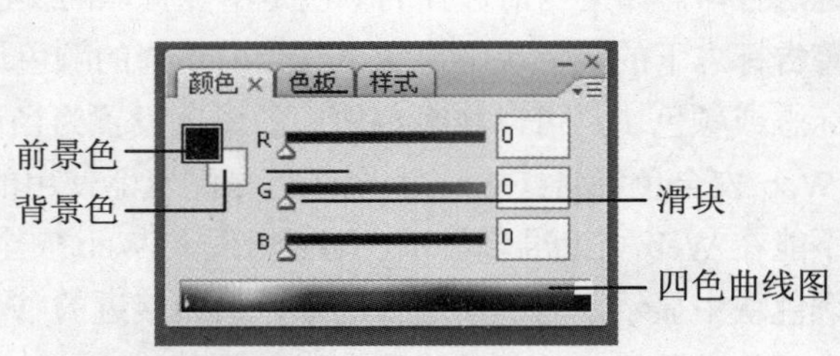

图 2-31 【颜色】调板

在【颜色】调板中编辑前景色或背景色之前，先要确保其颜色选框在调板中处于当前状态，处于当前状态的颜色框有黑色轮廓，如图 2-32 所示。

在【颜色】调板中可以通过以下方法设置前景色和背景色。

- ⊙ 拖动颜色滑块调整颜色。默认情况下，滑块颜色会随鼠标的拖动而改变，如图 2-33 所示，也可以在颜色滑块旁的数值框中输入颜色值来定义颜色。

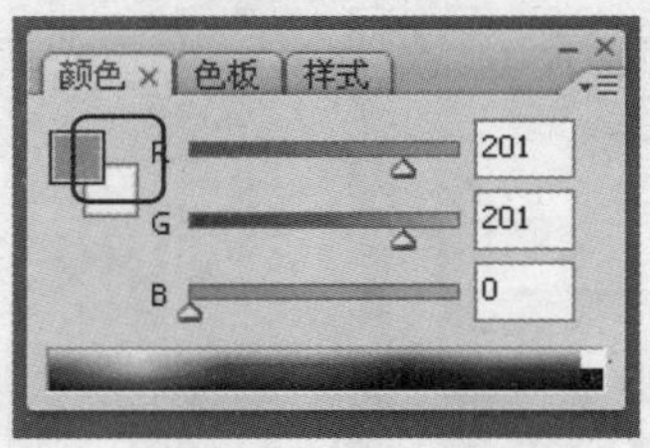

图 2-32 当前选择状态

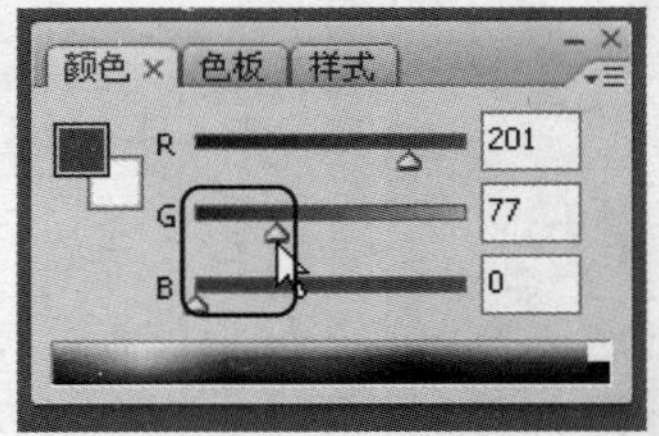

图 2-33 拖动滑块调整颜色

- ⊙ 单击【颜色选框】，在打开的【拾色器】中选取一种颜色，然后单击【确定】按钮。
- ⊙ 将光标放置在四色曲线图上，当光标变为【吸管】工具时单击鼠标，可以采集色样为前景色，如图 2-34 所示。如果按住 Alt 键单击鼠标，则可将色样设置为背景色。

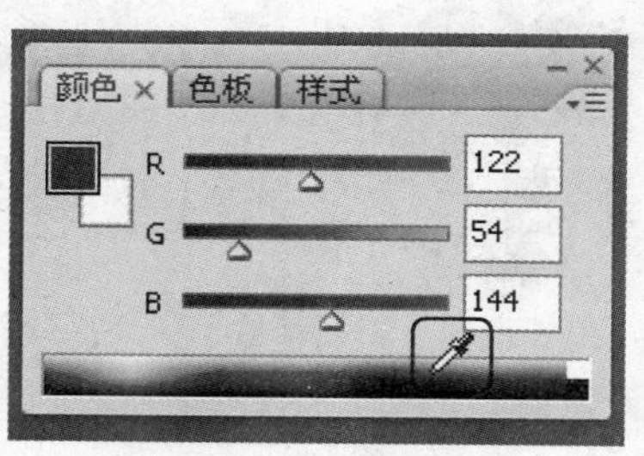

图 2-34 设置色样

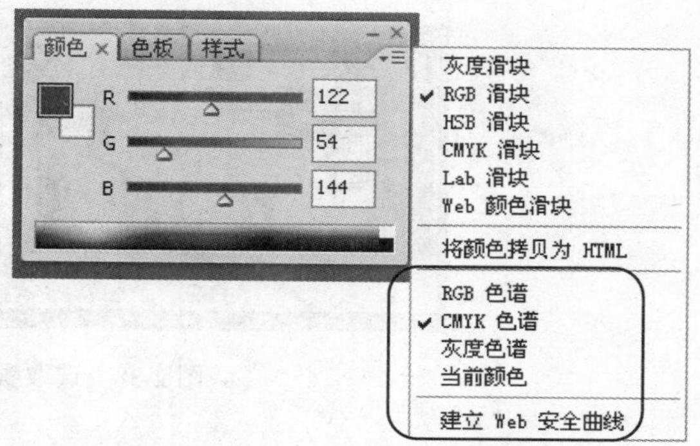

图 2-35 色谱显示

在【颜色】调板菜单中可以选择一个选项来改变色谱的显示方式，如图 2-35 所示。选择【RGB 色谱】、【CMYK 色谱】或【灰度色谱】命令，将显示指定颜色模式的色谱；选择【当前颜色】命令，将显示当前前景色和当前背景色之间的色谱。要仅显示 Web 安全颜色，可以选择【建立 Web 安全曲线】命令。

2.5.4 使用【色板】调板

【色板】调板用来存储经常使用的颜色，或者为不同的项目显示不同的颜色库，同时也可以在调板中根据需要添加或删除颜色。选择【窗口】|【色板】命令，可以打开【色板】调板，如图 2-36 所示。

默认情况下，【色板】调板中颜色以【小缩览图】方式显示，选择调板菜单中的【大缩览图】、【小列表】或【大列表】命令，可以用列表的方式显示颜色，如图 2-37 所示。

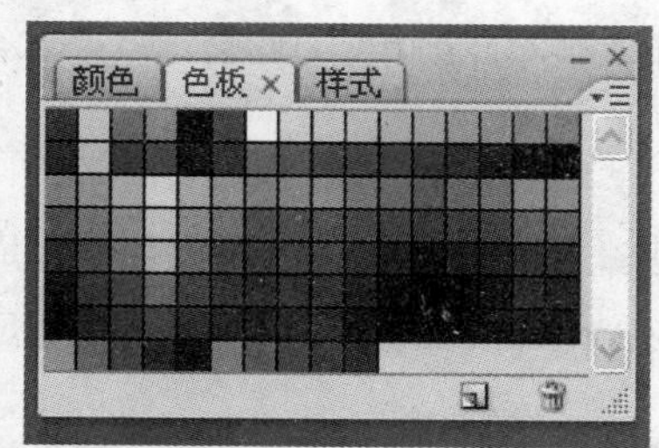

图 2-36 【色板】调板

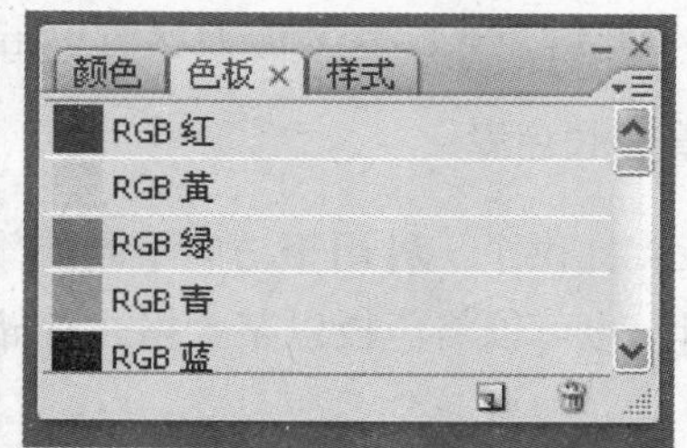

图 2-37 【小列表】显示方式

1. 选取颜色

该调板中的颜色都是 Photoshop 预设的，将光标放置在色板的颜色上，当光标变为【吸管】工具时，直接单击调板中的色样即可将其设置为前景色，无需再设置数值，如图 2-38 所示；如按住 Ctrl 键单击，则可将拾取的颜色设置为背景色。

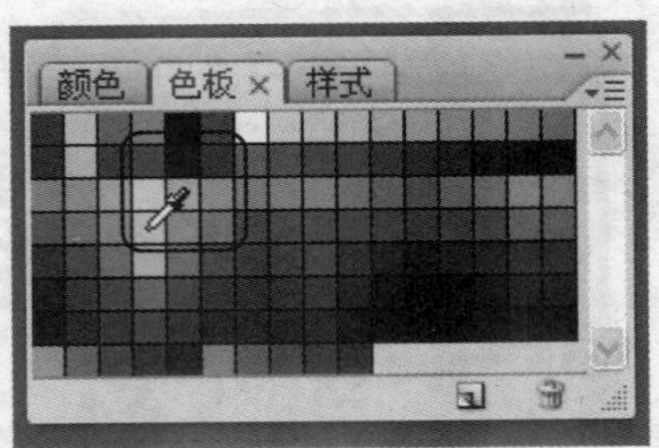

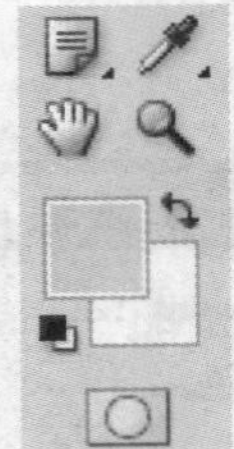

图 2-38　选取颜色

2. 添加或删除颜色

要将新选择的颜色添加到色板中，将光标放置在【色板】调板底部的空白处，当光标变成【油漆桶】工具时单击鼠标，打开【色板名称】对话框，输入新颜色的名称并单击【确定】按钮，可以将前景色添加到【色板】调板，如图 2-39 所示。如果直接单击【创建前景色的新色板】按钮，则可以将前景色添加到【色板】调板中，颜色使用默认的名称，如【色板 1】。

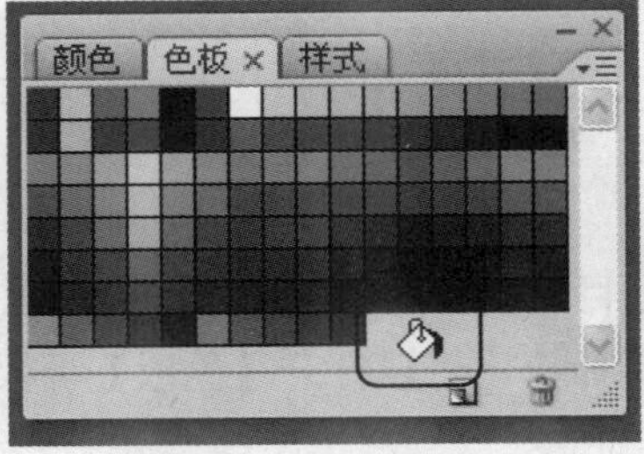

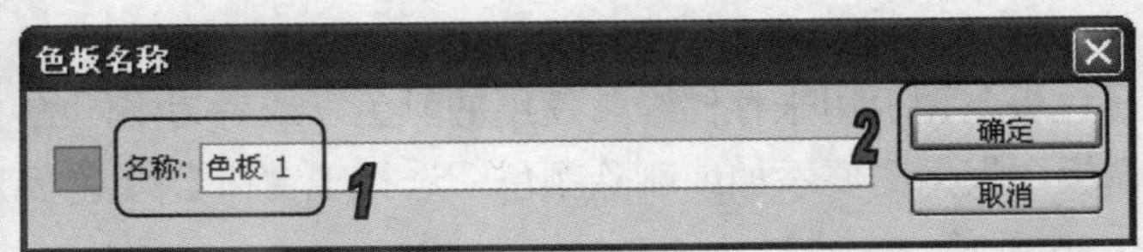

图 2-39　添加颜色

要删除【色板】调板中的颜色，只需要将颜色拖动到【删除色板】按钮上释放即可。如果按住 Alt 键，光标变为剪刀状时单击一个颜色，可直接删除此颜色。

3. 管理颜色库

色板库提供了一种用于访问不同的颜色组的简单方法。可以将自定义色板组存储为库以便重新使用，也可以将色板以某一格式存储，以便在 Photoshop、Illustrator 和 InDesign 等应用程序中共享。

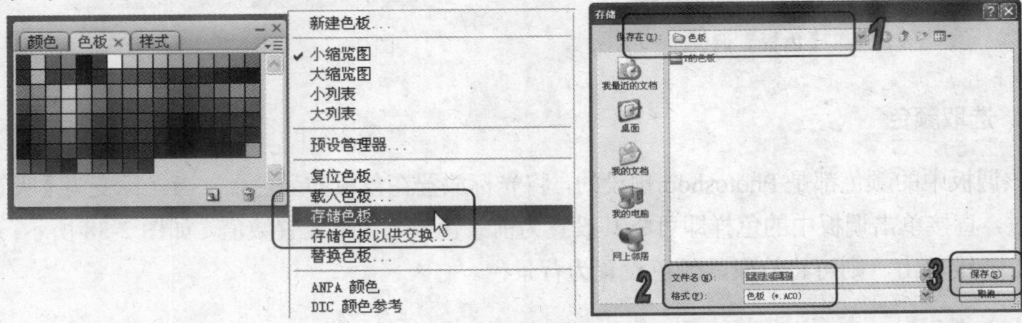

图 2-40　存储色板

单击【色板】调板右上角的调板菜单按钮，在调板菜单中选择【存储色板】命令，打开【存储】对话框，选择色板库的位置，输入文件名，然后单击【存储】按钮，如图 2-40 所示，可以将库存储在制定位置。如果将库文件保存在默认的预设位置【Presets/Swatches】文件夹中，重新启动应用程序后，库名称将出现在【色板】调板菜单的底部。

在【色板】调板菜单下方可以选择一个特定的颜色系统，单击【确定】或【追加】按钮将其载入，如图 2-41 所示。如果选择【载入色板】命令，则可以打开【载入】对话框，选择要使用的库文件，然后单击【载入】按钮即可。

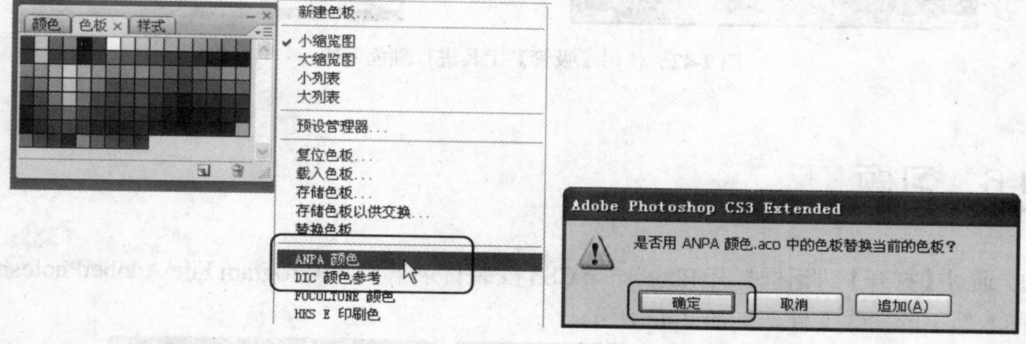

图 2-41　载入色板

2.5.5　使用【吸管】工具

使用【吸管】工具可以从当前图像或屏幕上的任何位置采集色样，将其设置为前景色或背景色；还可以进行像素颜色的采样。

选择【工具】调板中的【吸管】工具后，可以在其选项栏中的【取样大小】下拉列表框选择【取样点】、【3×3 平均】和【5×5 平均】3 种方式，它们的作用如下。

- 【取样点】选项：选择该选项，会以图像中的一个像素点作为采样单位。
- 【3×3 平均】选项：选择该选项，会以图像中 3×3 的像素区域作为采样单位，并且采样时取其范围内的颜色平均值作为数据信息。
- 【5×5 平均】选项：选择该选项，会以图像中 5×5 的像素区域作为采样单位，并且采样时取其范围内的颜色平均值作为数据信息。

使用【吸管】工具时，如果在图像中单击，可以设置该单击位置的颜色为前景色；如果按住 Alt 键在图像中单击，可以设置该单击位置的颜色为背景色；如果在图像文件窗口中移动光标，【信息】调板中的 CMYK 和 RGB 数值显示区域会随光标的移动显示相应的颜色数值，如图 2-42 所示。

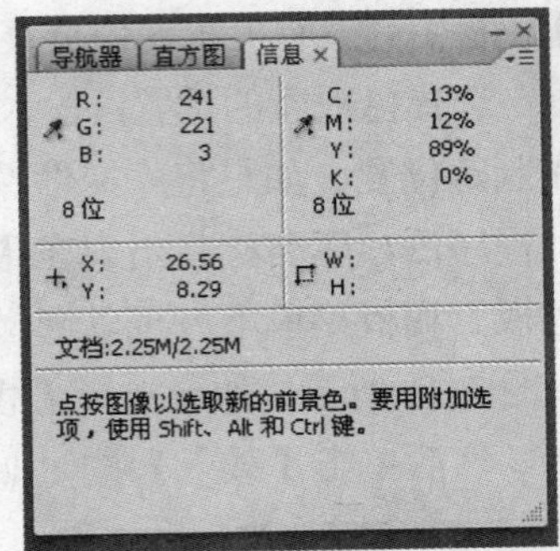

图 2-42　使用【吸管】工具进行颜色采样

2.6　习题

1. 通过【打开】对话框打开 Photoshop CS3 安装目录下“C：\Program File\Adobe\Photoshop CS3\样本”下的图像文件，如图 2-43 所示。

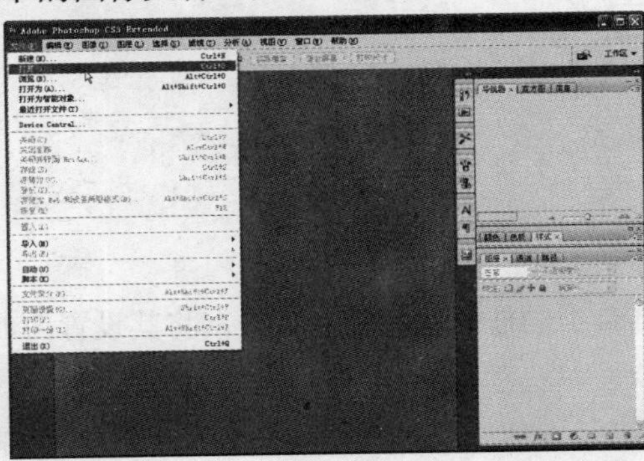

图 2-43　打开图像

2. 在打开的样本图像文件中分别使用【缩放】工具、【视图】菜单和【导航器】面板对图像进行放大和缩小显示操作。

3. 使用打开的样本图像文件，分别使用【图像大小】和【画布大小】命令改变图像文件大小效果。

第3章 图像选区的创建与编辑

学习目标

在 Photoshop 中可以通过创建选区对图像进行填充、移动、复制、变换等编辑操作。因此，选区的使用是处理图像的基本技巧，也是本章的重点。本章主要介绍选区的创建工具及命令的使用、选区的编辑和填充等内容。

本章重点

- 选区创建工具的使用
- 选区的调整
- 图像选区的填充
- 图像选区的描边

3.1 认识选区

Photoshop 中许多处理图像的操作都是基于合适的选区，才得到较好的处理效果，因此选区在 Photoshop 中扮演着非常重要的角色。当前图像文件窗口中存在选区时，无论用户进行编辑或绘制等操作，仅只会影响选区内的图像，而对选区外的图像无任何影响。选区显示时，表现为由浮动虚线组成的封闭区域，如图 3-1 所示。Photoshop 中提供了多种选区工具，用户使用它们可以很方便地在图像中创建出所需的规则选区和不规则选区范围。

另外，在使用选框类工具或套索类工具时，其选项栏中都会显示一组用于设置当前选区工作模式的按钮，如图 3-2 所示。它们的主要功能如下。

- 【新选区】按钮：单击该按钮，可以直接在图像文件窗口中进行创建新选区的操作。如果当前图像文件窗口中已有选区，那么再次创建的选区时，新选区将取代原有选区存在于图像文件窗口中。
- 【添加到选区】按钮：单击该按钮，可以在保留图像文件窗口中原有选区的情况下，

增加选区范围区域。

- 【从选区减去】按钮：单击该按钮，可以在图像文件窗口中创建选区时，从已存在的选区里去除当前绘制选区与原有选区的重合范围区域。
- 【与选区交叉】按钮：单击该按钮，可以在图像文件窗口中创建选区时，只保留原有选区与当前绘制选区之间的重合范围区域。

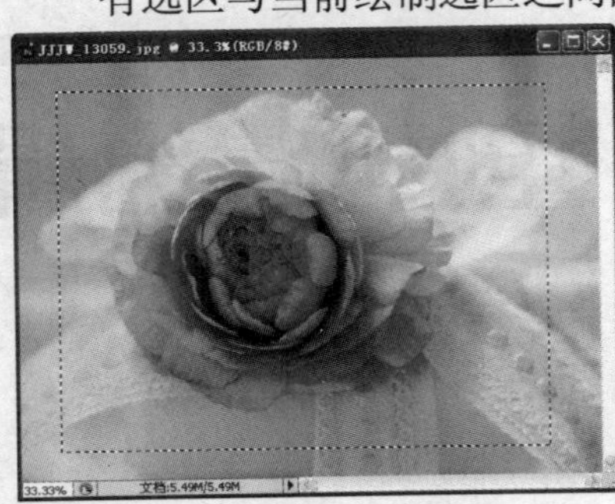

图 3-1　选区

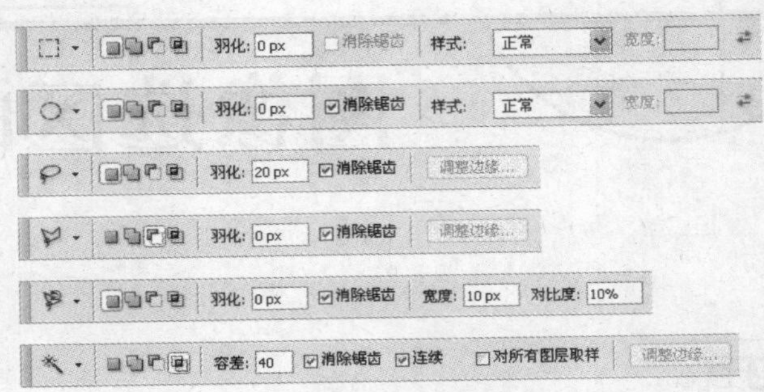

图 3-2　选区工作模式按钮

3.2　创建选区

Photoshop CS3 中用于创建选区的工具包括【矩形选框】工具、【椭圆选框】工具、【单行选框】工具、【单列选框】工具、【套索】工具、【磁性套索】工具、【多边形套索】工具、【魔棒】工具以及【色彩范围】命令等。下面将具体介绍它们的使用方法。

3.2.1　使用规则选框工具

利用规则选框工具绘制选区是图像处理过程中使用最为频繁的，通过它们可以绘制出规则的矩形或圆形选区。规则选框工具组包括【矩形选框】工具、【椭圆选框】工具、【单行选框】工具和【单列选框】工具，分别用于创建矩形选区、圆形选区、单行和单列等选区。

1. 使用【矩形选框】工具

在【工具】调板中选择【矩形选框】工具后，选项栏将会显示为如图 3-3 所示的状态。用户可以通过设定参数选项来确定所需创建的选区范围。工具选项栏中各主要参数选项的作用如下。

图 3-3　【矩形选框】工具选项栏

- 【羽化】文本框：用于创建选区柔化边缘效果。在该文本框中设置羽化数值的取值范围为 0～255 像素。其数值越大，产生的柔化效果越多。

- 【样式】下拉列表框：用于设置选区框的选择范围尺寸大小或像素大小，有【正常】、【固定宽高比】和【固定大小】3 个选项。
- 【调整边缘】按钮：单击该按钮可以对现有的选区进行更为深入的修改，从而得到理想的选区。

在【矩形选框】工具选项栏中设置好参数后，将鼠标指针移动至图像窗口中，单击并按住左键不放，拖动至适当大小后释放鼠标，即可创建出矩形选区。另外，在创建选区时，配合一些辅助键可以提高工作效率。使用【矩形选框】工具创建选区时，按住 Shift 键，可以创建正方形形状的选区；按住 Alt 键，可以创建以起始点为中心点的矩形选区；按住 Shift+Alt 键，可以创建以起始点为中心点的正方形选区。

2. 使用【椭圆选框】工具

想要创建椭圆形或圆形选区，需要使用【椭圆选框】工具。该工具的使用方法及选项栏设置与【矩形选框】工具基本相同，唯一的区别是，选择【椭圆选框】工具后，在选项栏中可以设置是否启用【消除锯齿】复选框。

【消除锯齿】是除了【矩形选框】工具和【快速选择】工具外，其余的选择工具(椭圆选框工具、单行和单列选框工具、套索工具和魔棒工具)选项栏中共有的选项。在 Photoshop 中创建圆形或者多边形等不规则选区时会出现锯齿，选择此选项后，可以平滑选区边缘。

3.2.2　使用套索工具

套索工具组包括【套索】工具、【多边形套索】工具和【磁性套索】工具，用于选取图像中的不规则区域。

1. 使用【多边形套索】工具

使用【套索】工具选取图像时不易控制选取的精确度，而使用【多边形套索】工具可以选取比较精确的图形，尤其是用于边界多为直线或曲折的复杂图像的选取。

图 3-4　使用【多边形套索】工具创建选区

要想使用【多边形套索】工具创建选区，可以在【工具】调板中选择该工具，然后移动光标至所需操作的位置，单击设置起始点，这样就可以开始进行多次单击绘制选区范围的操作。绘制完成后，移动光标至起始点位置时光标会显示为↖，表示可以闭合绘制的选择区域，用户只需单击即可完成选区的创建。这里也可以在绘制连线没有返回起始点位置时双击，即可在起始点与用户绘制的终止位置之间自动建立一条连接线，自动闭合绘制的区域形成选区。如图 3-4 所示为使用【多边形套索】工具创建的选区。

在使用【多边形套索】工具创建选区的操作过程中，按住 Shift 键，可以按水平、垂直或以 45° 为角度增量倍数绘制直线连接线；按住 Alt 键，可以切换为【套索】工具进行操作；按 Delete 键，可以取消最近一次绘制的连接线；多次按 Delete 键，可以逐步取消绘制的连接线，直至全部取消；按 Esc 键，可以取消当前绘制的选区范围。

2 使用【磁性套索】工具

【磁性套索】工具可以根据图像的对比度自动跟踪图像边缘，并沿图像的边缘生成选择区域，特别适合于选择背景较复杂，但是选择的图像与背景有较高对比度的图像。

要想使用【磁性套索】工具创建选区，可以先在【工具】调板中选择该工具，然后在需要创建选区的对象边缘单击，确定起始点位置。然后沿着对象边缘移动光标，这时 Photoshop 会自动在对象的边缘设定连接点，从而定义选区范围。绘制完成后，移动光标至起始点处并单击，即可闭合绘制区域并创建成选区。这里也可以在绘制的连线没有返回起始点的情况下双击，自动闭合绘制的区域形成选区。如图 3-5 所示为使用【磁性套索】工具创建选区。

图 3-5　使用【磁性套索】工具创建选区

选择【工具】调板中的【磁性套索】工具后，其选项栏会显示为如图 3-6 所示的状态。

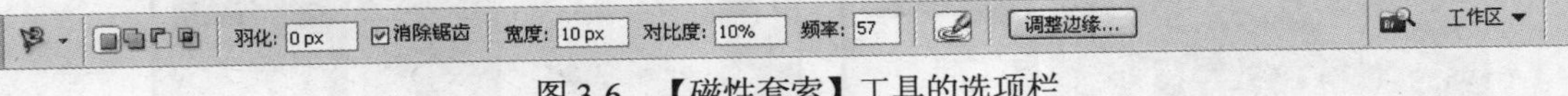

图 3-6　【磁性套索】工具的选项栏

其中，除了可以设置选区创建的方式、【羽化】选项和【消除锯齿】复选框外，还可以设置如下参数选项。

- ⊙ 【宽度】文本框：用于设置套索的宽度，其数值范围为 1～40 个像素。设定宽度数值后，在拖动光标的过程中，可以在光标两侧的指定范围内检测与背景反差最大的边缘。

- 【对比度】文本框：用于设置检测边缘的灵敏度，范围为 1%～100%。百分比数值越大，其灵敏度也就越高。
- 【频率】文本框：用于设置创建节点的频率，其数值范围为 0～100。频率数值越大，标记的节点数量也就越多。
- 【钢笔压力】按钮：如果用户使用数字图形板进行选择操作，那么可以单击该按钮。

3.2.3　使用【快速选择】工具

【快速选择】工具是 Photoshop CS3 新增的更为方便的选择工具，可以为具有不规则形状的对象建立快速准确的选区，而无需手动跟踪对象的边缘。

选择【快速选择】工具后，利用可调整的圆形画笔笔尖快速绘制选区。拖动时，选区会向外扩展并自动查找和跟随图像中定义的边缘，并且可以在【调整边缘】调板中设置，使用户可以完全控制选择区域。选择【快速选择】工具后，其状态栏显示如图 3-7 所示，其中各选项作用如下。

图 3-7　【快速选择】工具状态栏

- 选区选项按钮：单击【新选区】按钮，可以创建一个新选区；单击【添加到选区】按钮，可以在原选区上添加绘制的选区；单击【从选区减去】按钮，可以在原选区上减去当前绘制的选区。
- 【画笔】：单击此选项右侧的按钮，可以打开一个下拉调板，在调板中可以修改【快速选择】工具画笔笔尖的大小。在建立选区时，可以按下快捷键来调整笔尖的大小，按]键可增大【快速选择】工具画笔笔尖大小，按[键可缩小【快速选择】工具画笔笔尖大小。
- 【对所有图层取样】复选框：选择此选项，可基于所有图层创建一个选区。
- 【自动增强】复选框：选择此选项，可减少选区边界的粗糙度。【自动增强】自动将选区向图像边缘进一步流动并应用一些边缘调整，也可以通过在【调整边缘】对话框中使用【平滑】、【对比度】和【半径】选项手动应用这些边缘调整。

【例 3-1】在打开的图像文件中，使用【快速选择】工具选取图像中的水果图像。

(1) 启动 Photoshop CS3 应用程序，打开一幅素材图像文件，如图 3-8 所示。

(2) 选择【工具】调板中的【快速选择】工具，在工具选项栏中单击【画笔】选项右侧的按钮，在打开的选项框中设置【直径】为 50px，如图 3-9 所示。

图 3-8　打开图像

图 3-9　设置画笔

(3) 选择【自动增强】复选框，使用【快速选择】工具在图像中按住鼠标拖动，如图 3-10 所示。

图 3-10　创建选区

3.2.4　使用【魔棒】工具

使用【魔棒】工具可以选取图像中颜色相同或相近的图像区域，该工具是根据颜色分布情况创建选区范围的，只需在所需操作的颜色上单击，Photoshop CS3 会自动将图像中包含单击位置的颜色部分作为选区进行创建。选择【魔棒】工具后，选项栏显示为如图 3-11 所示的状态，各选项含义如下：

容差: 30　☑消除锯齿　☑连续　☐对所有图层取样　调整边缘...　工作区 ▾

图 3-11　【魔棒】工具的选项栏

- 【容差】选项：用于设置颜色选择范围的误差值，数值范围为 0～255。一般来说，容差值越大，所选择的颜色范围也就越大。
- 【消除锯齿】复选框：用于消除选区边缘的锯齿。
- 【连续】复选框：用于决定是否在选择颜色选区范围时，对整个图像中所有符合该单击颜色范围的颜色进行选择。
- 【对所有图层取样】复选框：当图像包含多个图层时，选中该复选框表示对图像中所有的图层起作用。不选中时【魔棒】工具只对当前层中的图像起作用。

3.2.5　使用【色彩范围】命令

【色彩范围】命令与【魔棒】工具的作用类似，但其功能更为强大，它可以选取图像中某一颜色区域内的图像或整个图像内指定的颜色区域。

选择【选择】|【色彩范围】命令，打开如图 3-12 所示的【色彩范围】对话框，其各选项含义如下：

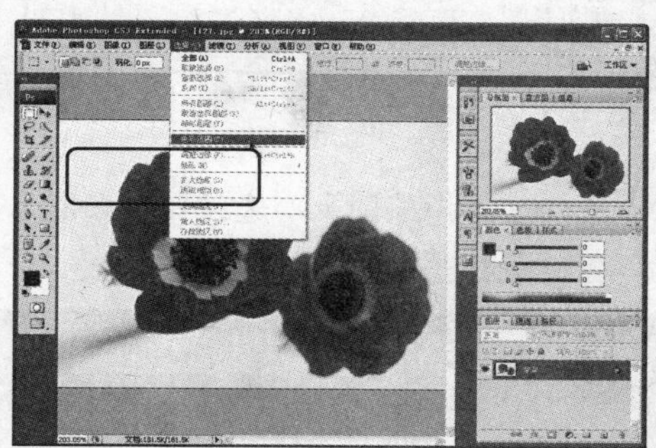

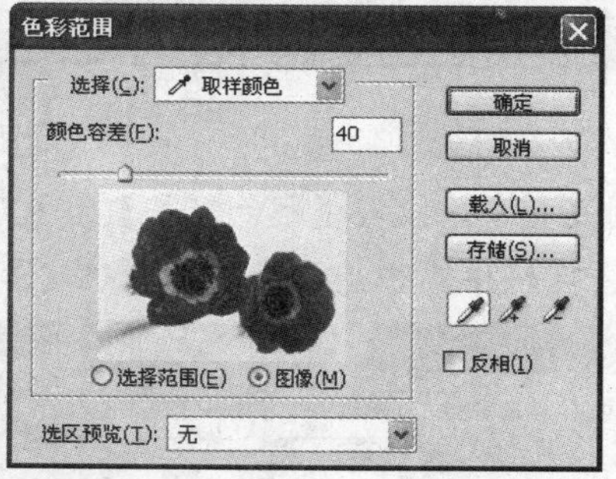

图 3-12　【色彩范围】对话框

- 【选项】下拉列表：在其下拉列表中，可选择所需的颜色范围，其中【取样颜色】表示可用【吸管】工具在图像中吸取颜色，取样颜色后可通过设置【颜色容差】选项来控制选取范围，数值越大，选取的颜色范围则越大；其余选项分别表示将选取图像中红色、黄色、绿色、青色、蓝色、洋红、高光、中间色调和暗调等颜色范围。
- 【选择范围】单选按钮：选中该单选按钮后，在预览窗口内将以灰度显示选取范围的预览图像，白色区域表示被选取图像，黑色表示未被选取图像区域，灰色表示选取图像区域为半透明。
- 【图像】单选按钮：选中该单选按钮后，在预览窗口内将以原图像的方式显示图像的状态。
- 【选区预览】下拉列表：在其下拉列表框中可选择图像窗口中选区预览方式，其中【无】表示不在图像窗口中显示选取范围的预览图像；【灰度】表示在图像窗口中以灰色调显示未被选择的区域，【黑色杂边】表示在图像窗口中以黑色显示为被选择的区域；【白色杂边】表示在图像窗口中以白色显示未被选择的区域；【快速蒙版】表示在图像窗口中以蒙版颜色显示未被选择的区域。
- 【反相】复选框：用于实现选择区域与未被选择区域之间的相互切换。
- 【吸管】工具：工具用于在预览图像窗口中单击取样颜色，和工具分别用于增加和减少选择的颜色范围。

【例 3-2】在打开的图像文件中，使用【色彩范围】命令选取图像中背景部分。

(1) 启动 Photoshop CS3 应用程序，打开一幅素材图像文件。

(2) 选择【选择】|【色彩范围】命令，打开【色彩范围】对话框，如图 3-13 所示。

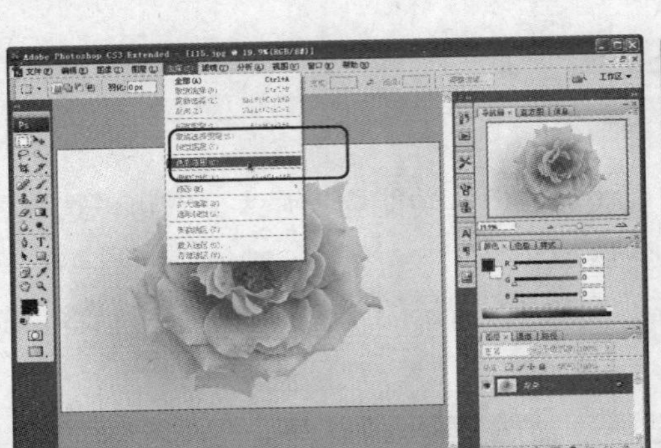
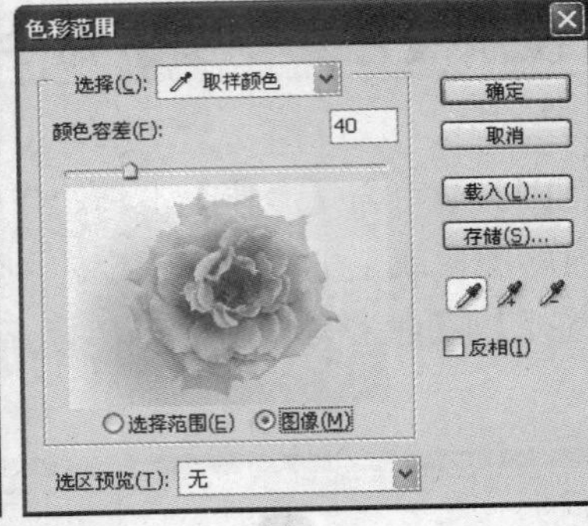

图 3-13 【色彩范围】对话框

(3) 在对话框中，设置【颜色容差】为 100，选择【选择范围】单选按钮，在图像画面预览窗口中的背景区域中单击，然后单击【确定】按钮，创建选区，如图 3-14 所示。

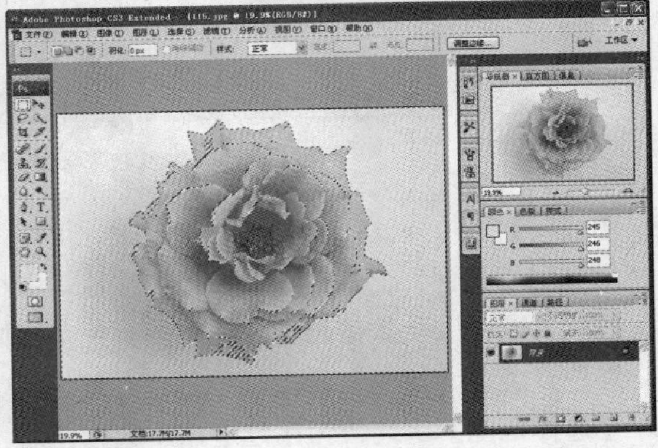

图 3-14 设置【色彩范围】创建选区

3.3 调整选区

尽管 Photoshop 中提供了多种工具、命令可以实现选区的创建，但在实际应用中，一些复杂对象的选区也是通过对其进行编辑调整后创建的，并且通常会配合使用工具以及 Shift、Alt 和 Ctrl 等按键进行多种编辑操作。但创建完选区后，如果觉得选取还不能达到要求，这时就可以通过【选择】菜单中的相关命令对选区进行调整处理。

3.3.1 常用选区命令

Photoshop CS3 的【选择】菜单中提供了【全选】、【取消选择】、【重新选择】和【反向】这 4 个选区的简单编辑命令。

- 【全选】命令：选择该命令，会将整个图像画面作为选区。用户也可以按 Ctrl+A 快捷键执行该命令。

- 【取消选择】命令：选择该命令，会取消图像文件窗口中选择的选区范围。用户也可以按 Ctrl+D 快捷键执行该命令。
- 【重新选择】命令：选择该命令，可以在图像文件窗口中重新显示取消选择的选区范围。用户也可以按 Ctrl+Shift+D 快捷键执行该命令。然而，需要注意的是，该命令只能实现前一次取消选择选区的重新选择。
- 【反向】命令：选择该命令，可以反向选择图像文件窗口中选择的选区范围。用户也可以按 Ctrl+Shift+ I 快捷键执行该命令。

3.3.2　修改选区

选区的修改就是对已存在的选区进行扩展、收缩、平滑或增加边界等操作。在 Photoshop CS3 中，用户还可以选择【选择】|【修改】命令的级联菜单中的【边界】、【平滑】、【扩展】、【收缩】命令或其他命令，对选区的轮廓范围进行处理。

1. 边界处理选区

在通过选择【选择】|【修改】|【边界】命令打开的【边界选区】对话框中，用户可以将选区设置成只有轮廓宽度的选区。要想对选区进行边界处理，用户可以先创建所需要的选区，然后选择【边界】命令打开【边界选区】对话框，在该对话框中设置所需宽度的数值，设置完成后单击【确定】按钮，这样就将创建的选区处理成只有轮廓宽度的边界选区，如图 3-15 所示。

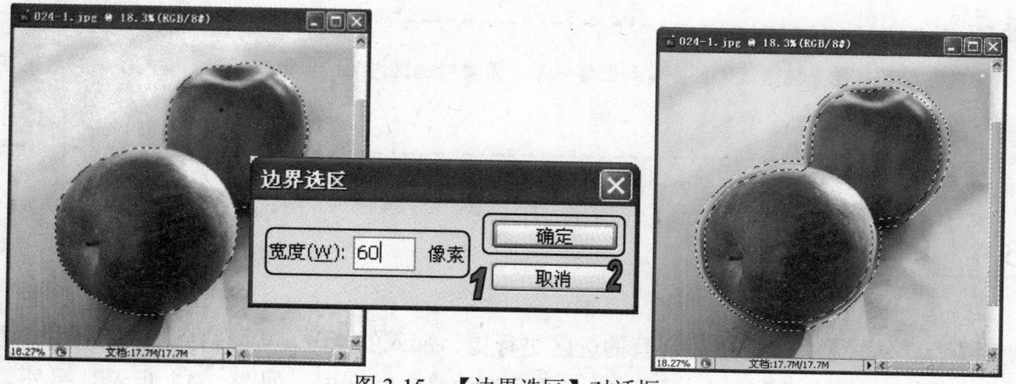

图 3-15　【边界选区】对话框

2. 扩展与收缩选区

选择【选择】|【修改】|【扩展】命令，可以扩大创建的选区范围。选择【扩展】命令后，可以打开【扩展选区】对话框。在该对话框中，可以指定选区扩展的像素数值，如图 3-16 所示。

【修改】命令级联菜单中的【收缩】命令与【扩展】命令作用正好相反。【收缩】命令用于选区范围的缩小操作，它的操作方法与【扩展选区】命令的操作方法相同。

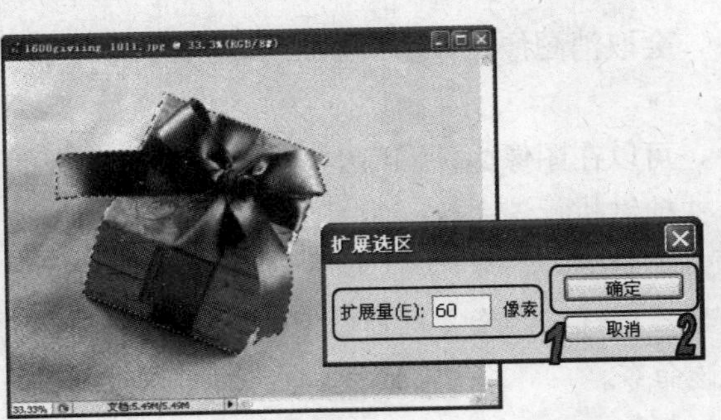

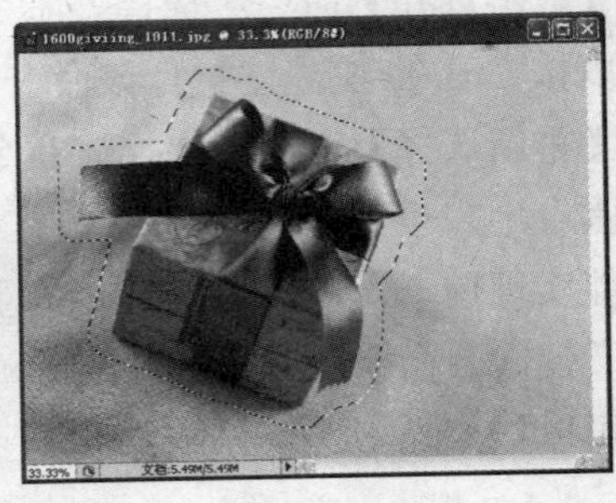

图 3-16 【扩展选区】对话框

如果需要选取的图像区域在颜色上较为相似，则可以通过选择【选择】菜单中的【扩展选取】命令和【选区相似】命令将选区选择的范围扩大。选择【选择】|【扩展选取】命令，可以将当前所选择的区域按颜色近似程度向其相邻区域扩展。选择【选择】|【选区相似】命令可以选择整个图像中的与现有选取颜色相邻或相近的所有像素，而不只是相邻的像素。

3.3.3 羽化选区

对选区使用羽化处理，可以通过扩展选区轮廓周围的像素区域，从而达到柔和边缘色效果。使用框选类工具或套索类工具创建选区时，可以事先设置选项栏的【羽化】选项的数值，从而使创建后的选区具有羽化效果。另外，用户也可以在创建选区后选择【选择】|【修改】|【羽化】命令，在打开的【羽化选区】对话框中设置所需数值，对选区进行羽化处理。

提示

羽化选区后并不能直接通过选区查看到图像效果，需要对选区内的图像进行移动、填充等编辑后便可看到图像边缘的柔和效果。

3.3.4 调整边缘

使用【调整边缘】命令可以对现有的选区进行更为深入的修改，从而得到更为精确的选区。选择【选择】|【调整边缘】命令，即可打开【调整边缘】对话框，如图 3-17 所示。另外，在各个选区创建工具的工具选项栏上，也都增加了【调整边缘】按钮，如图 3-18 所示，单击该按钮即可打开【调整边缘】对话框，对当前选区进行编辑。

【调整边缘】对话框中，各选项作用如下。

- 【半径】：此参数可以微调选区与图像边缘之间的距离，数值越大，选区会越来越精确地靠近图像边缘。
- 【对比度】：设置此参数可以调整边缘的虚化程度，数值越大则边缘越锐利。通常可

以创建比较精确的选区。

◎【平滑】：当创建的选区边缘非常生硬，甚至有明显的锯齿时，使用此选项用来进行柔化处理。

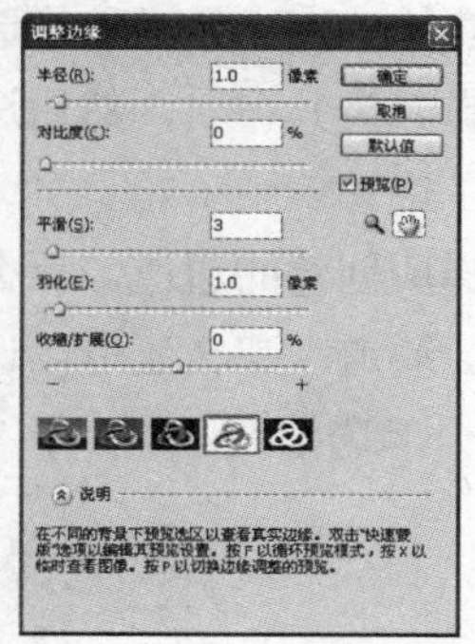

图 3-17　【调整边缘】对话框

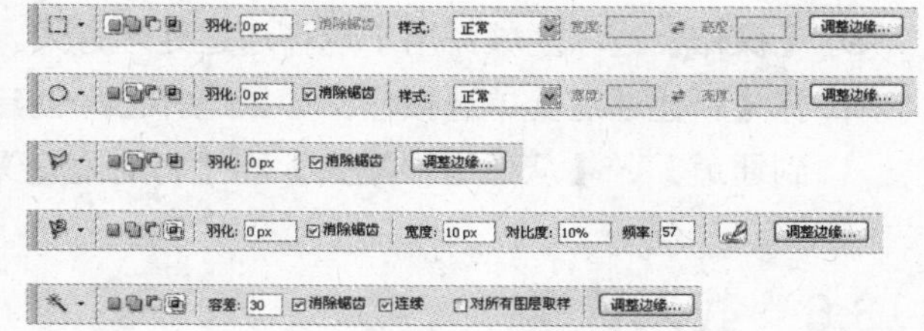

图 3-18　带有【调整边缘】按钮的工具选项栏

◎【羽化】：此参数与【羽化】命令的功能基本相同，都是用来柔化选区边缘的。

◎【收缩/扩展】：该参数与收缩和扩展命令的功能基本相同，向左侧拖动滑块可以收缩选区，而向右侧拖动滑块可以扩展选区。

◎【预览方式】：此命令有 5 种不同的选区预览方式，用户可以根据不同的需要选择最合适的预览方式。

◎【说明】：单击对话框下方的按钮后，对话框将向下扩展出一块区域，用于显示说明文字，将光标至于不同参数上方，此区域将显示不同的提示信息，以帮助用户进行具体操作。

3.3.5　存储选区

在处理复杂的图像画面时创建的选区，用户可以通过【存储选区】命令保存所需选区。存储选区时，Photoshop CS3 会创建一个 Alpha 通道并将选区保存在该通道内。用户可以选择【选择】|【存储选区】命令，也可以在选区上右击以打开快捷菜单，选择其中的【存储选区】命令，以此来打开【存储选区】对话框，如图 3-19 所示。在【存储选区】对话框中，各选项作用如下。

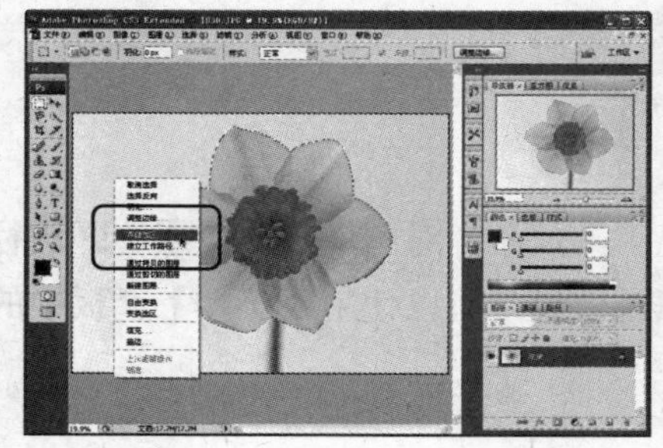

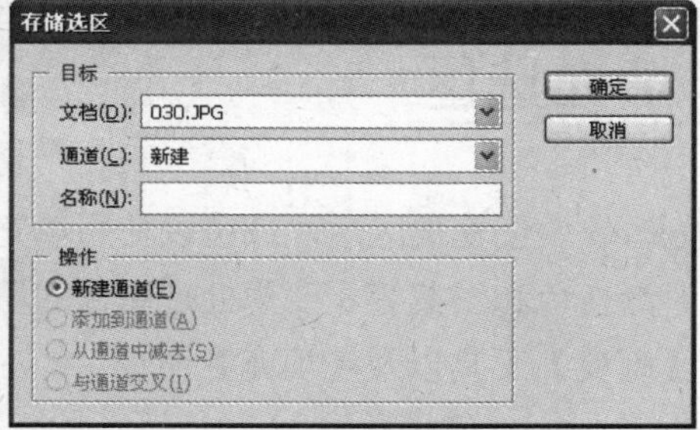

图 3-19　存储选区

- 【文档】下拉列表框：在该下拉列表框中，选择【新建】选项，可以创建新的图像文件，并将选区存储为 Alpha 通道保存在该图像文件中；选择当前图像文件名称可以将选区保存在新建的 Alpha 通道中。
- 【通道】下拉列表框：在该下拉列表中，可以选择创建的 Alpha 通道，将选区添加到该通道中；也可以选择【新建】选项，创建一个新通道并为其命名，然后进行保存。
- 【名称】文本输入框：该输入框用于设置选区存储时的名称。
- 【操作】选项区域：用于选择通道处理方式。如果选择新创建的通道，那么将只能选择【新建通道】单选按钮；如果选择已经创建的 Alpha 通道，那么还可以选择【添加到通道】、【从通道中减去】和【与通道交叉】这 3 个单选按钮。

3.3.6 载入选区

载入选区与存储选区的操作正好相反，通过【载入选区】命令可以将保存在 Alpha 通道中的选区载入到图像文件窗口中。用户可以选择【选择】|【载入选区】命令，也可以在图像文件窗口中右击以打开快捷菜单，并且选择其中的【载入选区】命令，以此打开【载入选区】对话框，如图 3-20 所示。

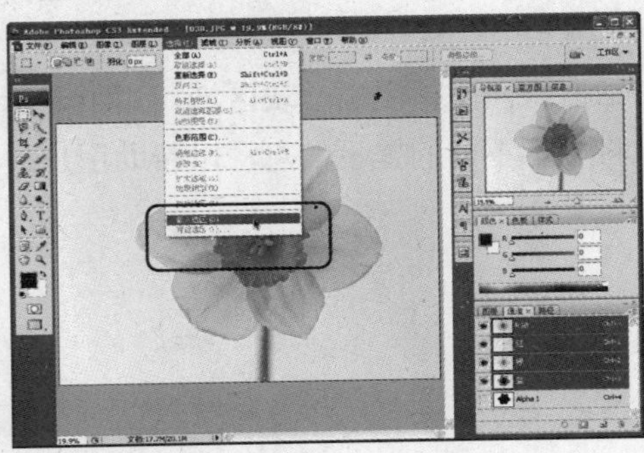

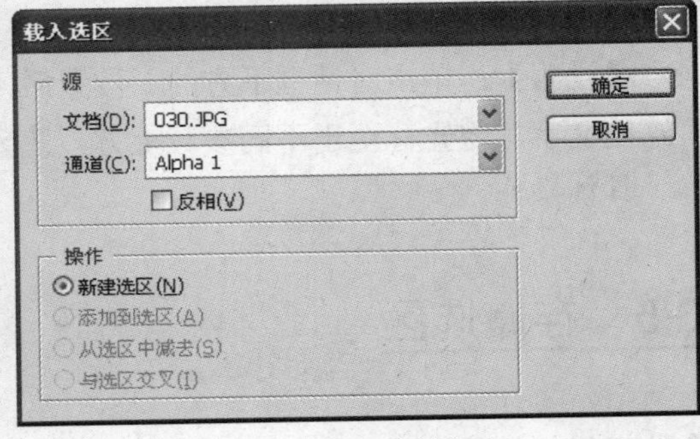

图 3-20　载入选区

【载入选区】对话框与【存储选区】对话框中的参数选项基本相同，只是多了一个【反相】复选框。如果启用该复选框，那么会将保存在 Alpha 通道中的选区反选并载入图像文件窗口中。

3.4 填充选区

在 Photoshop 中创建选区后，还可以使用填充工具及命令对图像的画面或选区进行填充，如填充单色、渐变色和图案等。要想处理图像的填充效果，可以使用【工具】调板中的【油漆桶】工具和【渐变】工具以及【填充】命令。

3.4.1　使用【填充】命令

使用【填充】命令可以对选区或图层进行前景色、背景色和图案等填充。选择【编辑】|【填充】命令，打开如图 3-21 所示的【填充】对话框，对话框中各选项含义如下：

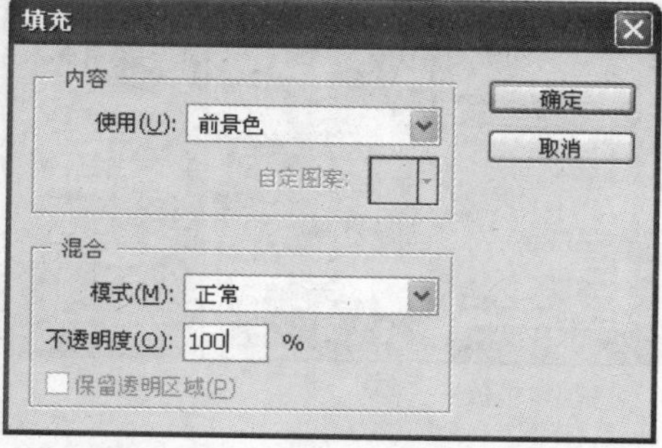

图 3-21　【填充】对话框

- 【使用】：在其下拉列表框中可以选择填充时所使用的对象，包括【前景色】、【背景色】、【图案】、【历史记录】、【黑色】、【50%灰色】和【白色】等选项，选择相应的选项即可使用相应的颜色或图案进行填充。
- 【自定图案】：当在【使用】下拉列表中选择了【图案】选项后，在该下拉列表框中可选择所需的图案样式进行填充。
- 【模式】：在其下拉列表中可选择填充的着色模式，其作用与画笔等工具中的着色模式相同。
- 【不透明度】：用于设置填充内容的不透明度。
- 【保留透明区域】：选中该复选框后，进行填充时将不影响图层中的透明区域。

【例 3-3】在打开的图像文档中，使用【填充】命令为图像添加边框。

(1) 启动 Photoshop CS3 应用程序，打开一幅素材图像文件，如图 3-22 所示。

(2) 在【工具】调板中选择【矩形选框】工具，在选项栏中单击【从选区减去】按钮，然后在图像中创建选区，如图 3-23 所示。

图 3-22　打开图像

图 3-23　创建选区

(3) 选择【编辑】|【填充】命令，打开【填充】对话框。在对话框中的【使用】下拉列表中选择【图案】选项，单击【自定图案】右侧的按钮，在下拉列表框中选择【鱼眼棋盘】样式，如图 3-24 所示。

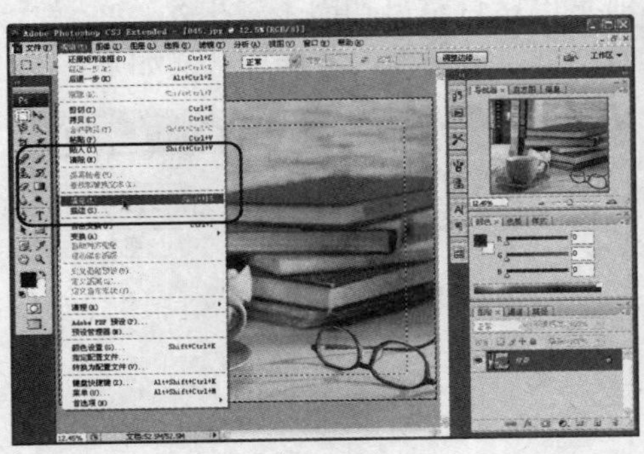
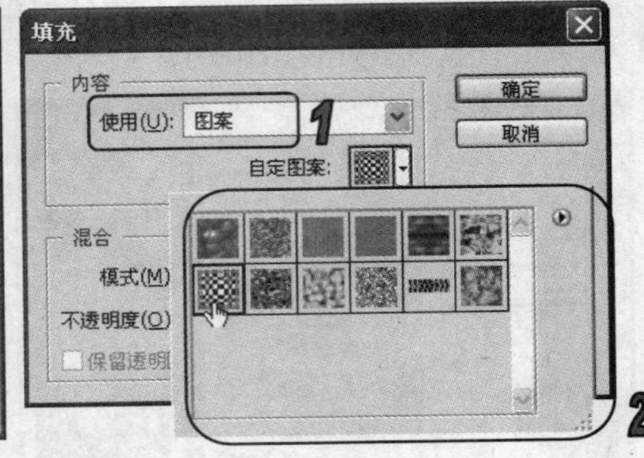

图 3-24　填充图案

(4) 接着，在【模式】下拉列表中选择【颜色加深】选项，设置【不透明度】为 80%，然后单击【确定】按钮，完成填充后的效果如图 3-25 所示。

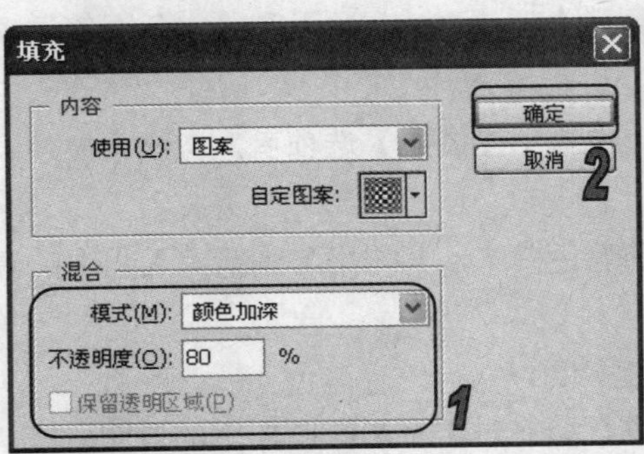

图 3-25　设置【模式】和【不透明度】

3.4.2　使用【渐变】工具

使用【工具】调板中的【渐变】工具，可以使图像或选区内的画面产生颜色的渐进变化效果。在 Photoshop CS3 中提供了 5 种渐变模式，用户可以通过单击【渐变】工具选项栏中的相应渐变模式按钮，切换不同渐变模式。

- 线性渐变：在图像或选区中单击设置起始点位置，然后拖动鼠标到适当的终止位置处释放，即可沿起始点至终止释放位置的方向上进行渐变。
- 径向渐变：在图像或选区中单击设置起始点位置，然后拖动鼠标到适当的终止位置处释放。即可以起始点为径向的圆心，以起始点至终止释放位置为半径，由内而外呈圆形状进行渐变。

- 角度渐变：在图像或选区中单击设置起始点位置，然后拖动鼠标到适当的终止位置处释放。即可以起始点为径向的圆心，以起始点至终止释放位置为半径，按顺时针方向进行渐变。
- 对称渐变：在图像或选区中单击设置起始点位置，然后拖动鼠标到适当的终止位置处释放。即可以起始点为对称位置，在其两侧同时进行渐变。
- 菱形渐变：在图像或选区中单击设置起始点位置，然后拖动鼠标到适当的终止位置处释放。 即可以起始点为菱形的中心，以起始点至终止释放方位置为对角线径，由内而外进行渐变。

选择【渐变】工具后，通过设置【渐变】工具选项栏的混合模式、不透明度等参数选项，用户还能够创建出更丰富的渐变效果。并且单击选项栏中的渐变样式预览可以打开【渐变编辑器】对话框。对话框中各选项的作用如下。

- 【预设】窗口 ：提供了各种 Photoshop 自带的渐变样式缩览图。通过单击缩览图，即可选取渐变样式，并且对话框的下方将显示该渐变样式的各项参数及选项设置。
- 【名称】文本框： 用于显示当前所选择渐变样式名称或设置新建样式名称。
- 【新建】按钮： 单击该按钮，可以根据当前渐变设置创建一个新的渐变样式，并添加在【预设】窗口的末端位置。
- 【渐变类型】下拉列表：包括【实底】和【杂色】两个选项。当选择【实底】选项时，可以对均匀渐变的过渡色进行设置；选择【杂色】选项时，可以对粗糙的渐变过渡色进行设置。
- 【平滑度】选项：用于调节渐变的光滑程度。
- 【色标】滑块：用于控制颜色在渐变中的位置。如果在色标上单击并拖动鼠标，即可调整该颜色在渐变中的位置。要想在渐变中添加新颜色，可以在渐变颜色编辑条下方单击，即可创建一个新的色标，然后双击该色标，在打开的【拾取器】对话框中设置所需的色标颜色。用户也可以先选择色标，然后通过【渐变编辑器】对话框中的【颜色】选项进行颜色设置。
- 【颜色中点】滑块：在单击色标时，会显示其与相邻色标之间的颜色过渡中点。拖动该中点，可以调整渐变颜色之间的颜色过渡范围。
- 【不透明度色标】滑块： 用于设置渐变颜色的不透明度。在渐变样式编辑条上选择【不透明度色标】滑块，然后通过【渐变编辑器】对话框中的【不透明度】文本框设置其位置颜色的不透明度。在单击【不透明度色标】时，会显示其与相邻不透明度色标之间的不透明度过渡点。拖动该中点，可以调整渐变颜色之间的不透明度过渡范围。
- 【位置】文本框：用于设置色标或不透明度色标在渐变样式编辑条上的相对位置。
- 【删除】按钮：用于删除所选择的色标或不透明度色标。

【例 3-4】在打开的图像文件中使用【渐变】工具填充所创建的选区内容。

(1) 启动 Photoshop CS3 应用程序，打开一幅素材图像文件，如图 3-26 所示。

(2) 在【工具】调板中选择【矩形选框】工具，在选项栏中单击【添加到选区】按钮，然后在图像中创建选区，如图 3-27 所示。

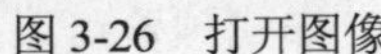

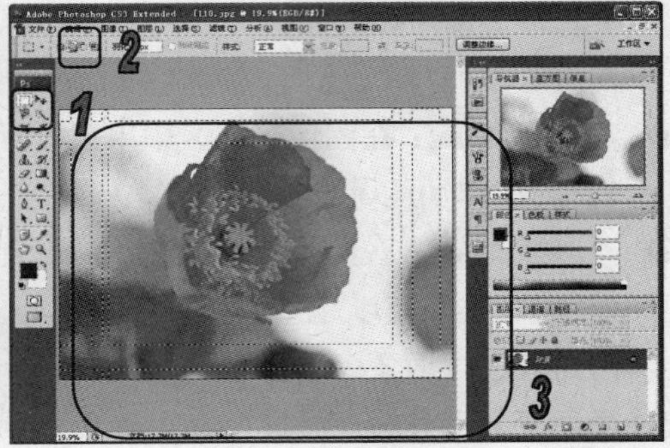

图 3-26　打开图像　　　　图 3-27　创建选区

(3) 在工具选项栏中单击【菱形渐变】按钮，然后单击渐变样式预览，打开【渐变编辑器】对话框，如图 3-28 所示。

(4) 在打开的【渐变编辑器】对话框中单击【橙色、黄色、橙色】渐变样式，接着单击【确定】按钮关闭对话框，然后使用【渐变】工具在图像中按住鼠标进行拖动，释放鼠标即可使用渐变填充选区，如图 3-29 所示。

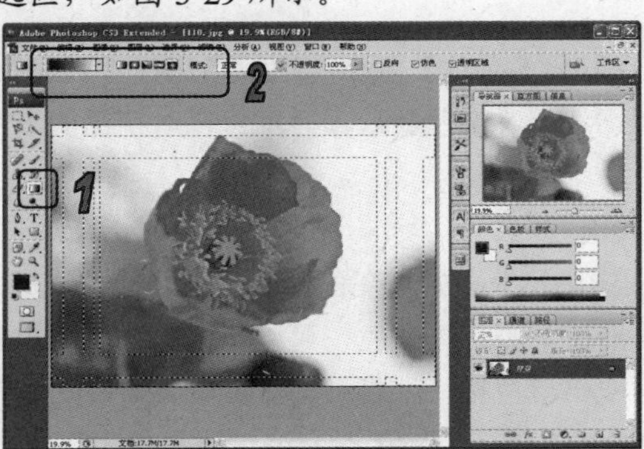

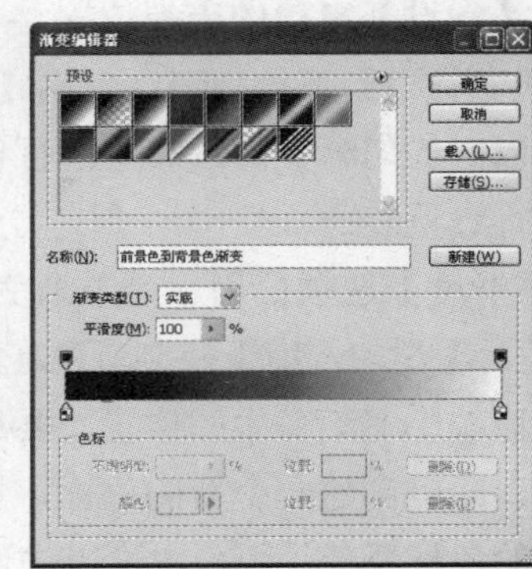

图 3-28　使用【渐变】工具

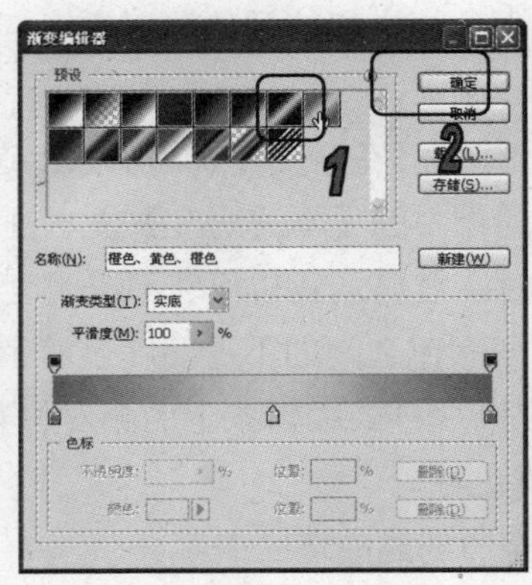

图 3-29　应用渐变

3.4.3　为选区描边

使用【描边】命令可以使用当前前景色描绘选区的边缘。选择【编辑】|【描边】命令，打开如图3-30所示的【描边】对话框。对话框中各选项含义如下。

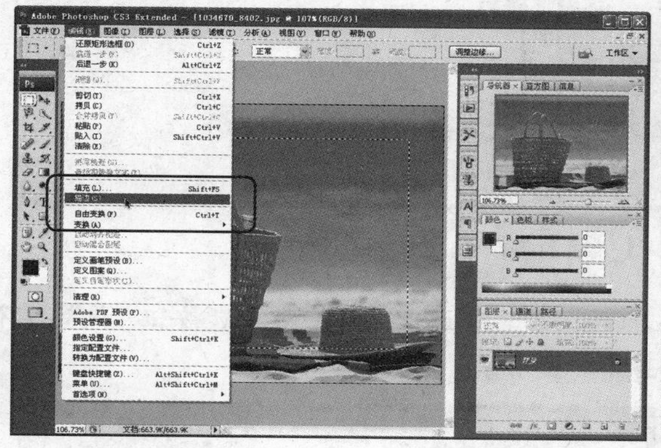

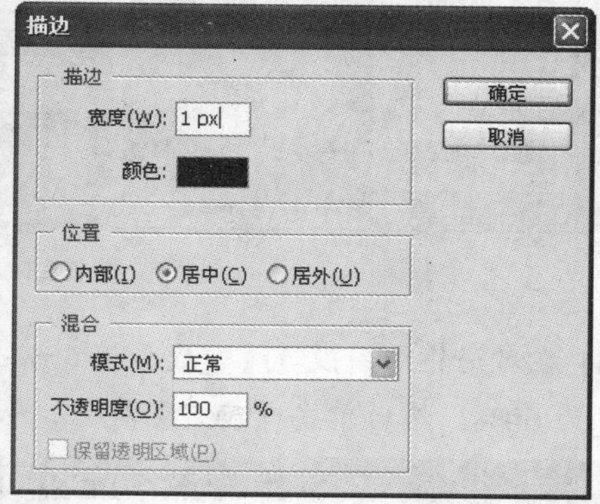

图3-30　【描边】对话框

- 【宽度】：设置描边的宽度，其取值范围为1~250像素。
- 【颜色】：单击其右侧的颜色方框可以打开【拾色器】对话框，设置描边颜色。
- 【位置】：用于选择描边的位置。【居内】表示对选区边框以内进行描边；【居中】表示以选区边框为中心进行描边；【居外】表示对选区边框以外进行描边。
- 【混合】：设置不透明度和着色模式，其作用与【填充】对话框中相应选项相同。
- 【保留透明区域】：选中后进行描边时将不影响原来图层中的透明区域。

【例3-5】在打开的图像文件中，使用【描边】命令为选区添加描边效果。

(1) 启动Photoshop CS3应用程序，打开一幅素材图像文件，如图3-31所示。

(2) 在【工具】调板中选择【矩形选框】工具，在图像中创建选区，如图3-32所示。

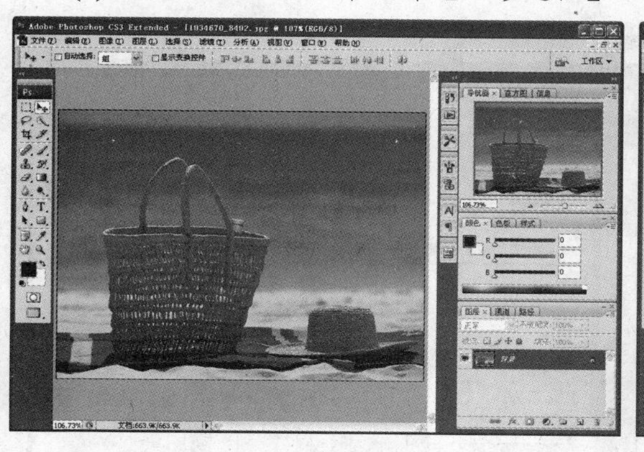

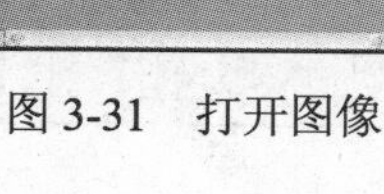

图3-31　打开图像

图3-32　创建选区

(3) 选择【编辑】|【描边】命令，打开【描边】对话框，如图3-33所示。

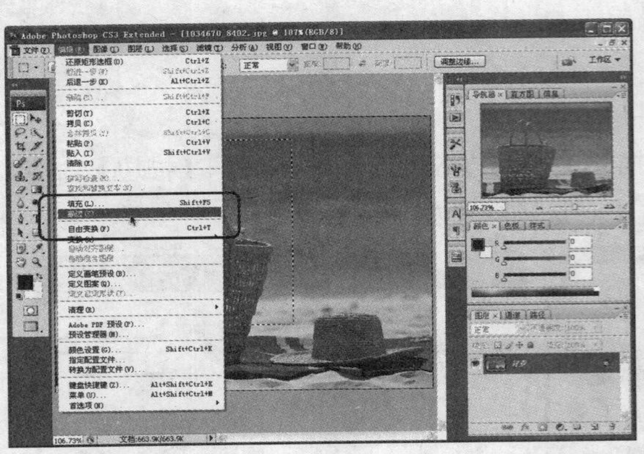
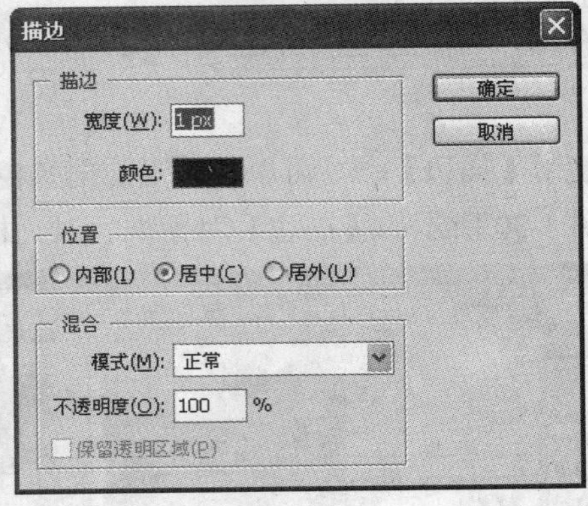

图 3-33 【描边】对话框

(4) 在对话框中，设置【宽度】为 5px，颜色为白色，选中【居中】单选按钮，设置【不透明度】为 60%，然后单击【确定】按钮，如图 3-34 所示。

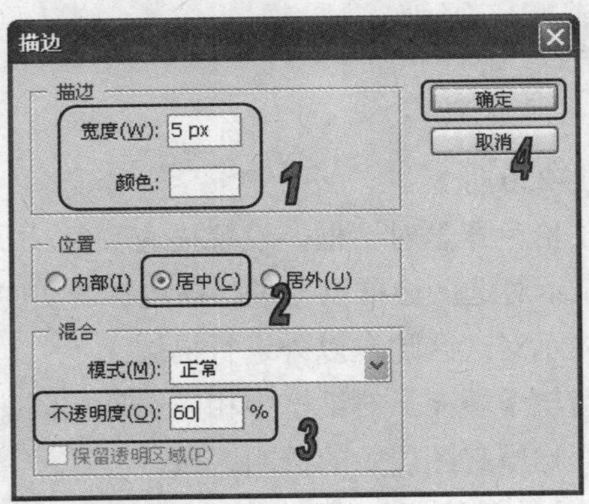

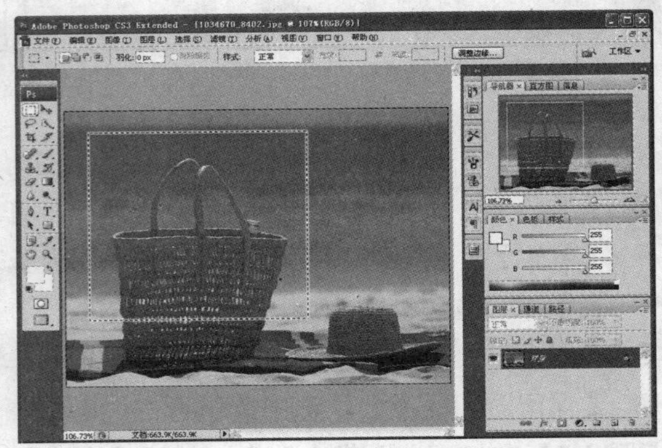

图 3-34 设置描边

(5) 在选项栏中单击【添加到选区】按钮，然后使用【矩形选框】工具在图像中创建选区，并选择【编辑】|【描边】命令，如图 3-35 所示。

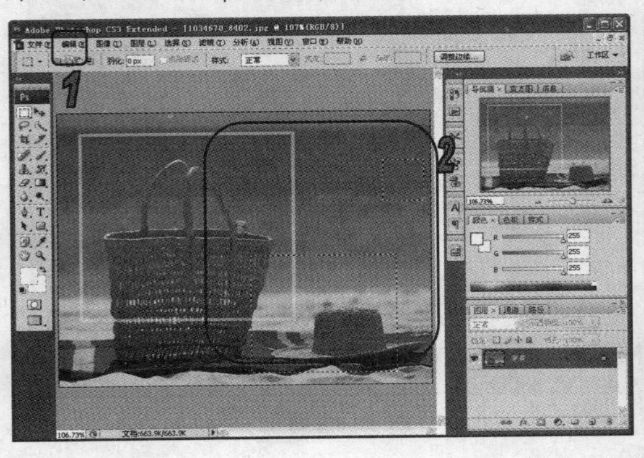

图 3-35 创建选区并选择【描边】命令

(6) 在打开的【描边】对话框中，直接单击【确定】按钮描边选区，并按 Ctrl+D 键取消选

区，如图 3-36 所示。

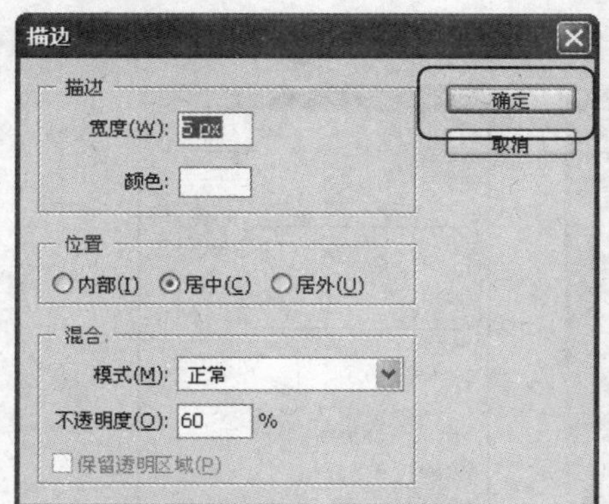

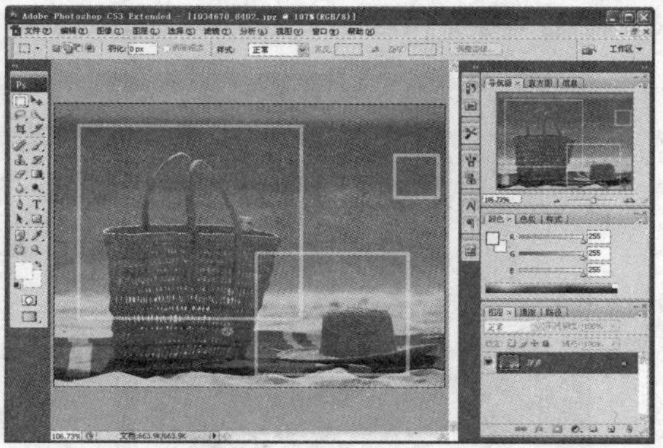

图 3-36　描边选区

3.5　上机练习

本次上机练习将使用选区的创建与填充等知识制作出如图 3-40 和图 3-46 所示的图像效果。通过练习可以让读者掌握选框工具、套索工具、【调节边缘】命令、【填充】命令和【描边】命令的使用方法。

3.5.1　制作照片虚化效果

应用前面介绍的【套索】工具、【调整边缘】命令等为素材图像创建图像虚化效果，最终效果如图 3-40 所示。

(1) 启动 Photoshop CS3 应用程序，打开一幅素材图像文件，如图 3-37 所示。

(2) 在【工具】调板中选择【套索】工具，在图像中拖动创建选区，如图 3-38 所示。

图 3-37　打开图像

图 3-38　创建选区

(3) 选择【选择】|【调整边缘】命令，在打开的【调整边缘】对话框中设置【平滑】为 30，【羽化】为 80 像素，然后单击【确定】按钮，如图 3-39 所示。

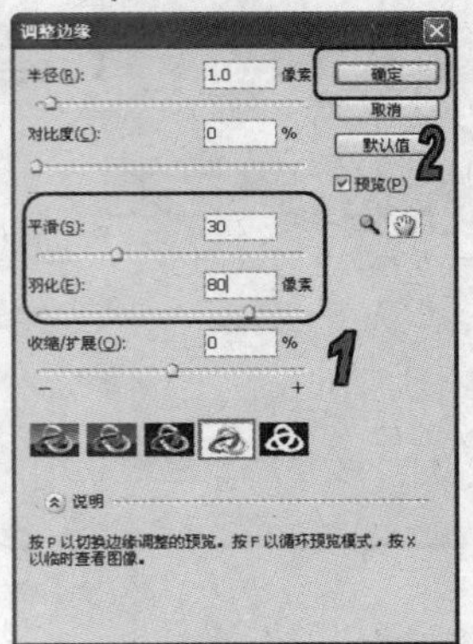

图 3-39 【调整边缘】命令

(4) 按 Ctrl+Shift+I 键应用【反向】命令反向选区，并按 Ctrl+Backspace 键使用背景色填充，效果如图 3-40 所示。

图 3-40 反选并填充

3.5.2 制作个性相框

本实例将应用前面介绍的【矩形选框】工具、选区工作状态按钮、【边界】命令、【填充】命令和【描边】命令等相结合，为素材图像创建特殊的边框效果，最终效果如图 3-46 所示。

(1) 启动 Photoshop CS3 应用程序，打开一幅素材图像文件，如图 3-41 所示。

(2) 在【工具】调板中选择【矩形选框】工具，在选项栏中单击【从选区减去】按钮，然后在图像中创建选区，如图 3-42 所示。

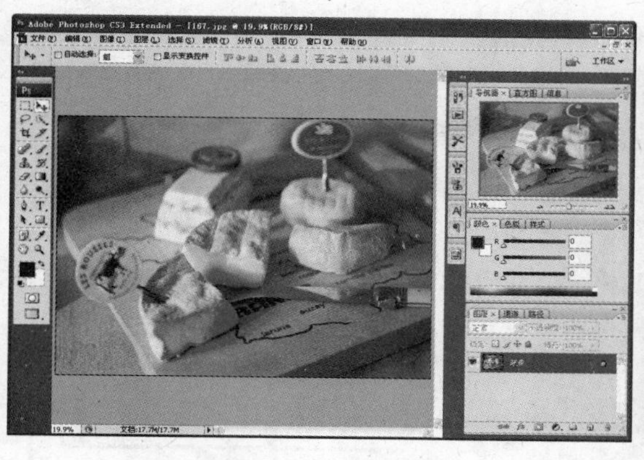

图 3-41　打开图像

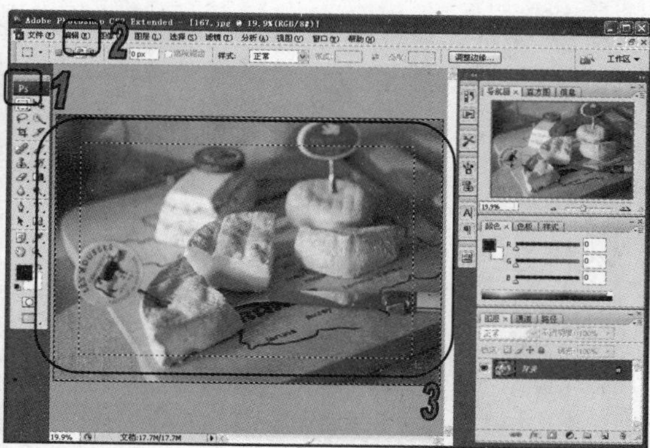

图 3-42　创建选区

(3) 选择【编辑】|【填充】命令，打开【填充】对话框。在对话框中的【使用】下拉列表中选择【图案】选项，单击【自定图案】右侧的 按钮，在下拉列表框中选择【金属画】样式，如图 3-43 所示。

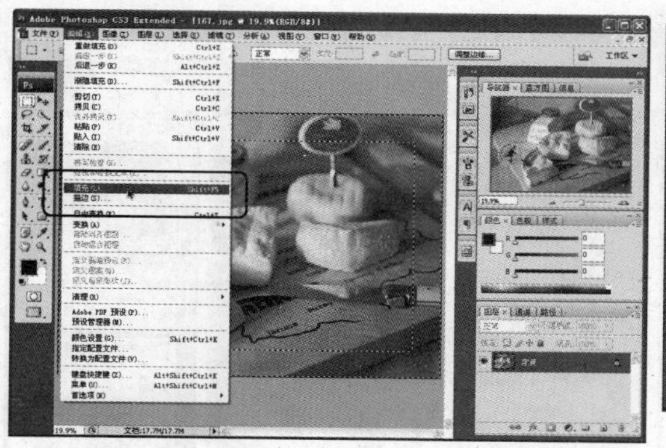

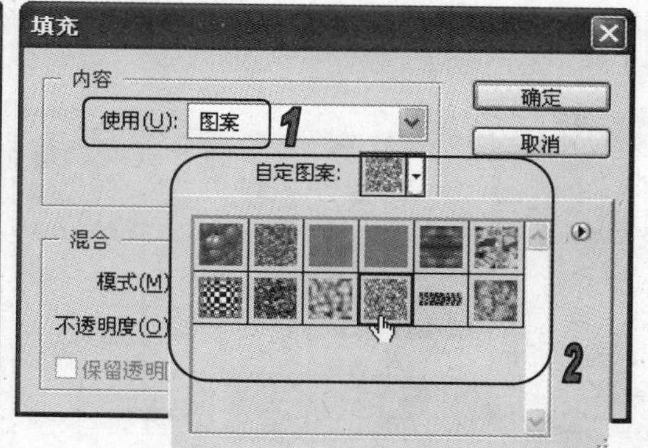

图 3-43　【填充】对话框

(4) 接着，在【模式】下拉列表中选择【线性加深】选项，设置【不透明度】为 60%，然后单击【确定】按钮，完成填充效果如图 3-44 所示，保持选区。

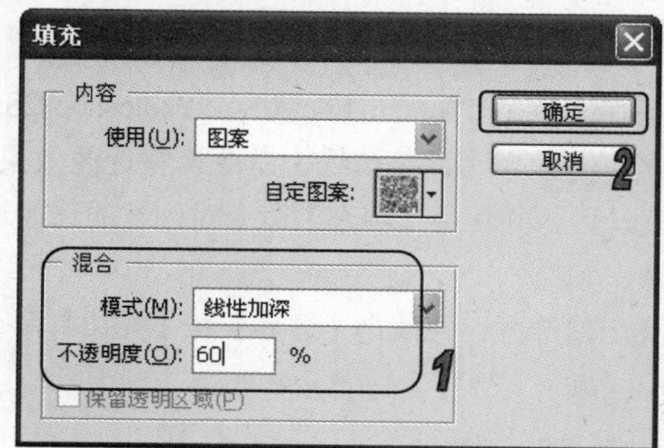

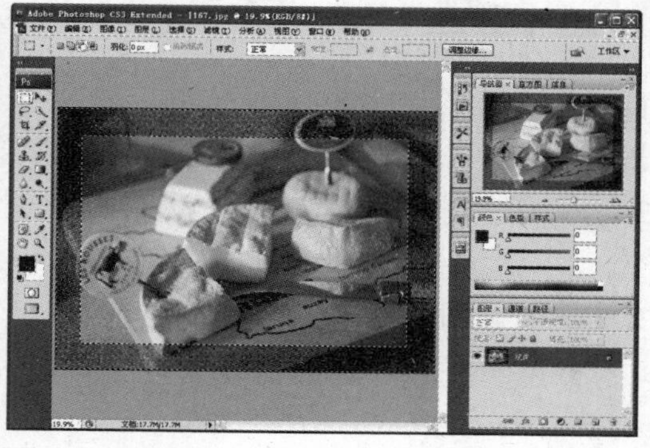

图 3-44　设置【填充】对话框

(5) 选择【选择】|【修改】|【边界】命令，打开【边界选区】对话框。在对话框中设置【宽

度】为 40 像素，然后单击【确定】按钮，如图 3-45 所示。

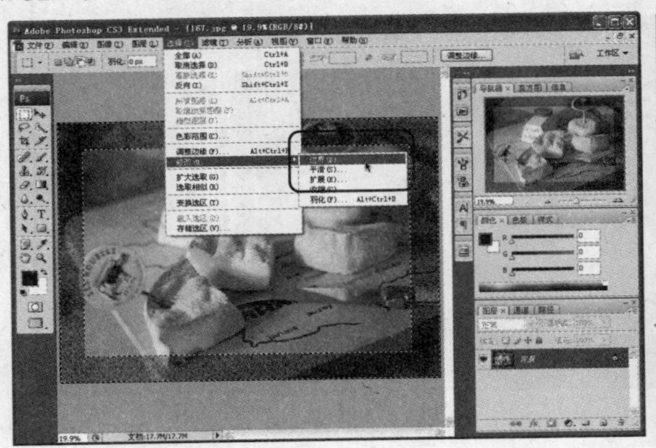

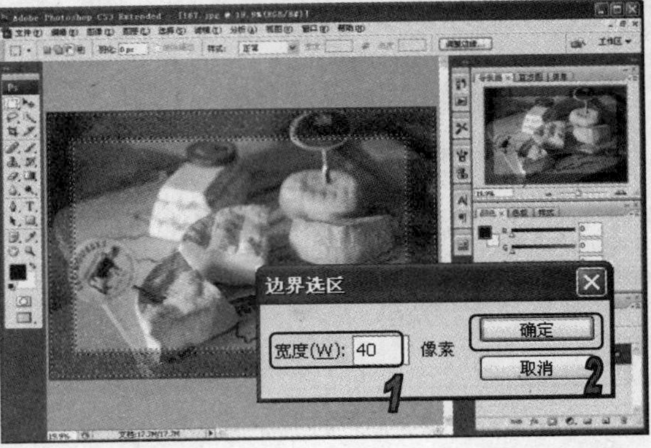

图 3-45　设置【边界选区】对话框

(6) 在【工具】调板中单击【设置前景色】按钮，打开【拾色器】对话框。在对话框中设置颜色数值 R 为 130、G 为 70、B 为 20，然后单击【确定】按钮应用。接着按 Alt+Backspace 键使用设置的前景色填充边界选区，并按 Ctrl+D 键取消选区，如图 3-46 所示。

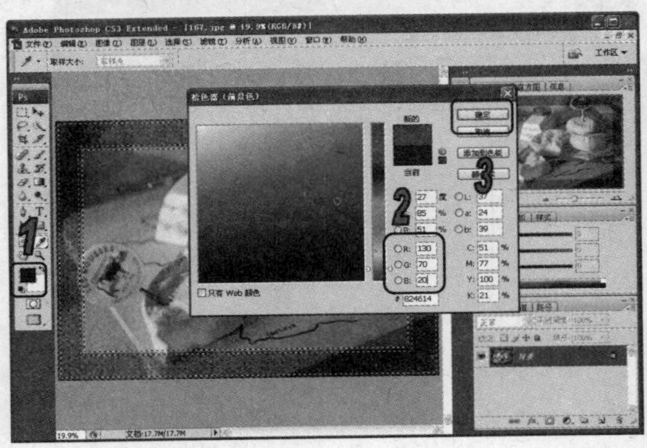

图 3-46　使用前景色

3.6 习题

1. 通过【打开】对话框打开 Photoshop CS3 安装目录【C：\Program File\Adobe\Photoshop CS3\样本】下的图像文件。任选一个选框工具创建选区，并使用【调整边缘】命令调整选区效果。

2. 打开任意图像文件，使用【套索】工具创建选区，并使用【填充】命令对创建的选区进行填充。

3. 打开任意图像文件，使用【矩形选框】工具创建选区，并结合【边界】和【描边】命令创建边框效果。

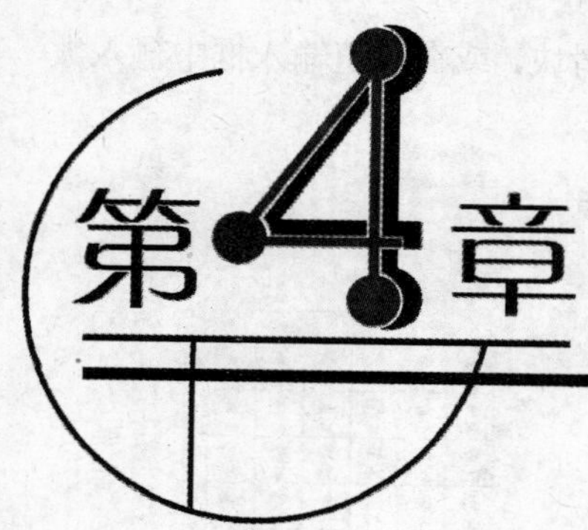

第4章 图像的绘制与修饰

学习目标

在图像处理过程中，绘制图像起着非常重要的作用，特别是在进行平面制作时更是必不可少的。本章主要介绍如何在 Photoshop CS3 中使用工具进行绘制操作，各种图像修饰工具的应用以及简单的图像编辑操作等内容。

本章重点

- 绘画工具基本设置
- 创建自定义画笔
- 画笔工具组的使用
- 图像修饰工具的使用
- 图像编辑操作

4.1 绘图工具的基本设置

如果要绘制图像，可以选择【工具】调板中的【画笔】或【铅笔】工具等常用工具，通过对常用工具的设置，可以绘制出丰富多样的画面效果。

4.1.1 在选项栏中设置绘图工具

在 Photoshop CS3 中选择一种绘画工具或编辑工具后，其选项栏中都会出现【画笔】选项，如图 4-1 所示。单击画笔选项右侧按钮，打开【画笔预设】下拉调板，如图 4-2 所示。

在【画笔预设】下拉调板中可以设置预设画笔，其中各选项参数作用如下。

◉【主直径】选项：该选项用于更改画笔笔尖大小。拖动滑块，或在数值输入框中输入数值即可得到所需大小的画笔。

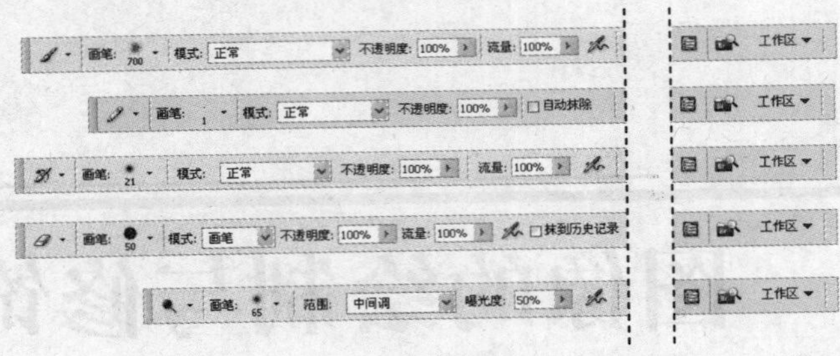

图 4-1 【画笔】选项

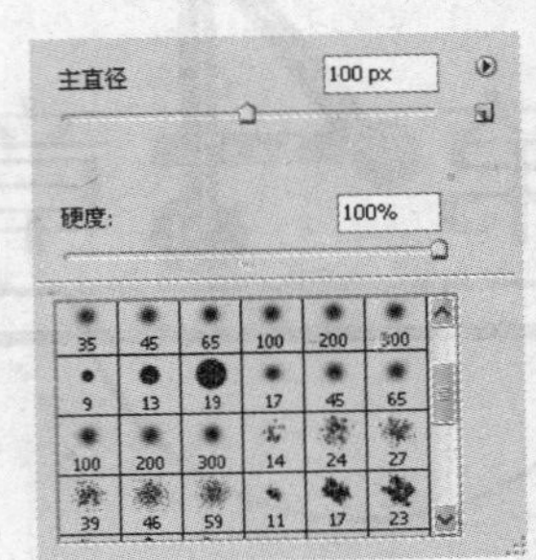

图 4-2 【画笔预设】下拉调板

◉【硬度】选项：该选项用于临时更改画笔工具的消除锯齿量。如果为 100%，画笔工具将使用最硬的画笔笔尖进行绘画。

◉ 画笔缩览列表：该列表用于存放预设画笔缩览图。

另外，【画笔预设】下拉调板中还有两个功能按钮和，单击按钮，可以打开如图 4-3 所示的下拉列表。

◉【新建画笔预设】：当用户需要创建自己的绘图工具时或是想将 Photoshop 中预设画笔保存为新画笔，存储在新的【画笔预设】调板中时，都可以执行【新建画笔工具】命令，打开如图 4-4 所示的【画笔名称】对话框。在【名称】文本框中输入新建画笔的名称，单击【确定】按钮，将在【画笔预设】调板中显示该画笔的名称及形状。

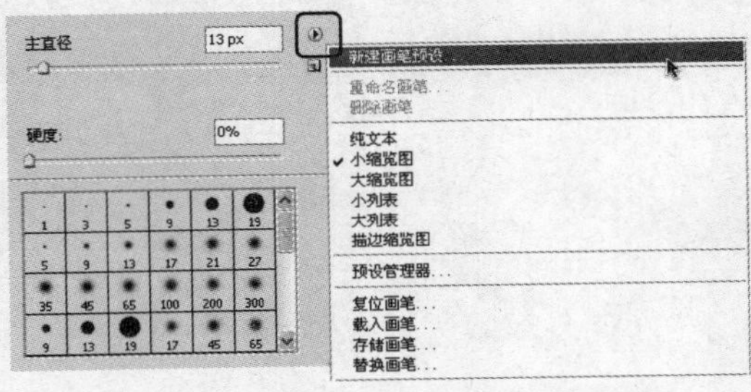

图 4-3 【画笔预设】下拉调板菜单

图 4-4 【画笔名称】对话框

◉【重命名画笔】：可以重新设置画笔名称，如果要重命名预设画笔名称，只需在【画笔预设】调板中选择需要更改的画笔，单击鼠标右键，在弹出的快捷菜单中选择【重命名画笔】命令，即可重新输入一个名称。

◉【删除画笔】：删除多余的画笔预设，选中需要删除的工具，单击鼠标右键在弹出的快捷菜单中选择【删除画笔】命令，即可将该工具删除。

◉【复位画笔】：复位【画笔预设】调板中的所有设置，将【画笔预设】调板及其下拉列表中所有的选项和参数均还原至预设状态。单击该命令，会弹出一个提示框，提示是否将当前预设复位至默认设置，单击【确定】按钮即可还原；单击【取消】按钮，则取消操作；单击【追加】按钮则可以再添加【画笔预设】调板的预设状态。

◎ 【载入画笔】：可以将保存成文件的画笔选项和参数，或是 Photoshop CS3 所提供的画笔选项和参数载入到【画笔预设】调板中。在【画笔预设】调板菜单中选择【载入画笔】命令，打开【载入】对话框。在【查找范围】下拉列表中选择【Adobe\Adobe Photoshop CS3\预设\画笔】文件夹，在已定义好的文件夹中任选，单击【载入】按钮即可在【画笔预设】调板中增加新的画笔样式。

◎ 【存储画笔】：建立新画笔预设后，为方便以后使用，可以在【画笔预设】调板菜单中选择【存储画笔】命令将整个【画笔预设】调板进行保存，在【存储】对话框中设置保存的文件名和位置后，单击【保存】按钮。

◎ 【替换画笔】：在【画笔预设】调板菜单中选择【替换画笔】命令，可载入系统中的任何一组画笔预设样式，来替换当前画笔预设。

4.1.2 在【画笔】调板中设置绘图工具

使用绘画工具选择画笔样式后，用户可以在【画笔】调板中进一步设置画笔样式的预设参数选项。另外，在该调板中还可以设置更多的画笔笔尖效果。单击【画笔】工具选项栏中的【切换画笔调板】按钮，或者选择【窗口】|【画笔】命令，打开【画笔】调板，如图 4-5 所示。

1. 画笔笔尖形状

要想设置画笔样式的直径、角度、圆度、硬度、间距等基本参数选项，可以先在【画笔】调板的左侧设置区中单击【画笔笔尖形状】选项，然后在其右侧显示的【画笔样式】列表框中选择所需设置的画笔样式，接着就可以设置相关参数，如图 4-6 所示。

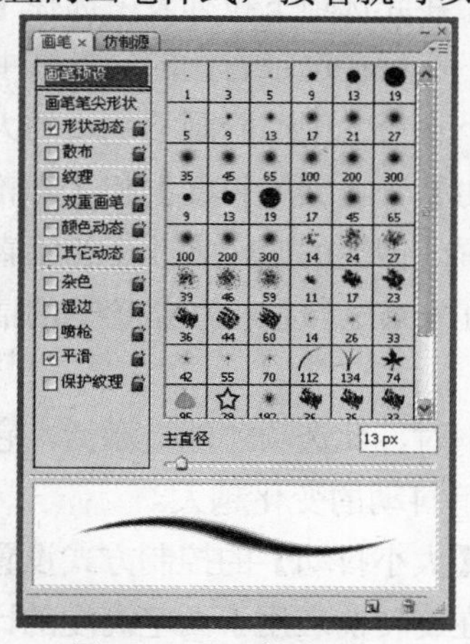

图 4-5 【画笔】调板

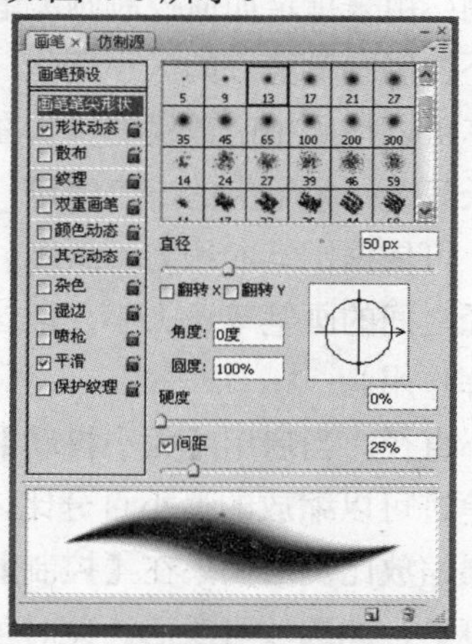

图 4-6 【画笔笔尖形状】选项

◎ 【直径】选项：可以定义画笔样式的直径尺寸大小，其参数数值范围为 1~2500 像素。

◎ 【翻转 X】和【翻转 Y】复选框：可以改变笔尖在其 X 轴或 Y 轴上的方向。

◉ 【角度】和【圆度】文本框：【角度】文本框用于设置画笔样式的角度方向。【圆度】文本框用于控制画笔样式的长短轴比例，通过调整它可以制作出椭圆形画笔样式，如图 4-7 所示。

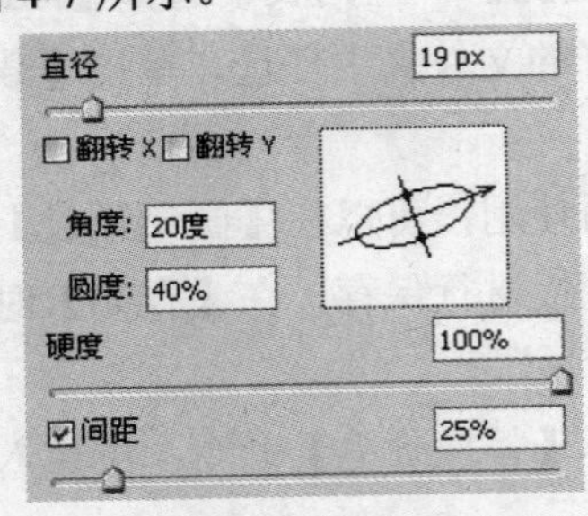

图 4-7　设置画笔的旋转角度和圆度

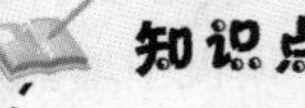
知识点

在笔触角度和圆度旁的图示中，可以用鼠标拖动改变笔触的角度和圆度。在轴上单击拖动箭头，可旋转笔触角度方向。拖动轴上黑点可调整笔触圆度比例。

◉ 【硬度】选项：用于定义画笔样式边缘的柔和程度，数值范围为 0%～100%。百分比越小，画笔边缘越柔和。

◉ 【间距】复选框：启用该复选框，可以控制描绘线条时两个画笔点之间的中心距离。其数值范围为 1%～1000%，百分比越大，描绘的画笔点之间的间隔越明显。

2. 形状动态

形状动态决定了描边中画笔笔迹的变化，单击【画笔】调板左侧的【形状动态】选项，选中此选项，调板右侧会显示修改选项对应的设置参数，例如画笔的大小抖动、最小直径、角度抖动和圆度抖动。如图 4-8 所示。

◉ 大小抖动：用来指定画笔抖动的最大百分比，可以使线条中的笔尖产生动态的变化。

◉ 控制：用来指定如何控制画笔笔迹的大小变化。在此选项下拉列表中选择【关】，表示不控制画笔笔迹的大小变化；选择【渐隐】，然后在选项右侧的文本框中输入步长值，可以按照指定数量的步长在初始直径和最小直径之间渐隐画笔笔迹的大小，每个步长等于画笔笔尖的一个笔迹；选择【钢笔压力】、【钢笔斜度】和【光轮笔】选项时，可依据钢笔的压力、斜度、钢笔拇指轮位置或钢笔的旋转来改变初始直径和最小直径之间的画笔笔迹大小，但这几个选项只有在安装了数位板和压感笔的情况下才能发挥作用。

◉ 最小直径：当启用【大小抖动】或【大小控制】时，此选项才能被激活，它决定了画笔笔迹可以缩放的最小百分比，数值越小，画笔抖动的变化越大。

◉ 倾斜缩放比例：如果在【控制】下拉列表中将【大小抖动】的控制方式设置为【钢笔斜度】，此选项可激活。此时可在选项中设置在旋转前应用于画笔高度的比例因子。

◉ 角度抖动和控制：用来指定描边中画笔笔迹角度的改变方式。要指定控制画笔笔迹的角度变化的方式，可以在【控制】下拉列表中选择一个选项。选择【关】，表示不设置画笔笔迹的角度变化；选择【渐隐】，可按照指定数量的步长在 0~360 度之间渐隐画笔笔迹的角度；选择【钢笔压力】、【钢笔斜度】、【光笔轮】和【旋转】，可依据钢笔的压力、斜度、钢笔拇指轮位置或钢笔的旋转在 0~360 度之间改变画笔笔迹的

角度；选择【初始方向】，可以使画笔笔迹的角度基于画笔描边的初始方向；选择【方向】可以使画笔笔迹的角度基于描边的方向。

- ◎ 圆度抖动和控制：用来指定画笔笔迹的圆度在描边中的改变方式。要指定抖动的最大百分比，可输入一个指明画笔长短轴之间的比率的百分比。要指定如何控制画笔笔迹的圆度，可从【控制】下拉列表中选择一个选项，包括【关】、【渐隐】、【钢笔压力】、【钢笔斜度】、【光轮笔】和【旋转】。
- ◎ 最小圆度：用来设置当【圆度抖动】或【控制】启用时画笔笔迹的最小圆度。
- ◎ 翻转 X 抖动和翻转 Y 抖动：用来设置画笔的笔尖在其 X 轴或 Y 轴上的方向。

3. 散布

散布用来指定描边中笔迹的数量和位置。单击【画笔】调板左侧的【散布】选项，可以选中此选项，调板右侧会显示该选项相对应的设置参数，如图 4-9 所示。

图 4-8　【形状动态】选项

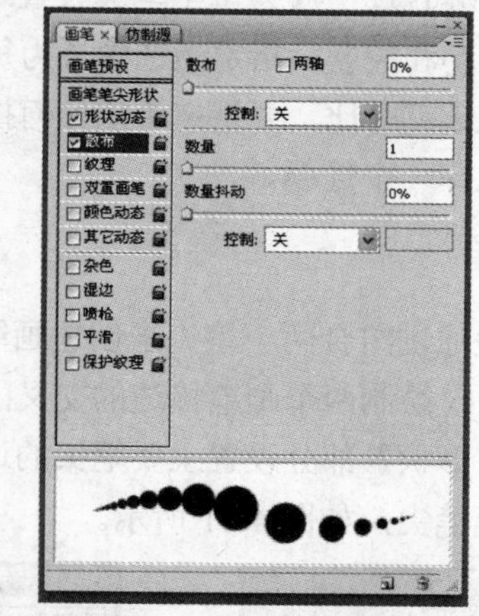

图 4-9　【散布】选项

- ◎ 散布：指定画笔笔迹在描边中的分布方式，可输入一个值来指定散布的最大百分比。如果选择【两轴】，画笔笔迹将按径向分布；取消选择【两轴】时，画笔笔迹将垂直于描边路径分布。
- ◎ 控制：要指定如何控制画笔笔迹的散布变化。
- ◎ 数量：用来指定在每个间距间隔应用的画笔笔迹数量，数值越大，笔迹的密度越大。
- ◎ 数量抖动和控制：用来指定画笔笔迹的数量如何针对各间距间隔而变化。要指定在每个间距间隔处涂抹的画笔笔迹的最大百分比。

4. 纹理

纹理画笔可以利用图案使描边看起来好像是在带纹理的画布上绘制的一样。单击【画笔】调板中左侧的【纹理】选项，可以选中此选项，调板右侧会显示该选项对应的设置参数，如图 4-10 所示。

- ◎【纹理】下拉调板：单击调板顶部纹理图案右侧的按钮可以打开一个下拉调板。单击下拉调板中的一个纹理图案即可选择该纹理。
- ◎ 反相：选择此选项，可以基于图案中的色调反转纹理中的亮点和暗点。
- ◎ 缩放：用来设置图案的缩放比例。
- ◎ 为每个笔尖设置纹理：可以将选定的纹理单独应用于画笔描边中的每个画笔笔迹，而不是作为整体应用于画笔描边。并且必须选择此选项，才能使用【深度】变化选项。
- ◎ 模式：在此选项的下列表中可以设置用于画笔和图案的混合模式。
- ◎ 深度：用来指定油彩渗入纹理中的深度。如果深度为 100%，则纹理中的暗点不接受任何油彩；如果深度为 0% ，则纹理中的所有点都接收相同数量的油彩，从而隐藏图案。
- ◎ 最小深度：指定将【深度控制】设置为【渐隐】、【钢笔压力】、【钢笔斜度】或【光轮笔】并且选中【为每个笔尖设置纹理】时油彩渗入的最小深度。
- ◎ 深度抖动和控制：指定当选中【为每个笔尖设置纹理】时深度的改变方式。要指定抖动的最大百分比。要指定希望如何控制画笔笔迹的深度变化，可以从【控制】下拉列表中选择一个选项。

5. 双重画笔

双重画笔是通过组合两个笔尖来创建画笔笔迹的，它可在主画笔的画笔描边内应用第二个画笔纹理，并且仅绘制两个画笔描边的交叉区域。如果要使用双重画笔，应首先在【画笔】调板的【画笔笔尖形状】部分设置主要笔尖的选项，然后从【画笔】调板的【双重画笔】部分中选择另一个画笔笔尖，如图 4-11 所示。

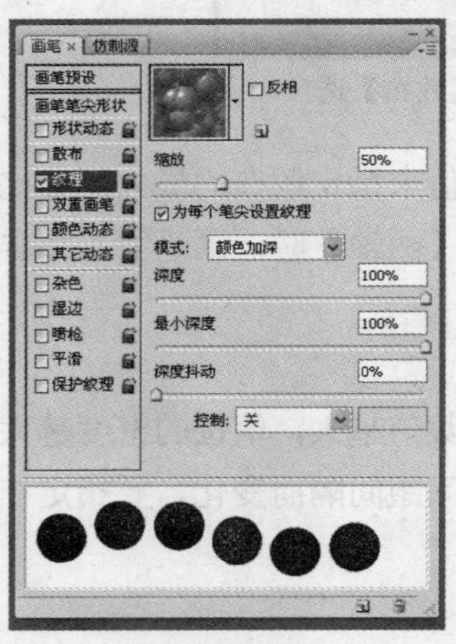

图 4-10 【纹理】选项

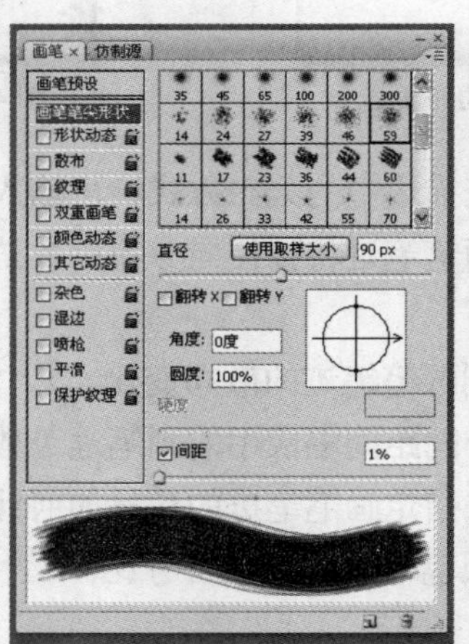

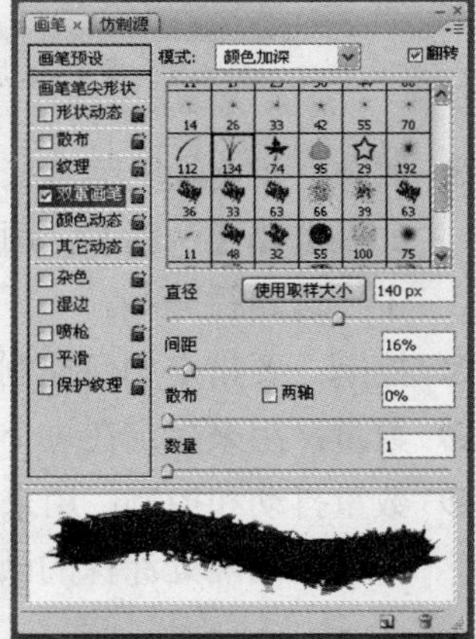

图 4-11 【双重画笔】选项

- ◎ 模式：选择从主要笔尖和双重笔尖组合画笔笔迹是要使用的混合模式。
- ◎ 直径：可以输入双笔尖的大小。如果单击【使用取样大小】按钮，则是用画笔笔尖的原始直径。只有当画笔笔尖形状是通过采集图像中的像素样本创建时，【使用取样大小】选项才可用。

◎ 间距：可控制描边中双笔尖画笔笔迹之间的距离。
◎ 散布：用来设置描边中双笔尖画笔笔迹的分布方式。如果选择【两轴】，双笔尖画笔笔迹按径向分布；取消选择【两轴】，则双笔尖画笔笔迹垂直于描边路径分布。
◎ 数量：用来设置在每个间距间隔应用的双笔尖画笔笔迹的数量。

4.1.3　创建自定义画笔

在 Photoshop CS3 中，预设的画笔样式如果不能满足用户的要求，则可以根据现有预设的画笔样式为基础创建新的预设画笔样式。另外，用户还可以使用【编辑】|【定义画笔预设】命令将选择的任意形状选区中的图像画面定义为画笔样式。需要注意的是，此类画笔样式只会保存相关图像画面信息，而不会保存其颜色信息。因此，使用这类画笔样式进行描绘时，会以当前前景色的颜色为画笔颜色。

【例 4-1】在 Photoshop CS3 中，使用打开的图像文件创建自定义画笔样式。

(1) 启动 Photoshop CS3 应用程序，打开一幅素材图像文件，如图 4-12 所示。

(2) 选择【工具】调板中的【椭圆选框】工具，在选项栏中设置【羽化】值为 20px，然后在图像中创建选区，如图 4-13 所示。

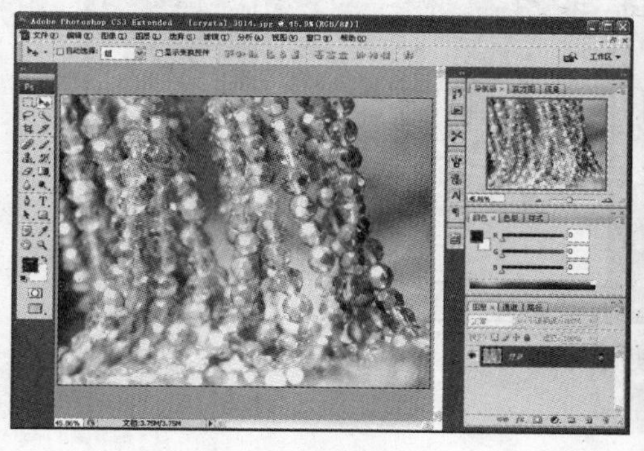

图 4-12　打开图像

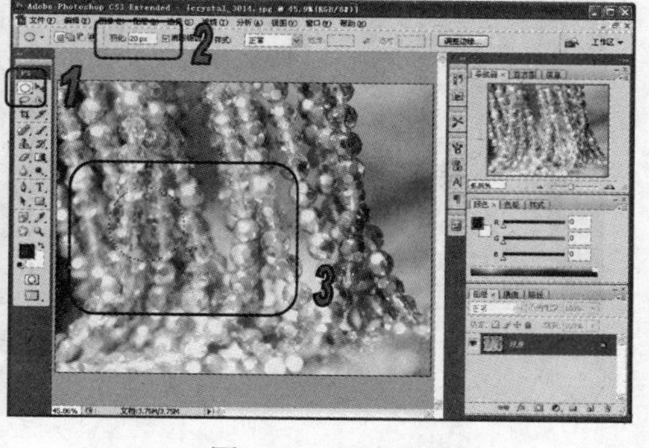

图 4-13　创建选区

(3) 选择【编辑】|【定义画笔预设】命令，打开【画笔名称】对话框，在对话框中输入新画笔名称，然后单击【确定】按钮，如图 4-14 所示。

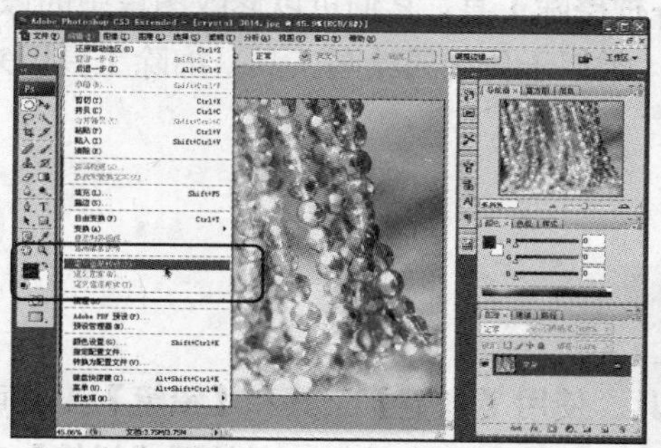

图 4-14　【定义画笔预设】命令

(4) 在【工具】调板中选择【画笔】工具，然后在打开的【画笔】调板的【画笔预设】中选择刚定义的新画笔【样本画笔 1】，然后选择【画笔笔尖形状】选项，在其参数设置区中设置【直径】为 200px，【间距】为 100%，如图 4-15 所示。

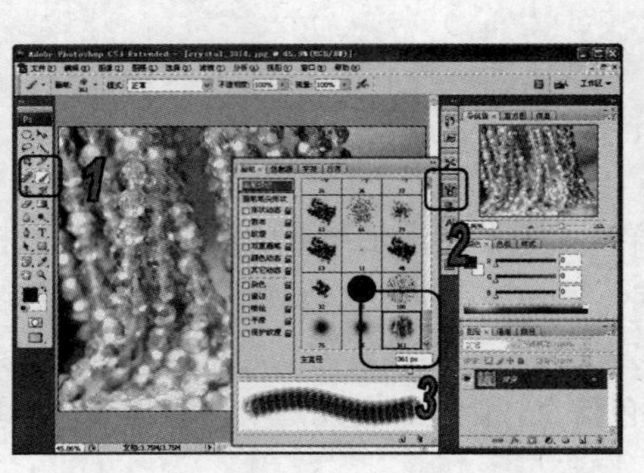
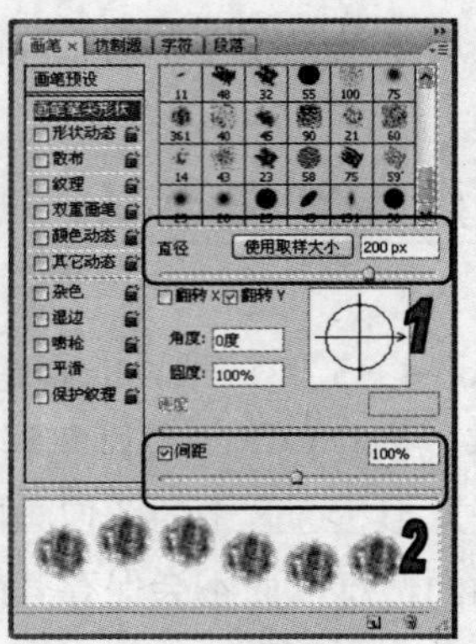

图 4-15　设置画笔

(5) 在【工具】调板中单击【切换前景色和背景色】按钮，然后使用【画笔】工具在图像中涂抹，如图 4-16 所示。

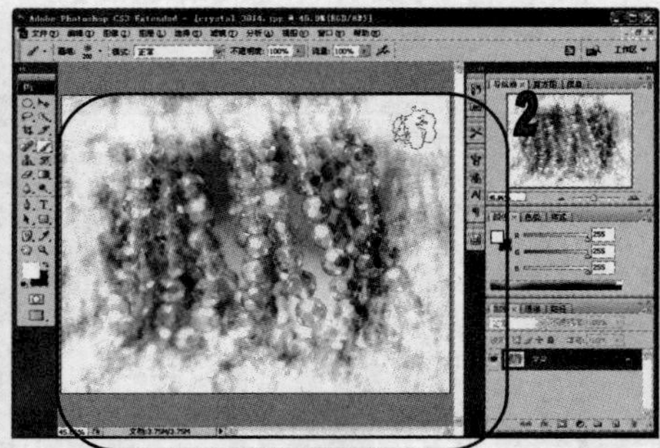

图 4-16　使用画笔

4.2　绘图工具

绘图工具包括【画笔】工具、【铅笔】工具和各种擦除工具，它们可以修改图像中的像素。【画笔】和【铅笔】工具通过画笔描边来应用颜色，类似于传统的绘画工具；擦除工具用来修改图像中的现有颜色。

4.2.1　画笔工具组

画笔工具组中包含【画笔】工具和【铅笔】工具。使用【画笔】工具和【铅笔】工具可以绘制出各种样式的线条或图形。使用【画笔】工具绘制的线条较为柔和，而使用【铅笔】工具

绘制的线条较生硬。

1. 使用【画笔】工具

【画笔】工具通常用于绘制偏柔和的线条，其作用类似于使用毛笔的绘画效果，是 Photoshop 中最为常用的绘画工具。选择该工具后，其选项栏显示为如图 4-17 所示状态。

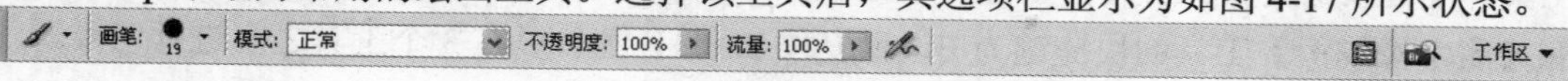

图 4-17　【画笔】工具的选项栏

在【画笔】工具的选项栏中，可以设置画笔各项参数选项，以调节画笔绘制效果。

- 【画笔】选项：用于设置画笔的大小、样式及硬度等参数选项。
- 【模式】选项：该选项下拉列表用于设定多种混合模式，利用这些模式可以在绘画过程中使绘制的笔画与图像产生特殊混合画面效果。
- 【不透明度】选项：此数值用于设置绘制画笔效果的不透明度，数值为 100%表示画笔效果完全不透明，而数值为 1%表示画笔效果接近完全透明。
- 【流量】选项：此数值可以设置【画笔】工具应用油彩的速度，该数值较低会形成较轻的描边效果。
- 【经过设置可以启动喷枪功能】按钮：单击该按钮，可以将【画笔】工具转换为【喷枪】工具。该工具用于模拟油漆喷枪的着色效果，如绘制增加图像画面的亮度和阴影，绘制使图像局部显得柔和的处理效果等。

2. 使用【铅笔】工具

【铅笔】工具通常用于绘制一些棱角比较突出、无边缘发散效果的线条。在【工具】调板中选择【铅笔】工具后，显示如图 4-18 所示的工具选项栏，其中大部分参数选项的设置与【画笔】工具基本相同。

画笔: 21　模式: 正常　不透明度: 100%　□自动抹除　工作区

图 4-18　【铅笔】工具的选项栏

【铅笔】工具选项栏中有一项【自动抹除】选项，选择该复选框后，在使用【铅笔】工具绘制时，如果光标的中心在前景色上，则该区域将抹成背景色；如果在开始拖动时光标的中心在不包含前景色的区域上，则该区域将被绘制成前景色，如图 4-19 所示。

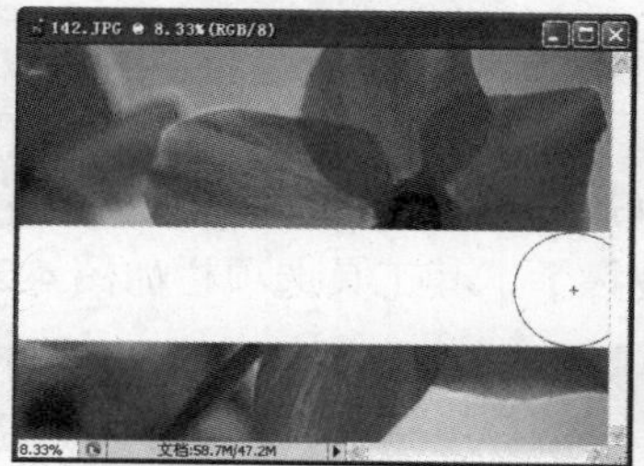

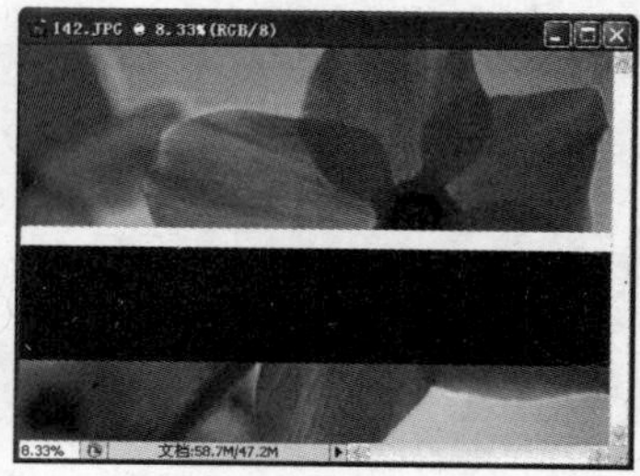

图 4-19　选择【自动抹除】选项

计算机　基础与实训教材系列

4.2.2 橡皮擦工具组

按住【工具】调板中的【橡皮擦】工具不放，可以显示出橡皮擦工具组。其中包含【橡皮擦】工具、【背景橡皮擦】工具和【魔术橡皮擦】工具。选择【橡皮擦】工具、【背景橡皮擦】工具和【魔术橡皮擦】工具的快捷键为 E，重复按 Shift+E 键可以在 3 个工具之间进行切换。

1. 【橡皮擦】工具

使用【橡皮擦】工具在图像窗口中拖动鼠标，可以擦除图像并使用背景色填充。选择【工具】调板中的【橡皮擦】工具，其工具选项栏如图 4-20 所示。

图 4-20 【橡皮擦】工具选项栏

工具选项栏中各选项参数含义如下：

- 【画笔】：可以设置橡皮擦工具使用的画笔样式和大小。
- 【模式】：可以设置不同的擦除模式。其中，选择【画笔】和【铅笔】选项时，其使用方法与【画笔】和【铅笔】工具相似，选择【块】选项时，在图像窗口中进行擦除的大小固定不变。如图 4-21 所示为不同擦除模式的擦除效果。
- 【不透明度】：可以设置擦除时的不透明度。
- 【抹到历史记录】复选框：选中该复选框后，可以将指定的图像区域恢复至快照或某一操作步骤下的状态。

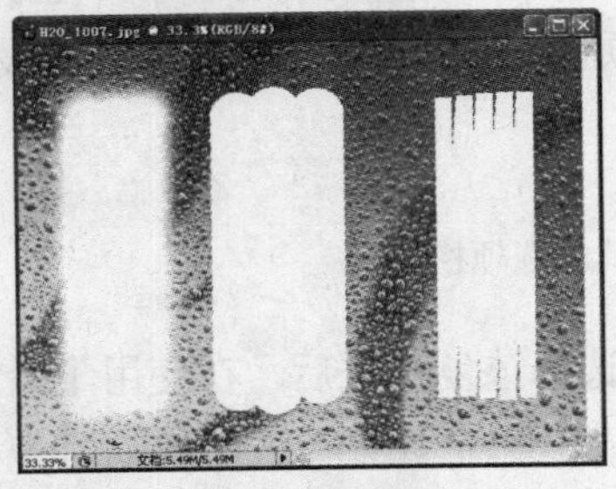

图 4-21 不同擦除模式的擦除效果

> **知识点**
>
> 如果不是在【背景】图层上擦除图像的颜色，那么被擦除的区域将变成透明色；若该图层下面的图层是可见的，则下面的图层将透过透明区域显示出来。

2. 【背景橡皮擦】工具

使用【背景橡皮擦】工具可以擦除图层上指定颜色的像素，并以透明色代替被擦除区域。选择【工具】调板中的【背景橡皮擦】，其工具选项栏如图 4-22 所示。

图 4-22 【背景橡皮擦】工具选项栏

工具选项栏中各选项参数含义如下：

- ⊙【画笔】：单击其右侧的图标，弹出下拉菜单。其中，【直径】用于设置擦除时画笔的大小；【硬度】用于设置擦除时边缘硬化的程度；【间距】用于设置拖动鼠标擦除时笔触间的距离；【角度】和【圆度】分别用于设置笔触倾斜的角度和圆度。
- ⊙【取样】按钮：用于设置颜色取样的模式。按钮表示只对单击鼠标时光标下的图像颜色取样；按钮表示擦除图层中彼此相连但颜色不同的部分；按钮表示将背景色作为取样颜色，如图 4-23 所示。

连续取样

一次取样

背景色板取样

图 4-23　3 种不同取样模式的擦除效果

- ⊙【限制】：单击其右侧的图标，弹出下拉菜单，可以选择使用【背景色橡皮擦】工具擦除的颜色范围。其中，【连续】选项表示可擦除图像中具有取样颜色的像素，但要求该部分与光标相连；【不连续】选项表示可擦除图像中具有取样颜色的像素；【查找边缘】选项表示在擦除与光标相连的区域的同时保留图像中物体锐利的边缘。
- ⊙【容差】：用于设置被擦除的图像颜色与取样颜色之间差异的大小，其取值范围在1%~100%之间，输入的数值越小，被擦除的图像颜色与取样颜色越接近，如输入较大的数值，可以擦除较大的颜色范围。
- ⊙【保护前景色】复选框：选中该复选框可以防止具有前景色的图像区域被擦除。

3. 【魔术橡皮擦】工具

【魔术橡皮擦】工具用于擦除图层中具有相似颜色的区域，并以透明色代替被擦除区域。选择【工具】调板中的【魔术橡皮擦】工具，其工具选项栏如图 4-24 所示。

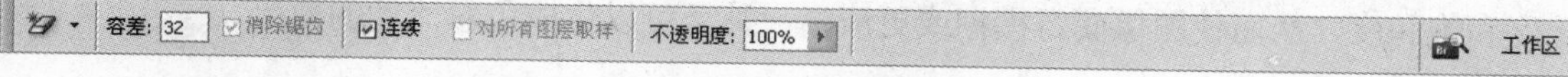

图 4-24　【魔术橡皮擦】工具选项栏

工具选项栏中各选项参数含义如下：

- ⊙【容差】：可以设置被擦除图像颜色的范围。输入的数值越大，可擦除的颜色范围越大；输入的数值越小，被擦除的图像颜色与光标单击处的颜色越接近。
- ⊙【消除锯齿】复选框：选中该复选框，可以使被擦除区域的边缘变得柔和平滑。
- ⊙【连续】复选框：选中该复选框，可以使擦除工具只擦除与鼠标单击处相连接的区域。
- ⊙【对所有图层取样】复选框：选中该复选框，可以使擦除工具的应用范围扩展到图像中所有可见图层。

◉ 【不透明度】：可以设置擦除图像颜色的程度。设置为 100%时，被擦除的区域将变成透明色；设置为 1%时，不透明度将无效，将不能擦除任何图像。

【例 4-2】 在 Photoshop 中，使用【魔术橡皮擦】工具擦除图像文件中的背景。

(1) 启动 Photoshop CS3 应用程序，打开一幅素材图像文件，如图 4-25 所示。

(2) 在【工具】调板中选择【魔术橡皮擦】工具，并将选项栏中的【容差】文本框数值设置为 40。在图像中的背景图像区域单击并拖动鼠标，即可精确地擦除背景，如图 4-26 所示。

图 4-25　打开图像

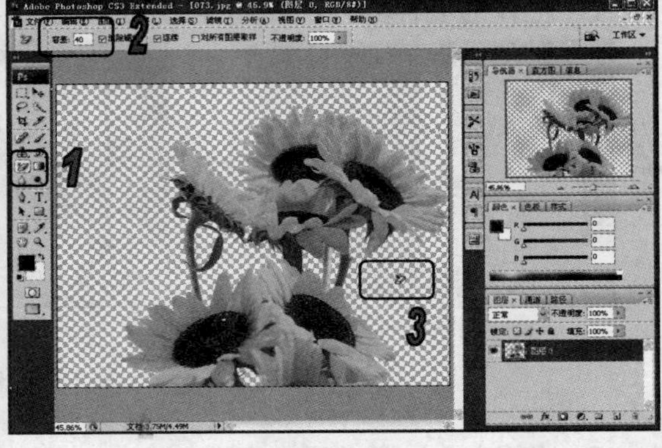

图 4-26　擦除图像背景

4.3 图像修饰工具

在获取的数字图像文件的处理过程中，常常要对图像存在的各种瑕疵问题进行修复修饰。这时就需要利用 Photoshop CS3 提供的不同的图像修饰工具来消除这些瑕疵。

4.3.1 【模糊】、【锐化】与【涂抹】工具

模糊工具组由【模糊】工具、【锐化】工具和【涂抹】工具组成，用于降低或增强图像的对比度和饱和度，从而使图像变得模糊或更清晰，甚至可以生成色彩流动的效果。

1. 使用【模糊】工具

【模糊】工具的作用是降低图像相邻像素之间的反差，使边缘的区域变柔和，从而产生模糊的效果，还可以柔化模糊局部的图像，在【工具】调板中选择【模糊】工具后，其选项栏显示如图 4-27 所示的状态。

图 4-27　【模糊】工具选项栏

- 【模式】下拉列表框：用于设置画笔的模糊模式，用户可以选择【正常】、【变亮】、【变暗】、【色相】、【颜色】、【饱和度】和【明度】等选项模式。
- 【强度】文本框：用于设置图像处理的模糊程度，参数数值越大，其模糊效果就越明显。
- 【对所有图层取样】复选框：启用该复选框，模糊处理可以对所有的图层中的图像进行操作；禁用该复选框，模糊处理只能对当前图层中的图像进行操作。

2. 使用【锐化】工具

【锐化】工具与【模糊】工具相反，它是一种图像色彩锐化的工具，也就是增大像素间的反差，达到清晰边线或图像的效果。在【工具】调板中选择【锐化】工具，其选项栏会显示为图 4-28 所示的状态。该工具的选项栏与【模糊】工具的选项栏基本相同。

图 4-28　【锐化】工具选项栏

3. 使用【涂抹】工具

【涂抹】工具是模拟手指涂抹绘制的效果。可以在图像上以涂抹的方式融合附近的像素，创造柔和或模糊的效果。在【工具】调板中选择【涂抹】工具，其选项栏显示为如图 4-29 所示的状态。

图 4-29　【涂抹】工具选项栏

该工具的选项栏选项与【锐化】工具的选项栏基本相同。启用【手指绘画】复选框，会以前景色进行图像的涂抹处理，并逐渐过渡到图像原有的颜色，类似于用手指搅拌混合图像中颜色的效果。

4.3.2　【减淡】、【加深】与【海绵】工具

减淡工具组由【减淡】工具、【加深】工具和【海绵】工具组成，用于调整图像的亮度和饱和度。

1. 使用【减淡】工具

【减淡】工具通过提高图像的曝光度来提高图像的亮度，使用时在图像需要亮化的区域反复拖动即可亮化图像。选择【减淡】工具后，其工具选项栏如图 4-30 所示。

图 4-30　【减淡】工具选项栏

工具选项栏中各选项参数含义如下：

◉ 【范围】：在其下拉列表中，【阴影】表示仅对图像的暗色调区域进行亮化；【中间调】表示仅对图像的中间色调区域进行亮化；【高光】表示仅对图像的亮色调区域进行亮化。

◉ 【曝光度】：用于设定曝光强度。可以直接在数值框中输入数值或单击右侧的▸按钮，然后在弹出的滑杆上拖动滑块来调整。

2. 使用【加深】工具

【加深】工具选项栏与【减淡】工具选项栏内容基本相同，但使用它们产生的图像效果刚好相反。【加深】工具用于降低图像的曝光度，通常用来加深图像的阴影或对图像中有高光的部分进行暗化处理。选择【加深】工具，其选项栏如图 4-31 所示。

图 4-31 【加深】工具选项栏

3. 使用【海绵】工具

使用【海绵】工具可以调整图像的色彩饱和度。它对黑白图像处理的效果不明显。在灰度模式图像中，【海绵】工具可以增加或降低图像文件的对比度。选择【海绵】工具，其选项栏如图 4-32 所示。在【模式】下拉列表中若选择【去色】选项，则使图像色彩的饱和度降低；选择【加色】选项，则使图像色彩的饱和度提高。

图 4-32 【海绵】工具选项栏

4.3.3 【仿制图章】与【图案图章】工具

图章工具组由【仿制图章】工具和【图案图章】工具组成，可以使用颜色或图案填充图像或选区，以得到图像的复制或替换。

1. 使用【仿制图章】工具

【仿制图章】工具是合成图像时非常有用的工具之一，它能够将一幅图像的全部或部分复制到同一幅图像或其他图像中。

选择【仿制图章】工具后，其选项栏如图 4-33 所示。在选项栏中设置完成，按住 Alt 键在图像中单击创建参考点，然后释放 Alt 键，按住鼠标在图像中拖动即可仿制图像，如图 4-34 所示。

图 4-33 【仿制图章】工具选项栏

在【仿制图章】工具的选项栏中，用户除了可以在其中设置笔刷、不透明度和流量外，还可以设置以下两个参数选项。

- 【对齐】复选框：启用该复选框，可以对图像画面连续取样，而不会丢失当前设置的参考点位置，即使释放鼠标后也是如此；禁用该复选框，则会在每次停止并重新开始仿制时，使用最初设置的参考点位置。默认情况下，【对齐】复选框为启用状态。
- 【对所有图层取样】复选框：启用该复选框，可以在所有可视图层中设置参考点；禁用该复选框，只能在当前图层中设置参考点。默认情况下，【对所有图层中取样】复选框为禁用状态。

图 4-34　使用【仿制图章】工具

2. 使用【图案图章】工具

【图案图章】工具用于将预先定义好的图案替换目标对象。选择该工具后，其选项栏如图 4-35 所示。

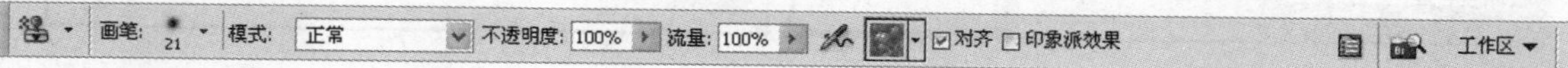

图 4-35　【图案图章】工具选项栏

工具选项栏中各选项参数含义如下：

- 【画笔】：用于准确控制仿制区域大小。
- 【模式】：用于指定混合模式。选择【替换】选项可以在使用柔边画笔时，保留画笔描边边缘处的杂色、胶片颗粒和纹理。
- 【不透明度】和【流量】：用于控制对仿制区域的应用绘制的方式。
- 【图案】：用于选择应用的图案。
- 【对齐】：在选项栏中选择该复选框以保持图案与原始起点的连续性，即使释放鼠标按钮并继续绘画也不例外。取消选择该复选框可在每次停止并开始绘画时重新启动图案。
- 【印象派效果】：用于应用具有印象派效果的图案。

【例 4-3】在 Photoshop 中，创建自定义图案，并使用【图案图章】工具改变图像效果。

(1) 启动 Photoshop CS3 应用程序，打开一幅图像文件，如图 4-36 所示。

(2) 选择【工具】调板中的【矩形选框】工具，在图像中拖动创建选区，如图 4-37 所示。

图 4-36　打开图像

图 4-37　创建选区

(3) 选择【编辑】|【定义图案】命令，在打开的【图案名称】对话框中输入图案名称，然后单击【确定】按钮，如图 4-38 所示。

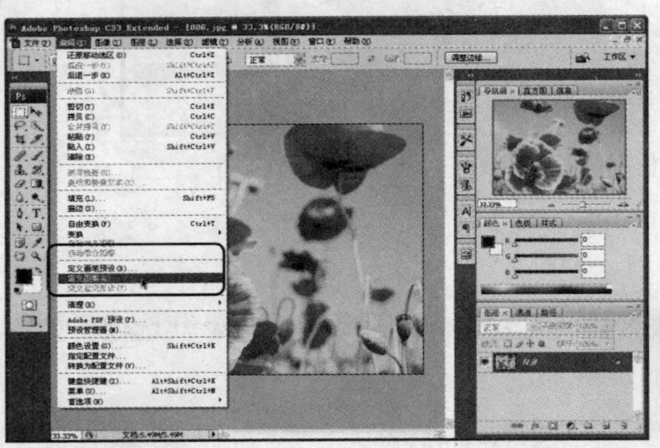

图 4-38　定义图案

(4) 选择【文件】|【打开】命令，在【打开】对话框中，选择需要打开的图像文件，然后单击【打开】按钮打开，如图 4-39 所示。

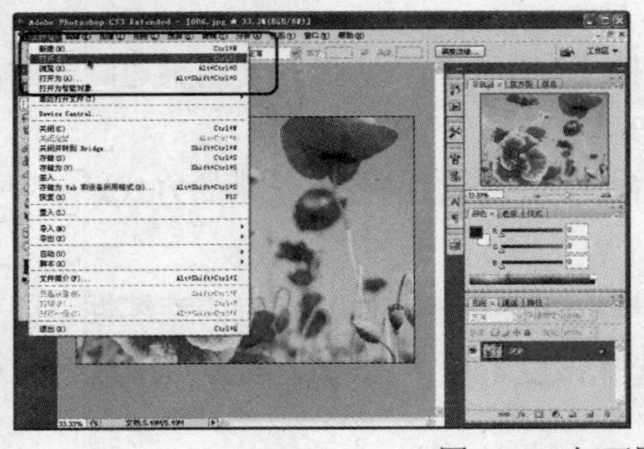

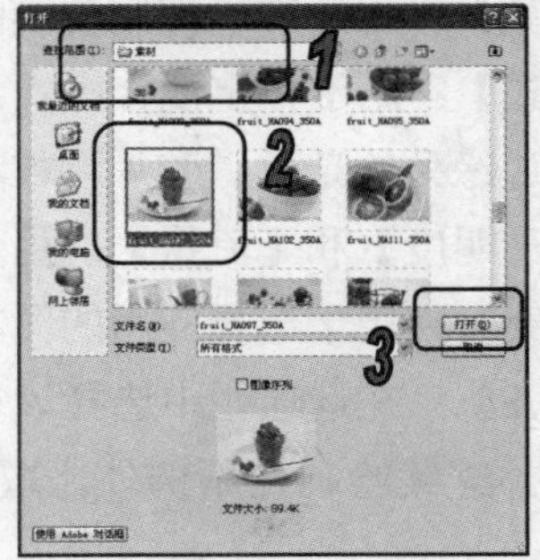

图 4-39　打开图像

(5) 选择【工具】调板中的【图案图章】工具，在其工具选项栏中设置画笔大小，接着在图案下拉列表框中选择刚定义的图案，然后在图像文件中按住 Shift 键进行拖动，如图 4-40 所示。

图 4-40　使用【图案图章】工具

知识点

除了可使用 Photoshop CS 所提供的图案外，用户还可自定义图案。要自定义图案，可首先利用【矩形选框】工具定义选区，然后选择【编辑】|【定义图案】命令。在定义图案时，选区只能为矩形，且羽化值必须为 0。如果当前未制作选区，则将整幅图像定义为图案。定义的图案支持多层，即以当前选区图像的显示效果为准。

4.3.4　【污点修复画笔】、【修复画笔】、【修补】工具

修复工具组可以将取样点的像素信息非常自然地复制到图像其他区域中，并保持图像的色相、饱和度、纹理等属性，是一组快捷高效的图像修饰工具。

1. 使用【修复画笔】工具

修复画笔工具可用于校正图像瑕疵，使它们消失在周围的像素中。与仿制工具一样，使用修复画笔工具可以利用图像或图案中的样本像素来绘画，但此工具能够将样本像素的纹理、光照、透明度和阴影与所修复的像素进行匹配，从而使修复后的图像无人工痕迹。如图 4-41 所示。

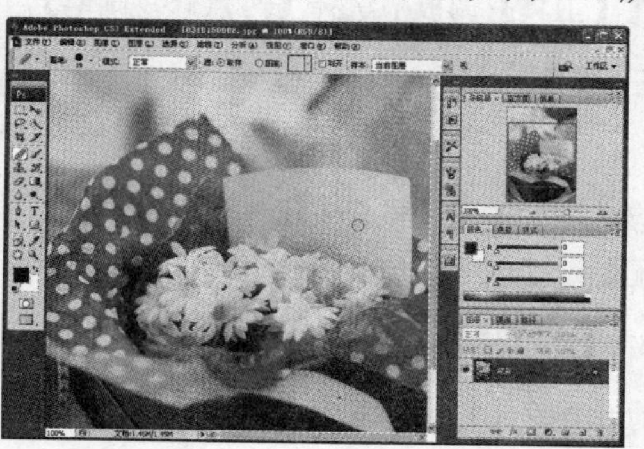

图 4-41　使用【修复画笔】工具

选择【工具】调板中的【修复画笔】工具，其选项栏显示为如图 4-42 所示的状态。其中的【对齐】和【样本】选项与仿制图章工具相应选项的功能相同。

图 4-42 【修复画笔】工具栏

- 源：用来指定用于修复像素的源。选择【取样】后，可按住 Alt 键在图像上单击进行取样，然后在需要修复的区域拖动鼠标进行涂抹即可；选择【图案】后，可从此选项右侧的图案下拉列表调板中选择一个图案，此时在图像中直接单击并拖动鼠标即可绘制图案。
- 对齐：选择此项，会对像素进行连续取样，在修复图像时，取样点随修复位置的移动而变化。取消选择，则会在每次停止并重新开始绘制时使用初始取样点中的样本像素。

2. 使用【污点修复画笔】工具

【污点修复画笔】工具可以迅速修复照片中的污点以及其他不够完美的地方。污点修复画笔的工作原理与【修复画笔】相似，它从图像或图案中提取样本像素来涂改需要修复的地方，使需要修改的地方与样本像素在纹理、亮度和透明度上保持一致，从而达到用样本像素遮盖需要修复的地方的目的。如图 4-43 所示。

图 4-43 使用【污点修复画笔】工具

在【工具】调板中选择【污点修复画笔】工具，其选项栏显示为如图 4-44 所示的状态。

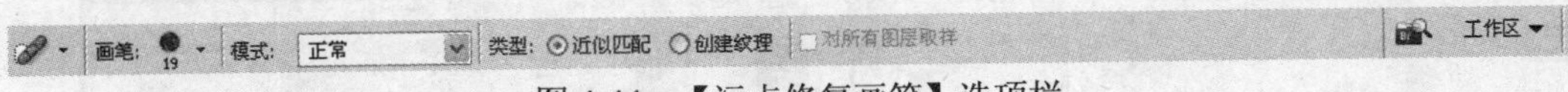

图 4-44 【污点修复画笔】选项栏

该选项栏中的【模式】下拉列表用于设置混合的模式。在【类型】选项中，可以选择【近似匹配】或【创建纹理】混合方式。

3. 使用【修补】工具

使用【修补】工具，可以用其他区域或图案中的像素修复选择区域中的图像像素。与【修复画笔】工具一样，【修补】工具会将样本像素的纹理、光照和阴影与源像素进行匹配。使用该工具时，用户既可以直接使用已经制作好的选区，也可以利用该工具制作选区，如图 4-45 所示。

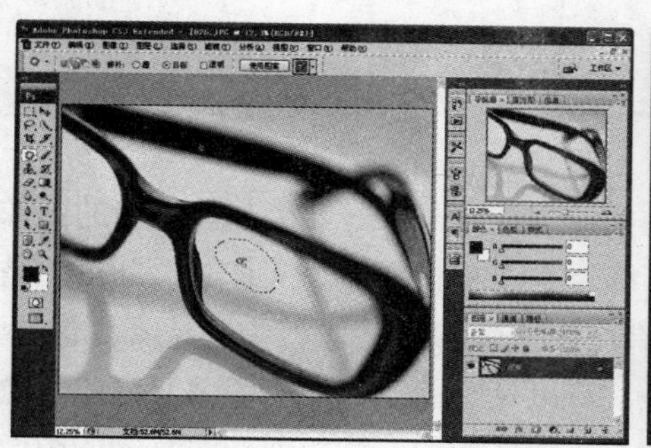

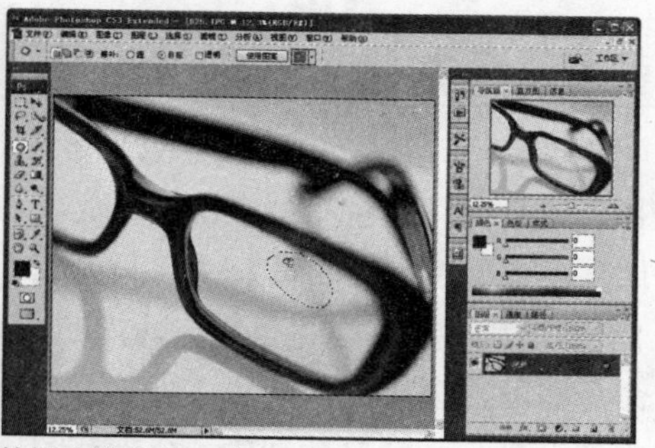

图 4-45　使用【修补】工具

在【工具】调板中选择【修补】工具，该工具的选项栏如图 4-46 所示。

图 4-46　【修补】工具选项栏

该工具选项栏中各主要参数选项作用如下。

- 【源】单选按钮：选择该单选按钮，可以将选择区域作为源图像区域。拖动源图像区域至目标区域，源图像区域的图像会被目标区域中的图像覆盖。
- 【目标】单选按钮：选中该单选按钮，可以将选择区域作为目标区域。拖动目标图像区域至所需覆盖的位置，目标区域的图像会覆盖拖动到区域中的图像。
- 【使用图案】按钮：选择图像区域后，该按钮为可用状态。单击该按钮，可以用设置的图案覆盖所需操作的图像区域。

4.4　图像的编辑

在 Photoshop 中，图像处理的常用操作其实就是针对当前图层或图层选区中图像内容的操作处理方法。

4.4.1　剪切、复制和粘贴图像

通过选区选择部分或全部图像后，可以根据需要对选区中图像进行剪切和复制操作。

要想剪切选区内的图像，可以选择【编辑】|【剪切】命令，即可剪切图像至剪贴板中，从而利用剪贴板交换图像数据信息。执行该命令后，选区中的图像会从原图像中剪切，并以背景色填充。

要想复制选区内的图像，可以选择【编辑】|【复制】命令，即可复制图像至剪贴板中。

要想粘贴剪贴板中的图像至当前图像文件中，可以选择【编辑】|【粘贴】命令，即可放置粘贴操作的图像至当前图像文件的画面中心位置，并且自动创建一个新图层，放置剪切或复制的图像。

4.4.2 使用【合并拷贝】与【贴入】命令

虽然处理图像过程中可以拥有多个图层，但当前图层只能是一个。如果当前编辑的图像文件中包含多个图层，那么使用【编辑】|【拷贝】或【编辑】|【剪切】命令操作时，针对的是当前图层中选区内的图像。要想复制当前选区内的所有图层中图像至剪贴板中，选择【编辑】|【合并拷贝】命令即可。选择【编辑】|【贴入】命令，可以粘贴剪贴板中的图像至当前图像文件窗口中显示的选区里，并且自动创建一个带有图层蒙版的新图层，放置剪切或复制的图像。

【例 4-4】在打开的图像文件窗口中，使用【贴入】命令编辑图像画面。

(1) 启动 Photoshop CS3 应用程序，打开一幅图像文件，如图 4-47 所示。

(2) 选择【工具】调板中的【矩形选框】工具，在工具选项栏中单击【从选区减去】按钮，然后在图像中创建一个选区，如图 4-48 所示。

图 4-47 打开图像文件

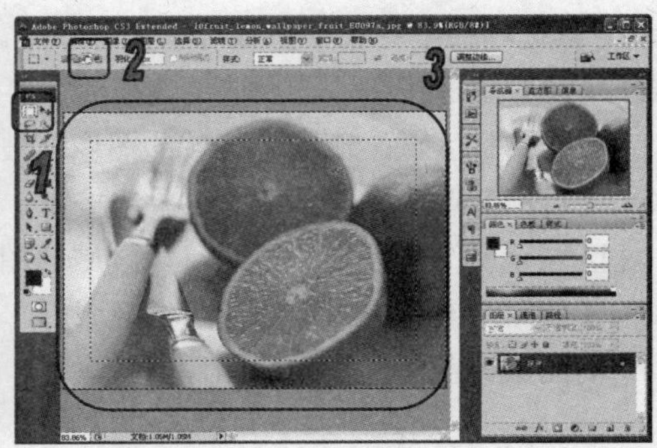

图 4-48 创建选区

(3) 选择菜单栏中的【文件】|【打开】命令，在【打开】对话框中选择需要打开的另一幅图像，然后单击【打开】按钮，如图 4-49 所示。

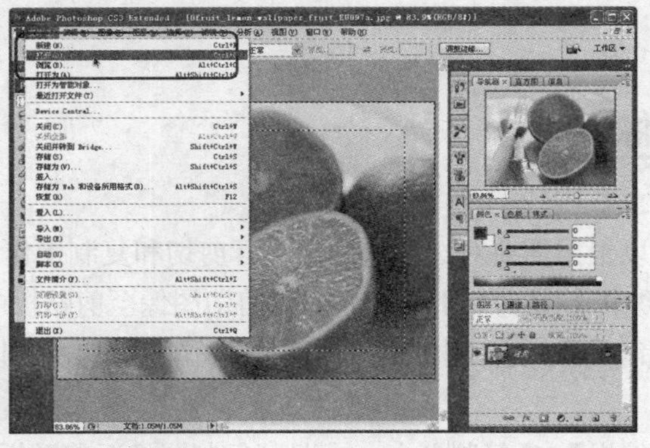

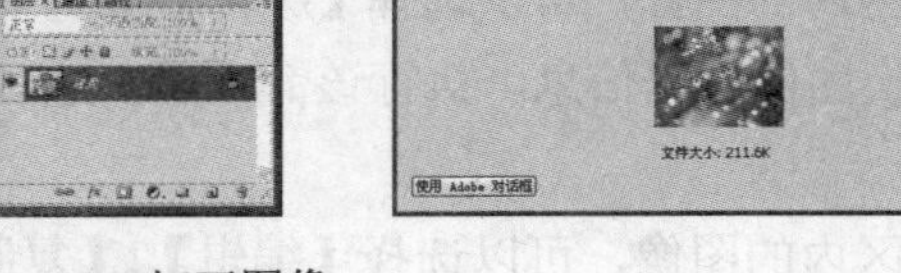

图 4-49 打开图像

(4) 按 Ctrl+A 键将图像全选，然后选择【编辑】|【拷贝】命令，将新打开的图像复制到剪贴板上，如图 4-50 所示。

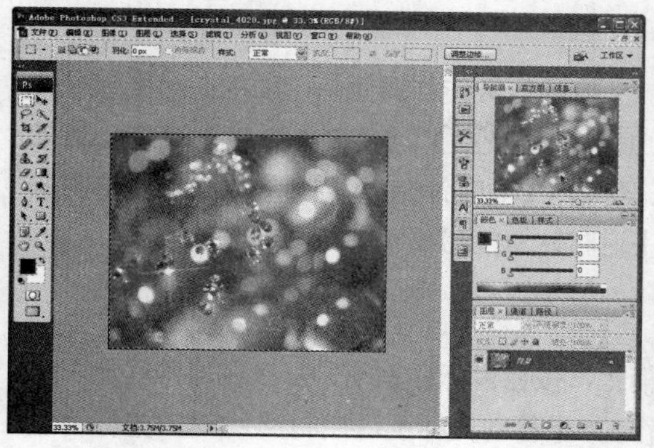

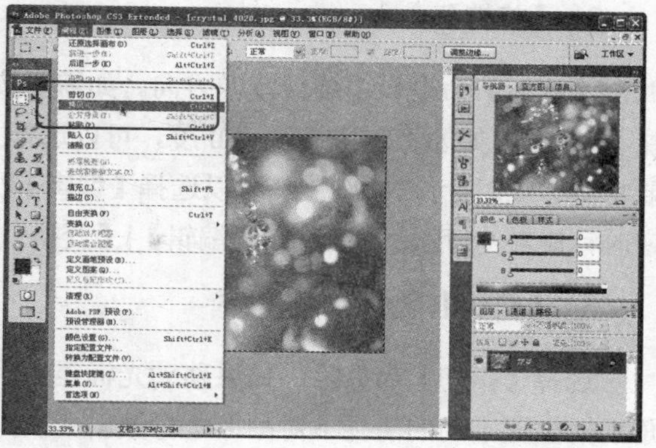

图 4-50　复制图像

(5) 选择步骤(1)中打开的图像文件，然后选择【编辑】|【贴入】命令，即可将复制的图像粘贴到当前文件窗口中显示的选区内，如图 4-51 所示。

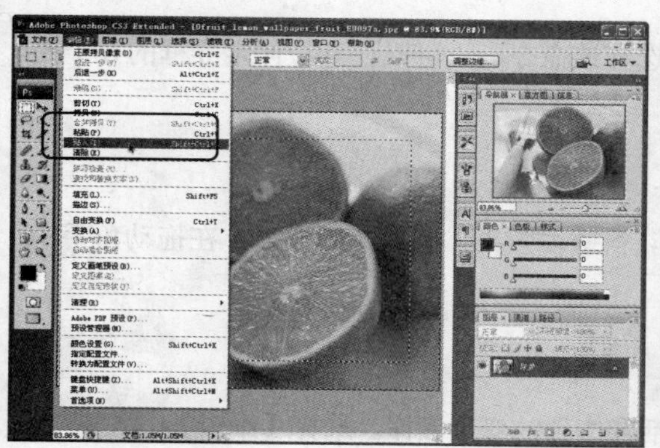

图 4-51　使用【贴入】命令

4.4.3　变换图像

选定图层或选区中图像后，通过选择【编辑】|【变换】命令级联菜单中的相关命令，可以进行特定的变换操作，如缩放、旋转、斜切等。用户只需选择所需操作的命令，即可切换到该选择命令的操作状态。变换操作完成后，用户可以通过在定界框中双击或按 Enter 键的方式结束图像的变换操作。

1. 【缩放】命令

【缩放】命令可以自由调整图像大小的。如果通过定界框的角手柄调整图像的大小，并且在操作中同时按住 Shift 键，可以以等比例进行图像大小的缩放操作。

2. 【旋转】命令

【旋转】命令自由旋转图像方向。如需要按 15 度的倍数旋转图像，可以在拖动鼠标时按住 Shift 键。如要将图像旋转 180 度，可以选择【编辑】|【变换】|【旋转 180 度】命令。如果要将图像顺时针旋转 90 度，可以选择【编辑】|【变换】|【顺时针 90 度】命令。如果要将图像逆时针旋转 90 度，可以选择【编辑】|【变换】|【逆时针 90 度】命令。

3. 【斜切】命令

选择【斜切】命令后，如果移动光标至角手柄上，按住鼠标并拖动，可以在保持其他 3 个角手柄位置不动的情况下对图像进行倾斜变换操作。如果移动光标至边控制点上(这时光标将显示 形状)，按住鼠标并拖动，可以在保持与选择边控制点相对的定界框边不动的情况下进行图像倾斜变换操作。

4. 【扭曲】命令

扭曲图像是应用非常频繁的一类变换操作。选择该命令后，可以任意拉伸定界框的 8 个控制点以进行扭曲变换操作。

5. 【透视】命令

通过对图像应用【透视】命令，可以使图像获得透视效果。选择该命令后，在拖动角手柄时，定界框会形成对称的梯形。

6 【变形】命令

使用【变形】命令，可以对图像进行更为灵活和细致的变形操作。选择【编辑】|【变换】|【变形】命令即可调出变形控制框，在调出控制框后，可以采用两种方法对图像进行变形操作。直接在图像内部、节点或控制手柄上拖动，直至将图像变形为所需的效果。或在工具选项栏上的【变形】下拉列表框中选择适当的形状。选择【编辑】|【变换】|【变形】命令，状态栏显示如图 4-52 所示，【变形】命令选项栏中各参数作用如下：

图 4-52 【变形】命令选项栏

- 【变形】：在该下拉列表框中可以选择 15 种预设的变形选项，如选择【自定】选项可以随意对图像进行变形操作。
- 【更改变形方向】按钮：单击该按钮可以改变图像变形方向。
- 【弯曲】：在此输入正值或负值可以调整图像的扭曲程度。
- 【H、V 数值输入框】：在此输入数值可以控制图像扭曲时在水平和垂直方向上的比。

7. 使用【自由变换】命令

在选定图层或选区内图像后，除了使用【变换】命令级联菜单中的相关命令可以变换图像

效果外，还可以选择【编辑】|【自由变换】命令。选择该命令后图层或选区中的图像会进入自由变换操作状态，这时在其周围会显示一个定界框。

移动光标至定界框的控制点上，当光标显示为↔ ↕ ⤢ ⤡形状时，按住鼠标并拖动即可改变其大小。移动光标至定界框外，当光标显示为 ↻ 形状时，按住鼠标并拖动即可进行自由旋转。在自由旋转操作过程中，图像的旋转会以定界框的中心点位置为旋转中心。要想设置定界框的中心点位置，只需移动光标至中心点上，当光标显示为▸◌形状时，按住鼠标并拖动即可。按住 Ctrl 键可以随意更改控制点位置，对定界框进行自由扭曲变换。

4.4.4 还原、重做和恢复操作

在编辑图像的过程中，如果操作出现失误，或者对当前的处理效果不够满意，就需要撤销操作，恢复图像。在 Photoshop CS3 中，用户可以通过使用【编辑】菜单下的相关命令和【历史记录】调板来撤销与恢复之前进行的图像处理操作步骤。

1. 使用菜单命令撤销操作

在进行图像处理时，最近一次所执行的操作步骤会显示为【编辑】菜单的第一条命令。该命令在初始名称为还原。当 Photoshop CS3 中执行过操作步骤后，它就被替换为【还原 操作步骤名称】。执行该命令就可以撤销该操作，此时该菜单命令会变为【重做 操作步骤名称】，选择该命令可以再次执行该操作。也可以通过按 Ctrl+Z 快捷键实现操作还原与重做。

在【编辑】菜单中多次选择【还原】命令，可以按照【历史记录】调板中排列的操作顺序，逐步撤销操作步骤。用户也可以在【编辑】菜单中多次选择【前进一步】命令，按照【历史记录】调板中排列的操作顺序，逐步恢复操作步骤。

2. 使用【历史记录】调板

通过【历史记录】调板，可以撤销打开到关闭图像文件之间进行的操作步骤，而且还可以在图像处理过程中为当前处理结果创建快照。另外，使用【历史记录】调板可以将当前图像处理状态保存为文件，以便以后需要时载入使用。选择菜单栏【窗口】|【历史记录】命令即可打开【历史记录】调板，如图 4-53 所示。

- 撤销操作步骤至初始状态：打开一个图像文件后，Photoshop 会自动将该图像文件的初始状态制作成快照。在图像处理过程中只要单击该快照，即可撤销前面进行的所有操作步骤，将图像文件恢复至初始状态。
- 撤销连续操作步骤：想要撤销连续的一组操作步骤，只需单击该连续操作步骤中位于第一步操作前的操作步骤名称。这时该名称以下的所有操作步骤变成灰色，即表示撤销了这些操作步骤。如果这时执行了新的操作步骤，会删除这些变暗的操作步骤并由新执行的操作步骤取代其所在位置。
- 恢复被撤销的操作步骤：要想恢复被撤销的操作步骤，只需单击要恢复的连续操作步

骤中位于最后的操作步骤即可实现，那么其前面的所有操作步骤(包括单击的该操作步骤)均被恢复。需要注意的是，恢复被撤销操作步骤的前提是，在撤销该操作步骤后不执行其他新操作步骤，否则无法恢复被撤销的操作步骤。

- 使用快照暂存图像处理状态：【快照】实际上是图像处理过程中的某个图像操作状态。创建快照后，不管进行多少操作步骤，均不会对创建的快照产生任何影响。要想为图像处理过程中的图像操作状态创建快照，可以在【历史记录】调板中单击该操作步骤名称，然后单击【历史记录】调板中的【创建新快照】按钮即可。想要恢复保存的快照状态，只需在【历史记录】调板中单击所需恢复的快照名称即可。
- 删除指定操作步骤：想要删除指定的操作步骤，只需在【历史记录】调板中选择该操作步骤，然后单击该调板底部的【删除当前状态】按钮即可。

默认情况下，删除【历史记录】调板中的某个操作步骤后，该操作步骤下方的所有操作步骤均会同时被删除。如果想要单独删除某一操作步骤，可以单击【历史记录】调板右上角的小三角按钮，从打开的调板控制菜单中选择【历史记录选项】命令，打开如图 4-54 所示的【历史记录选项】对话框。在该对话框中，启用【允许非线性历史记录】复选框，再单击【确定】按钮，即可单独删除某一操作步骤，而不会影响其他操作步骤。

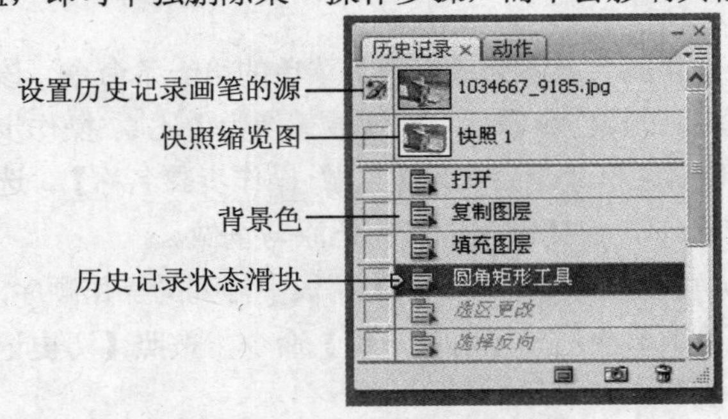

图 4-53 【历史记录】调板

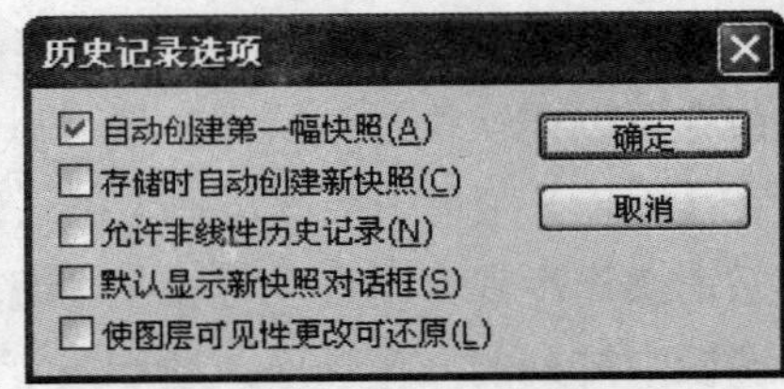

图 4-54 【历史记录选项】对话框

4.5 上机练习

本章上机练习将使用绘图工具、修饰工具以及常用图像编辑命令制作出如图 4-63 和图 4-76 所示的图像效果。通过练习可以让读者掌握画笔工具、修饰工具和常用的编辑命令等内容。

4.5.1 制作拼合图像

本节实例将主要应用前面介绍的【变形】命令改变图像的形状，并结合【画笔】工具、【海绵】工具等修饰拼合素材图像效果，最终效果如图 4-63 所示。

(1) *启动 Photoshop CS3 应用程序，打开一幅图像文件，如图 4-55 所示。*

(2) 选择【工具】调板中的【海绵】工具，在其选项栏中设置画笔大小，在【模式】下拉列表中选择【去色】选项，然后在图像中拖动，降低图像饱和度，如图 4-56 所示。

图 4-55　打开图像

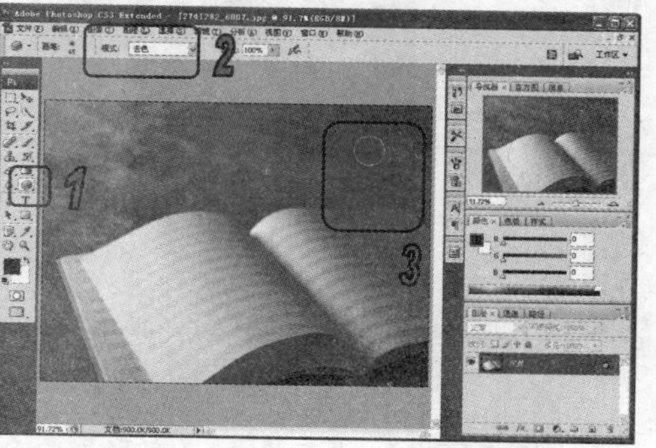

图 4-56　使用【海绵】工具

(3) 选择【文件】|【打开】命令，在【打开】对话框中选择需要打开的图像文件，如图 4-57 所示。

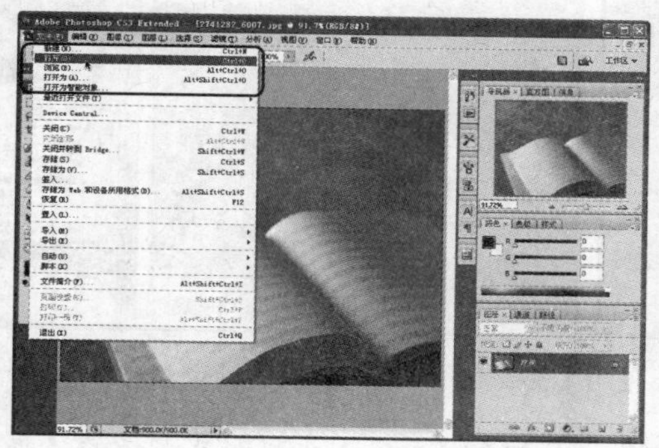

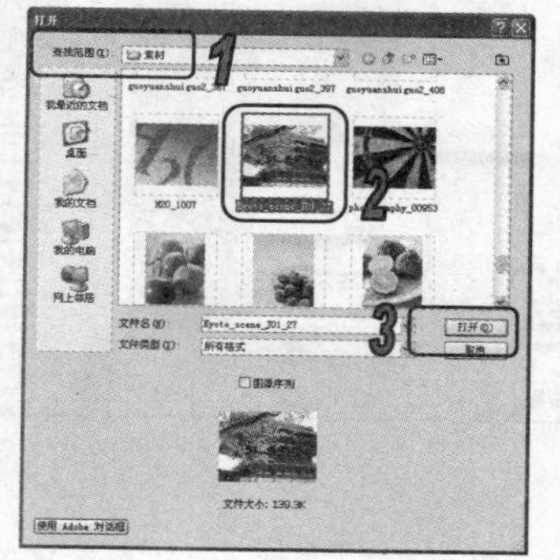

图 4-57　打开图像文件

(4) 在打开的图像文件中按 Ctrl+A 键将图像全部选中，并按 Ctrl+C 键复制图像。然后选择书本图像文件，按 Ctrl+V 键将花朵图像贴入到文件中，如图 4-58 所示。

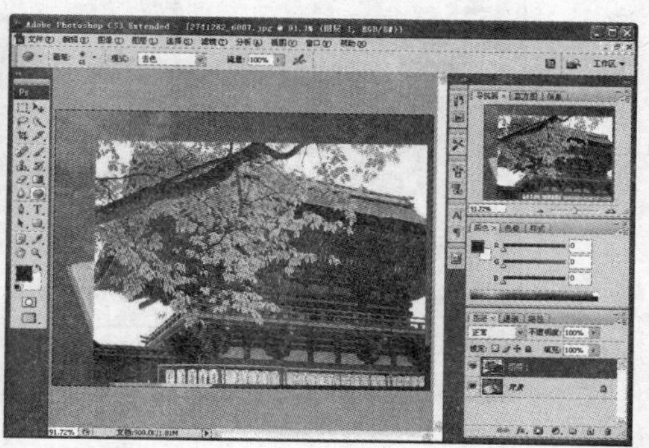

图 4-58　复制粘贴图像

(5) 选择【编辑】|【自由变换】命令，按 Shift+Alt 键缩小图像文件，并将图像旋转至合适角度，按 Enter 键应用变换，如图 4-59 所示。

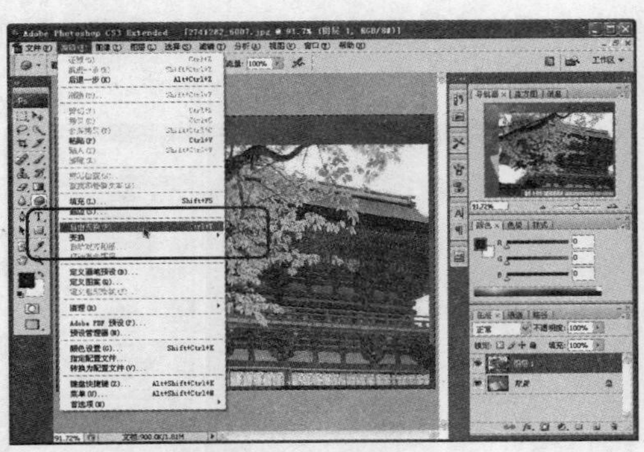

图 4-59　自由变换

(6) 选择【编辑】|【变换】|【变形】命令，显示变形控制框，并调节控制框形状，使其符合书本形状，如图 4-60 所示。

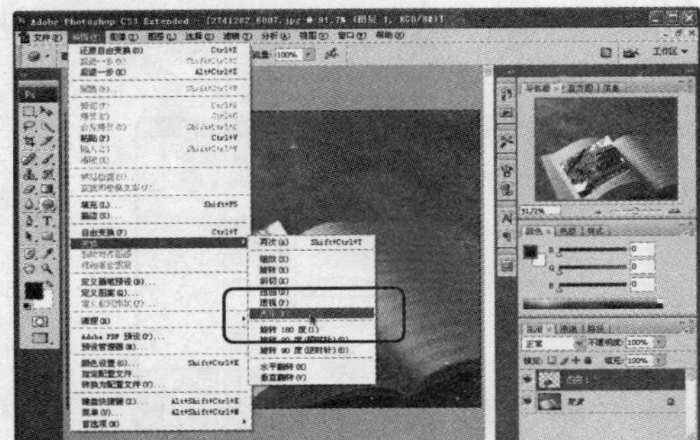

图 4-60　使用【变形】命令

(7) 选择【工具】调板中的【画笔】工具，并打开【画笔】调板，在调板的【画笔笔尖预设】选项中选择一种画笔，并设置【直径】为 74，【间距】为 155；选择【形状动态】选项，设置【大小抖动】为 100%、【最小直径】为 19%、【角度抖动】为 100%，如图 4-61 所示。

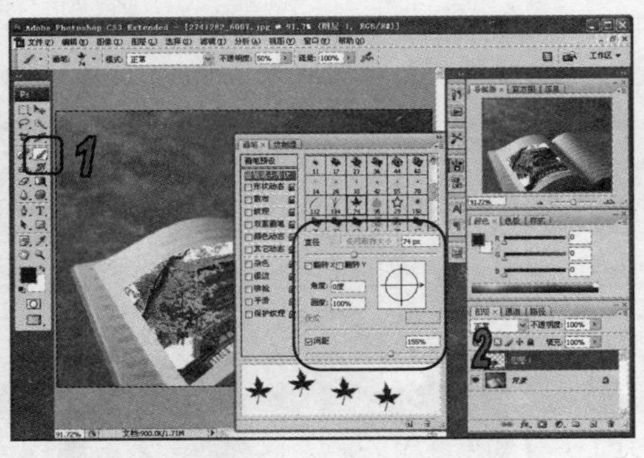

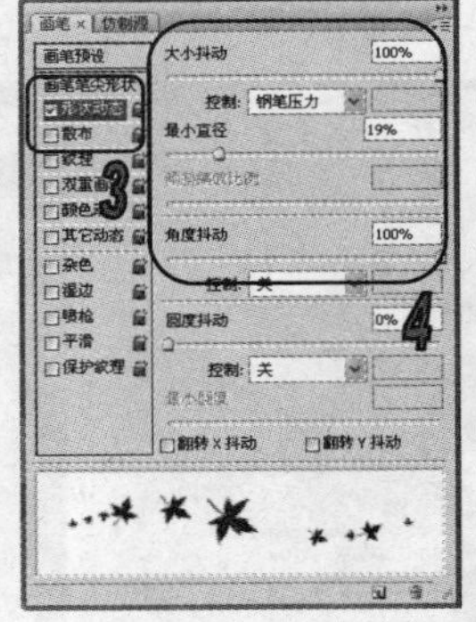

图 4-61　设置画笔

(8) 选择【散布】选项，设置【散布】为 287%、【数量】为 2，如图 4-62 所示。

(9) 在【工具】调板中单击【切换前景色和背景色】按钮，在工具选项栏中设置【不透明度】为 30%，然后使用【画笔】工具在图像中拖动，效果如图 4-63 所示。

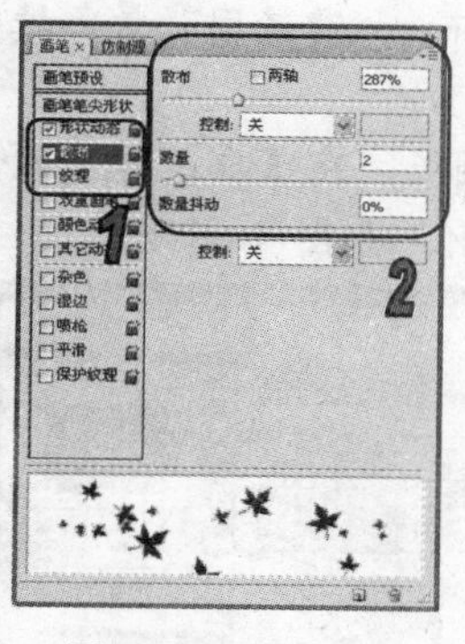

图 4-62 设置画笔

图 4-63 使用画笔

4.5.2 制作邮票效果

本节实例将主要应用前面介绍的【变形】命令改变图像的形状，并结合【画笔】工具、【海绵】工具等修饰拼合素材图像效果，最终效果如图 4-76 所示。

(1) 启动 Photoshop CS3 应用程序，打开一幅图像文件，如图 4-64 所示。

(2) 按 Ctrl+A 键将图像全部选中，然后选择【编辑】|【拷贝】命令，进行复制，如图 4-65 所示。

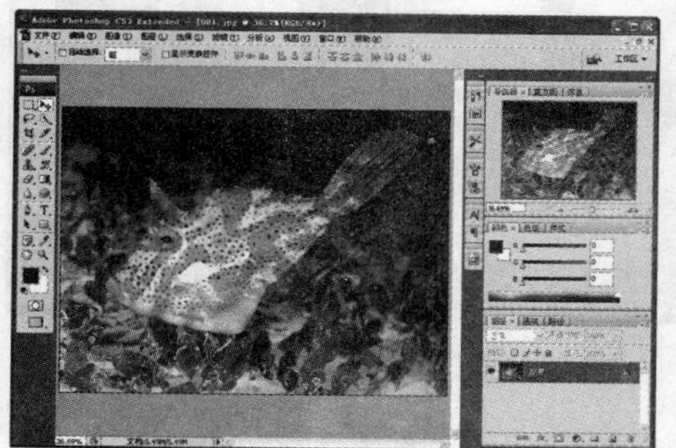

图 4-64 打开图像

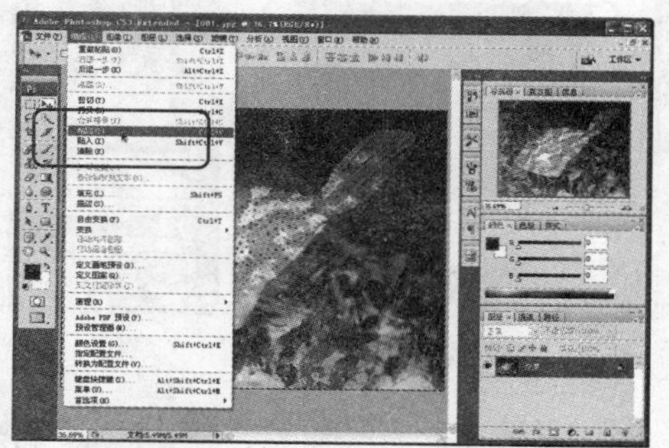

图 4-65 复制图像

(3) 按 Ctrl+V 键粘贴图像，然后选择【编辑】|【自由变换】命令，在图像中显示定界框，并按 Shift+Alt 键等比缩放图像大小，如图 4-66 所示。

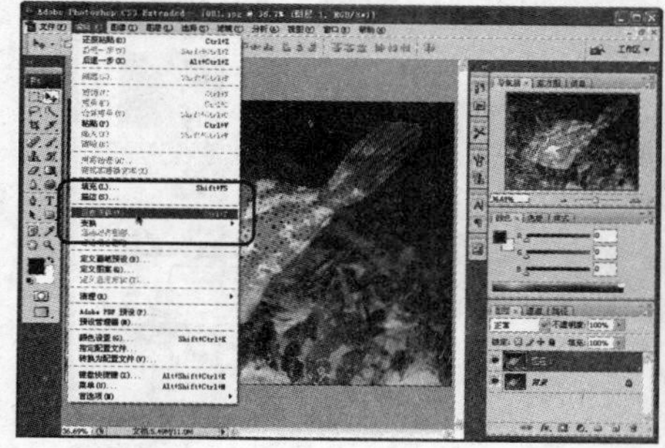

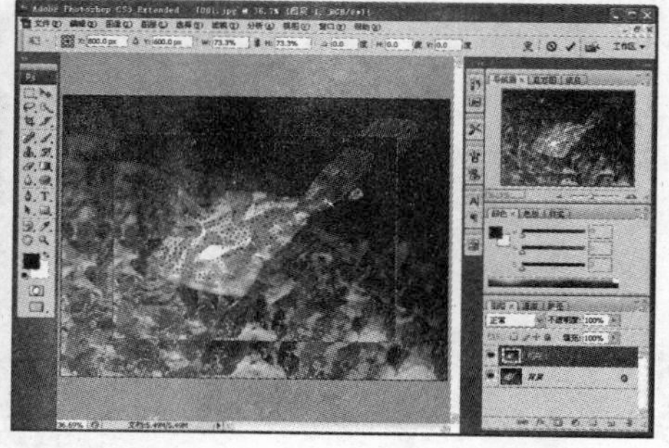

图 4-66 自由变换

(4) 在【图层】调板中选中【背景】图层，并按 Ctrl+Backspace 键使用背景色填充，如图 4-67 所示。

(5) 在【工具】调板中选择【画笔】工具，打开【画笔】调板，在【画笔笔尖预设】选项中选择一种圆形笔尖，设置【直径】为 40px，【间距】为 116%，如图 4-68 所示。

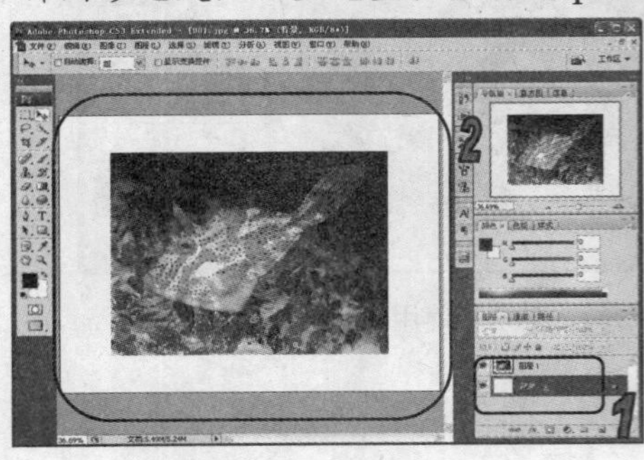

图 4-67　填充

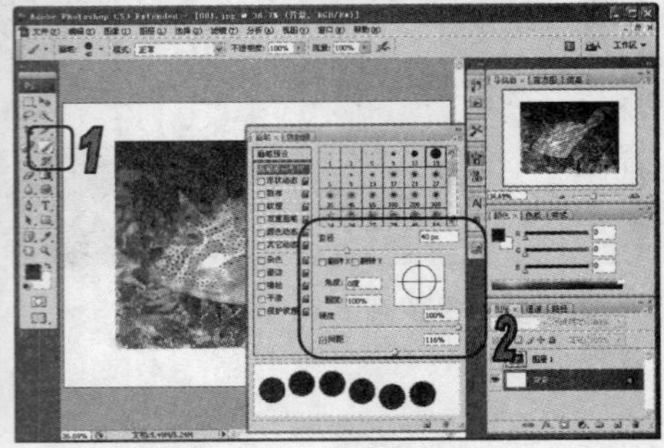

图 4-68　设置画笔

(6) 在【图层】调板中选择【图层 1】，在【工具】调板中单击【切换前景色和背景色】按钮，然后按 Shift 键使用【画笔】工具沿图像边缘进行绘制，如图 4-69 所示。

(7) 选择【选择】|【色彩范围】命令，打开【色彩范围】对话框，如图 4-70 所示。

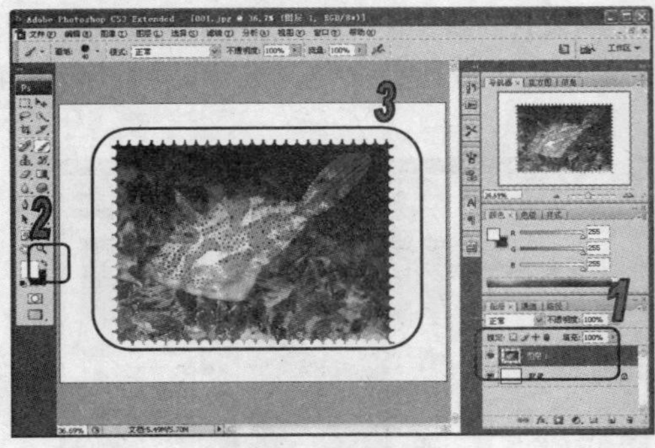

图 4-69　使用画笔

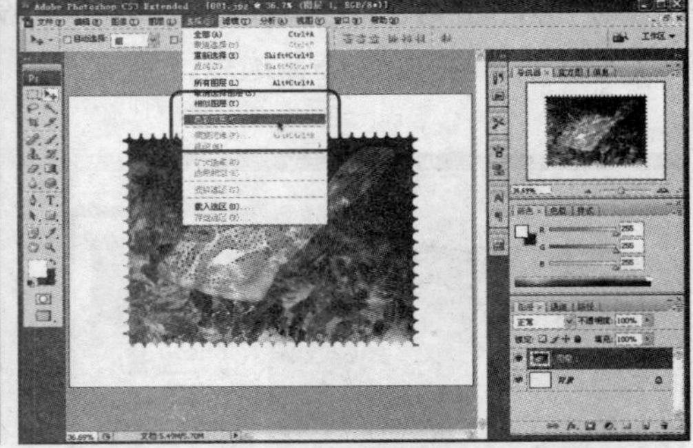
图 4-70　【色彩范围】命令

(8) 在打开的【色彩范围】对话框中的【选择】下拉列表中选择【取样颜色】选项，设置【颜色容差】为 11，选择【选择范围】单选按钮，使用【吸管】工具，在图像预览的白色区域单击，然后单击【确定】按钮。创建选区后，按 Delete 键删除选区内图像。如图 4-71 所示。

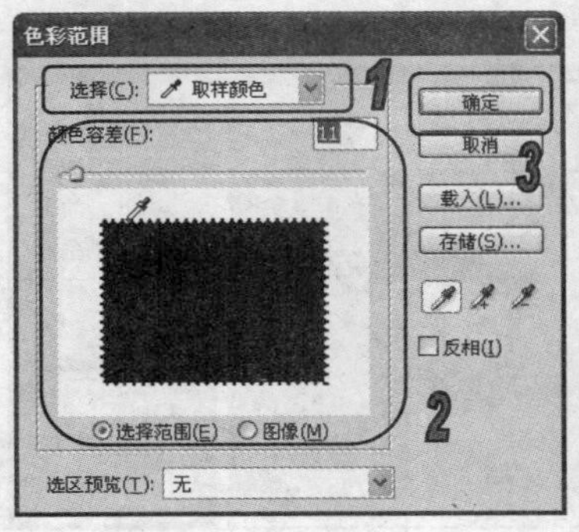

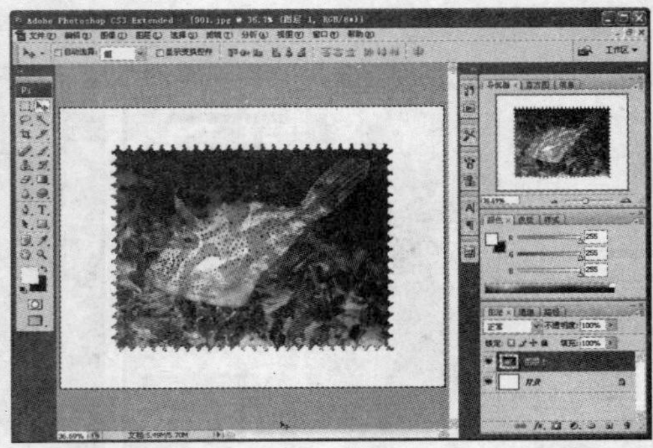
图 4-71　创建选区

(9) 选择【选择】|【反向】命令反选选区，并按 Ctrl+C 键复制选区内图像，按 Ctrl+V 键粘贴图像，如图 4-72 所示。

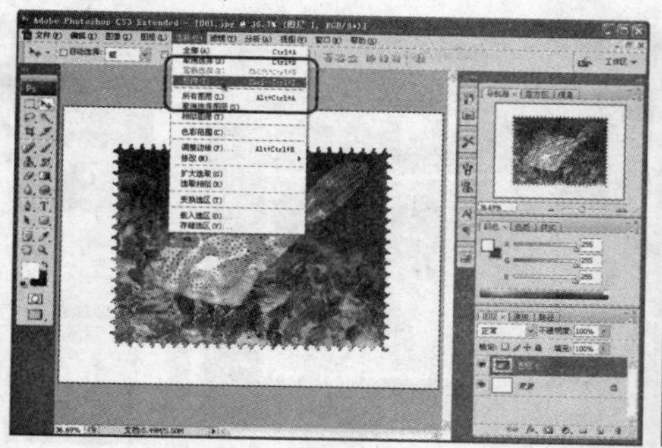

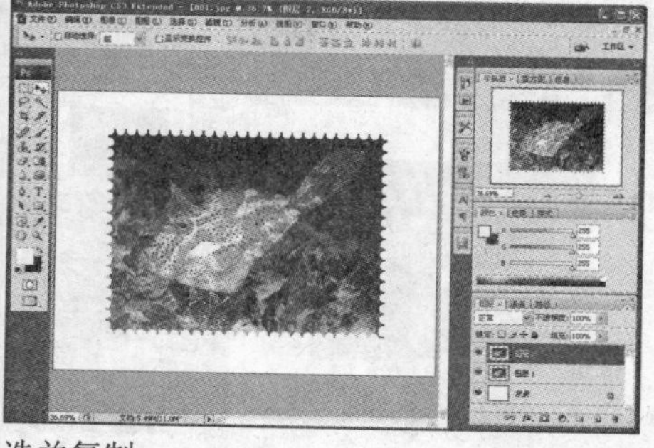

图 4-72　反选并复制

(10) 选择【工具】调板中的【矩形选框】工具，在选项栏中单击【从选区减去】按钮，然后使用【矩形选框】工具创建选区，并按 Delete 键删除选区内图像，如图 4-73 所示。

(11) 在【图层】调板中单击选择【图层 1】，选择【工具】调板中的【魔棒】工具，在工具选项栏中设置【容差】为 32，然后使用工具单击图像背景区域，创建选区，如图 4-74 所示。

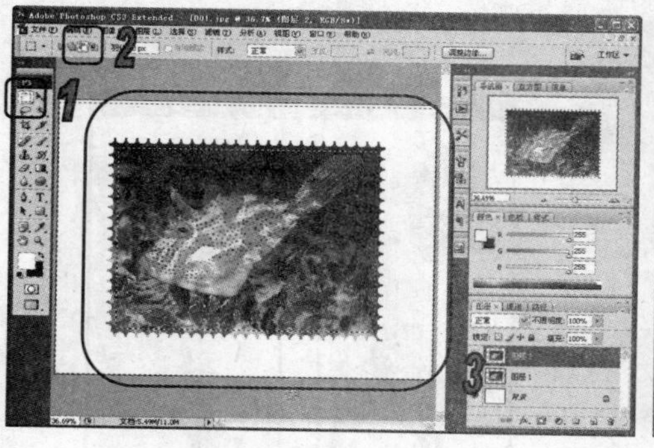

图 4-73　创建选区并删除图像

图 4-74　创建选区

(12) 按 Ctrl+Shift+I 键反向选择选区，并按 Alt+Backspace 键使用前景色填充选区，如图 4-75 所示。

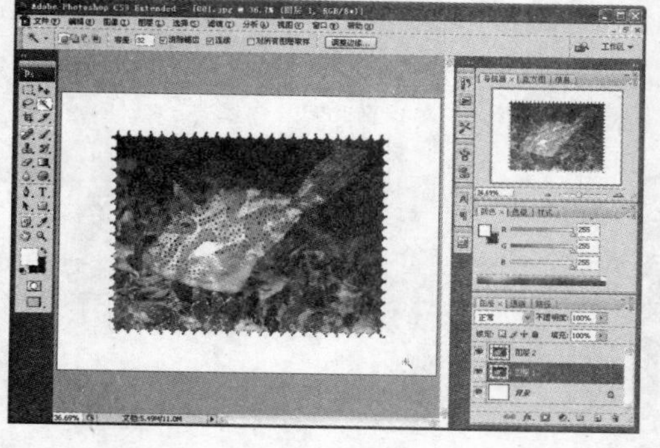

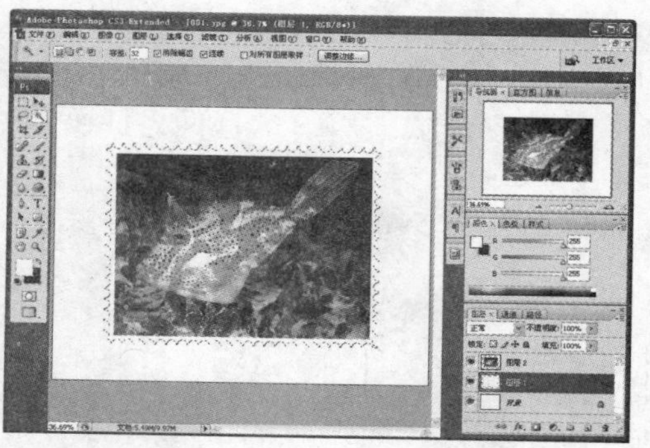

图 4-75　反选并填充

(13) 在【图层】调板中单击选择【背景】图层，然后按 Ctrl+Backspace 键使用背景色填充选区，如图 4-76 所示。

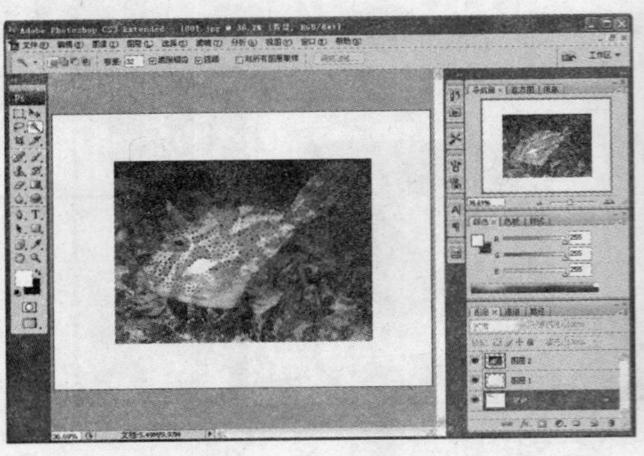

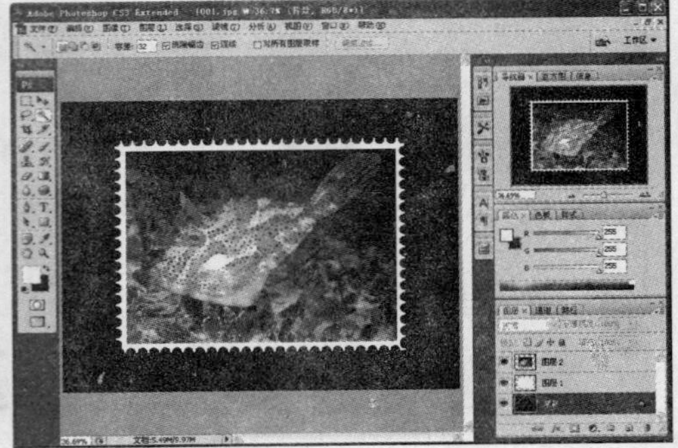

图 4-76 填充选区

4.6 习题

1. 使用【画笔】工具制作如图 4-77 所示的图像效果。
2. 使用修复工具修复图像画面，如图 4-78 所示。

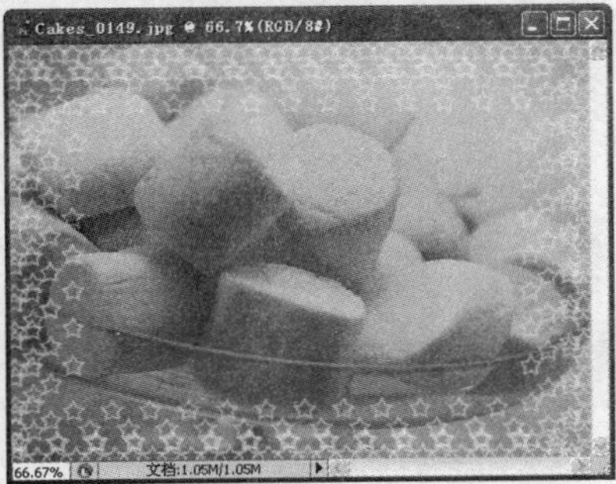

图 4-77 图像效果

图 4-78 修复画面

第5章 调整图像色彩

学习目标

色彩是完美图像画面效果的主要因素，Photoshop CS3 中提供了强大的图像色彩调整功能，可以对有缺陷的图像进行调整，在数码照片的处理上尤为重要。本章主要介绍【图像】|【调整】子菜单下各个图像色彩调整命令的使用，通过这些调整命令可以非常方便地调整图像的亮度、对比度、色相和饱和度等参数。

本章重点

- 自动调整色彩
- 使用【色阶】命令
- 使用【曲线】命令
- 使用【色相/饱和度】命令
- 特殊效果调整命令

5.1 自动调整色彩

对于不是很熟悉 Photoshop 色彩调整方法的用户，软件提供了简便快捷的自动调整命令。在【图像】|【调整】命令子菜单中，可以对图像整体效果进行自动调整的命令有【自动色阶】、【自动对比度】和【自动颜色】等命令。

5.1.1 使用【自动色阶】命令

【自动色阶】命令主要用于调整图像的明暗度，【自动色阶】命令自动定义每个通道中最亮和最暗的像素作为白和黑，然后按比例重新分配其间的像素值。选择【图像】|【调整】|【自

动色阶】命令，即可应用，如图 5-1 所示。

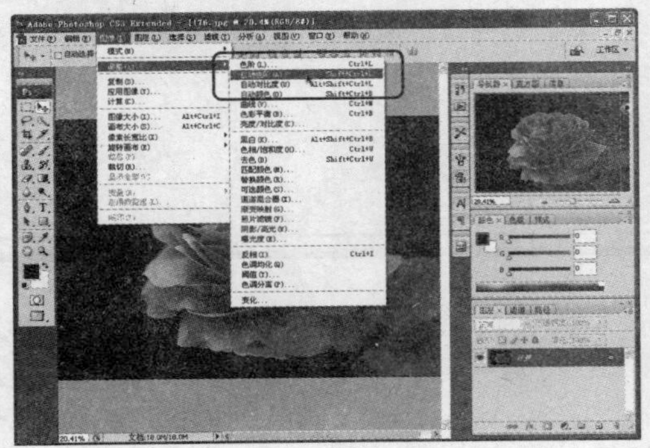

图 5-1 【自动色阶】命令

提示

【自动色阶】、【自动对比度】、【自动颜色】命令均没有对话框设置参数，选择其中任意命令后，系统将自动完成调整。

5.1.2 使用【自动对比度】命令

【自动对比度】命令可以自动调整图像画面亮部和暗部的对比度。它将图像中最暗的像素转换为黑色，将最亮的像素转换为白色，使高光区域显得更亮，阴影区域显得更暗，从而增大图像的对比度。选择【图像】|【调整】|【自动对比度】命令，即可应用，如图 5-2 所示。

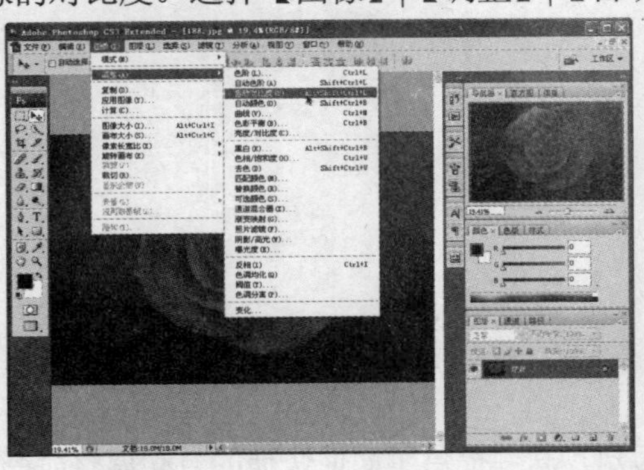

图 5-2 【自动对比度】命令

5.1.3 使用【自动颜色】命令

【自动颜色】命令通过系统自动对图像进行颜色校正。它根据在【自动颜色校正选项】对话框中的设置定值将中间色调均化，并修整白色和黑色的像素。选择【图像】|【调整】|【自动颜色】命令，即可应用，如图 5-3 所示。

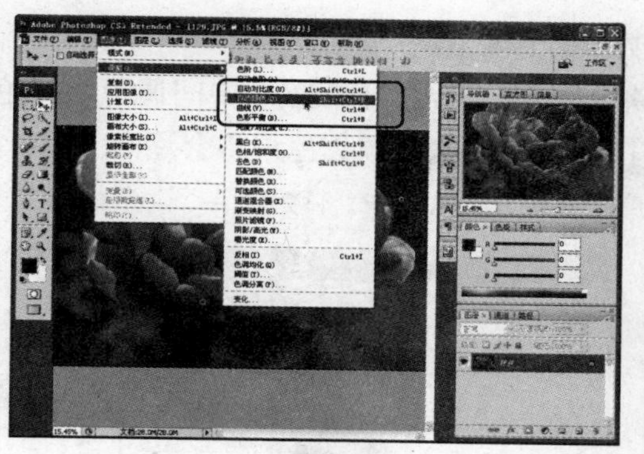

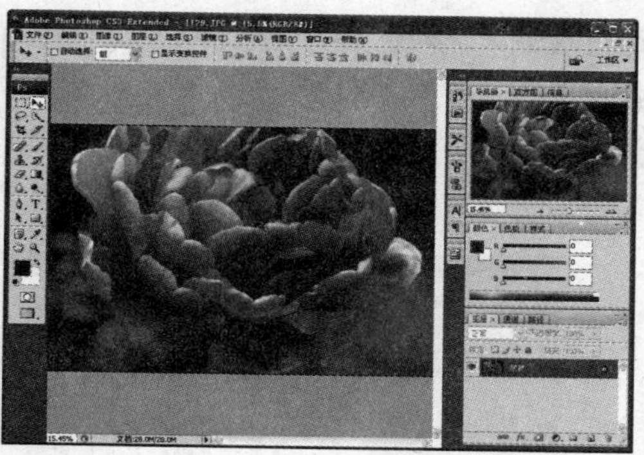

图 5-3　【自动颜色】命令

5.1.4　使用【去色】命令

使用【去色】命令可以消除彩色图像中色相和饱和度的颜色数据信息，使其成为具有原图像颜色模式的灰度图像。选择【图像】|【调整】|【去色】命令，即可以将图像中的颜色去掉。【去色】和【灰度模式】命令的最终结果都是将彩色图像文件转换为灰度图像。但【去色】命令仍保持原来的颜色模式，可以在图像的局部保留色彩信息；而【灰度模式】是放弃原图像中的所有色彩信息，并且在这种模式下不能进行任何关于色彩的操作。

5.2　手动精细调整色彩

Photoshop CS3 提供可多个图像色彩控制命令，可以对图像的色相、饱和度、亮度和对比度进行调整，创作出多种色彩效果的图像，但调整后的图像会丢失一些颜色数据，因为所有色彩调整的操作都是在原图像基础上进行的。

5.2.1　使用【色阶】命令

【色阶】命令用于调整图像的明暗程度。通过高光、中间调和暗调 3 个参数变量对图像色调进行调整。同时这个命令不仅可以调整整个图像，还可以对图像的某一选区、图层或者通道进行调整。选择【图像】|【调整】|【色阶】命令，打开【色阶】对话框，如图 5-4 所示。然后，在该对话框中进行相应的参数选项设置。

1. 【输入色阶】选项

【色阶】对话框中【输入色阶】选项的主要作用是调整图像颜色的暗调、中间调和高光 3 个部分的参数数值。用户可以通过移动【色阶】对话框的直方图下方的 3 个滑块进行调整，也可以通过【输入色阶】文本框直接设置所需参数数值。

按从左至右的顺序，直方图下方的 3 个滑块分别是暗调滑块(黑色)、中间调滑块(灰色)和高光滑块(浅灰色)。如果向右移动任意滑块，图像画面的整体颜色色调将会逐渐变暗；如果向左移动任意滑块，图像画面的整体颜色色调会逐渐增亮。

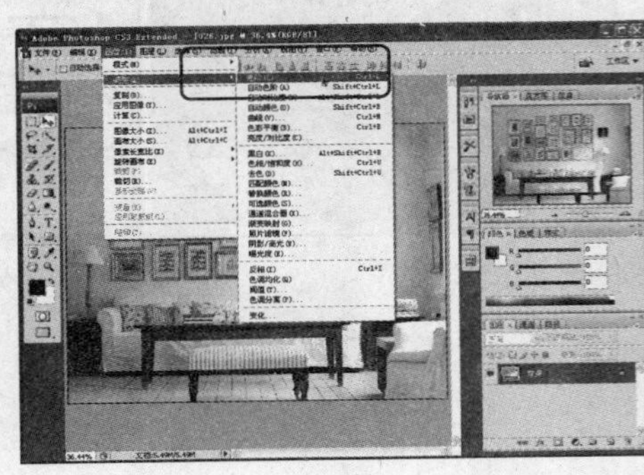
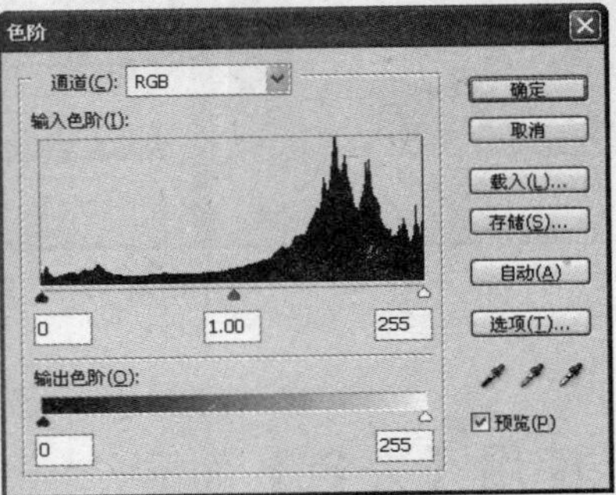

图 5-4 【色阶】命令

2. 【输出色阶】选项

【输出色阶】选项的主要作用是调整图像色彩的中间调的参数数值。用户可以直接通过【输出色阶】文本框设置所需参数数值，也可以移动该选项文本框下方的滑块调整所需参数数值。

向左移动【输出色阶】文本框下方的右边白色滑块，会使图像色彩的中间调逐渐变暗；向右移动左边黑色滑块，会使图像色彩的中间调逐渐变亮。

3. 【通道】下拉列表框

在【色阶】对话框上部的【通道】下拉列表框中，可以选择整个复合颜色通道进行色调调整，也可以分别选择各分色通道进行单独颜色色调的调整。

4. 吸管工具

在【色阶】对话框右下方，Photoshop 还提供了 3 个吸管工具。使用它们可以在图像画面中直接进行色调调整的操作。

- 单击【设置黑场】按钮，然后在图像上单击选择某个颜色，可以将比单击位置颜色色调暗的图像颜色全部处理为暗调色调。
- 单击【设置灰场】按钮，然后在图像上单击选择某个颜色，可以将与单击位置颜色色调相同的图像颜色全部处理为中间调色调。
- 单击【设置白场】按钮，然后在图像上单击选择某个颜色，可以将比单击位置颜色色调亮的图像颜色全部处理为高光色调。

5. 其他命令按钮

另外，在【色阶】对话框中还有一些参数选项按钮，它们的作用分别如下。

- 【存储】按钮：单击该按钮，可以保存当前设置的色阶参数。

◉ 【载入】按钮：单击该按钮，可以加载已保存的色阶参数以进行应用。

◉ 【自动】按钮：单击该按钮，可以按照【自动颜色校正选项】对话框中所设置的参数自动调整图像画面的色调。

◉ 【选项】按钮：单击该按钮，可以打开【自动颜色校正选项】对话框。该对话框用于设置自动调整色阶的运算法则等参数选项。

5.2.2　使用【曲线】命令

【曲线】命令可以调整全部或者单个通道的亮度和对比度，也可以调整图像的颜色。【曲线】命令类似于【色阶】命令，都是用来调整图像色调范围的。不同的是，【色阶】命令只能调整亮部、暗部和中间灰度，而【曲线】命令可以调整灰阶曲线中的任意一点。选择【图像】|【调整】|【曲线】命令，打开如图5-5所示的【曲线】对话框。

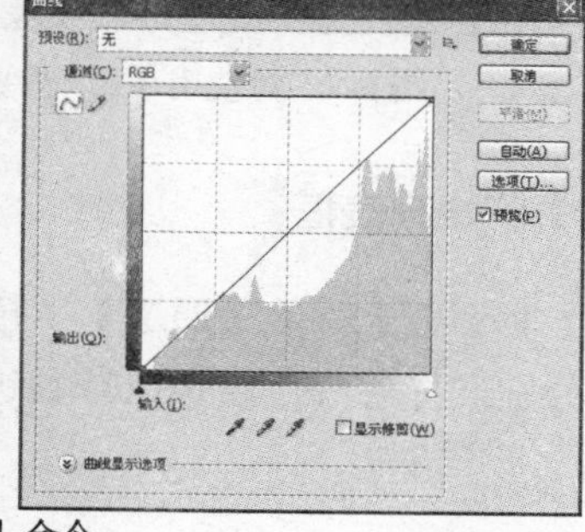

图5-5　【曲线】命令

1. 曲线形态方式

在【曲线】对话框中，可以以曲线形态方式在图表中调整图像颜色的各个色调色阶数值。图表的横轴为输入色阶，图表的纵轴为输出色阶。在图表中，移动光标至曲线的任意位置并单击，即可在该位置创建一个控制点。然后在该控制点上按住鼠标并向任意方向拖动，即可改变曲线的形态。拖动控制点，图像色调也会发生变化，如图5-6所示。

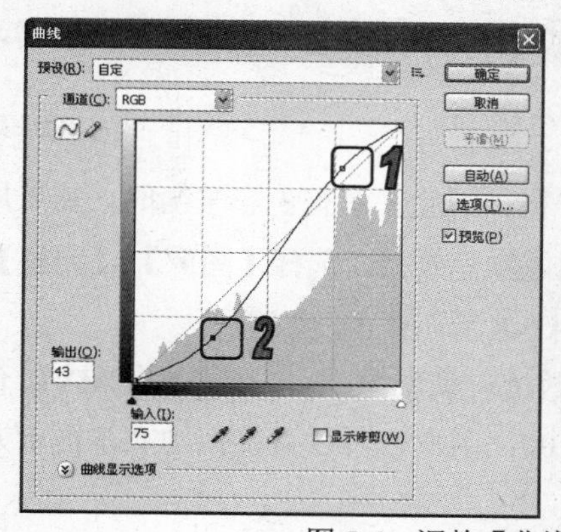

图5-6　调整【曲线】对话框中的曲线形态

2. 铅笔工具

在【曲线】对话框中单击【铅笔】按钮，可以使用铅笔工具随意地在图表中绘制曲线形态。绘制完成后，还可以单击【曲线】对话框中的【平滑】按钮，使绘制的曲线形态变得平滑，如图 5-7 所示。

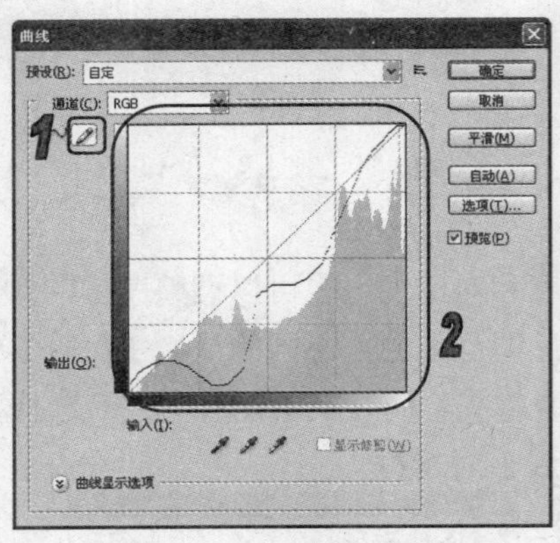

图 5-7　对使用【铅笔】工具绘制的曲线形态进行平滑处理

3. 【通道】下拉列表框

在【曲线】对话框上部的【通道】下拉列表框中，可以选择整个复合颜色通道以进行色调调整，也可以分别选择各分色通道以单独进行颜色色调的调整。

4. 吸管工具

在【曲线】对话框中有 3 个吸管工具按钮，其作用和操作方法与【色阶】对话框中的 3 个吸管工具完全相同。

5. 其他命令按钮

另外，【曲线】对话框中的【载入】、【存储】、【自动】和【选项】按钮也与【色阶】对话框的相同名称按钮具有相同的作用和操作方法。

5.2.3 使用【色彩平衡】命令

任何颜色的调整都会影响图像中整个色彩的平衡。因此在调整色彩平衡时，需采用适当的调整方法，使当前操作的图像能够达到所需要的图像颜色效果。选择【图像】|【调整】|【色彩平衡】命令，可以打开【色彩平衡】对话框，如图 5-8 所示。

- 【色彩平衡】：在【色阶】文本框中输入数值可调整 RGB 三原色到 CMYK 色彩模式间对应的色彩变化，其取值范围为-100~100。用户也可以直接拖动文本框下方的 3 个滑块的位置来调整图像的色彩。

- 【色调平衡】：用于选择需要着重进行调整的色彩范围，包括【阴影】、【中间调】和【高光】3 个单选按钮，选中某一单选按钮后可对相应色调的颜色进行调整。选中【保持明度】复选框表示调整色彩是保持图像明度不变。

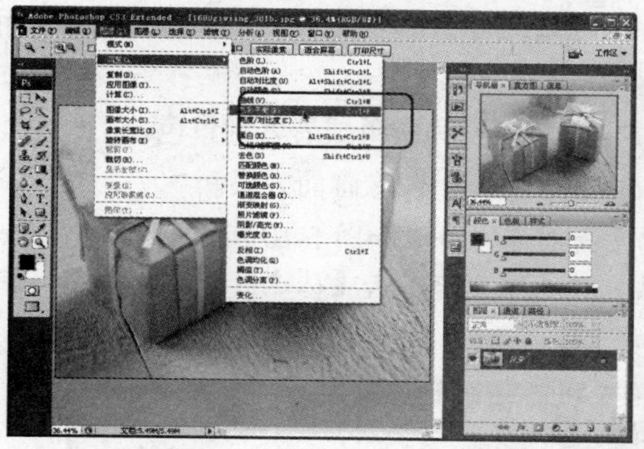

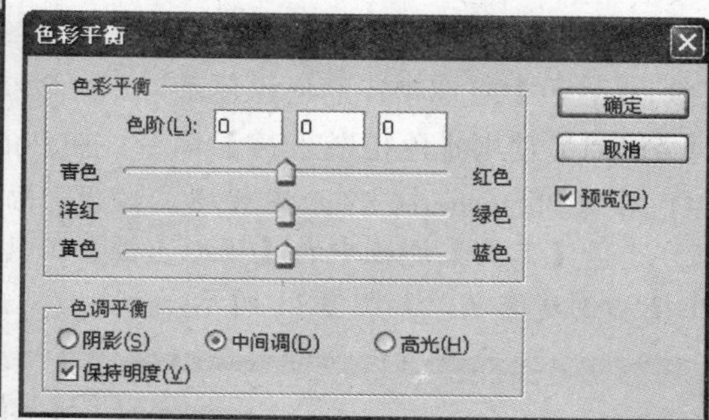

图 5-8　【色彩平衡】对话框

5.2.4　使用【色相/饱和度】命令

使用【色相/饱和度】命令，不仅可以调整整个图像颜色的色相、饱和度和明度，还可以调整各个单色颜色通道的色相、饱和度和明度。选择【图像】|【调整】|【色相/饱和度】命令，可以打开【色相/饱和度】对话框，如图 5-9 所示。

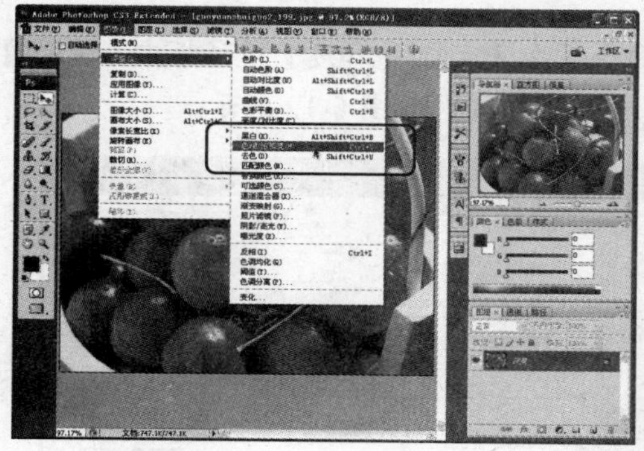

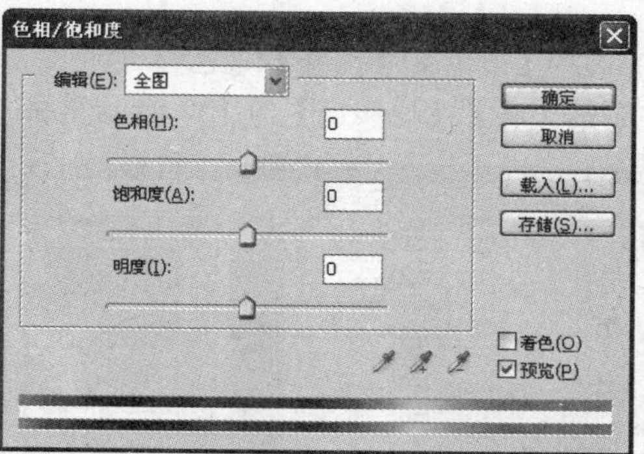

图 5-9　【色相/饱和度】对话框

该对话框中各主要参数选项的作用如下。

- 【编辑】下拉列表框：在该下拉列表框中，可以选择所需调整颜色的色彩范围。
- 【色相】选项：该选项用于设置图像颜色的色相。用户可以通过移动其下方的滑块调整所需的色相数值，也可以直接在其文本框中设置所需的参数数值。该参数的数值范围为－180~180。
- 【饱和度】选项：该选项用于设置图像颜色的饱和程度。用户可以通过移动其下方的滑块来调整所需的饱和度数值，也可以直接在其文本框中设置所需的参数数值。饱和度数值范围为－100~100。

◎ 【明度】选项：该选项用于设置图像颜色的明亮程度。用户可以通过移动其下方的滑块来调整所需的明度数值，也可以直接在其文本框中设置所需的参数数值。向左移动滑块将使颜色色彩变暗；向右移动滑块将使颜色色彩变亮。该参数数值的变化范围为－100~100。设置为－100 时，图像画面将完全变成黑色；设置为 100 时，图像画面将完全变成白色。

◎ 【着色】复选框：启用该复选框，可以将图像颜色变为灰色或者各种单色。

【例 5-1】使用【色相/饱和度】命令，在 Photoshop 中调整图像画面效果。

(1) 启动 Photoshop CS3 应用程序，打开一幅素材图像文件，如图 5-10 所示。

(2) 选择【工具】调板中的【矩形选框】工具，在选项栏中单击【从选区减去】按钮，在图像中拖动创建选区，如图 5-11 所示。

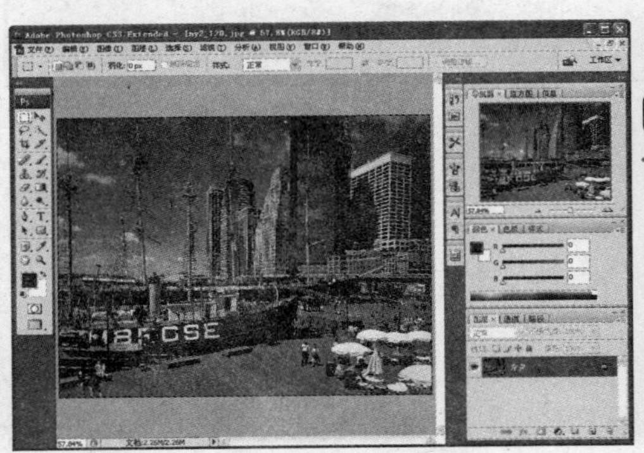

图 5-10　打开图像

图 5-11　创建选区

(3) 选择【图像】|【调整】|【色相/饱和度】命令，在【色相/饱和度】对话框中，选择【着色】复选框。设置【饱和度】为 10，然后单击【确定】按钮，如图 5-12 所示。

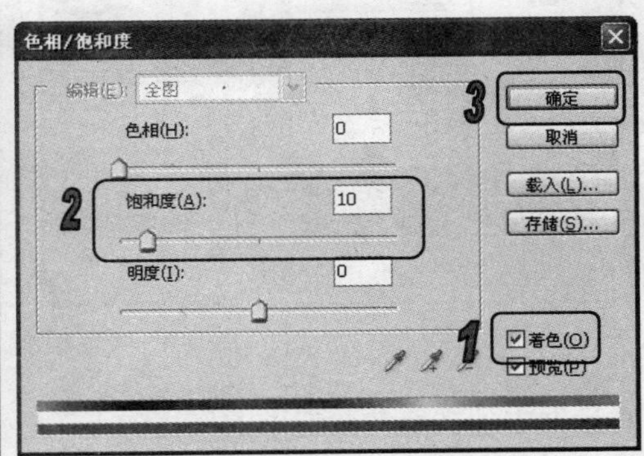

图 5-12　设置【色相/饱和度】对话框

(4) 在图像文件中，按 Ctrl+D 键取消选区，接着在【工具】调板中选择【画笔】工具，单击【切换前景色和背景色】按钮，然后按 Shift 键使用【画笔】工具在图像中拖动绘制，如图 5-13 所示。

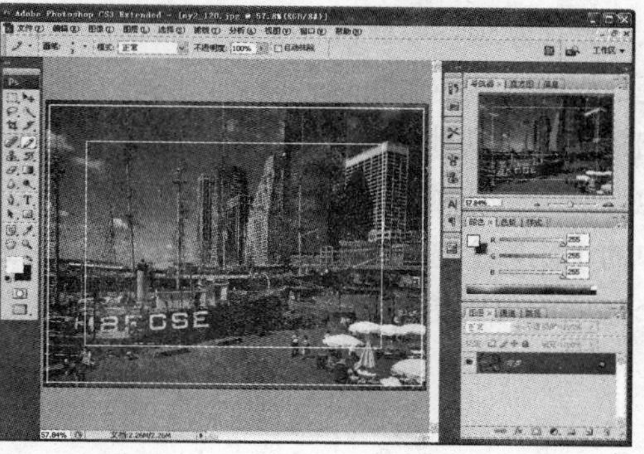

图 5-13 使用【画笔】工具

5.2.5 使用【亮度/对比度】命令

【亮度/对比度】命令可将图像色调按照其表现效果直接进行调整。与【曲线】和【色阶】命令不同的是，【亮度/对比度】命令只能对图像色调进行整体调整。选择【图像】|【调整】|【亮度/对比度】命令，可以打开【亮度/对比度】对话框，如图 5-14 所示。

在该对话框中，移动相应的滑块即可调整图像的亮度和对比度。向左移动滑块，可以降低亮度和对比度；向右移动滑块，可以增加亮度和对比度。它们的参数数值范围－100~+100。

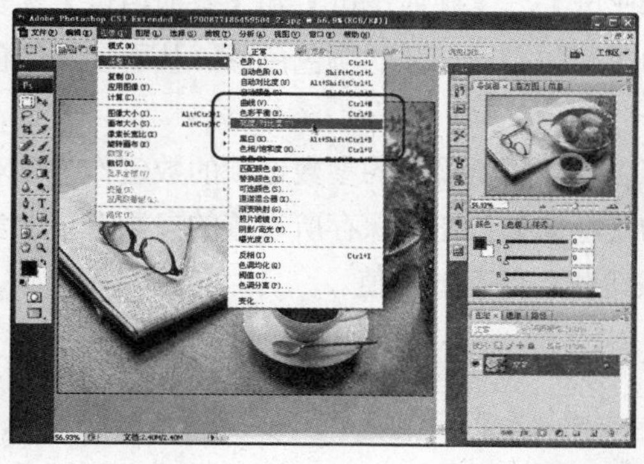
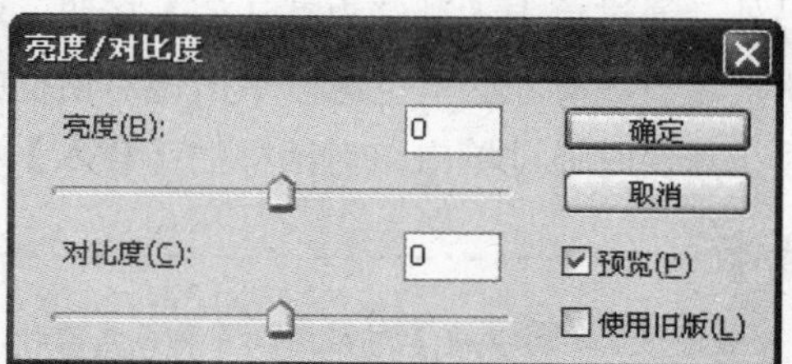

图 5-14 【亮度/对比度】对话框

5.2.6 使用【阴影/高光】命令

使用【阴影/高光】命令，可以方便地调整图像中阴影与高光部分的色调和色彩。实际上，这里的【阴影】与【高光】就是图像画面中的暗部与亮部区域。

选择【图像】|【调整】|【阴影/高光】命令，可以打开【阴影/高光】对话框，如图 5-15 所示。在【阴影/高光】对话框中，用户可以移动【数量】滑块，或者在【阴影】或【高光】文本框

中输入百分比数值，以此来调整光照的校正量。数值越大，为阴影提供的增亮程度或者为高光提供的变暗程度也就越大。这样就可以同时调整图像中的阴影和高光区域。

启用【显示其他选项】复选框，【阴影/高光】对话框会提供更多的参数选项，从而可以更精确地设置参数选项，如图 5-15 所示。启用【显示其他选项】复选框后，在【阴影/高光】对话框中的【阴影】选项区域与【高光】选项区域中会显示【色调宽度】和【半径】选项。通过这两个选项，可以更加精细地调整图像中的阴影与高光图像区域。

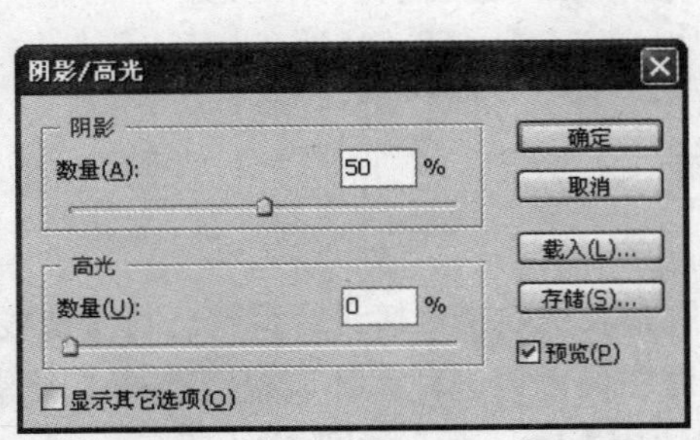

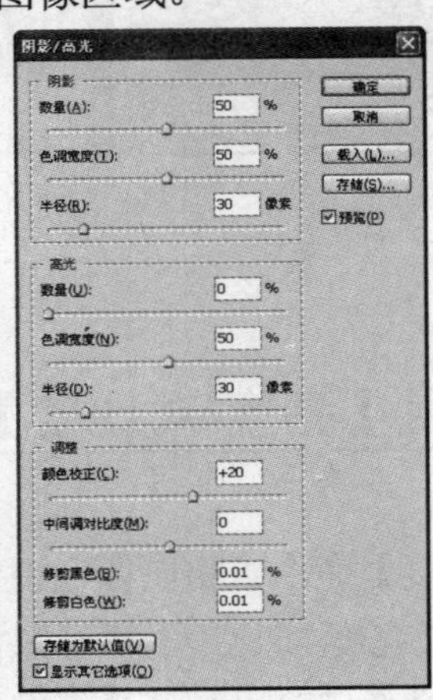

图 5-15 【阴影/高光】对话框

启用【显示其他选项】复选框后，在【阴影/高光】对话框中会显示【调整】选项区域。在该区域中，可以设置【颜色校正】、【中间调对比度】、【修剪黑色】和【修剪白色】参数选项。通过设置这些选项，可以很好地调整图像的阴影与高光部分的颜色色彩，从而使图像色调更加富有色彩层次。

另外，通过单击【存储为默认值】按钮，可以将当前所设置的参数选项的数值作为该对话框的默认参数数值。这里也可以单击该对话框的【存储】按钮，保存所设置的参数选项的参数数值，在需要时通过单击该对话框的【载入】按钮载入保存的数值。

提示

一般通过【阴影/高光】对话框设置参数选项时，可以先设置【阴影】选项区域与【高光】选项区域中的参数选项，然后启用【显示其他选项】复选框。接着设置【调整】选项区域中的参数选项，最后查看图像画面以确定是否需要修正图像的黑白色调。

5.2.7 使用【匹配颜色】命令

在 Photoshop CS3 中，如果使用【匹配颜色】命令，则可以对多个图像、图层或色彩选区之间的颜色进行匹配，即可将一个图像的颜色匹配到另一个图像中。使用该命令，可以将两张颜色不同的图像自动调整为统一的颜色。需要注意的是，该命令仅在 RGB 颜色模式下才为可

用状态。选择【图像】|【调整】|【匹配颜色】命令，会打开【匹配颜色】对话框，如图 5-16 所示。

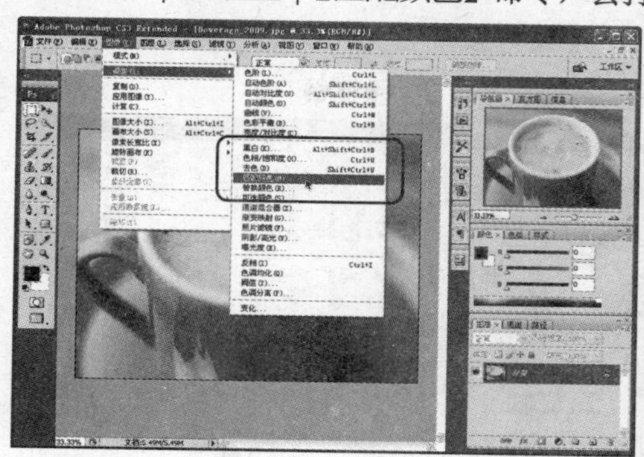
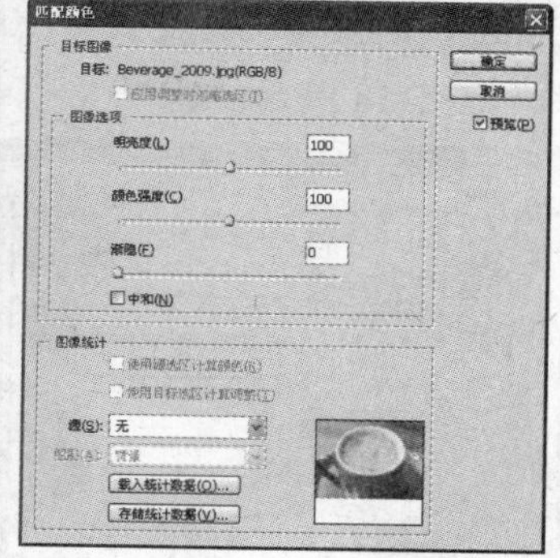

图 5-16 【匹配颜色】对话框

- 【目标图像】选项区域中，启用【应用调整时忽略选区】复选框，可以对整个图像进行色彩的匹配调整。
- 【图像选项】选项区域中，可以设置匹配颜色的【明亮度】、【颜色强度】、【渐隐】的参数选项数值。拖动【明亮度】滑块可以增加或减小图像的亮度；拖动【颜色强度】滑块可以增加或减小图像中的颜色像素值；拖动【渐隐】滑块可控制应用于匹配图像的调整量。启用【中和】复选框，可以均衡源选区与目标选区中图像的颜色。
- 【图像统计】选项区域中，启用【使用源选区计算颜色】复选框，会以所选择源选区中的图像颜色为基础进行匹配颜色的计算；启用【使用目标选区计算调整】复选框，会以所选择目标选区中的图像颜色为基础进行匹配颜色的计算。在【源】下拉列表框中，可以选择需要作为源对象的图像文件名称；如果选择【无】选项，表示用于匹配的源图像和目标图像相同，即当前图像。在【图层】下拉列表框中，可以选择所需参照的匹配颜色图层。
- 【存储统计数据】按钮可以保存所设置的参数数据。
- 【载入统计数据】按钮可以载入保存的参数数据。

【例 5-2】使用【匹配颜色】命令，在 Photoshop 中将两幅图像文件的颜色进行匹配。

(1) 启动 Photoshop CS3 应用程序，打开两幅素材图像文件，如图 5-17 所示。

图 5-17 打开图像

(2) 选择【图像】|【调整】|【匹配颜色】命令，打开对话框，在【源】下拉列表中选择 Beverage_1002.jpg，设置【明亮度】为 100，【颜色强度】为 100，【渐隐】为 50，然后单击【确定】按钮如图 5-18 所示。

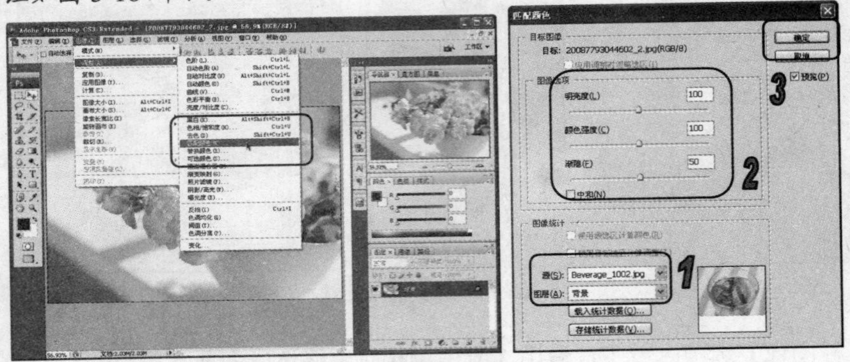

图 5-18 设置【匹配颜色】对话框

(3) 选择“矩形选框”工具，在工具选项栏中设置“羽化”值为 40px，然后在图像中创建选区，接着按 Ctrl+Shift+I 键反选，并按 Delete 键删除选取内图像，如图 5-19 所示。

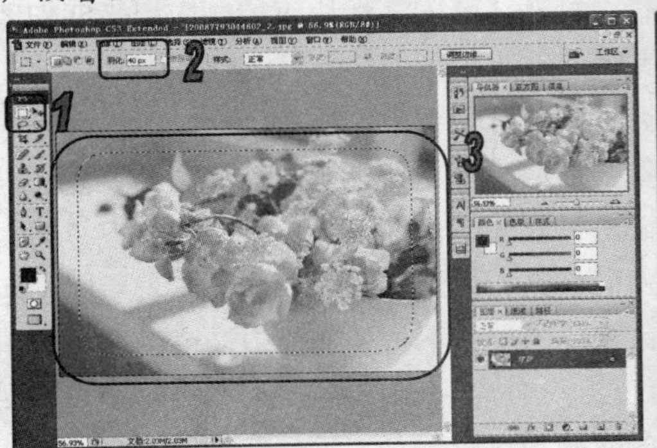

图 5-19 创建选区并删除选区内图像

5.2.8 使用【变化】命令

Photoshop CS3 提供的【变化】命令是众多图像颜色调整命令中较为直观的一种命令。使用该命令，能够调整图像或选区中图像的色彩平衡、对比度和饱和度。【变化】命令常用于处理不需精确调整图像颜色的图像。另外，需要注意的是，【变化】命令不能应用于索引颜色模式的图像。选择【图像】|【调整】|【变化】命令，可以打开【变化】对话框，在其中设置所需的相关参数选项，如图 5-20 所示。

在该对话框的顶部有【原稿】和【当前挑选】两个缩览图，用户第一次打开对话框时，这两个缩览图中的图像是一样的。随着不断选择调整，【当前挑选】缩览图中的图像会随操作而

进行相应的改变。如果对调整操作的效果不满意，可以单击【原稿】缩览图，恢复显示【当前挑选】缩览图的原状。

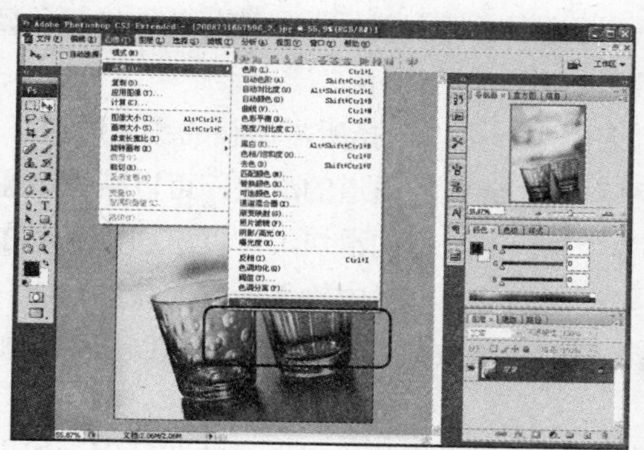

图 5-20　【变化】对话框

在【变化】对话框右上部的按钮区域中，可以选择【阴影】或【中间色调】、【高光】单选按钮，从而确定调整图像颜色的色彩的色调；也可以选择【饱和度】单选按钮，从而确定调整操作是否更改图像中的色相。通过【精细/粗糙】滑动条，可以设置每次调整操作的数量。每向左或向右移动滑块一格，都可以使调整数量双倍增加或减少。

通过【变化】对话框右侧提供的 3 个缩览图，可以调整图像色调。单击【较亮】缩览图，可以增加图像颜色的明度；单击【较暗】缩览图，可以增加图像的暗调。通过【当前挑选】缩览图，可以观察所应用的操作效果。

在【变化】对话框的中间位置提供了 7 个缩览图，使用这些缩览图，可以改变图像颜色。要想为图像中增加颜色，只需单击或多次单击所需增加颜色的缩览图，直至达到满意的图像效果；要想从图像中减少颜色，只需单击或多次单击所需减少颜色的反相颜色缩览图，直至达到所需效果为止。要想减少图像中的红色，只需单击【加深黄色】缩览图即可。

5.3　特殊效果调整

特殊的调整命令包括【通道混合器】、【照片滤镜】、【渐变映射】和【色调均化】等命令，使用这些明明可以制作特殊图像色彩效果。

5.3.1　使用【通道混合器】命令

使用【通道混合器】命令，可以通过从每个分色通道中选取它所占的百分比创建高品质的灰度图像、棕褐色调或其他彩色图像。使用该命令，还可以进行用其他色彩调整工具不易实现的创意性色彩调整。

【通道混合器】命令混合图像中现有的颜色通道(源通道)，从而修改成输出颜色通道。颜色通道其实就是代表图像(如 RGB 或 CMYK)中颜色分量的色调值的灰度图像。选择【图像】|【调整】|【通道混合器】命令，可以打开【通道混合器】对话框。选择的图像颜色模式不同，打开的【通道混合器】对话框也会略有不同，如图 5-21 所示。

- ◎在该对话框的【输出通道】下拉列表框中，可以选择所需调整的颜色通道。
- ◎ 在【源通道】选项区域中，向左移动各个分色源通道的滑块，可以减少该通道在输出通道中所占的百分比；向右移动各个分色源通道的滑块，可以增加该通道在输出通道中所占的百分比。用户也可以直接在它们的文本框中输入所需的参数数值，其设置的数值范围为－200%~200%。如果设置的是负数数值，会使源通道以反相添加至输出通道中。
- ◎ 【通道混合器】对话框中的【常数】选项用于调整输出通道的灰度值，如果设置的是负数数值，会增加更多的黑色；如果设置的是正数数值，会增加更多的白色。如果设置的是－200%，会使输出通道成为全黑；如果设置的是 200%，会使输出通道成为全白。启用【单色】复选框，可将彩色的图像变为无色彩的灰度图像。

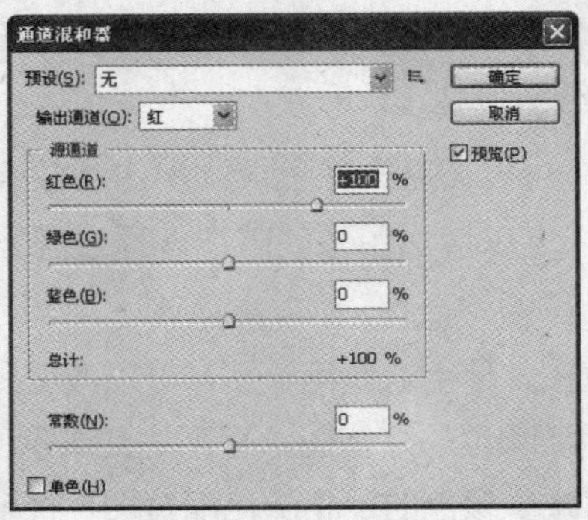

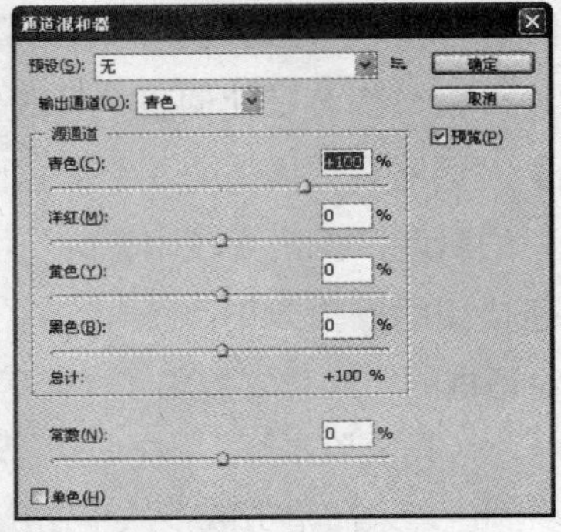

图 5-21　不同颜色模式的【通道混合器】对话框

需要注意的是，【通道混合器】命令只能用于 RGB 和 CMYK 模式，并且在执行该命令之前，必须选择主通道，而不能选择分色通道。

5.3.2 使用【照片滤镜】命令

使用【照片滤镜】命令可以模仿在相机镜头前加有色滤镜效果，以使图像呈特定色调显示。选择【图像】|【调整】|【照片滤镜】命令，打开【照片滤镜】对话框，如图 5-22 所示。

- ◎ 【滤镜】：选中该单选按钮，可以在其下拉列表中选择一种预设的滤色效果。
- ◎ 【颜色】：选中该单选按钮，单击其右侧的颜色框，打开【拾色器】对话框，可以自定颜色滤镜。
- ◎ 【浓度】：用于设置着色的强度，数值越大，滤色效果越明显。
- ◎ 【保留明度】：选中该复选框，可以在添加照片滤镜的同时保持图像原来的明暗程度。

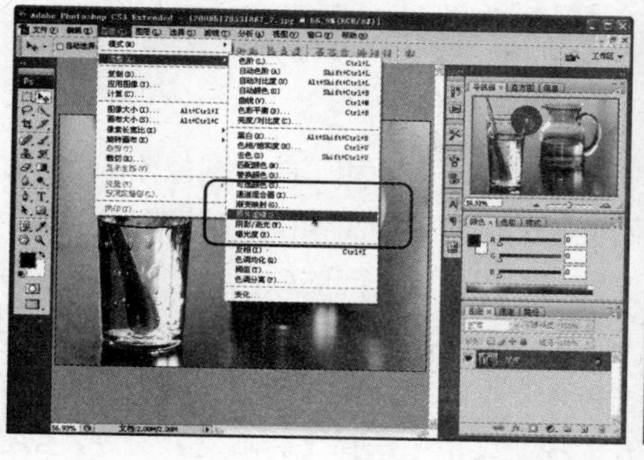

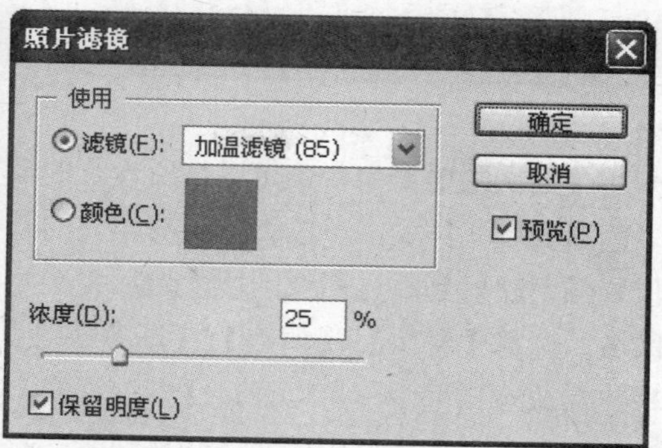

图 5-22　【照片滤镜】对话框

【例 5-3】使用【照片滤镜】命令，在 Photoshop 中调整图像效果。

(1) 启动 Photoshop CS3 应用程序，打开一幅素材图像文件，如图 5-23 所示。

(2) 选择【工具】调板中的【矩形选框】工具，在选项栏中单击【添加到选区】按钮，在图像中拖动创建选区，如图 5-24 所示。

图 5-23　打开图像

图 5-24　创建选区

(3) 选择【图像】|【调整】|【照片滤镜】命令，打开【照片滤镜】对话框，选择【滤镜】单选按钮，在右侧的下拉列表中选择【加温滤镜(85)】，【浓度】设置为 80%，然后单击【确定】按钮，如图 5-25 所示。

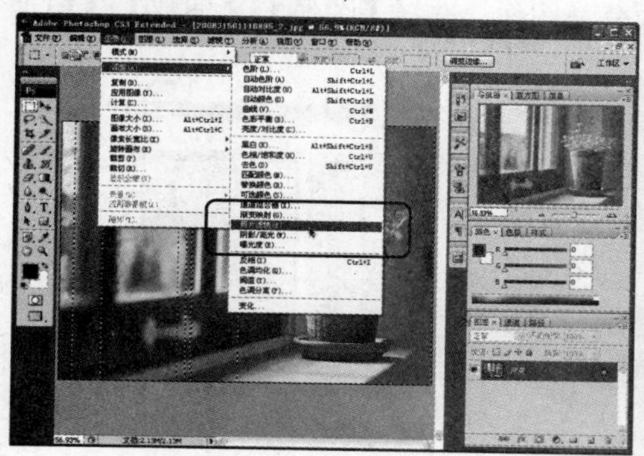

图 5-25　使用【照片滤镜】命令

5.3.3 使用【渐变映射】命令

使用【渐变映射】命令，可以将所设置的渐变填充样式映射到相等的原图像范围中。如果设置多色渐变填充样式，可以将所渐变填充的起始位置颜色映射到图像中的暗调图像区域，将终止位置颜色映射到高光图像区域，然后将起始位置和终止位置之间的颜色层次映射到中间调图像区域。选择【图像】|【调整】|【渐变映射】命令，可以打开如图 5-26 所示的【渐变映射】对话框。在该对话框中，可以通过【渐变样式】下拉列表框选择所需的渐变样式，也可以单击【渐变样式】下拉列表框中的小三角按钮，在打开的控制菜单中选择【新渐变】命令，创建所需的渐变样式。启用【渐变映射】对话框中的【仿色】复选框，可以添加随机杂色以平滑渐变填充中各个颜色之间的过渡效果；启用【反向】复选框，可以切换所选择渐变样式的方向，以反方向进行渐变映射。

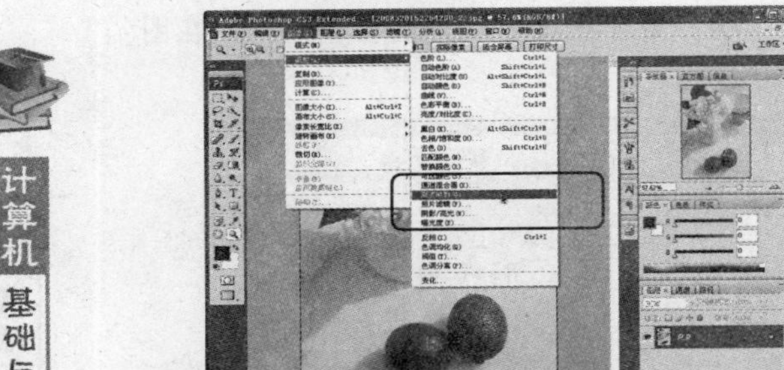

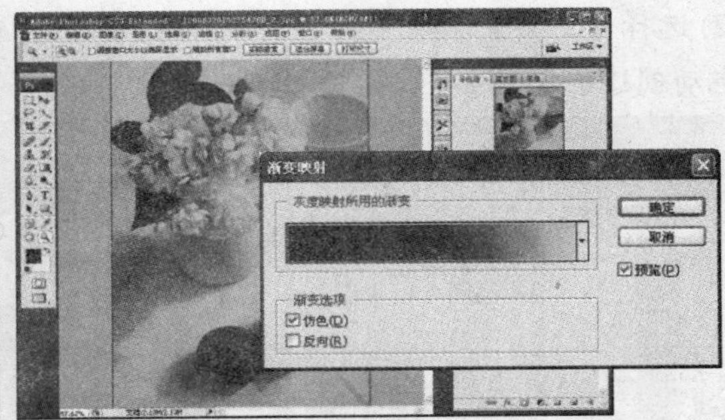

图 5-26　【渐变映射】命令

5.3.4 使用【色调均化】命令

选择【色调均化】命令可均匀地调整整幅图像亮度色调。在选择此命令时，Photoshop 查找图像中的最亮和最暗像素，然后将图像中最亮的像素以白色表示，将最暗的像素以黑色表示，最后对亮度进行色调均化，即在整个色调范围内均匀分布图像。选择【图像】|【调整】|【色调均化】命令，即可应用色调均化效果，如图 5-27 所示。

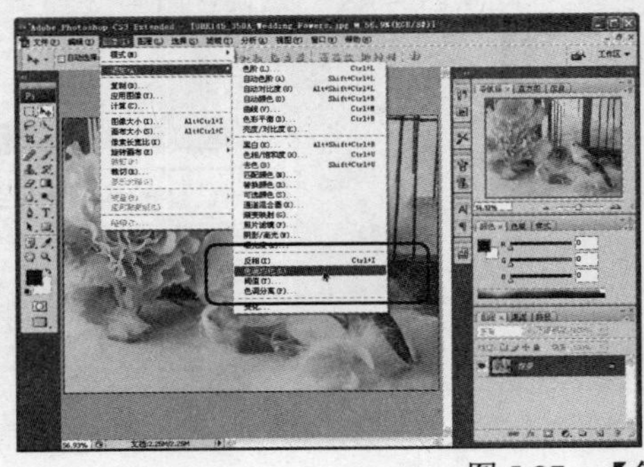

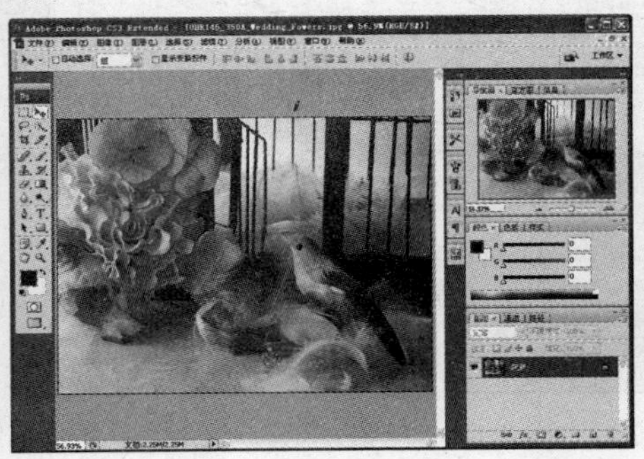

图 5-27　【色调均化】命令

5.3.5 使用【色调分离】命令

使用【色调分离】命令可以为图像的每个颜色通道定制亮度级别，只要在【色阶】文本框中输入需要的色阶数，就可以将像素以最接近的色阶显示出来，色阶数越大，则颜色的变化越细腻，色调分离效果不明显；相反，色阶数越少，则色调分离效果越明显，色阶的取值范围在 0~255 之间。选择【图像】|【调整】|【色调分离】命令，即可打开【色调分离】对话框，如图 5-28 所示。

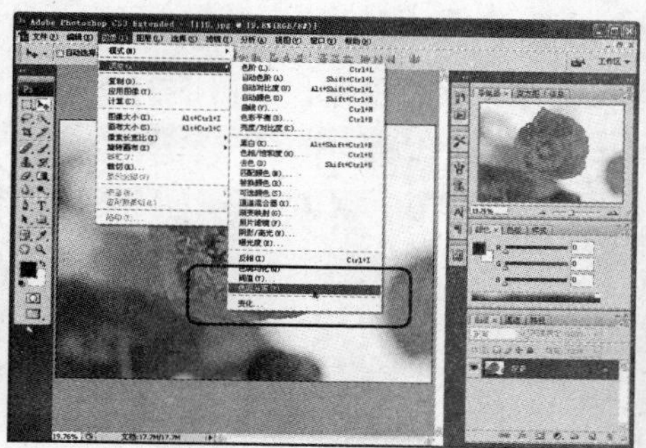

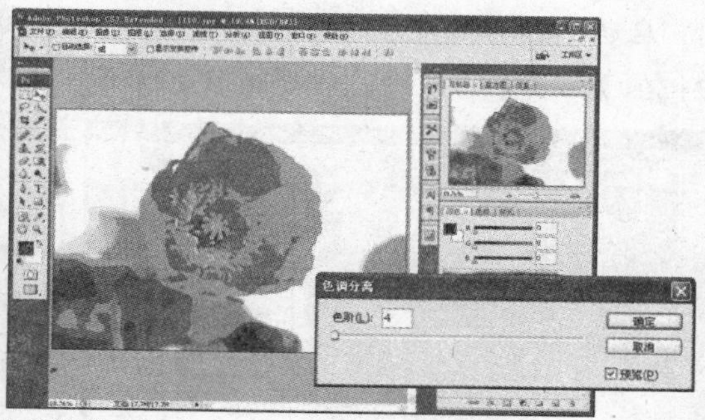

图 5-28 【色调分离】命令

5.3.6 使用【阈值】命令

使用【阈值】命令可以将一幅彩色或灰度的图像调整成高对比度的黑白图像，这样便于区分出图像中的最亮和最暗区域。选择【图像】|【调整】|【阈值】命令，打开如图 5-29 所示的对话框，用户可以指定某一色阶值作为阈值，即所有比阈值大的像素将转换为白色，而比阈值小的像素将转换为黑色。

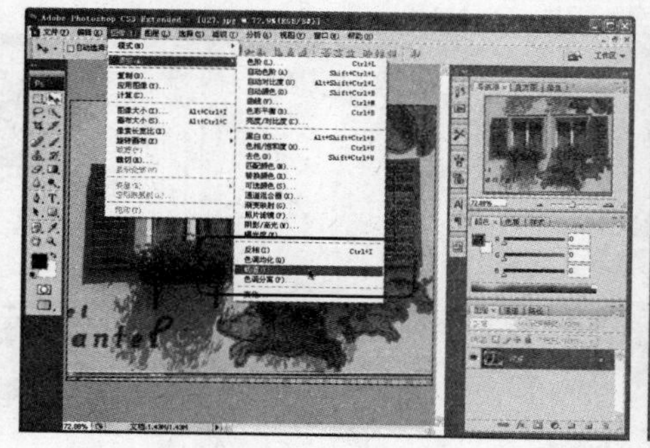

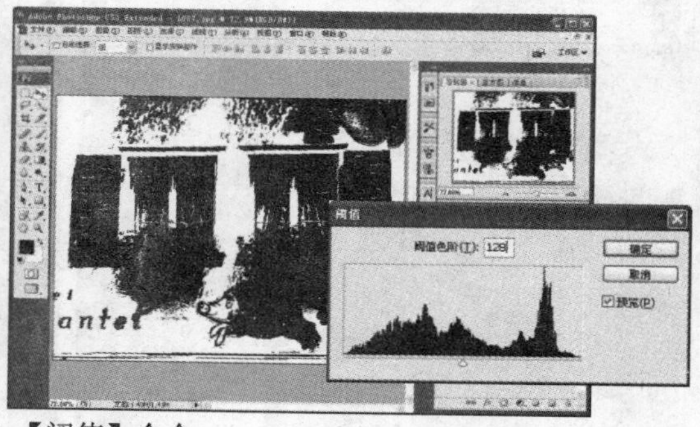

图 5-29 【阈值】命令

5.4 上机练习

本节练习将使用常用的颜色调整命令制作出如图 5-43 和图 5-46 所示的图像效果。通过练习可以让读者掌握【色相/饱和度】、【色彩平衡】、【通道混合器】等命令调整图像色彩的结合操作。

5.4.1 黑白照片彩色化

本次上机练习将黑白照片进行上色处理，分别对照片中的人物的各个部分进行着色操作，最终效果如图 5-43 所示。通过练习，可以掌握选区工具和常用色调调整命令的配合使用。

(1) 启动 Photoshop CS3 应用程序，打开一幅素材图像文件，如图 5-30 所示。

(2) 在【工具】调板中选择【缩放】工具，框选人物部分放大图像，如图 5-31 所示。

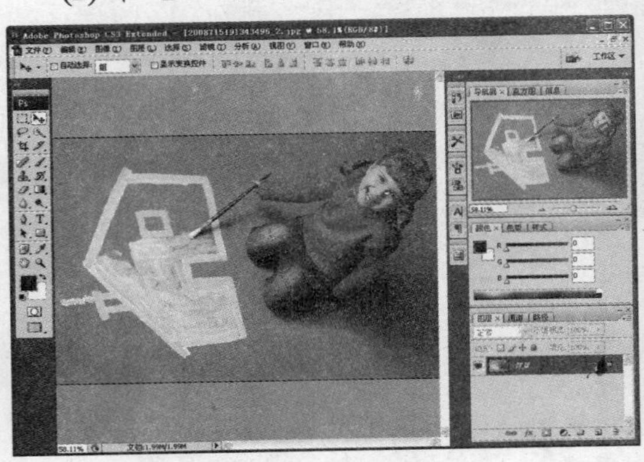

图 5-30 打开图像

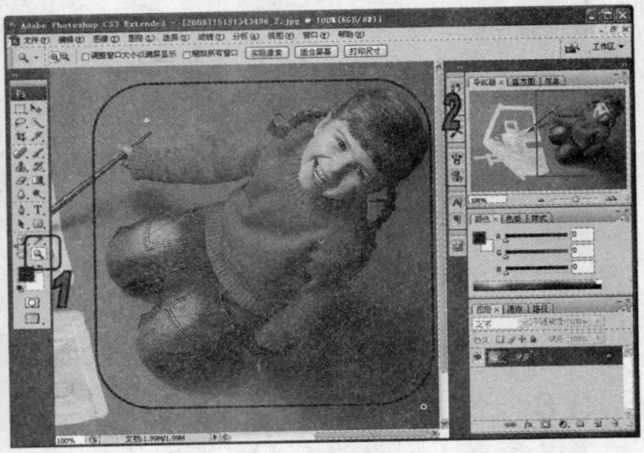

图 5-31 放大图像

(3) 选择【多边性套索】工具，在选项栏中单击【添加到选区】按钮，设置【羽化】值为 1px，然后在图像中勾选人物皮肤部分，如图 5-32 所示。

(4) 在选项栏中，单击【从选区减去】按钮，在图像中勾选人物五官部分，如图 5-33 所示。

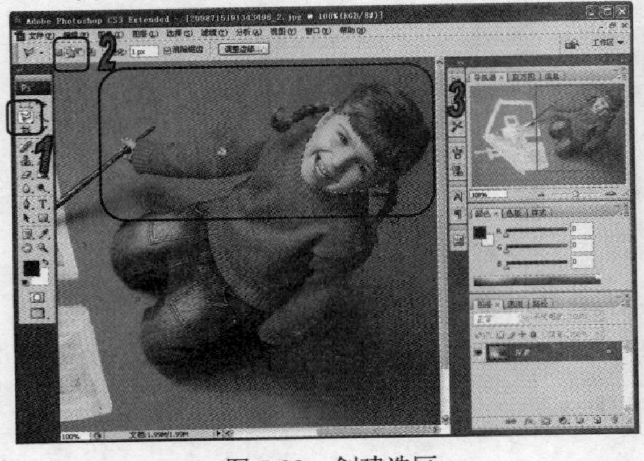

图 5-32 创建选区

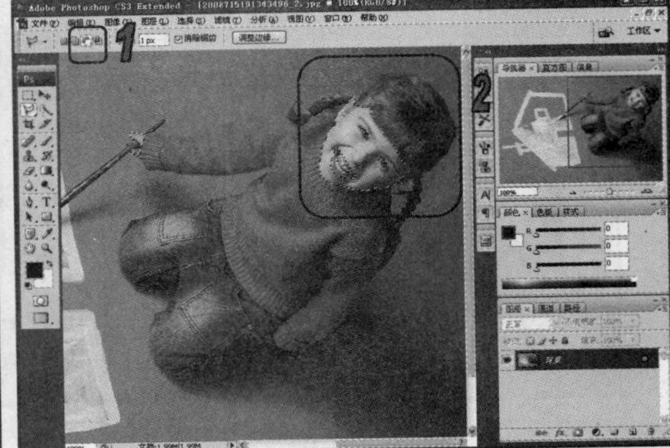

图 5-33 创建选区

(5) 选择【图像】|【调整】|【色相/饱和度】命令，在打开的【色相/饱和度】对话框中，选择【着色】复选框，设置【色相】为 0、【饱和度】为 25、【明度】为 0，然后单击【确定】按钮，如图 5-34 所示。

计算机基础与实训教材系列

(6) 选择【图像】|【调整】|【色彩平衡】命令，在打开的【色彩平衡】对话框中，设置【色阶】为 0、42、0，然后单击【确定】按钮，如图 5-35 所示。

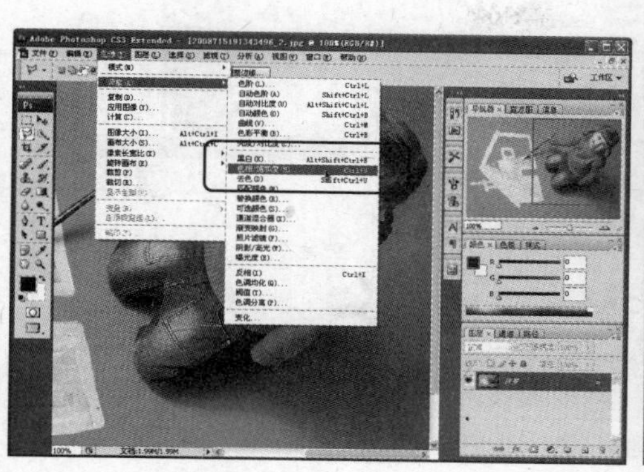

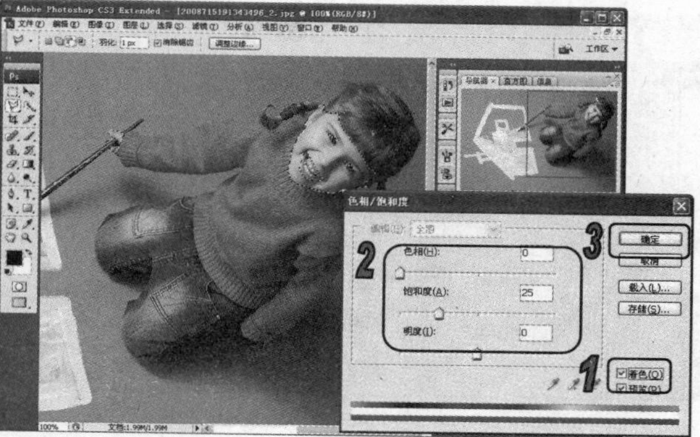

图 5-34　使用【色相/饱和度】命令

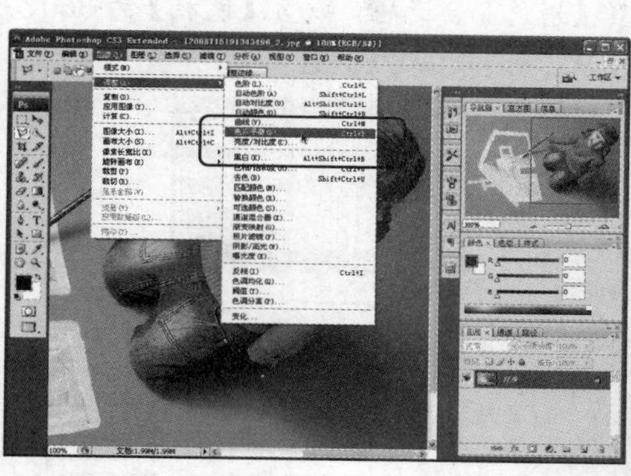

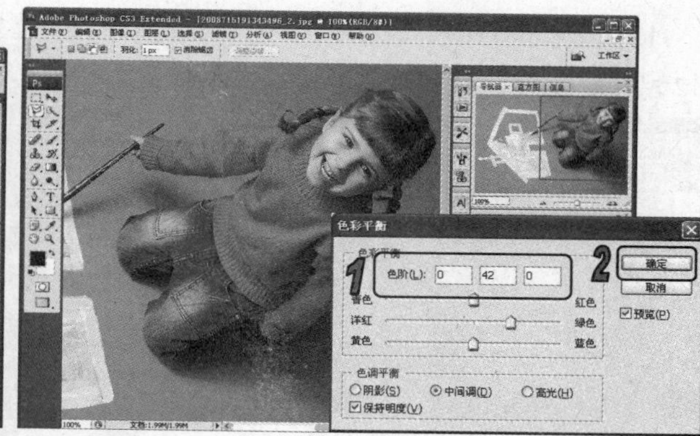

图 5-35　使用【色彩平衡】命令

(7) 继续使用【多边性套索】工具，在图像中勾选图像中的毛衣，如图 5-36 所示。

(8) 按 Ctrl+U 键打开【色相/饱和度】对话框，选择【着色】复选框，设置【色相】为 0、【饱和度】为 70、【明度】为 0，然后单击【确定】按钮，如图 5-37 所示。

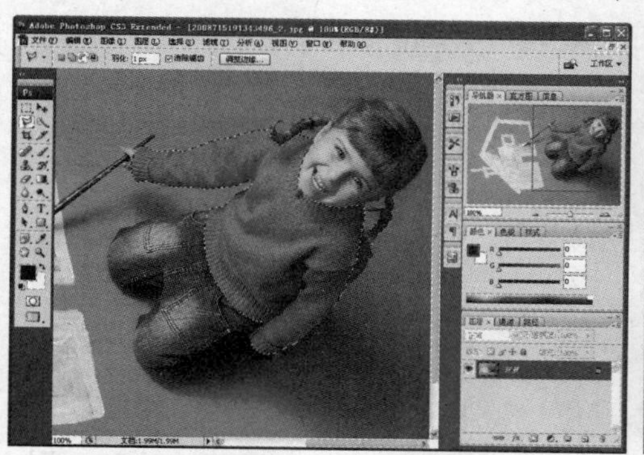

图 5-36　创建选区

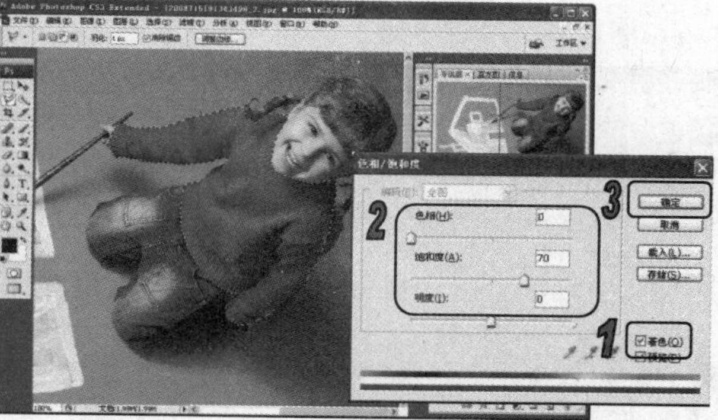

图 5-37　使用【色相/饱和度】命令

(9) 继续使用【多边性套索】工具，在图像中勾选图像中的裤子，如图 5-38 所示。

(10) 按 Ctrl+U 键打开【色相/饱和度】对话框，选择【着色】复选框，设置【色相】为 225、【饱和度】为 30、【明度】为 0，然后单击【确定】按钮，如图 5-39 所示。

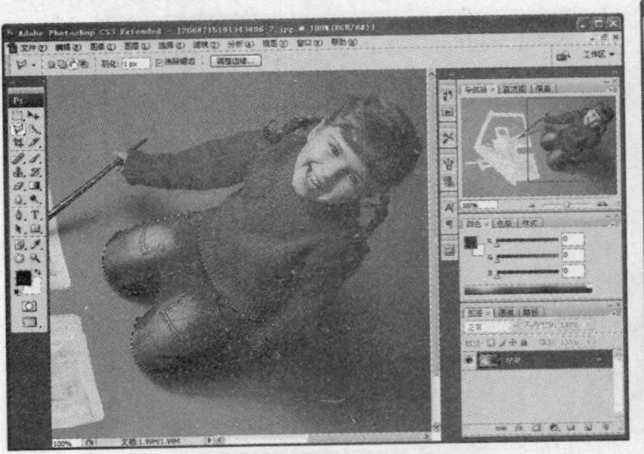

图 5-38　创建选区

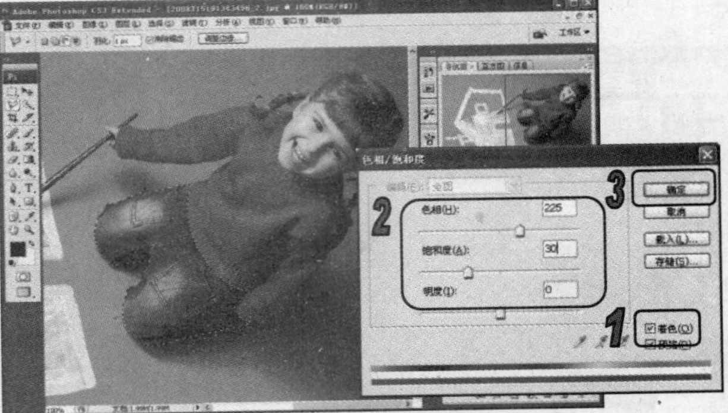

图 5-39　使用【色相/饱和度】命令

(11) 继续使用【多边性套索】工具，在图像中勾选图像中头发部分，如图 5-40 所示。

(12) 按 Ctrl+U 键打开【色相/饱和度】对话框，选择【着色】复选框，设置【色相】为 360、【饱和度】为 14、【明度】为 0，然后单击【确定】按钮，如图 5-41 所示。

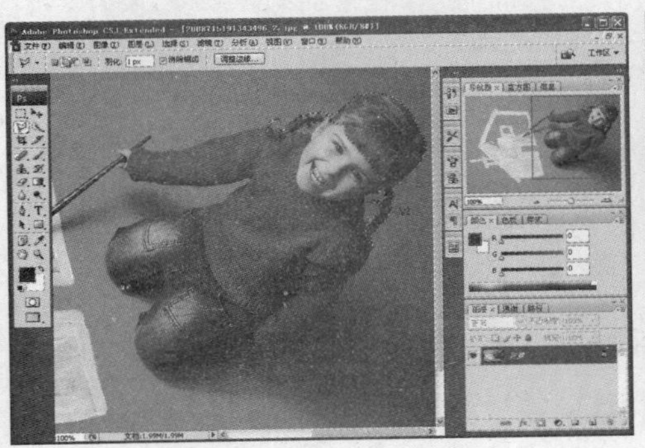

图 5-40　创建选区

图 5-41　使用【色相/饱和度】命令

(13) 继续使用【多边性套索】工具，在图像中勾选图像中嘴巴部分，如图 5-42 所示。

(14) 按 Ctrl+U 键打开【色相/饱和度】对话框，选择【着色】复选框，设置【色相】为 0、【饱和度】为 20、【明度】为 0，然后单击【确定】按钮，如图 5-43 所示。

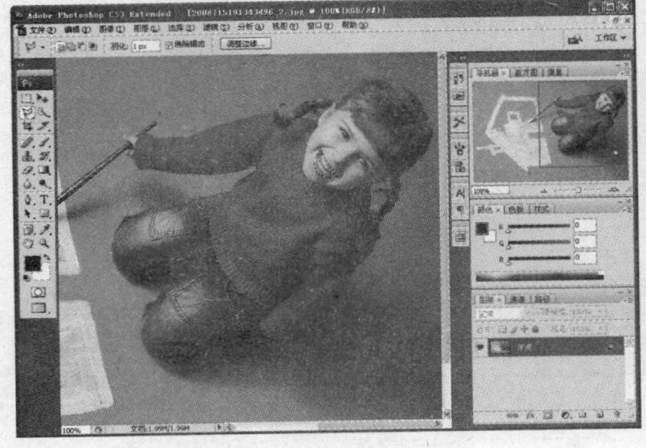

图 5-42　创建选区

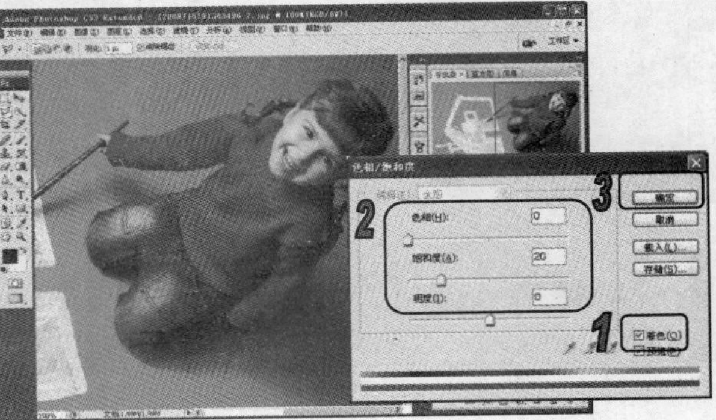

图 5-43　使用【色相/饱和度】命令

5.4.2　调整偏色照片

本次上机练习将对偏色的照片进行还原操作，最终效果如图 5-46 所示。通过练习，可以掌握【通道混合器】命令、【色彩平衡】命令等色彩调整命令的使用。

(1) 启动 Photoshop CS3 应用程序，打开一幅素材图像文件，并选择【图像】|【调整】|【通道混合器】命令，如图 5-44 所示。

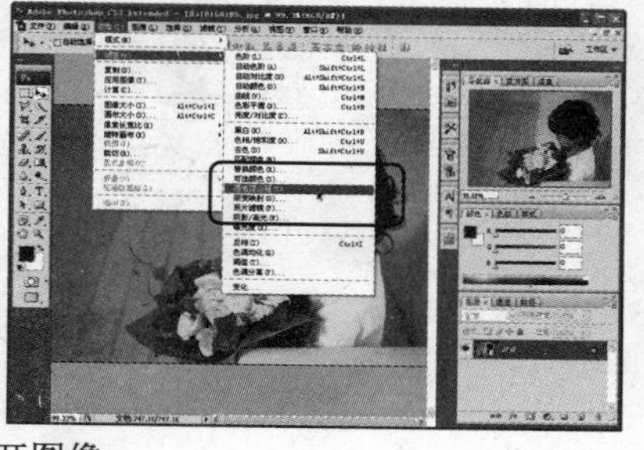

图 5-44　打开图像

(2) 在【输出通道】中选择【绿】选项，在【源通道】选项区中设置【红色】为 27%，【绿色】为 100%，【蓝色】为 0%，如图 5-45 所示。

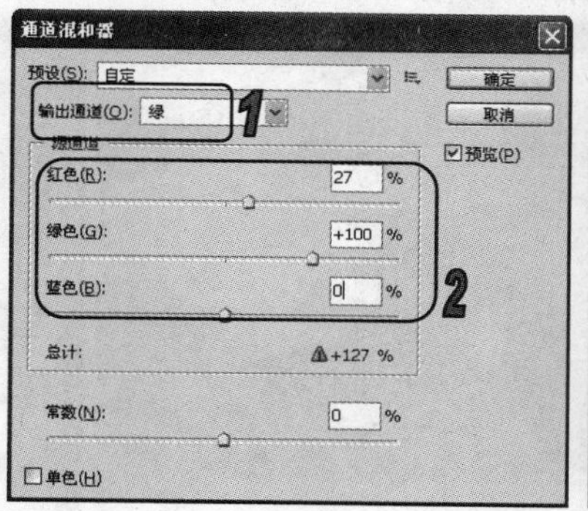

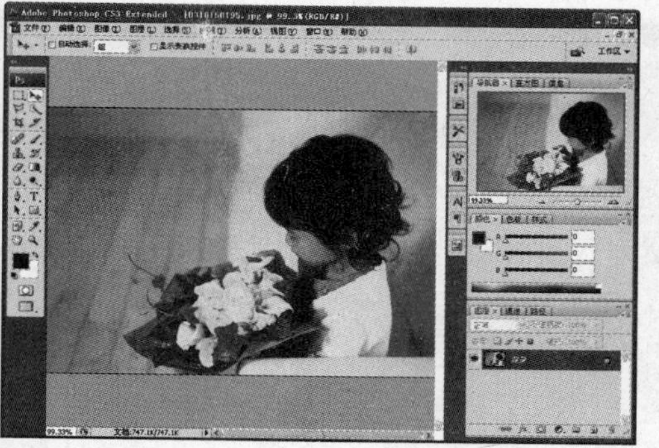

图 5-45　设置绿通道

(3) 在【输出通道】中选择【蓝】选项，在【源通道】选项区中设置【红色】为 0%，【绿色】为 77%，【蓝色】为 100%，然后单击【确定】按钮，如图 5-46 所示。

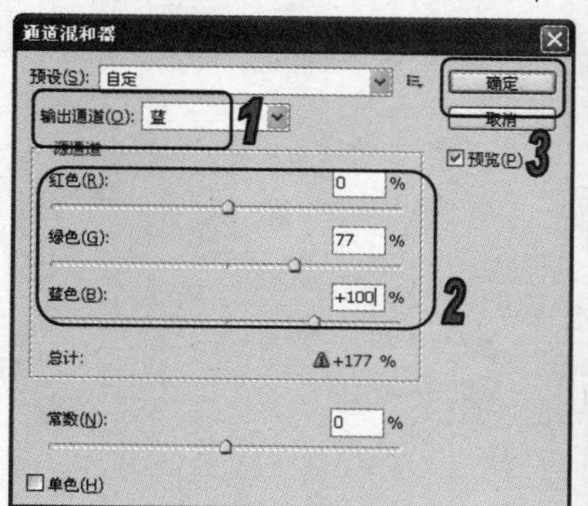

图 5-46　设置蓝通道

5.5 习题

1. 打开如图 5-47 所示的图像文件，根据上机练习中类似的方法对其进行上色和色彩调整操作，最终效果如图 5-48 所示。

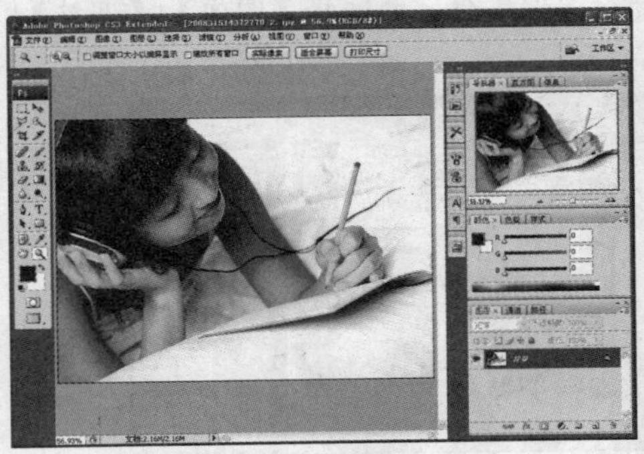

图 5-47　原图像

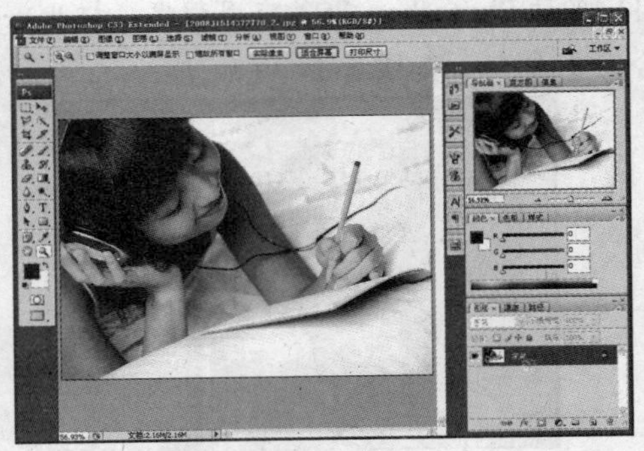

图 5-48　上色图像效果

2. 打开如图 5-49 所示的图像文件，通过【色彩平衡】命令、【照片滤镜】命令、【色阶】命令将其划分成 3 个图像颜色区域并调整其颜色，最终效果如图 5-50 所示。

图 5-49　原图像

图 5-50　调整后图像效果

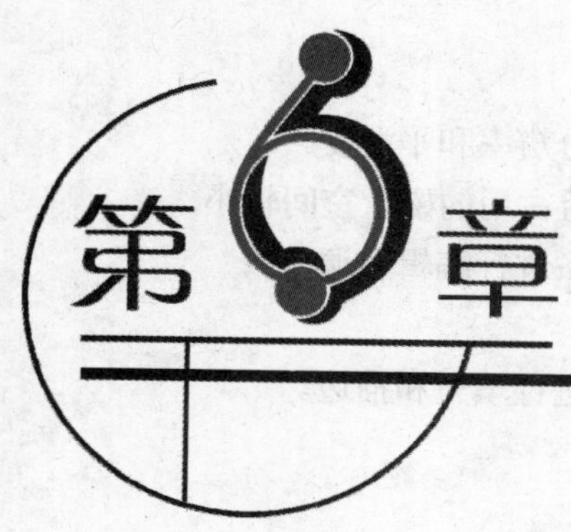

第6章 路径的使用

学习目标

路径是由多个矢量线条构成的图形，是定义和编辑图像区域的最佳方式之一。使用路径可以精确定义一个区域，并且可以将其保存以便重复使用。本章主要介绍路径的基本元素、创建路径、编辑路径以及对路径进行填充或描边等方面的知识。

本章重点

◎ 路径的概述
◎ 创建路径
◎ 编辑路径
◎ 路径的填充与描边

6.1 路径概述

使用【套索】工具、【魔棒】工具等选取工具建立选区虽然很方便，但是要建立一些较为复杂而精确的选区就非常困难。而使用路径就可以解决这个问题，使用它可以进行精确的定位和调整，且适用于不规则的、难以使用其他工具进行选择的区域。

6.1.1 路径的特点

路径是由多个节点的矢量线条构成的图像，更确切的说，路径是由贝塞尔曲线构成的图形。与其他矢量图形软件相比，Photoshop 中的路径是不可打印的矢量形状，主要是用于勾画图像区域的轮廓，用户可以对路径进行填充和描边，还可以将其转换为选区。

路径有以下特点：

- ◎ 路径是矢量线条，因此缩小或放大时都不会影响它的分辨率和平滑度。
- ◎ 路径和 Alpha 通道一样可以和图像文件一起保存，而且占用的磁盘空间较小。
- ◎ 路径创建工具可以绘制出复杂的线条，并且可以对线条进行编辑和调整。
- ◎ 路径也可以复制和粘贴。
- ◎ 编辑完成的路径可以转换为选区，也可以直接对路径进行填充和描边。

6.1.2 路径的组成

路径是由线条及其包围的区域组成的图形，它可以是一个锚点、一条直线或曲线。与选区的不同的是，路径可以很容易地改变其形状与位置。路径组成的核心是贝塞尔曲线，如图 6-1 所示，贝塞尔曲线是由锚点、方向线与方向点组成的曲线。贝塞尔曲线的两个端点称为锚点，两个锚点间的曲线部分成为【线段】。选择任意的锚点并拖动，即可以出现【方向线】与【方向点】，它们用于控制线段的弧度与方向，如图 6-2 所示。

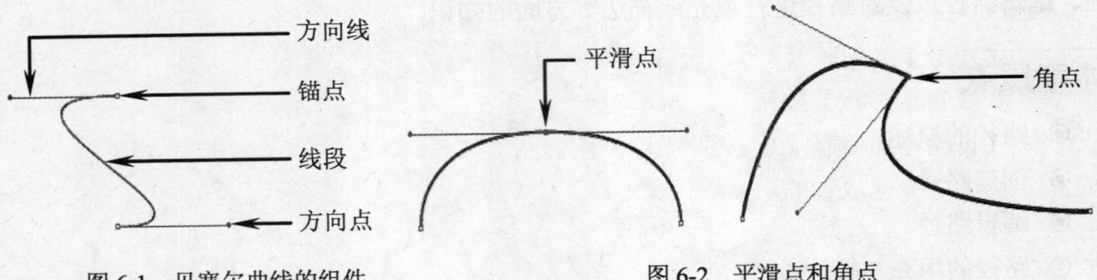

图 6-1 贝塞尔曲线的组件

图 6-2 平滑点和角点

随着移动方向点，贝塞尔曲线的形状会发生变化。当移动方向点，使其与所属的锚点不断接近时，该锚点所控制线段的弧度越来越小，甚至可以使方向线与线段完全重合。当方向线和线段完全重合时，该贝塞尔曲线会成为一条直线。

在 Photoshop CS3 中，通过使用【钢笔】工具和【自由钢笔】工具，用户能够创建出多种路径图形。锚点是路径的基本载体，路径中线段与线段之间的交点。根据锚点对路径形状的影响，可分为平滑点和角点两种类型。

- ◎ 平滑点：该类型锚点的两侧会显示两条趋于直线平衡的方向线，用于保证锚点两边的线段以连续圆弧状态相连接。如果改变该类型锚点一侧方向线的方向，另一侧的方向线将会随之改变。然而，无论如何改变，这两条方向线始终保持直线平衡。
- ◎ 角点：该类型锚点用于表现路径的线段转折。按转折的类型，又可以分为直角点、曲线角点、复合角点 3 种。直角点的两侧没有方向线与方向点。常用于线段的直角表现；曲线角点的两侧都有方向线与方向点，并且两侧的方向线和方向点是相互独立的，单独控制其中一侧的方向线与方向点不会对另一侧的方向线与方向点产生影响；复合角点只有一侧有方向线和方向点，一般用于直线与曲线的连接。

6.2　创建路径

在 Photoshop 中常用的创建路径的方法是使用【工具】调板中的【钢笔】工具和【自由钢笔】工具进行绘制。

6.2.1　使用【钢笔】工具

使用【钢笔】工具可以直接创建直线路径和曲线路径。选择【工具】调板中的【钢笔】工具，其选项栏如图 6-3 所示。

图 6-3　【钢笔】工具选项栏

- ：该组按钮用于设置所绘制的图形样式类型，从左至右分别为【形状图层】按钮、【路径】按钮和【填充像素】按钮。
- ：该组按钮从左至右分别为【钢笔】按钮、【自由钢笔】按钮、【矩形】按钮、【圆角矩形】按钮、【椭圆】按钮、【多边形】按钮、【直线】按钮和【自定形状】按钮。单击其中任意按钮即可切换当前工具的类别。
- 【自动添加/删除】复选框：启用该复选框，在使用【钢笔】工具进行路径操作时，将会随着光标放置的不同位置而自动显示为增加或删除锚点光标图示，以方便用户进行操作。其默认状态为启用。
- ：单击该组中任意按钮，就可以设置所绘制的路径图形之间的运算方式。该按钮从左至右分别为【添加到路径区域】按钮、【从路径区域减去】按钮、【交叉路径区域】按钮和【重叠路径区域除外】按钮。

另外，在【钢笔】工具的选项栏中单击【自定形状】按钮右侧的下拉箭头，会打开【钢笔选项】对话框。在该对话框中，如果启用【橡皮带】复选框，将可以在创建路径过程中直接自动产生连接线段，而不是等到单击创建锚点后才在两个锚点间创建线段。

【例 6-1】使用【工具】调板中的【钢笔】工具创建路径。

(1) 选择【文件】|【打开】命令，打开一幅图像文件，并使用【工具】调板中的【缩放】工具放大图像，如图 6-4 所示。

(2) 选择【工具】调板中的【钢笔】工具，并在工具选项栏中单击【路径】按钮。然后在图像上单击鼠标，绘制出第一个锚点。在线段结束的位置再次单击鼠标，确定线段的终点。此时两点间用直线连接，两个锚点都是小方块，前一个是空心的，后一个是实心。实心的小方块表示当前正在编辑的锚点。将鼠标移动至起始锚点位置，当钢笔图标旁出现圆圈时，单击鼠标，即可闭合路径，同时在【路径】调板中生成【工作路径】，如图 6-5 所示。

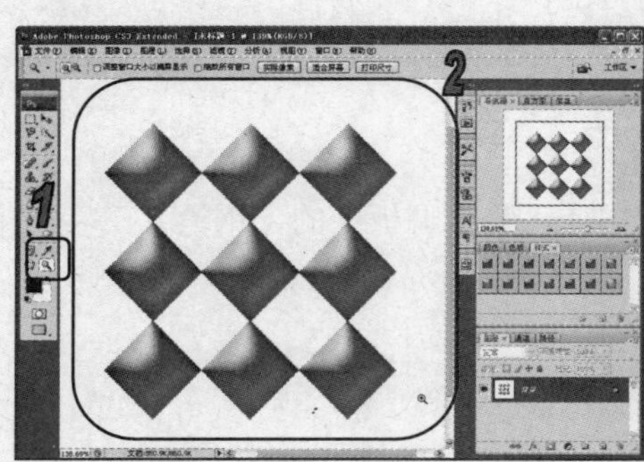

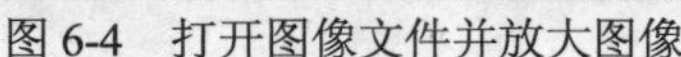

图 6-4　打开图像文件并放大图像

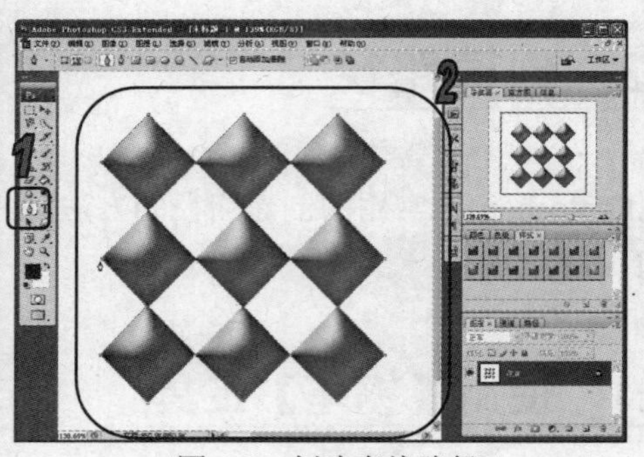

图 6-5　创建直线路径

6.2.2　使用【自由钢笔】工具

【自由钢笔】工具可以沿着物体的边缘拖动鼠标，鼠标经过的地方会生成路径和锚点。在拖动过程中，可以随意单击鼠标定位锚点，双击鼠标或按 Enter 键便可结束路径的绘制；当鼠标移动到起点时，鼠标右下角会出现一个小圆圈，单击鼠标便可封闭路径，如图 6-6 所示。

当选中自由钢笔工具时，在【自由钢笔】工具的选项栏中启用【磁性的】复选框，【自由钢笔】工具将会具有如同【磁性套索】工具那样的操作属性，可以自动跟踪图像中物体边缘自动形成路径。在【自由钢笔】工具的选项栏中，如果单击【自定形状】按钮右侧的下拉箭头，将打开【自由钢笔选项】对话框，如图 6-7 所示。该对话框中主要参数选项的作用如下。

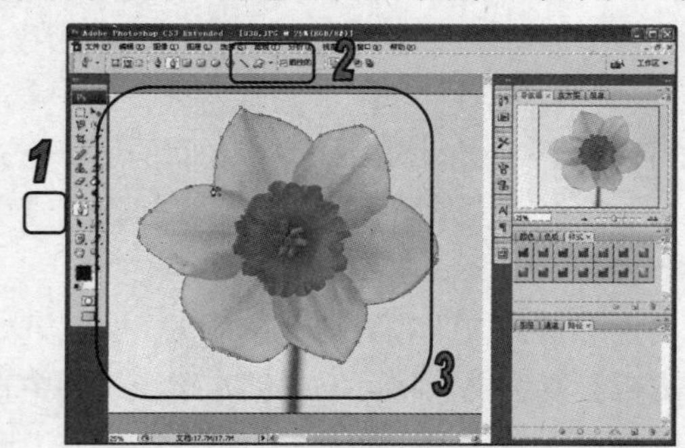

图 6-6　使用【自由钢笔】工具创建路径

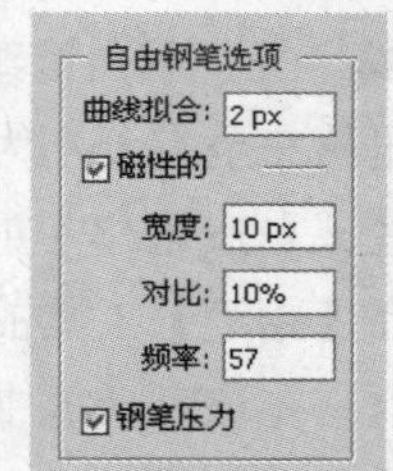

图 6-7　自由钢笔选项

- 在【曲线拟合】文本框中，用户可以输入 0.5~10.0 像素之间的像素值。此参数数值用于控制路径绘制过程自动创建的锚点范围。这个数值越大，所绘制路径中自动创建的锚点数量将越少，生成的路径形状也就越简单。
- 在【宽度】文本框中，用户可以输入 1~256 之间的像素值。该文本框在启用【磁性的】复选框后才能使用，用于控制自动检测与对象边缘的宽度距离。
- 在【对比】文本框中，用户可以输入 1~100 之间的百分比数值。该文本框在启用【磁性的】复选框后才能使用。该数值用于控制自动检测对象边缘像素的对比度，其性质类似于【魔棒】工具的容差值概念。

◉ 在【频率】文本框中，用户可以设置创建路径锚点的密度。数值越高，路径锚点的密度就越大。该文本框在启用【磁性的】复选框后才可以使用。

◉ 【钢笔压力】复选框是针对使用数位板的用户的参数设置，如果启用该复选框，将会根据用户使用光笔时，在数位板上的压力大小来确定绘制路径的参数属性。

6.2.3　形状工具组

在 Photoshop CS3 中，用户还可以通过形状工具创建路径图形。形状工具一般可分为两类：一类是基本几何体图形的形状工具；一类是图形形状较多样的自定形状。下面就介绍这些工具的基本操作方法。

1. 形状工具组及选项栏

形状工具的选项栏如图 6-8 所示，此选项栏与选择【钢笔】工具后的选项栏比较相似。需要注意的是，选择不同的形状工具，其选项栏具有一定的区别，通过设置这些特别的参数选项，用户可以绘制出不同的形状。

图 6-8　形状工具的选项栏

在形状工具的选项栏中，如果分别单击用于设置绘制的图形样式类型的 3 个按钮，可以创建 3 种不同的样式对象。

◉ 【形状图层】按钮：单击该按钮，可以创建带有矢量蒙版的图形对象，并且在【图层】调板中创建一个新的图层。通过单击【图层】调板中该图层的矢量蒙版，或者直接单击创建的图形对象，即可显示它的锚点。然后，使用路径编辑工具修改图形形状，并且在修改图形形状时，其填充区域也会随之一起改变。

◉ 【路径】按钮：单击该按钮，可以直接在图像文件窗口中创建路径图形。

◉ 【填充像素】按钮：单击该按钮，在图像文件窗口中会按照绘制的形状创建填充区域。同时在创建这个形状填充区域时，并不会在【图层】调板中创建一个新的图层，所创建的图形均在当前所选择的图层中。

另外，形状工具选项栏中的【样式】下拉列表框用于设置所创建图形对象的填充样式，其作用于【样式】调板相同；【颜色】选项用于设置所创建图形对象的填充颜色。

2. 使用【矩形】工具

使用【工具】调板中的【矩形】工具，可以很方便地绘制矩形形状的图形对象。通过单击该工具选项栏中【自定形状】按钮右侧的下拉箭头，可以打开如图 6-9 所示的【矩形选项】对话框。

图 6-9 【矩形选项】工具选项栏

该对话框中各主要参数选项的作用如下。

- 【不受约束】单选按钮：选择该单选按钮，可以根据任意尺寸比例创建矩形图形。【方形】单选按钮：选择该单选按钮，会创建正方形图形。【固定大小】单选按钮：选择该单选按钮，会按该选项右侧的 W 与 H 文本框设置的宽高尺寸创建矩形图形。【比例】单选按钮：选择该单选按钮，会按该选项右侧的 W 与 H 文本框设置的长宽比例创建矩形图形。
- 【从中心】复选框：启用该复选框，会以开始单击的图像位置为矩形中心点创建矩形图形。
- 【对齐像素】复选框：启用该复选框，创建的矩形图形边缘会与图像文件中的像素边界自动对齐。

3. 使用【圆角矩形】工具

使用【工具】调板中的【圆角矩形】工具，可以快捷的绘制带有圆角的矩形图形。此工具的选项栏与【矩形】工具栏大致相同，只是多了一个用于设置圆角参数属性的【半径】文本框，如图 6-10 所示。用户可以在该文本框中输入所需矩形的圆角半径大小。选项栏中其他参数的设置方法与【矩形】工具的选项栏相同。

图 6-10 【圆角矩形】工具选项栏

【例 6-2】 使用【圆角矩形】工具，绘制一个圆角半径为 100 像素圆角矩形图形。

(1) 启动 Photoshop CS3 应用程序，打开一幅图像文件，如图 6-11 所示。

(2) 选择【工具】调板中的【圆角矩形】工具，在其选项栏中设置【半径】文本框数值为 100px。并在【色板】调板中选择【纯青豆绿】色板，如图 6-12 所示。

图 6-11 打开图像

图 6-12 设置【圆角矩形】

(3) 在图像文件窗口中将鼠标移至适当的位置单击，确定创建圆角矩形的起始对角点，然后向右下角拖动，这样会在窗口中拖拽一个圆角矩形，如图 6-13 所示。

(4) 在【工具】选项栏中单击【从形状区域减去】按钮，继续使用【圆角矩形】工具，在图像中创建圆角矩形，得到的效果如图 6-14 所示。

图 6-13　绘制圆角矩形

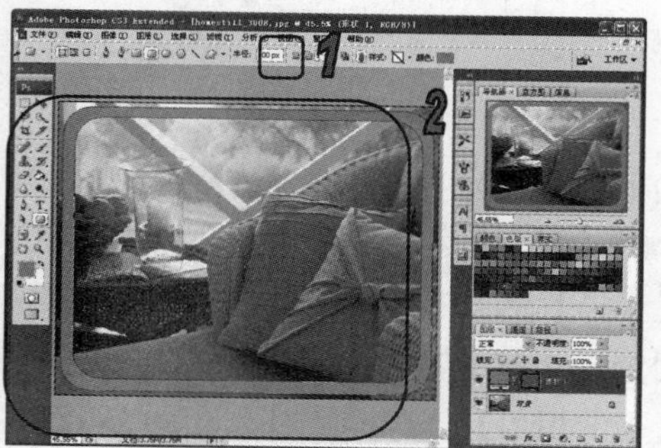

图 6-14　从形状区域减去

4. 使用【椭圆】工具

形状工具组中的【椭圆】工具用于创建椭圆形状的图形对象。它的选项栏及创建图形的操作方法与【矩形】工具基本相同，只是在其选项栏的【椭圆选项】对话框中少了【方形】单选按钮和【对齐像素】复选框，而多了【圆（绘制直径或半径）】单选按钮，如图 6-15 所示。选择该单选按钮，可以以直径或半径方式创建圆形图形。

图 6-15　【椭圆】工具选项栏

- 【不受约束】单选按钮：该单选按钮为系统默认设置，用于绘制尺寸不受限制的椭圆形。
- 【圆(绘制直径或半径)】单选按钮：选中该单选按钮，可以绘制正圆形。
- 【固定大小】单选按钮：选中该单选按钮，可以绘制固定尺寸的椭圆形。其右侧的 W 和 H 文本框分别用于输入椭圆形的宽度和高度。
- 【比例】单选按钮：选中该单选按钮，可以绘制固定宽、高比的椭圆形。其右侧的 W 和 H 文本框分别用于输入椭圆形的宽度和高度之间的比值。
- 【从中心】复选框：选中该复选框，在绘制椭圆形是可以从图形的中心开始绘制。

5. 使用【多边形】工具

使用【工具】调板中的【多边形】工具，可以很方便地创建多边形与星形图形。它的选项栏及创建图形的操作方法与【矩形】工具基本相同。如图 6-16 所示为【多边形】工具的选项栏和【多边形选项】对话框。

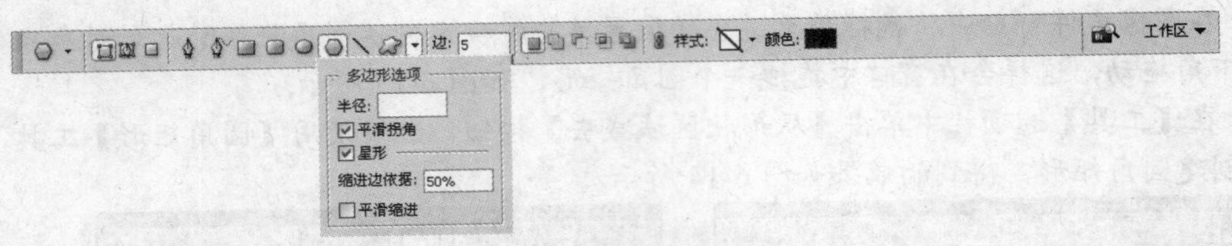

图 6-16 【多边形】工具选项栏

【多边形】工具选项栏中的【边】文本框用于设置多边形的边数或星形的顶点数。在【多边形选项】对话框中，各主要参数选项的作用如下。

- 【半径】文本框：用于设置多边形外接圆的半径。设置该参数数值后，会按所设置的固定尺寸在图像文件窗口中创建多边形图形。
- 【平滑拐角】复选框：用于设置是否对多边形的夹角进行平滑处理，即使用圆角代替尖角。
- 【星形】复选框：启用该复选框，会对多边形的便进行缩进，使其转变成星形。
- 【缩进边依据】文本框：该文本框在启用【星形】复选框后变为可用状态。它用于设置缩进边的百分比数值。
- 【平滑缩进】复选框：该复选框在启用【星形】复选框后变为可用状态。它用于决定是否在绘制星形时对其内夹角进行平滑处理。

6. 使用【直线】工具

使用【工具】调板中的【直线】工具，可以绘制直线和带箭头的直线。如图 6-17 所示为【直线】工具的选项栏。【直线】工具选项栏中的【粗细】文本框用于设置创建直线的宽度。

图 6-17 【直线】工具选项栏

- 【起点】复选框：选择该复选框，绘制的直线将在起始点有箭头。
- 【终点】复选框：选择该复选框，绘制的直线将在终点有箭头。
- 【宽度】：用于设置箭头的宽度与直线宽度的比率。
- 【长度】：用于设置箭头的长度与直线宽度的比率。
- 【凹度】：用于设置箭头最宽处的弯曲程度，其取值在-50%~50%之间，正值为凹，负值为凸。

7. 使用【自定形状】工具

【自定形状】工具的图形创建方法及参数选项设置方法与【矩形】工具基本相同。如图

6-18 所示为【自定形状】工具的选项栏、【自定形状选项】对话框以及【形状】下拉列表框。

图 6-18　【自定形状】工具选项栏

【例 6-3】 使用【自定形状】工具，在图像文件中绘制图形。

(1) 启动 Photoshop CS3 应用程序，打开一幅图像文件，如图 6-19 所示。

(2) 选择【工具】调板中的【自定形状】工具，并单击【切换前景色和背景色】按钮，如图 6-20 所示。

图 6-19　打开图像

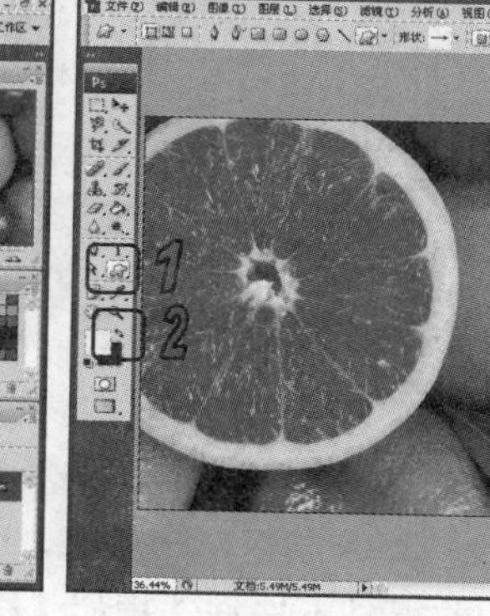

图 6-20　选择【自定形状】

(3) 在工具选项栏中，单击【形状】下拉列表右侧的按钮，在弹出的列表框中单击按钮，在打开的菜单中选择【全部】命令，然后在弹出的提示框中单击【追加】按钮，如图 6-21 所示。

图 6-21　添加形状

(4) 在【形状】下拉列表框中选择一种形状样式，然后按 Shift 键使用【自定形状】工具在图像中拖动绘制，如图 6-22 所示。

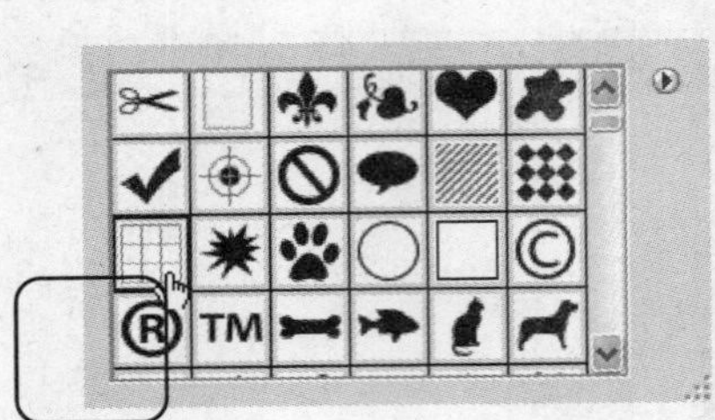
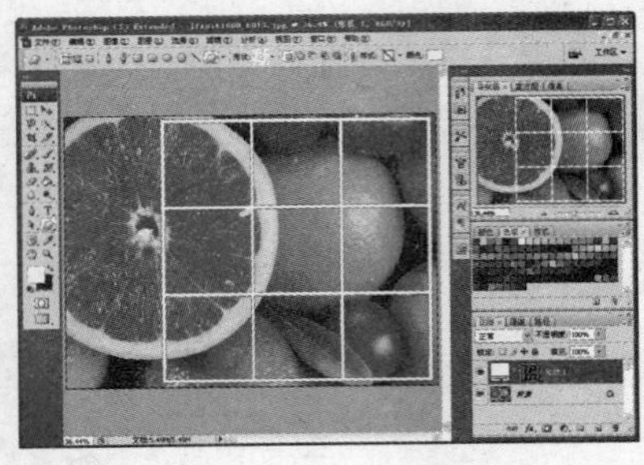

图 6-22　绘制自定形状

(5) 在【形状】下拉列表框中选择另一种形状样式，接着在工具选项栏中单击【添加到形状区域】按钮，然后使用【自定形状】工具在图像中拖动创建自定形状，如图 6-23 所示。

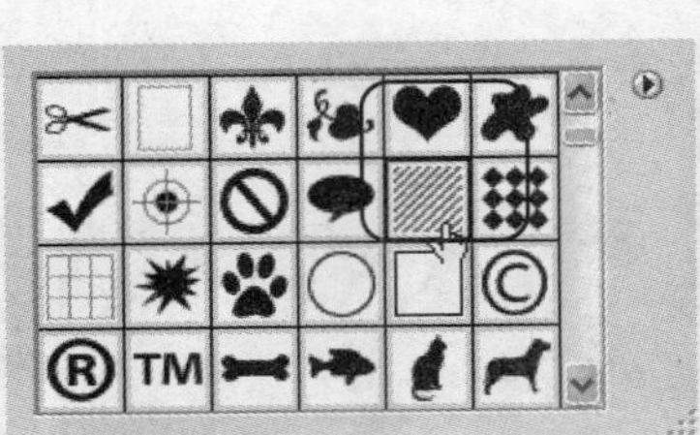
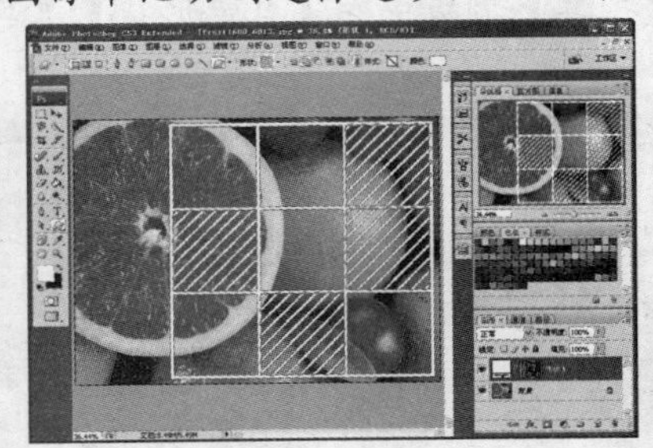

图 6-23　绘制自定形状

8. 更改形状图层填充内容

默认情况下，使用形状工具绘制图形形状时，图形填充区域的颜色是 Photoshop 中设置的前景色。然而，应用此项的前提是不选择选项栏【样式】中的效果样式。 形状图层实际上相当于带有矢量蒙版的调整图层。因此，要想更改图形的填充内容，只需要更该调整图层的内容即可。用户可以选择【图层】|【改变图层内容】命令，在打开的级联菜单中选择【纯色】、【渐变】或【图案】等命令，即可更改图像的填充内容。这里也可以单击【图层】调板底部的【创建新的填充和调整图层】按钮，在打开的快捷菜单中选择相关命令。

选择【图层】|【改变图层内容】|【纯色】命令，将打开【拾色器】对话框，在其中设置颜色即可改变形状工具所绘制形状颜色。

选择【图层】|【改变图层内容】|【渐变】命令，将打开【渐变填充】对话框，如图 6-24 所示，在其中设置渐变样式、角度、缩放等参数即可改变形状工具所绘制形状颜色。

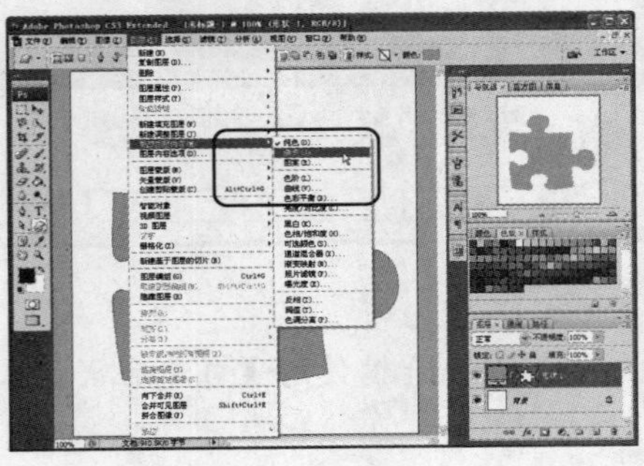
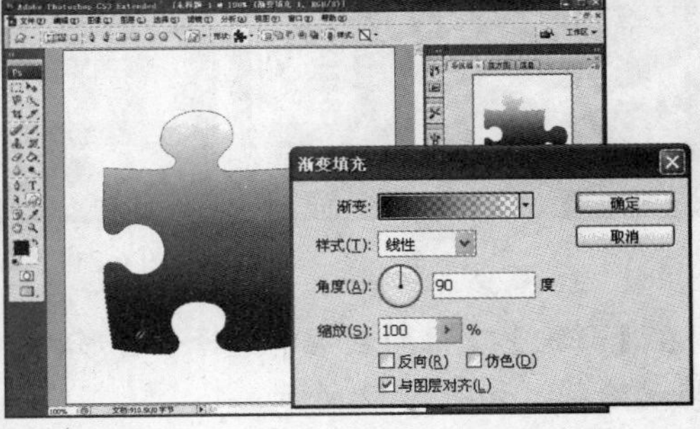

图 6-24　【渐变】命令

选择【图层】|【改变图层内容】|【图案】命令，将打开【图案填充】对话框，如图 6-25 所示，在其中设置图案样式、缩放等参数即可改变形状工具所绘制形状颜色。用户也可以使用自定义图像进行填充。

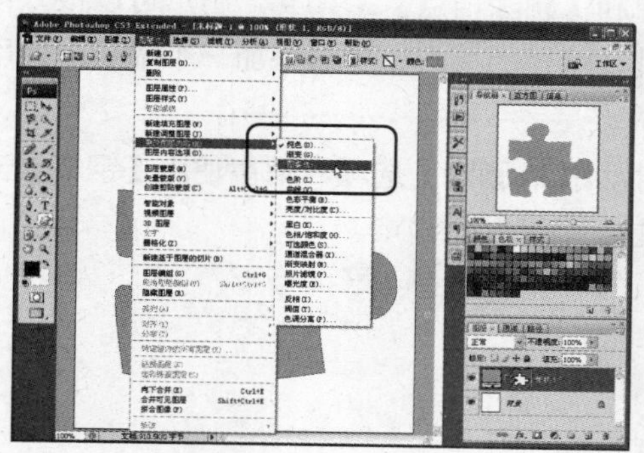

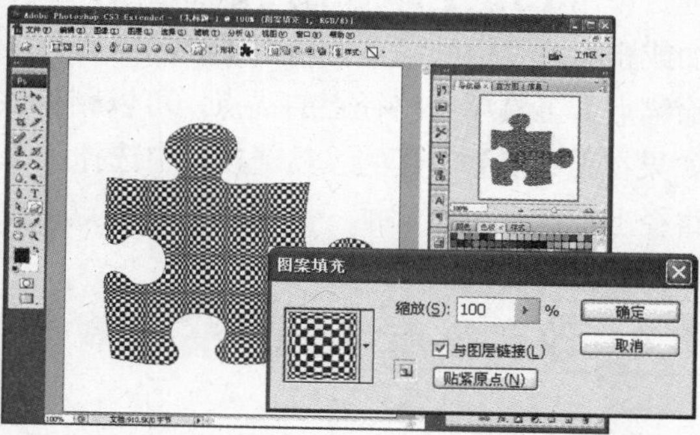

图 6-25 【图案】命令

6.3 编辑路径

使用 Photoshop CS3 中的各种路径工具创建路径后，用户可以对其进行编辑调整，如增加和删除锚点，对路径锚点位置进行移动等，从而使路径的形状更加符合要求。

6.3.1 使用【路径选择】工具

使用【路径选择】工具可以选择和移动整个路径。选择【工具】调板中的【路径选择】工具，将鼠标光标移动到路径中单击即可选中整个路径，拖动鼠标便可以移动路径，如图 6-27 所示。如果在移动的同时按住 Alt 键不放，可以复制路径。要想同时选择多条路径，可以在选择时按住 Shift 键，或者在图像文件窗口中单击并拖动鼠标，通过框选来选择所需要的路径。

6.3.2 使用【直接选择】工具

使用【直接选择】工具，不仅可以调整整个路径位置，而且还可以对路径中的锚点位置进行调整。要想调整锚点位置，只需选择【直接选择】工具，然后在需要操作的锚点上单击并拖动鼠标，移动其至所需位置，然后释放鼠标即可。要想对整个路径进行位置调整，只需选择该路径上的所有锚点，然后在路径的任意位置上单击并拖动鼠标，拖动到适当的位置时释放鼠标，即可实现路径的整体移动。

6.3.3 添加或删除锚点

通过使用【工具】调板中的【添加锚点】工具和【删除锚点】工具，用户可以很方便的增加或删除路径中的锚点。使用【添加锚点】工具在路径上单击，可以添加一个锚点；使用【删除锚点】工具单击路径上的锚点，可以删除该锚点。

如果在【钢笔】工具的工具选项栏中选择了【自动添加/删除】选项，则在使用【钢笔】工具在路径上单击，可以添加一个锚点；在锚点上单击，可以删除锚点。

6.3.4 改变锚点性质

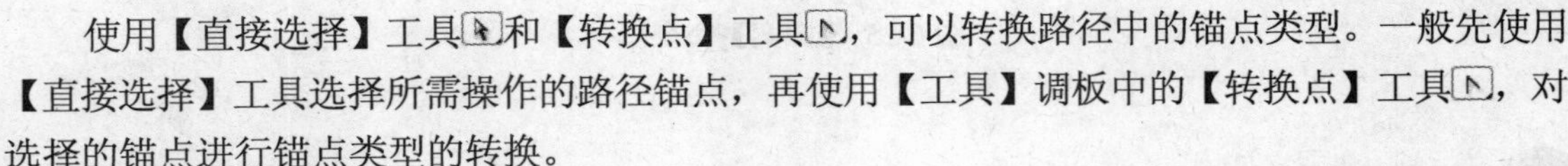

使用【直接选择】工具和【转换点】工具，可以转换路径中的锚点类型。一般先使用【直接选择】工具选择所需操作的路径锚点，再使用【工具】调板中的【转换点】工具，对选择的锚点进行锚点类型的转换。

- 使用【转换点】工具单击路径上任意锚点，可以直接转换该锚点的类型为直角点。
- 使用【转换点】工具在路径的任意锚点上单击并拖动鼠标，可以改变该锚点的类型为平滑点。
- 使用【转换点】工具在路径的任意锚点的方向点上单击并拖动鼠标，可以改变该锚点的类型为曲线角点。
- 按住 Alt 键，使用【转换点】工具在路径上的平滑点和曲线角点上单击，可以改变该锚点的类型为复合角点。

6.4 使用【路径】调板

选择【窗口】|【路径】命令，在 Photoshop 工作界面中显示路径调板，如图 6-26 所示。在【路径】调板中会列出当前【工作路径】的缩览图及其名称，用户可以双击创建的路径层，直接在路径图层中显示的文本框里重新输入新的路径名称。

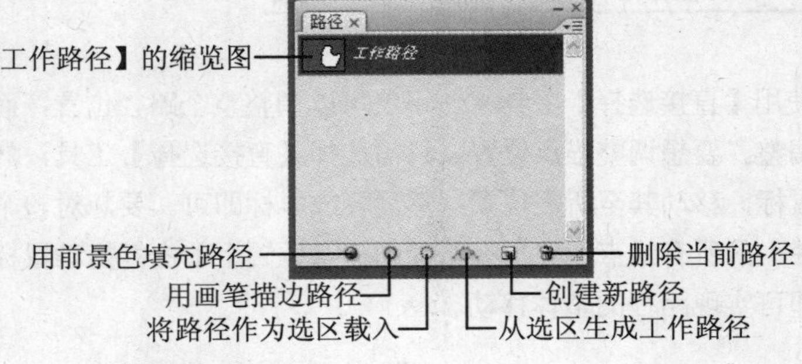

图 6-26 【路径】调板

这里需要注意的是，对于【工作路径】层，此项操作不能执行。另外，通过调板和它的调板控制菜单，用户可以对图像文件窗口中的路径进行填充、描边、选取、保存等操作，并且可以在选区和路径之间进行相互转换操作。

通过【路径】调板底部的 6 个按钮，用户可以更方便地编辑路径。这些按钮与【路径】调板的控制菜单中的相关命令作用相同，它们的主要功能如下。

- 【用前景色填充路径】按钮：单击该按钮，可以使用【工具】调板中的前景色对路径内部区域进行着色处理。这里，也可以选择【路径】调板扩展菜单中的【填充路径】命令，同样可以实现这种操作。
- 【用画笔描边路径】按钮：单击该按钮，可以沿着路径的边缘按画笔设置的样式进行描绘。这与选择调板控制菜单中的【描边路径】命令具有相同的作用。
- 【将路径作为选区载入】按钮：单击该按钮，可以将当前图像文件窗口中的路径转换位选区。
- 【从选区生成工作路径】按钮：单击该按钮，可以将当前图像文件窗口中的选区转换为路径。
- 【创建新路径】按钮：单击该按钮，可以在【路径】调板中创建间新的路径层。
- 【删除当前路径】按钮：单击该按钮，可以从【路径】调板中删除选择的路径层，同时删除该路径层中所保存的路径。

6.4.1　使用【创建新路径】与【删除当前路径】按钮

在【路径】调板中，可以在不影响【工作路径】层的情况下创建新的路径图层。用户只需在【路径】调板底部单击【创建新路径】按钮，即可在【工作路径】层的上方创建一个新的路径层，如图 6-27 所示，然后就可以在该路径中绘制新的路径。需要说明的是，在新建的路径层中绘制的路径立刻保存在该路径层中，而不是像【工作路径】层中的路径那样是暂存的。

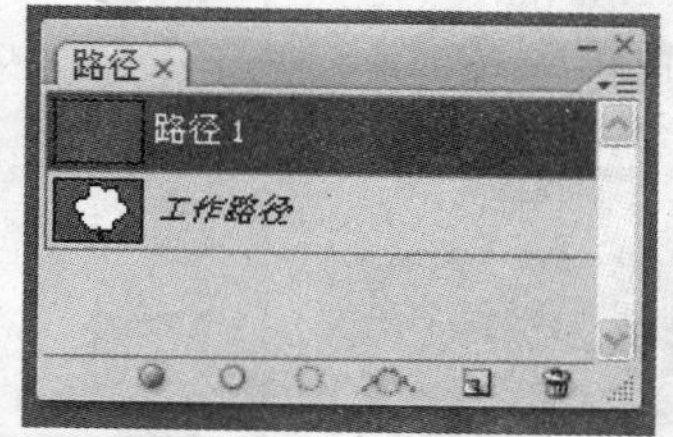

图 6-27　创建新路径

要想删除图像文件中不需要的路径，可以通过路径选择工具选择该路径，然后直接按 Delete 键删除。要想删除整个路径层中的路径，可以在【路径】调板中选择该路径层，再拖动其至【删除当前路径】按钮上释放鼠标，即可删除整个路径层。用户也可以通过选择【路径】调板的控制菜单中的【删除路径】命令实现此项操作。

6.4.2 路径与选区的转换

在 Photoshop CS3 中，能够将所选路径转换为选区，也可以将所创建选区转换为路径进行处理。要想将创建的选区转换为路径，可以单击【路径】调板中的【从选区生成工作路径】按钮，即可在【路径】调板中生成【工作路径】，如图 6-28 所示。

要想转换绘制的路径为选区，可以单击【路径】调板中的【将路径作为选区载入】按钮。如果操作的路径是开放路径，那么在转换为选区的过程中，软件会自动将该路径的起始点和终止点接在一起，从而形成封闭的选区范围。

图 6-28 【从选区生成工作路径】按钮

6.4.3 填充路径

填充路径是指用指定的颜色、图案或历史记录的快照填充路径内的区域。在进行路径填充前，先要设置好前景色；如果使用图案或历史记录的快照填充，还需要先将所需的图像定义成图案或创建历史记录的快照。在【路径】调板中单击【用前景色填充路径】按钮，可以直接使用预先设置的前景色填充路径。

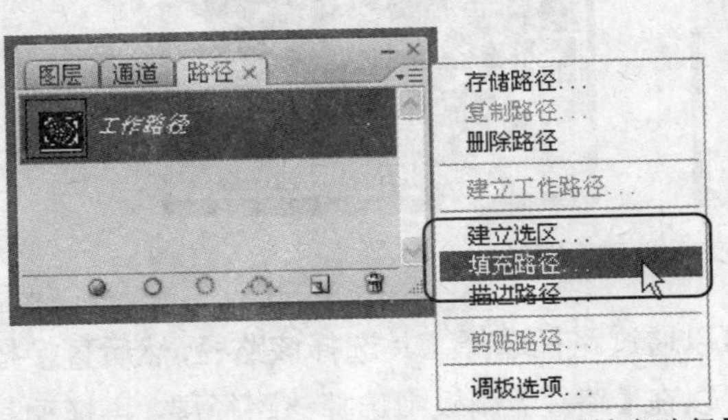

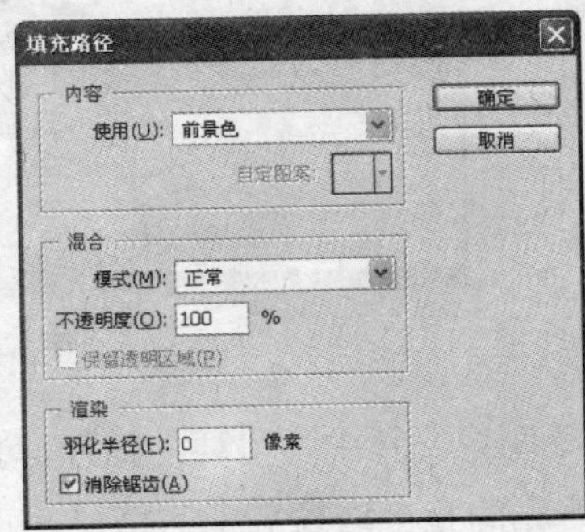

图 6-29 【填充路径】命令

在【路径】调板菜单中选择【填充路径】命令，或按住 Alt 键单击【路径】调板底部的【用前景色填充路径】按钮，可以打开如图 6-29 所示的【填充路径】对话框。在对话框中，设置选

项后，单击【确定】按钮即可使用指定的颜色、图像状态、图案填充路径。

在【使用】选项下拉列表中可以选择填充的内容，包括【前景色】、【背景色】、【历史记录】或者其他颜色。如选择【图案】选项，则【自定图案】选项为可用状态，在其下拉列表中可以选择一种图案样式来填充路径。

- ⊙ 在【混合】选项区中可以设置填充的混合模式和不透明度，如果选择【保留透明区域】，则仅限于填充包含像素的图层区域。
- ⊙ 在【渲染】选项区中可以设置填充的羽化半径和消除锯齿选项。

【例 6-4】　在打开的图像文件中创建路径，并填充路径效果。

(1) 启动 Photoshop CS3 应用程序，打开一幅图像文件，如图 6-30 所示。

(2) 在【工具】调板中选择【自定形状】工具，并在工具选项栏中单击【路径】按钮和【添加到路径区域】按钮，在【形状】下拉列表中选择一种形状样式，然后在图像文件中拖动创建路径，如图 6-31 所示。

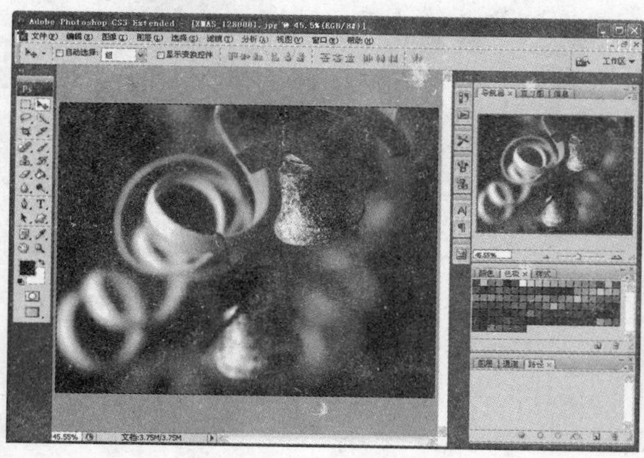

图 6-30　打开图像

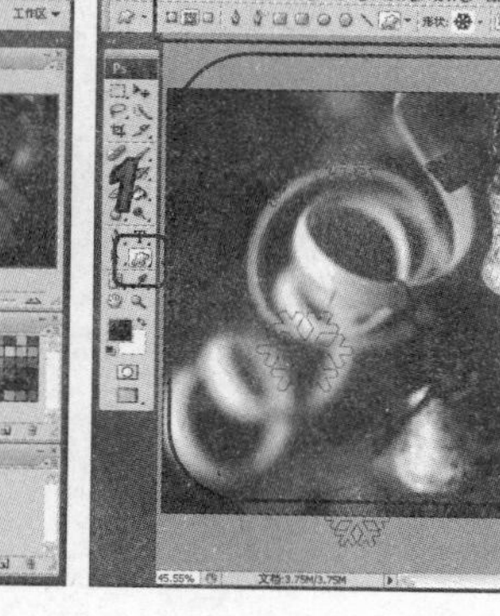

图 6-31　创建路径

(3) 在【路径】调板中单击调板菜单按钮，打开调板菜单并选择【填充路径】命令，打开【填充路径】对话框。

(4) 在【填充路径】对话框中，【使用】选项中选择【背景色】选项，设置【不透明度】为 60%，【羽化半径】为 8 像素，然后单击【确定】按钮，得到效果如图 6-32 所示。

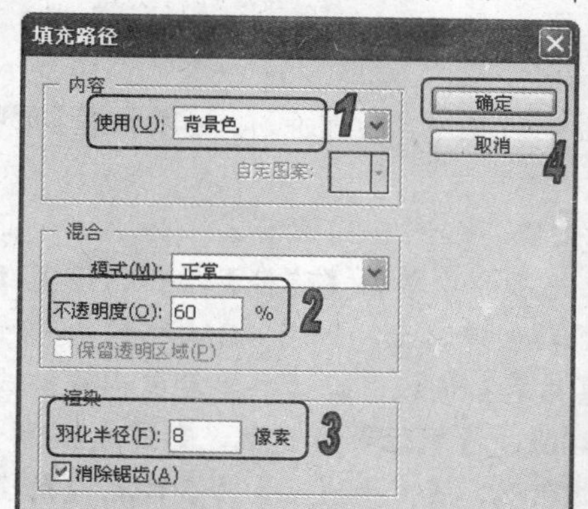

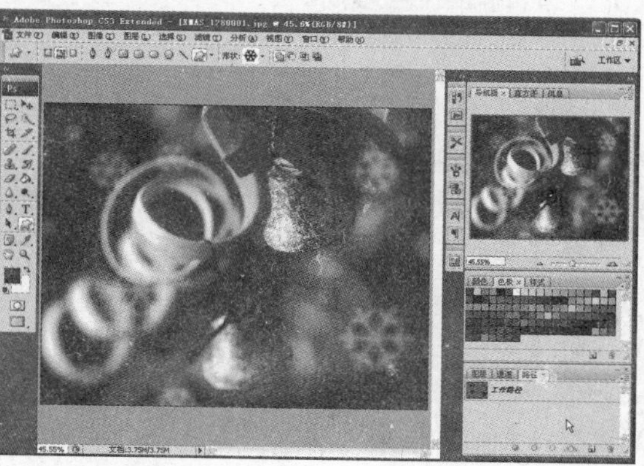

图 6-32　填充路径

计算机基础与实训教材系列

6.4.4 描边路径

在 Photoshop 中，还可以为路径添加描边，创建丰富的边缘效果。在创建路径后，单击【路径】调板中【用画笔描边路径】按钮，可以使用【画笔】工具的当前设置对路径进行描边。

在调板菜单中选择【描边路径】命令，或按住 Alt 键单击【用画笔描边路径】按钮，打开如图 6-33 所示的【描边路径】对话框，在其中进行设置后单击【确定】按钮即可为当前路径描边。在打开【描边路径】对话框前，应选择所需工具并指定工具的设置，才能有效控制描边效果。如果在对话框中选择【模拟压力】选项，则描边的线条会产生粗细变化。

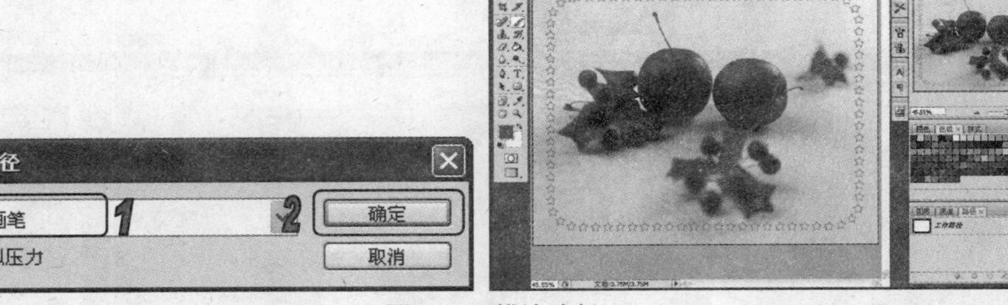

图 6-33　描边路径

6.5 上机练习

本节练习将使用路径工具制作出如图 6-44 和图 6-63 所示的图像效果。通过练习可以让读者掌握【钢笔】工具、【形状】工具等工具及相关命令的操作。

6.5.1 制作画框效果

本次上机练习将制作图像画框效果，最终效果如图 6-44 所示。通过练习，可以掌握【形状】工具，【填充路径】和【描边路径】命令的使用。

(1) 启动 Photoshop CS3 应用程序，打开一幅图像文件，如图 6-34 所示。

(2) 选择【工具】调板中的【圆角矩形】工具，在选项栏中单击【路径】按钮，设置【半径】为 100px，然后使用【圆角矩形】工具在图像中拖动创建路径，如图 6-35 所示。

(3) 选择【工具】调板中的【画笔】工具，打开【画笔】调板，在【画笔笔尖形状】选项中选择【粉笔 36 像素】画笔样式，设置【直径】为 140px，【间距】为 50%，如图 6-36 所示。

(4) 选择【形状动态】选项，设置【大小抖动】为 100%，【最小直径】为 30%，【角度抖动】为 25%，如图 6-37 所示。

图 6-34　打开图像

图 6-35　创建路径

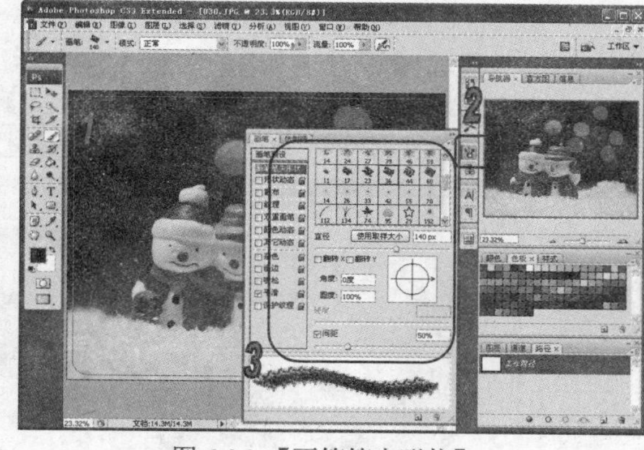

图 6-36　【画笔笔尖形状】

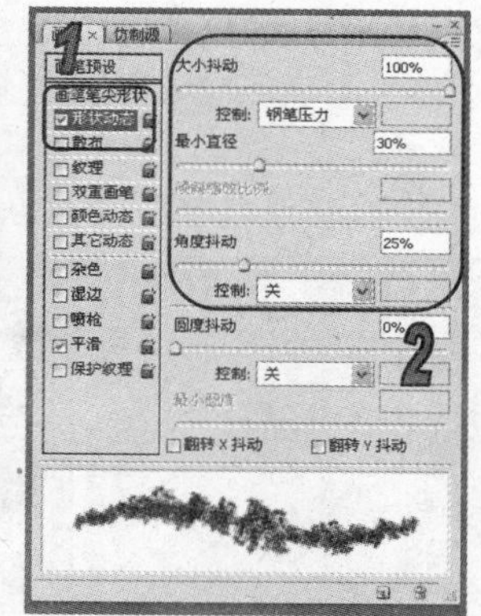

图 6-37　【形状动态】

(5) 选择【散布】选项，设置【散布】为 220%，【数量】为 3%，【数量抖动】为 55%，如图 6-38 所示。

(6) 在【工具】调板中单击【切换前景色和背景色】按钮，然后在【画笔】工具选项栏中设置【不透明度】为 80%，如图 6-39 所示。

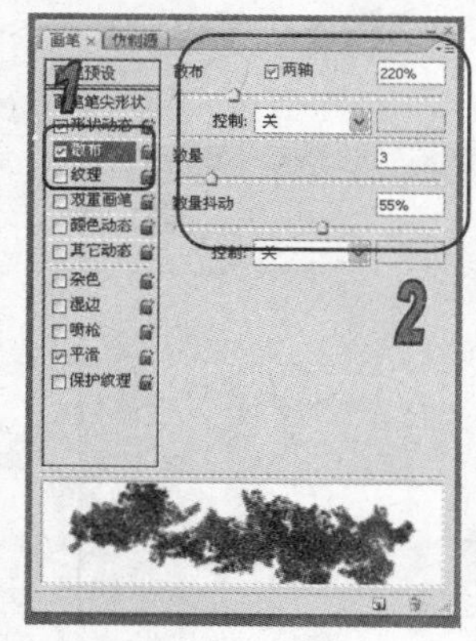

图 6-38　【散布】

图 6-39　设置颜色和不透明度

(7) 在【路径】调板中，单击调板菜单按钮，在打开的菜单中选择【描边路径】命令，打开【描边路径】对话框。在对话框中选择【画笔】选项，然后单击【确定】按钮，如图 6-40 所示。

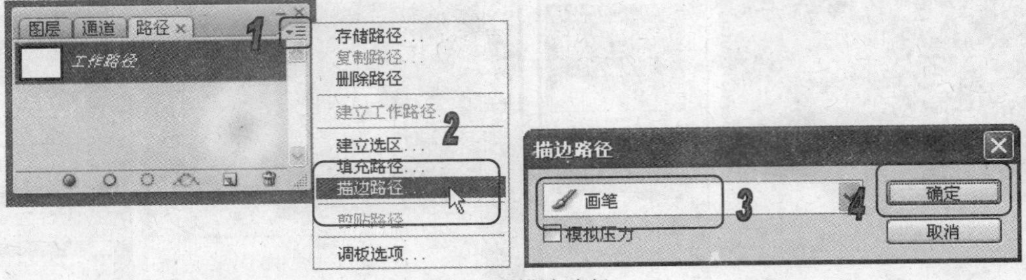

图 6-40 描边路径

(8) 在【路径】调板中，单击【用画笔描边路径】按钮，再次应用描边路径效果，如图 6-41 所示。

(9) 在【路径】调板中，单击【创建新路径】按钮，创建【路径 1】。在【工具】调板中选择【自定形状工具】工具，并在工具选项栏中单击【路径】按钮和【添加到路径区域】按钮，在【形状】下拉列表中选择一种形状样式，然后在图像文件中拖动创建路径，如图 6-42 所示。

图 6-41 用画笔描边路径

图 6-42 创建路径

(10) 在【路径】调板中单击调板菜单按钮，打开调板菜单并选择【填充路径】命令，打开【填充路径】对话框，如图 6-43 所示。

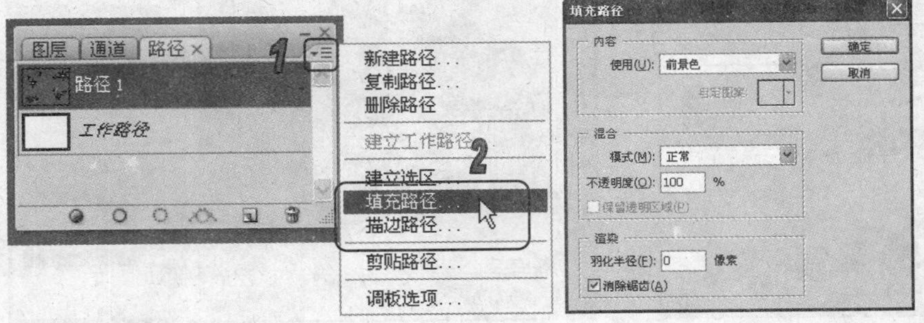

图 6-43 【填充路径】

(11) 在【填充路径】对话框中，设置【不透明度】为 80%，【羽化半径】为 4 像素，然后单击【确定】按钮，得到效果如图 6-44 所示。

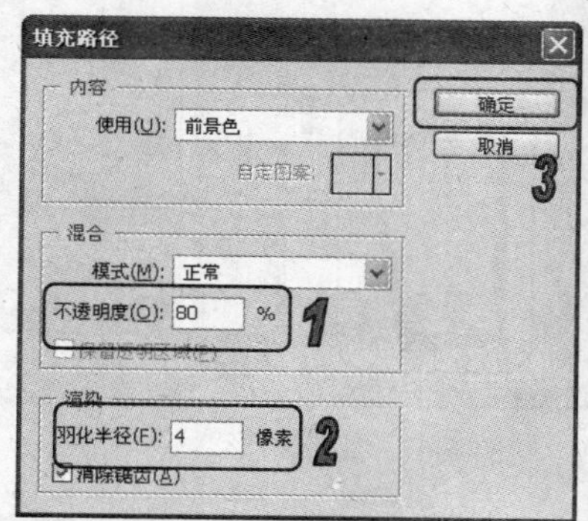

图 6-44　填充路径

6.5.2　制作小卡片

本次上机练习将制作趣味小卡片，最终效果如图 6-63 所示。通过练习，可以掌握【钢笔】工具绘制图像的方法，以及形状工具的使用。

(1) 启动 Photoshop CS3 应用程序，选择【文件】|【新建】命令，在打开的对话框中设置【宽度】为 6.2 厘米，【高度】为 10 厘米，【分辨率】为 300 像素/英寸，【颜色模式】为 RGB 颜色，然后单击【确定】按钮创建新文件，如图 6-45 所示。

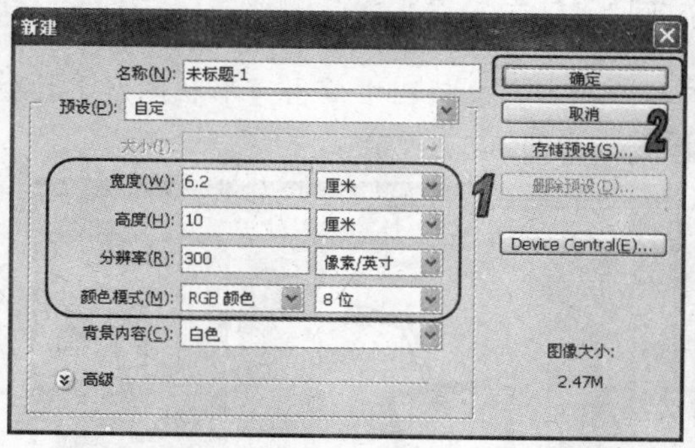

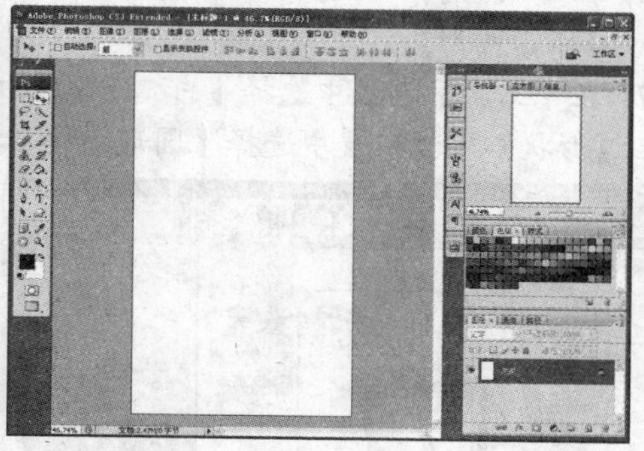

图 6-45　【新建】

(2) 在【工具】调板中选择【钢笔】工具，在选项栏中单击【形状图层】按钮，在【色板】调板中单击【纯蓝】颜色色板，然后使用【钢笔】工具，在图像中绘制如图 6-46 所示图形。

(3) 在【钢笔】工具选项栏中单击【从形状区域减去】按钮，然后使用【钢笔】工具绘制如图 6-47 所示图形。

(4) 在【钢笔】工具选项栏中单击【添加到形状区域】按钮，然后使用【钢笔】工具绘制如图 6-48 所示图形。

(5) 在【钢笔】工具选项栏中单击【创建新的形状图层】按钮，然后使用【钢笔】工具绘制如图 6-49 所示图形，并在【图层】调板中生成新的形状图层。

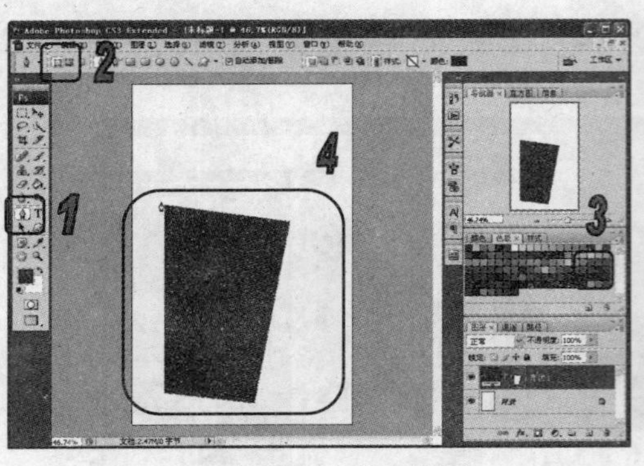

图 6-46　绘制图形

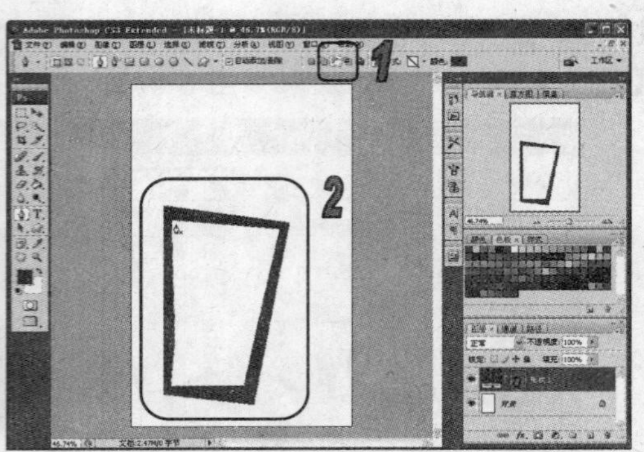

图 6-47　绘制图形

图 6-48　绘制图形

图 6-49　绘制图形

(6) 在【钢笔】工具选项栏中单击【从形状区域减去】按钮，然后使用【钢笔】工具绘制如图 6-50 所示图形。

(7) 在【工具】调板中选择【自定形状】工具，在工具选项栏中单击【形状图层】按钮，然后在【形状】下拉列表中选择【圆形画框】样式，如图 6-51 所示。

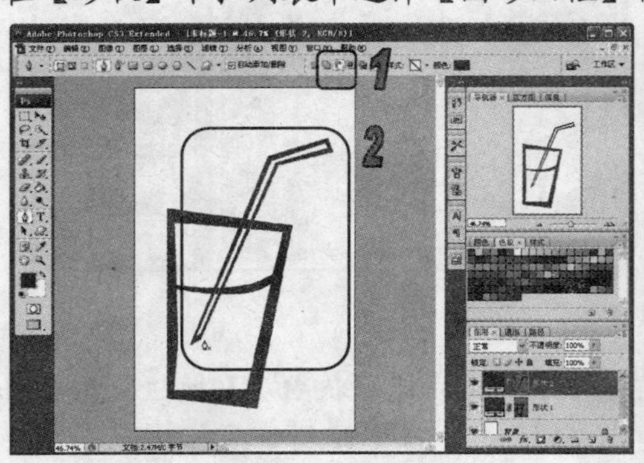

图 6-50　绘制图形

图 6-51　自定形状

(8) 在【图层】调板中单击【形状 1】图层矢量蒙版，在【自定形状】工具选项栏中单击【添加到形状区域】按钮，然后使用【自定形状】工具在图像绘制，如图 6-52 所示。

(9) 在【图层】调板中选中【背景】图层，在【工具】调板中单击【多边形套索】工具，并在工具选项栏中单击【添加到选区】按钮，然后在图像中创建选区，如图 6-53 所示。

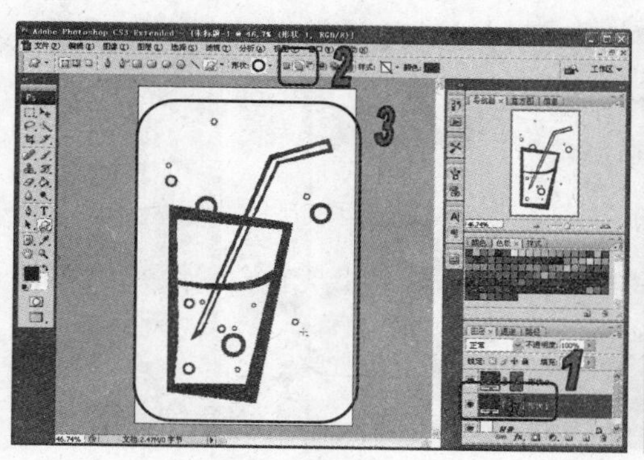

图 6-52　绘制图形

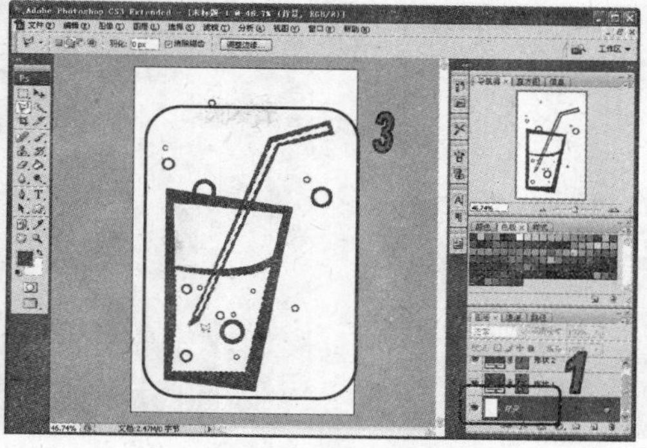

图 6-53　创建选区

(10) 选择【文件】|【打开】命令，在【打开】对话框中选择所需的图像文件，然后单击【打开】按钮，如图 6-54 所示。

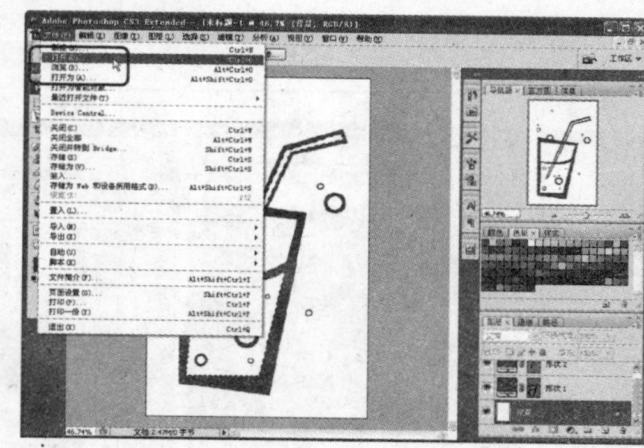

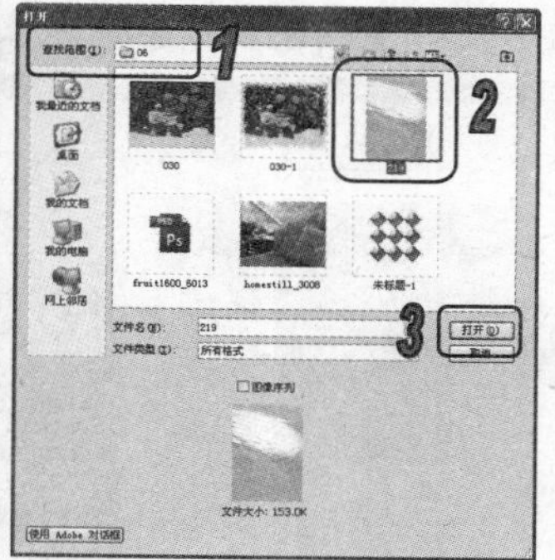

图 6-54　打开图像

(11) 在打开的图像文件中，按 Ctrl+A 键将图像全部选中，然后选择【编辑】|【拷贝】命令，将图像拷贝至剪贴板中，如图 6-55 所示。

(12) 返回正在绘制的图像文件，在【图层】调板中选择【背景】图层。选择【编辑】|【贴入】命令，如图 6-56 所示将剪贴板中的图像贴入到选区中。

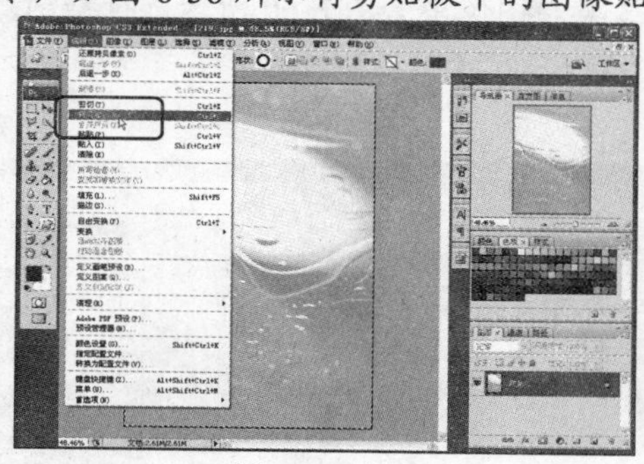

图 6-55　拷贝

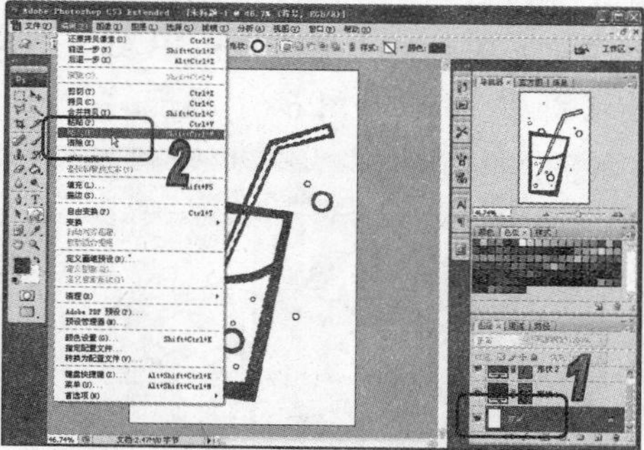

图 6-56　贴入

(13) 选择【工具】调板中的【圆角矩形】工具，在选项栏中单击【形状图层】按钮，设置【半径】为 100px，如图 6-57 所示。

(14) 在【色板】调板中单击【纯黄橙】颜色色板，然后使用【圆角矩形】工具在图像中拖动创建路径，如图 6-58 所示。

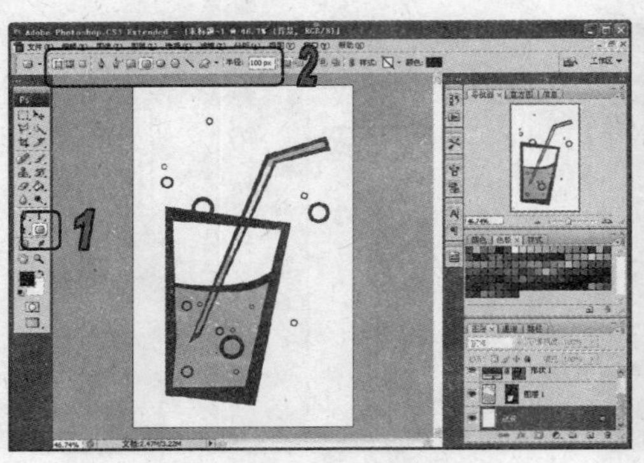

图 6-57　设置【圆角矩形】

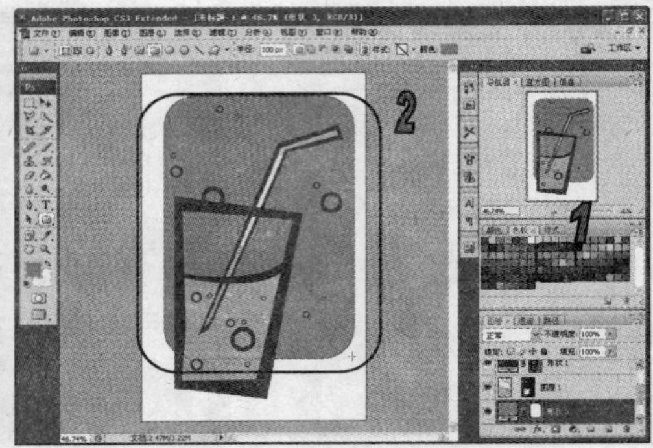

图 6-58　创建形状图层

(15) 在【图层】调板中单击选中【形状 2】。选择【工具】调板中的【钢笔】工具，在其选项栏中单击【形状图层】按钮，接着单击【添加到形状区域】按钮，并设置【颜色】为【纯蓝】颜色，然后使用【钢笔】工具在图像中如图 6-59 所示进行绘制。

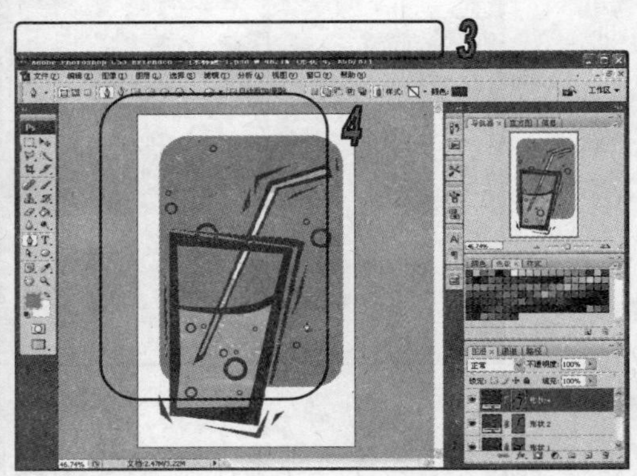

图 6-59　绘制图形

(16) 在【工具】调板中选择【自由钢笔】工具，在其选项栏中单击【形状图层】按钮，将其【颜色】设置为白色，然后使用【自由钢笔】工具在图像中如图 6-60 所示进行绘制。

(17) 在【色板】调板中单击【RGB 红】颜色色板，在【图层】调板中单击【创建新图层】按钮，创建【图层 2】，如图 6-61 所示。

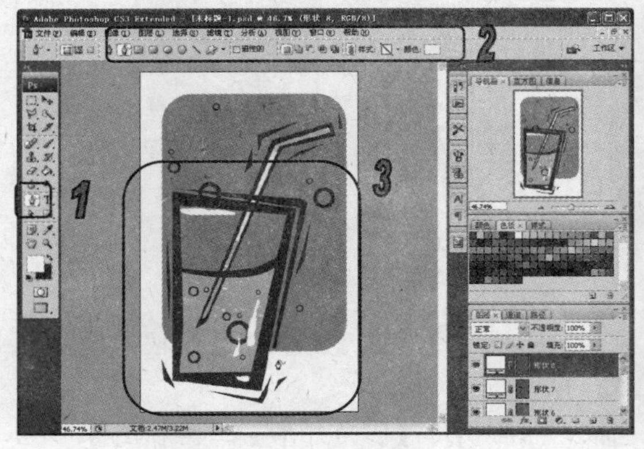

图 6-60　绘制图形

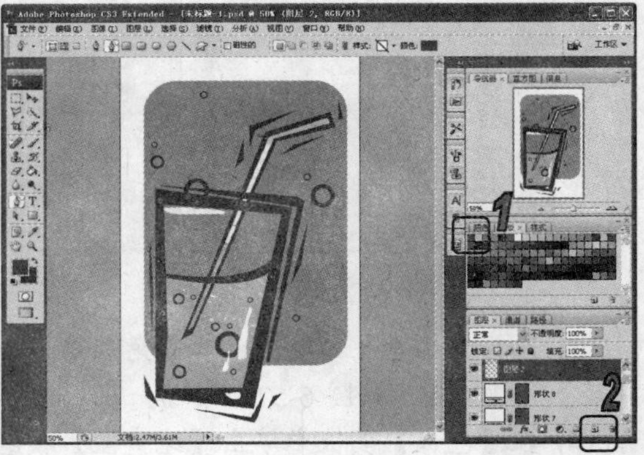

图 6-61　创建图层

(18) 在【工具】调板中选择【画笔】工具，在其选项栏中设置画笔样式大小，然后使用【画笔】工具在图像中书写文字，如图 6-62 所示。

(19) 在【工具】调板中选择【椭圆】工具，在其选项栏中单击【形状图层】按钮，将其【颜色】设置为白色，然后使用【椭圆】工具在图像中如图 6-63 所示进行绘制。

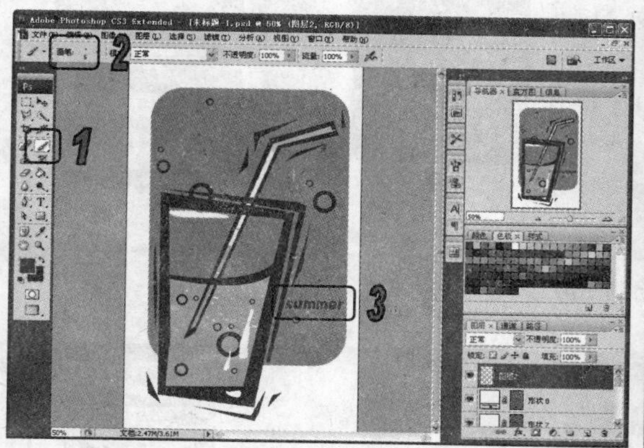

图 6-62　书写文字

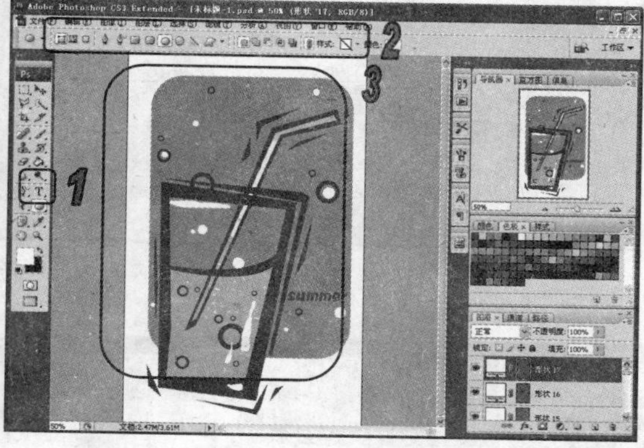

图 6-63　绘制图形

6.6　习题

1. 打开如图 6-64 所示的图像文件，根据上机练习中类似的方法为其添加画框效果，完成后效果如图 6-65 所示。

图 6-64　原图像

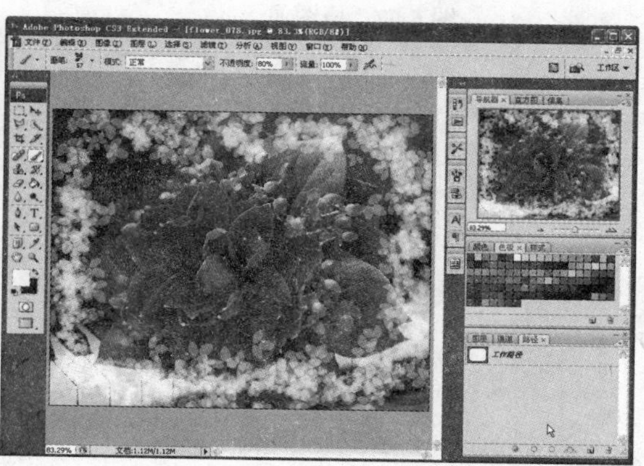

图 6-65　画框效果

2. 在 Photoshop CS3 中，创建一个新文件，并根据前面练习中类似的方法绘制图形，完成后效果如图 6-66 所示。

3. 打开如图 6-67 所示的图像文件，使用前面章节中介绍的【圆角矩形】工具为其添加画框效果，完成后效果如图 6-68 所示。

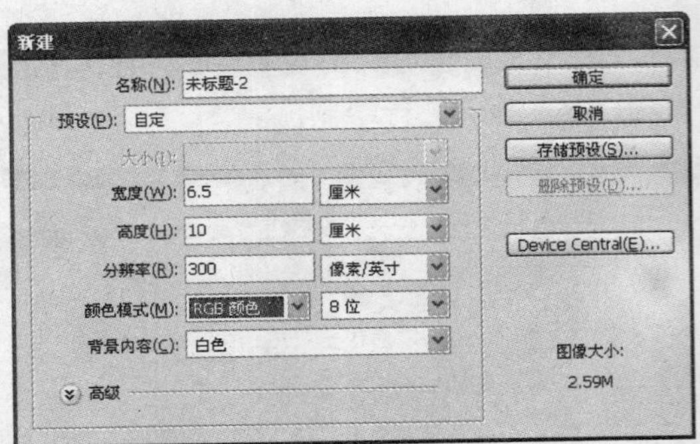

图 6-66　绘制图形

图 6-67　原图像

图 6-68　画框效果

第7章 文字操作

学习目标

在图像处理中，文字起着非常重要的说明作用。Photoshop CS3 中文字的处理功能更为完善，使用文字工具可以更为丰富的文字效果。本章主要介绍使用文字工具添加文字，设置字符与段落属性，输入路径文字等内容。

本章重点

- 输入文字
- 设置文字属性
- 设置段落属性
- 创建路径文字
- 变形文字

7.1 文字的输入与设置

Photoshop CS3 中提供了【横排文字】工具T、【直排文字】工具IT、【横排文字蒙版】工具T和【直排文字蒙版】工具IT 4 种文字工具用于在图像中创建各种各样的文字。并且可以通过工具选项栏、【字符】调板和【段落】调板对输入的文字进行修改。

7.1.1 输入文字

按住【工具】调板中的【横排文字】工具不放，将显示出文字工具组中的所有工具。分别为【横排文字】工具、【直排文字】工具、【横排文字蒙版】工具和【直排文字蒙版】工具。其中，【横排文字】和【直排文字】工具分别用于输入横排和直排文字，【横排文字蒙版】工具和【直排文字蒙版】工具分别用于创建横排文字和直排文字选区。

选择一个文字工具，将显示如图 7-1 所示的文字工具选项栏，其中各项含义如下：

图 7-1　文字工具选项栏

- 更改文本方向：可以将当前正在编辑的文本在水平排列状态和垂直排列状态之间进行转换。
- 设置字体系列：用于设置文字的字体。单击其右侧的按钮，在打开的下拉列表框中可选择需要的字体。
- 设置字体大小：用于设置文字字体的大小。单击其右侧的按钮，在打开的下拉列表框中可选择需要的字体大小，也可直接输入数值设置。
- 设置消除锯齿的方法：用于设置是否消除文字锯齿方式，包括【无】、【锐利】、【犀利】、【浑厚】和【平滑】5 个选项。
- 设置文本对齐方式：这 3 按钮用于设置文字的对齐方式，分别为【左对齐文本】、【居中对齐文本】和【右对齐文本】按钮。当选择【直排文字】工具时，设置文本方式变为，分别为【顶对齐文本】、【居中对齐文本】和【底对齐文本】按钮。
- 设置文本颜色：用于显示和设置文字的颜色，单击可以打开【拾色器】对话框，从中选择字体的颜色。
- 创建文字变形：用于创建变形文字，单击可以打开【变形文字】对话框。
- 显示/隐藏字符和段落调板：单击该图标，可以打开【字符】和【段落】调板，用于设置字符和段落的属性。
- 取消所有当前编辑：用于取消对当前文本的所有编辑操作。
- 提交所有当前编辑：单击该按钮可以完成当前文本的编辑。

1. 输入横排或直排文字

选择【工具】调板中的【横排文字】工具或【直排文字】工具在图像窗口中单击，即可输入文字。

【例 7-1】在图像文件中输入横排文字，然后调整其为直排文字。

(1) 启动 Photoshop CS3 应用程序，打开一幅素材图像文件。

(2) 选择【工具】调板中的【横排文字】工具。在工具选项栏中设置文字的字体、大小和字体颜色等参数，如图 7-2 所示。

图 7-2　设置工具属性栏

(3) 在图像窗口中需要输入文字的位置处单击，然后输入所需要的文字即可，如图 7-3 所示。

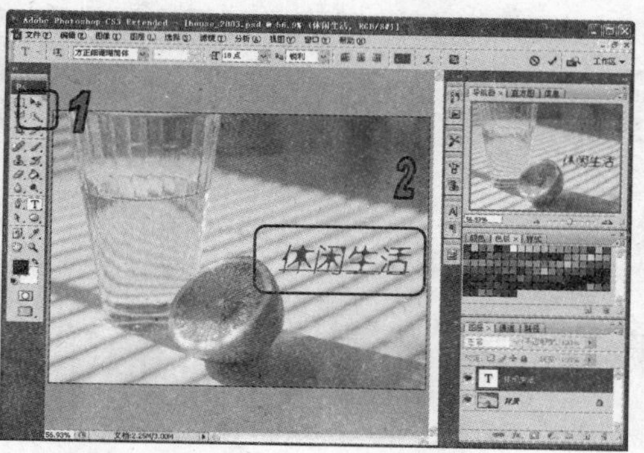

图 7-3　输入横排文字

(4) 在工具选项栏中单击【更改文本方向】按钮将输入文字转换为直排文字，并选择【移动】工具调整文字位置，最终效果如图 7-4 所示。

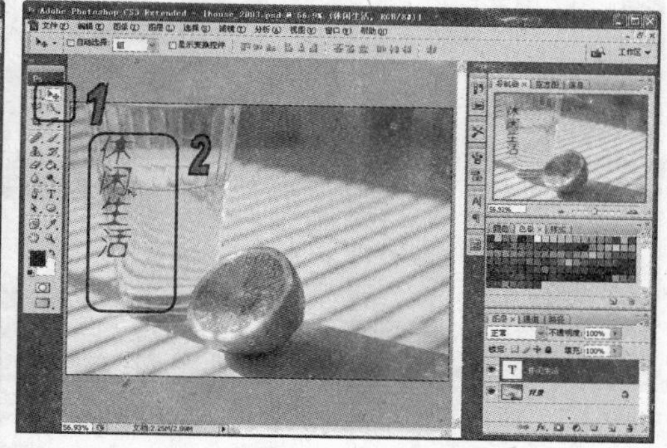

图 7-4　最终效果

2. 输入横排或直排文字选区

选择【横排文字蒙版】工具或【直排文字蒙版】工具在图像窗口中单击即可输入文字选区。

【例 7-2】在图像文件中创建文字选区，并贴入图像效果。

(1) 启动 Photoshop CS3 应用程序，打开一幅素材图像文件。

(2) 选择【工具】调板中的【横排文字蒙版】工具，并在选项栏中设置文字的字体、大小等参数，如图 7-5 所示。

图 7-5　设置文字属性

(3) 使用【横排文字蒙版】工具在图像窗口中需要输入文字的位置处单击，然后输入文字，创建文字选区蒙版，如图 7-6 所示。

(4) 选择【工具】调板中【移动】工具，将蒙版转换为选区，如图 7-7 所示。

(5) 在 Photoshop 软件中，打开另一副素材图像，如图 7-8 所示。

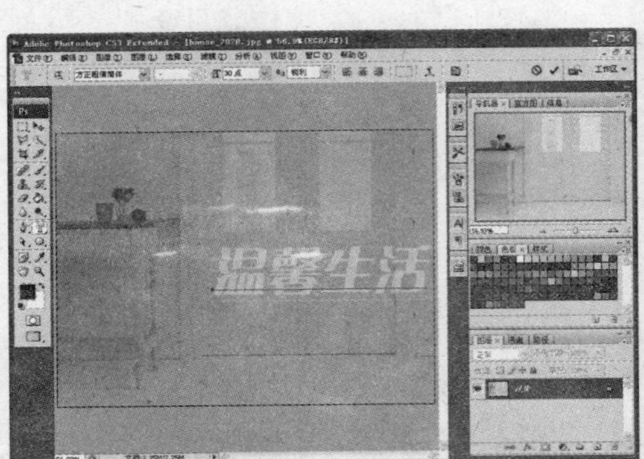
图 7-6　创建文字选区蒙版

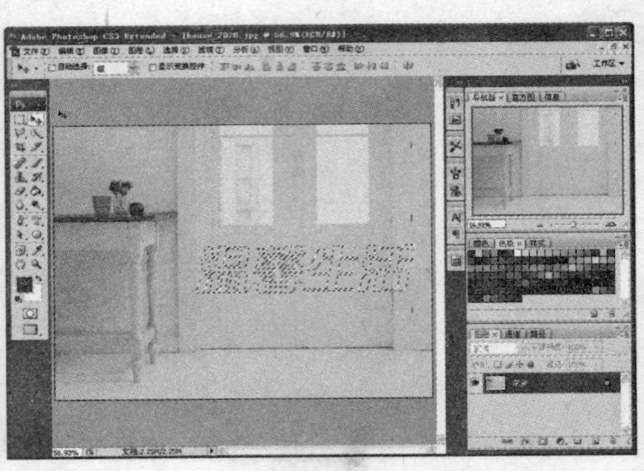
图 7-7　转换为选区

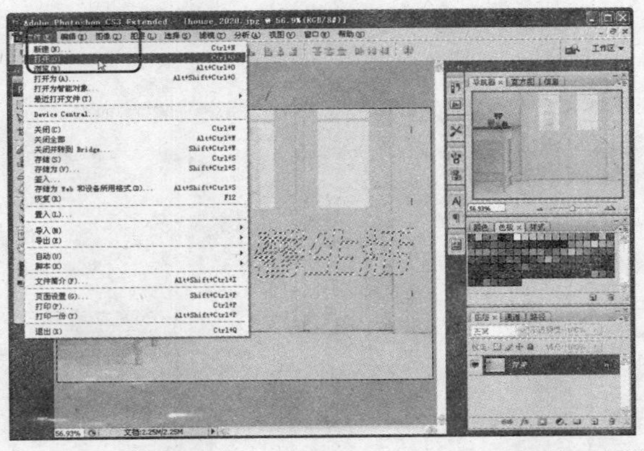

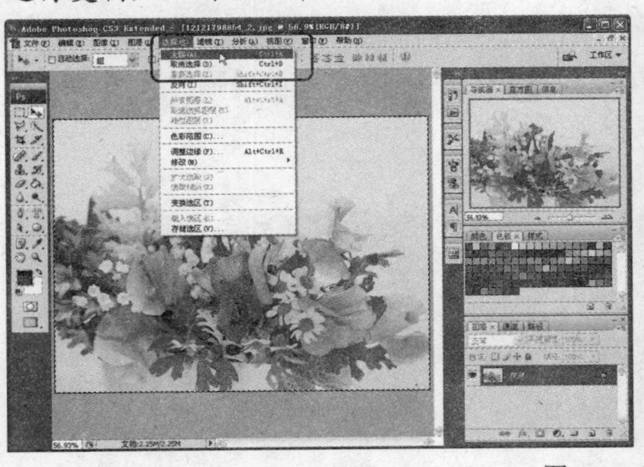
图 7-8　打开图像

(6) 选择【选择】|【全部】命令将打开的图像全部选中，然后选择【编辑】|【拷贝】命令进行复制，如图 7-9 所示。

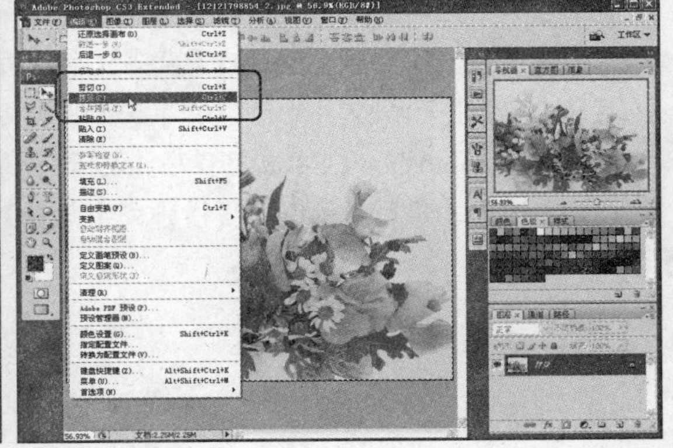
图 7-9　复制图像

(7) 返回正在编辑的图像文件，选择【编辑】|【贴入】命令，将复制的图像贴入文字选区内，如图 7-10 所示。

(8) 使用【移动】工具调整贴入图像的位置，得到效果如图 7-11 所示。

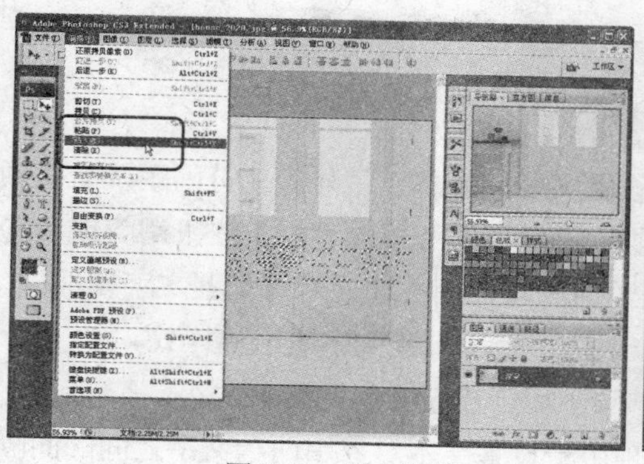

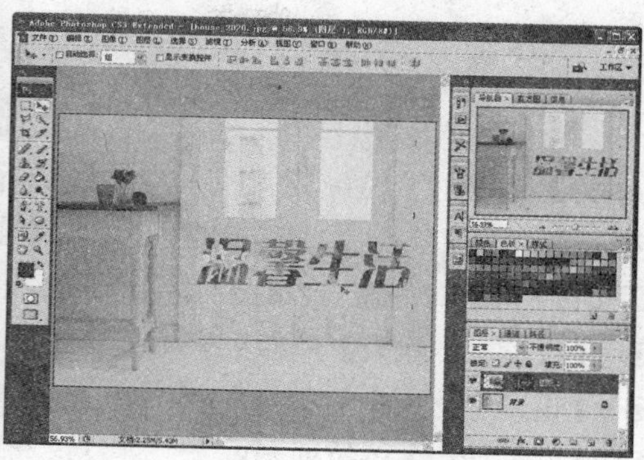

图 7-10　贴入图像　　　　图 7-11　移动

3. 添加段落文字

当需要处理大量文字时，可以添加段落文字来进行处理。使用文字工具在图像文件窗口中创建文字定界框，再在定界框内输入文字，输入的文字即为段落文字。与直接输入的文字相比，段落文字在创建过程中能够依据文字定界框的大小自动进行换行。

【例 7-3】在图像文件中使用【直排文字】工具创建段落文字。

(1) 启动 Photoshop CS3 应用程序，打开一幅素材图像文件。

(2) 在【工具】调板中选择【直排文字】工具，并在选项栏中设置文字的字体，大小等参数，如图 7-12 所示。

图 7-12　设置文字属性

(3) 使用【直排文字】工具在图像中拖动创建文字定界框，并在定界框内输入文字，如图 7-13 所示。

(4) 将光标移动至文字定界框上，当光标显示为双向箭头时，拖动文字定界框调整其大小以显示全部文字，如图 7-14 所示，然后单击【移动】工具应用。

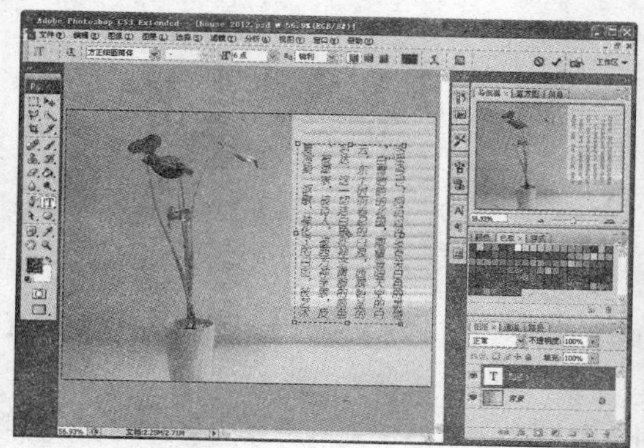

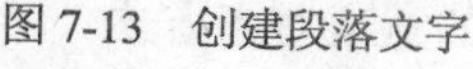

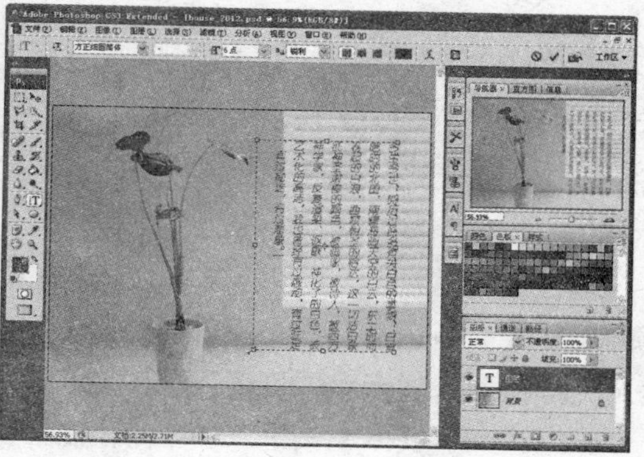

图 7-13　创建段落文字　　　　图 7-14　调整文本框

7.1.2 设置文字属性

【字符】调板用于设置文字的基本属性，如设置文字的字体、字号、字符间距及文字颜色等。选择任意一个文字工具，单击选项栏中的【显示/隐藏字符和段落调板】按钮，或者选择【窗口】|【字符】命令都可以打开【字符】调板，通过设置调板选项即可设置文字属性。

- 【设置字体系列】下拉列表：该选项用于设置文字的字体样式。
- 【设置字体大小】下拉列表：该选项用于设置文字的字符大小。
- 【设置行距】下拉列表：该选项用于设置文本对象中两行文字之间的间隔距离。设置【设置行距】选项的数值时，可以通过其下拉列表框选择预设的数值，也可以在文本框中自定义数值，还可以选择下拉列表框中的【自动】选项，根据创建文本对象的字体大小自动设置适当的行距数值。
- 【垂直缩放】文本框和【水平缩放】文本框：这两个文本框用于设置文字的垂直和水平缩放比例。
- 【设置所选字符的字距调整】选项：该选项用于设置两个字符的间距。用户可以在其下拉列表框中选择 Photoshop 预设的参数数值，也可以在其文本框中直接输入所需的参数数值。
- 【设置两个字符之间的字距微调】选项：该选项用于微调光标位置前文字本身的字体间距。与【设置所选字符的字距调整】选项不同的是，该选项只能设置光标位置前的文字字距。用户可以在其下拉列表框中选择 Photoshop 预设的参数数值，也可以在其文本框中直接输入所需的参数数值。需要注意的是，该选项只能在没有选择文字的情况下为可设置状态。
- 【设置基线偏移】文本框：该文本框用于设置选择文字的向上或向下偏移数值。设置该选项参数后，不会影响整体文本对象的排列方向。
- 【字符样式】选项区域：在该选项区域中，通过单击不同的文字样式按钮，可以设置文字为加粗、倾斜、英文字母大写、英文字母小写、上标、下标、带有下划线、带有删除线等样式的文字。

7.1.3 设置段落属性

【段落】调板用于设置段落文本的编排方式，如设置段落文本的对齐方式、缩进值等。单击选项栏中的【显示/隐藏字符和段落调板】按钮，或者选择【窗口】|【段落】命令都可以打开【段落】调板，通过设置选项即可设置段落文本属性。

- 【左对齐文本】按钮单击该按钮，创建的文字会以整个文本对象的左边为界，强制进行文本左对齐。【左对齐文本】按钮为段落文本的默认对齐方式。

- 【居中对齐文本】按钮 单击该按钮，创建的文字会以整个文本对象的中心线为界，强制进行文本居中对齐。
- 【右对齐文本】按钮 单击该按钮，创建的文字会以整个文本对象的右边为界，强制进行文本右对齐。
- 【最后一行左边对齐】按钮 ：单击该按钮，段落文本中的文本对象会以整个文本对象的左右两边为界强制对齐，同时将处于段落文本最后一行的文本以其左边为界进行强制左对齐。该按钮为段落对齐时较常使用的对齐方式。
- 【最后一行居中对齐】按钮 ：单击该按钮，段落文本中的文本对象会以整个文本对象的左右两边为界强制对齐，同时将处于段落文本最后一行的文本以其中心线为界进行强制居中对齐。
- 【最后一行右边对齐】按钮 ：单击该按钮，段落文本中的文本对象会以整个文本对象的左右两边为界强制对齐，同时将处于段落文本最后一行的文本以其左边为界进行强制右对齐。
- 【全部对齐】按钮 ：单击该按钮，段落文本中的文本对象会以整个文本对象的左右两边为界，强制对齐段落中的所有文本对象。

使用不同对齐方法的效果。

- 【左缩进】文本框 0点 ：用于设置段落文本中，每行文本两端与文字定界框左边界向右的间隔距离，或上边界(对于直排格式的文字)向下的间隔距离。
- 【右缩进】文本框 0点 ：用于设置段落文本中，每行文本两端与文字定界框右边界向左的间隔距离，或下边界(对于直排格式的文字)向上的间隔距离。
- 【首行缩进】文本框 0点 ：用于设置段落文本中，第一行文本与文字定界框左边界向右，或上边界(对于直排格式的文字)向下的间隔距离。
- 【段前添加空格】文本框 0点 ：用于设置当前段落与其前面段落的间隔距离。
- 【段后添加空格】文本框 0点 ： 用于设置当前段落与其后面段落的间隔距离。
- 【避头尾法则设置】：不能出现在一行的开头或结尾的字符称为避头尾字符。而避头尾法则是用于指定亚洲文本的换行方式。Photoshop 提供了基于日本行业标准(JIS) X 4051-1995 的宽松和严格的避头尾集。宽松的避头尾设置忽略长元音字符和小平假名字符。
- 【间距组合设置】：为日语字符、罗马字符、标点、特殊字符、行开头、行结尾和数字的间距指定日语文本编排。Photoshop 包括基于日本行业标准(JIS) X 4051-1995 的若干预定义间距组合集。
- 【连字】复选框：启用该复选框，会在输入英文词过程中，根据文字定界框自动换行时添加连字符。

7.2 路径文字

在 Photoshop CS3 中可以添加两种路径文字，一种是沿路径排列的文字，一种是路径内部的文字。

1. 沿路径排列的文字

路径文字是指在开放或封闭的路径上创建的文字，移动路径或修改路径的形状时，文字将会适应新的路径位置或形状进行排列。当在路径上输入水平文字时，字母与基线垂直。在路径上输入垂直文字时，文本的方位与基线平行。也可以移动路径或改变路径的形状，此时文字就会遵循新的路径方向或形状排列。

要想沿路径创建文字，需要先在图像中创建路径，然后选择文字工具，放置光标在路径上，当其显示为时单击，即可在路径上显示文字插入点，从而可以沿路径创建文字。如图 7-15 所示为在开放路径上创建文字和闭合路径上创建文字。

图 7-15　沿着路径创建文字

要想调整所创建文字在路径上的位置，可以在【工具】调板中选择【直接选择】工具或【路径选择】工具，再移动光标至文字上，当其显示为或时按住鼠标，沿着路径方向拖移文字即可。在拖移文字过程中，还可以拖动文字至路径的内侧或外侧，如图 7-16 所示。

图 7-16　调整文字所在路径位置

2. 路径内部文字

路径内部区域创建文字是，输入的文字范围只能在封闭路径内。要想在路径中创建该种文字，需要先在图像文件窗口中创建闭合路径，然后选择【工具】调板中的文字工具，移动光标至闭合路径中，当光标显示为时单击，即可在路径区域中显示文字插入点，从而可以在路径闭合区域中创建文字，如图 7-17 所示。

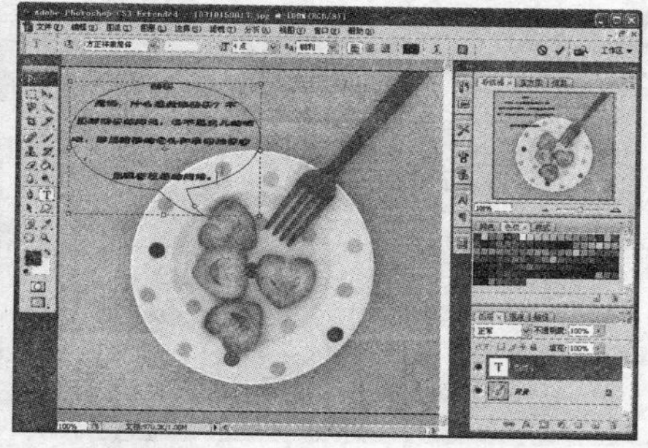

图 7-17　在闭合路径内部创建文字

【例 7-4】在打开的图像文件中创建路径，并使用文字工具在路径内创建文字。

(1) 启动 Photoshop CS3 应用程序，打开一幅素材图像文件。

(2) 选择【工具】调板中的【钢笔】工具，并在选项栏中单击【路径】按钮，然后在图像文件中创建路径，如图 7-18 所示。

(3) 选择【横排文字】工具，在工具选项栏中设置文字字体、字体大小和字体颜色等参数，然后在路径中单击，并输入文字，如图 7-19 所示。

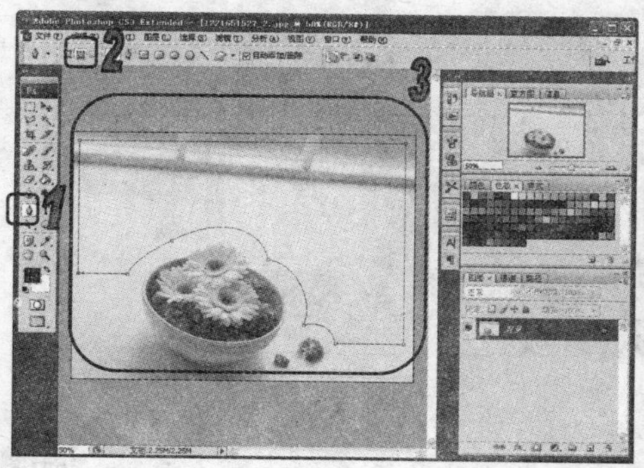

图 7-18　创建路径

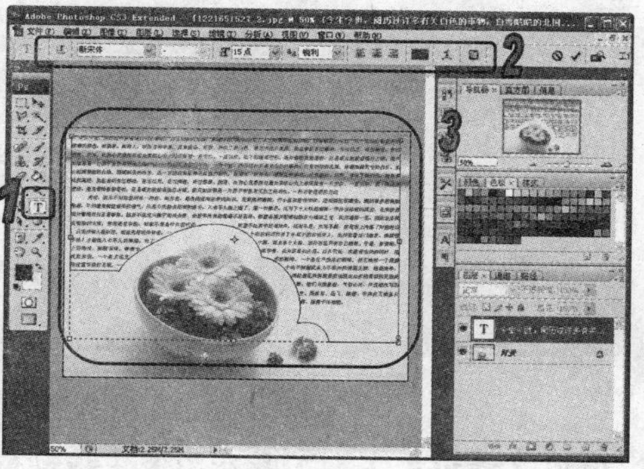

图 7-19　输入文字

7.3　变形文字

对输入后的文字，还有可以添加变形效果，单击工具选项栏中的按钮将打开的【变形文字】对话框，在【样式】下拉列表框中选择一种变形样式即可设置文字的变形效果，如图 7-20 所示。

- 【样式】：在此下拉列表中可以选择一个变形样式。
- 【水平】和【垂直】单选按钮：选择【水平】单选按钮，可以将变形效果设置为水平方向；选择【垂直】单选按钮，可以将变形设置为垂直方向。
- 【弯曲】：可以调整对图层应用的变形程度。
- 【水平扭曲】和【垂直扭曲】：拖动【水平扭曲】和【垂直扭曲】的滑块，或输入数值，可以变形应用透视。

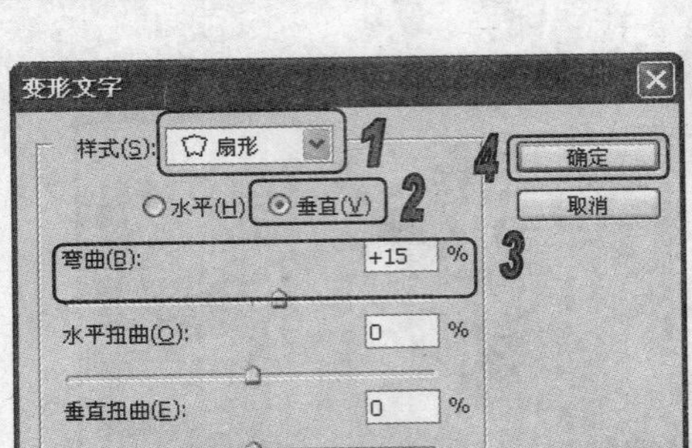

To see a world in a grain of sand,
And a heaven in a wild fllower,
Hold infinity in the palm of your hand,
And eternity in an hour.

图 7-20 设置文字变形

【例 7-5】在打开的图像文件中使用文字工具创建文字，并变形文字效果。

(1) 启动 Photoshop CS3 应用程序，打开一幅素材图像文件，如图 7-21 所示。

(2) 选择【工具】调板中的【横排文字】工具，并在【字符】调板中设置【字体】为【方正硬笔楷书】，【设置字体大小】为 24 点，【设置行距】为 24 点，【设置所选字符的字距调整】为 25，设置【文本颜色】为白色，单击【仿斜体】按钮，如图 7-22 所示。

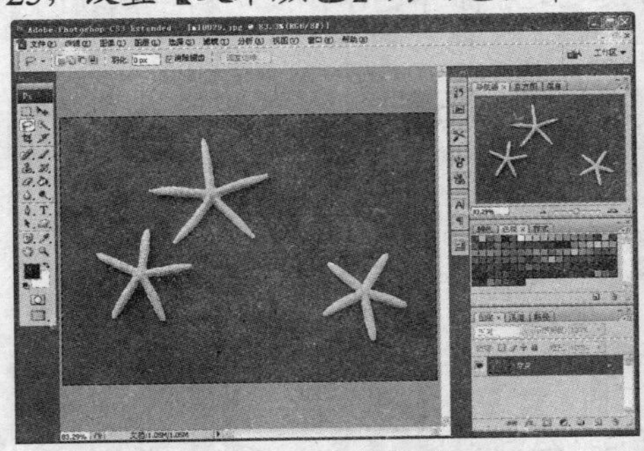

图 7-21 打开图像

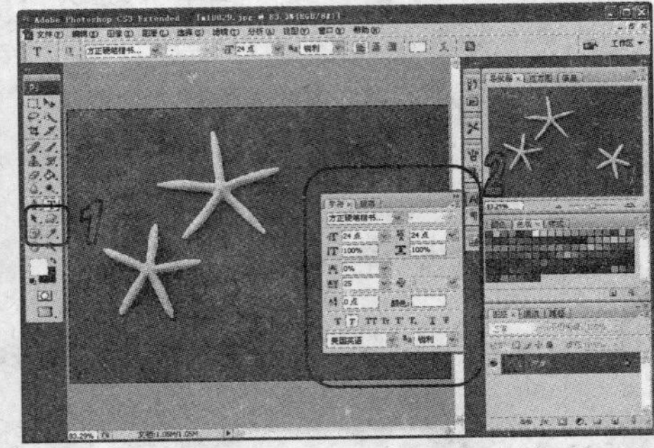

图 7-22 设置文字

(3) 使用【横排文字】工具在图像中拖动创建文本框，并在文本框中输入文字，如图 7-23 所示。

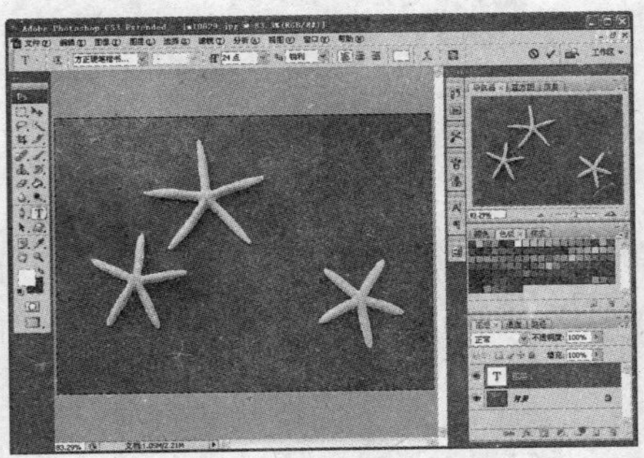

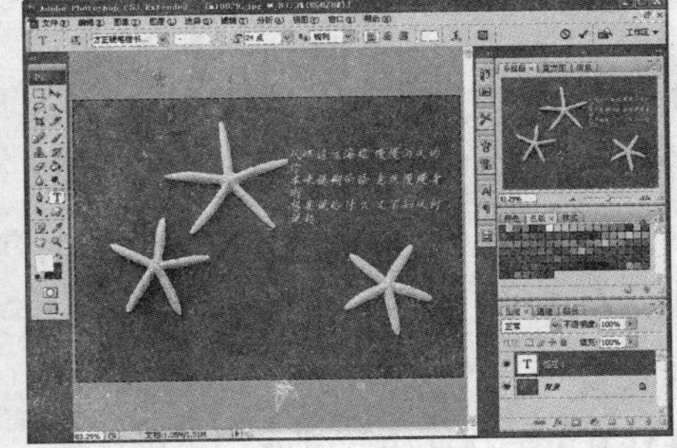

图 7-23 输入文字

(4) 将鼠标放置在定界框上，当光标显示为双向箭头时拖动定界框，显示全部文字内容，如图 7-24 所示。

(5) 将光标放置在定界框内，按 Ctrl+A 键选中全部文字，并在【字符】调板中【设置字体大小】为 22 点，【设置行距】为 30 点，如图 7-25 所示。

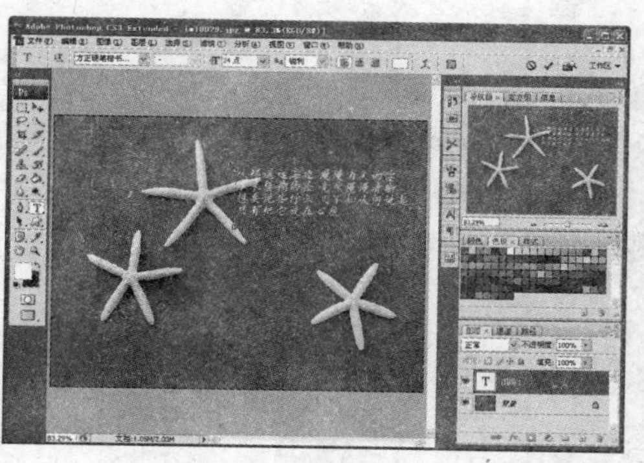

图 7-24 拖动文本框

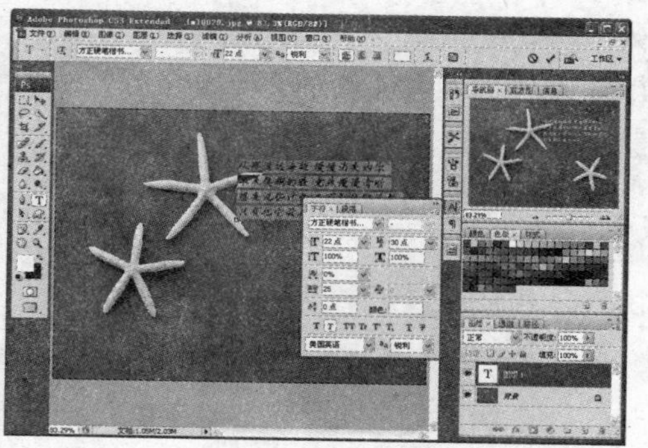

图 7-25 调整文字

(6) 在工具选项栏中单击【创建文字变形】按钮，打开【变形文字】对话框，在【样式】下拉列表中选择【旗帜】，单击【水平】单选按钮，设置【弯曲】为-25，然后单击【确定】按钮，如图 7-26 所示。

(7) 在【工具】调板中选择【移动】工具，并使用【移动】工具调整文字位置，如图 7-27 所示。

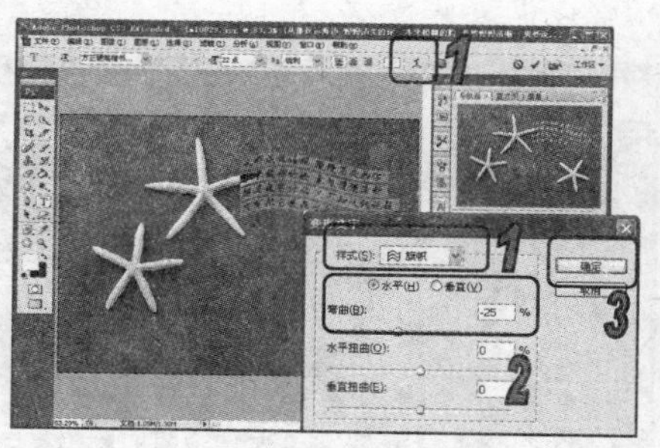

图 7-26 变形文字

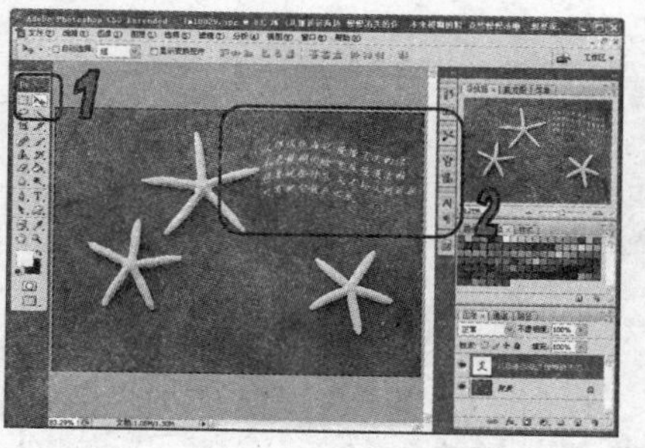

图 7-27 移动文字

(8) 选择【工具】调板中的【横排文字】工具，并使用【横排文字】工具在图像中拖动创建文本框，然后在文本框中输入文字，如图 7-28 所示。

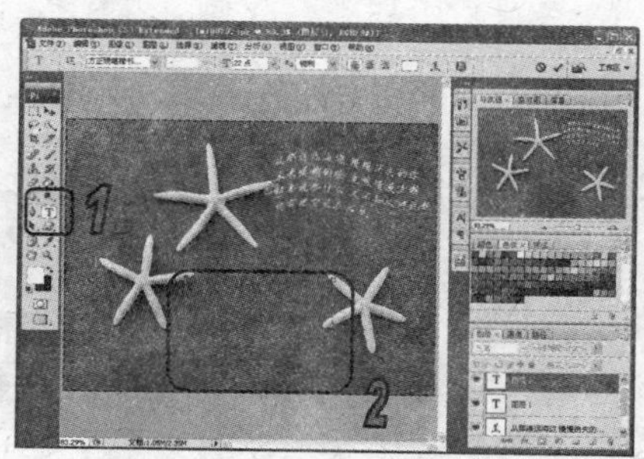

图 7-28 输入文字

(9) 在工具选项栏中单击【创建文字变形】按钮，打开【变形文字】对话框，在【样式】下拉列表中选择【旗帜】，单击【水平】单选按钮，设置【弯曲】为 15，然后单击【确定】按钮，如图 7-29 所示。

(10) 在【工具】调板中选择【移动】工具，并使用【移动】工具调整文字位置，如图 7-30 所示。

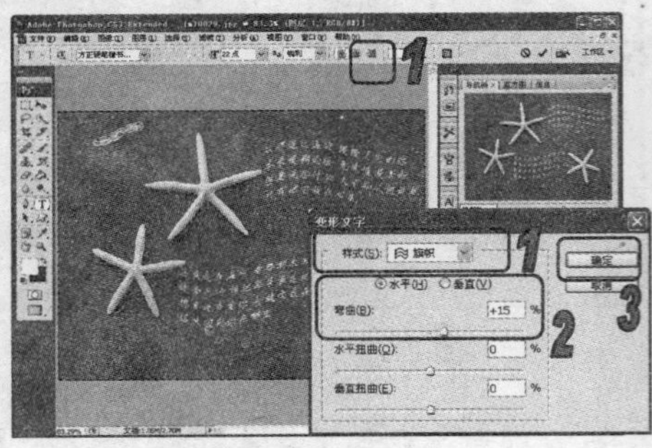

图 7-29 变形文字

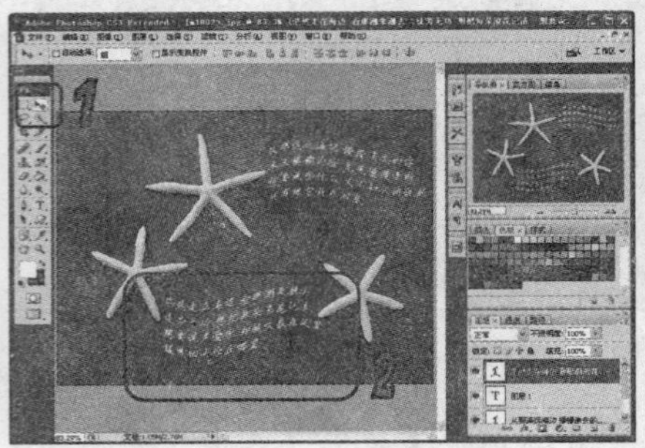

图 7-30 移动文字

(11) 在【工具】调板中选择【钢笔】工具，在选项栏中单击【路径】按钮，然后在图像中绘制路径，如图 7-31 所示。

(12) 在【工具】调板中选择【横排文字】工具，在路径上单击并输入文字，如图 7-32 所示。

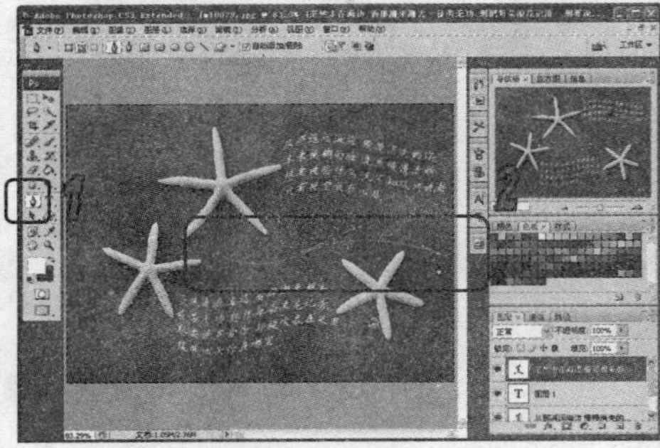

图 7-31 创建路径

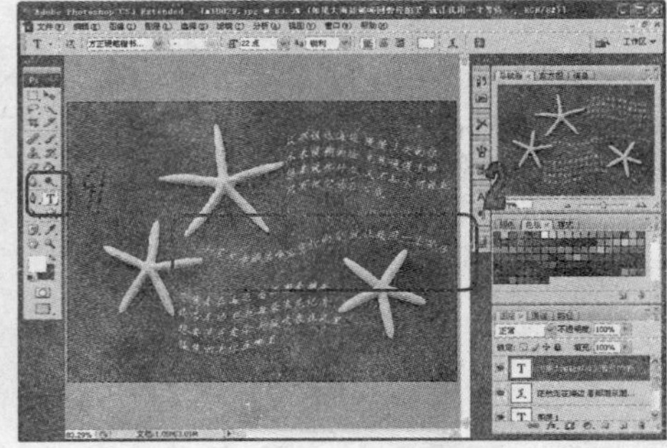

图 7-32 输入文字

(13) 在【工具】调板中选择【钢笔】工具，在选项栏中单击【路径】按钮，然后在图像中绘制路径，如图 7-33 所示。

(14) 在【工具】调板中选择【横排文字】工具，在路径上单击并输入文字，如图 7-34 所示。

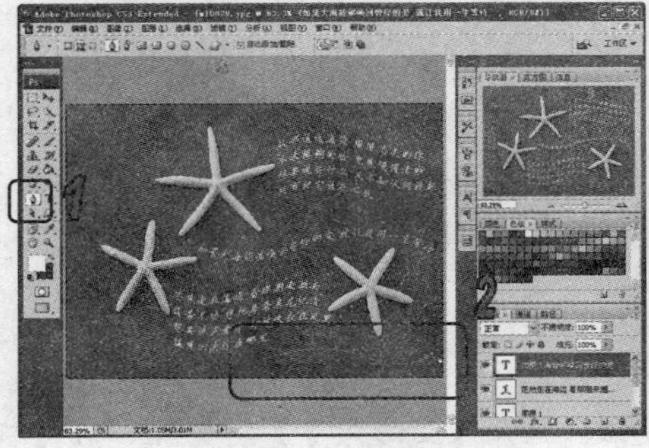

图 7-33 创建路径

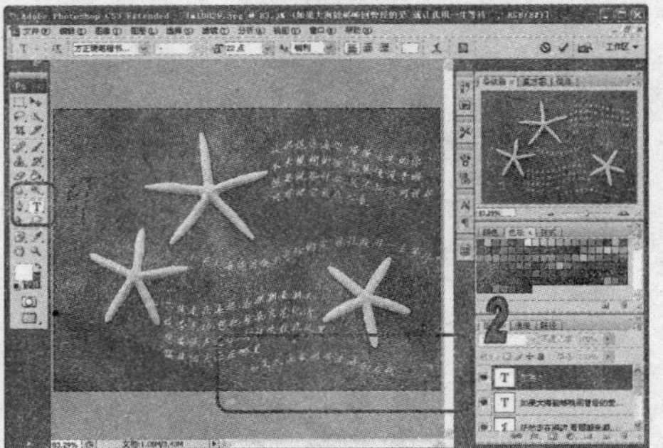

图 7-34 输入文字

(15) 在【工具】调板中选择【直排文字】工具，在图像中单击，然后在工具选项栏【设置字体大小】数值框中选择60点，如图7-35所示。

(16) 在图像文件中使用【直排文字】工具输入文字，并选择【移动】工具应用输入，如图7-36所示。

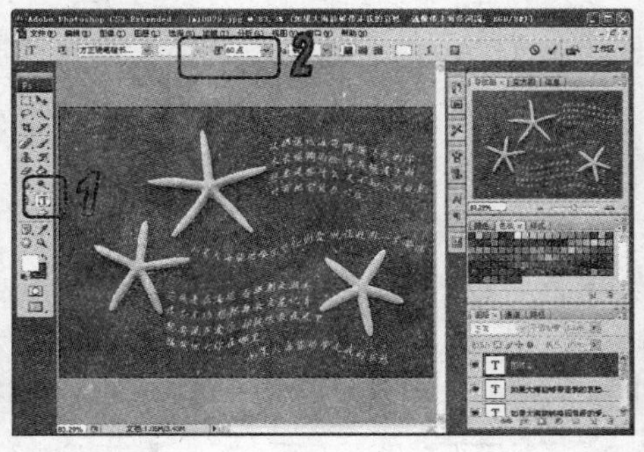

图7-35 设置文字

图7-36 输入文字

7.4 文字栅格化处理

在Photoshop中，用户不能对文本图层中创建的文字对象使用描绘工具或滤镜命令等工具和命令。要想使用这些命令和工具，必须在应用命令或使用工具之前栅格化文字。栅格化表示将文字图层转换为普通图层，并使其内容成为不可编辑的文本图像。

要想转换文本图层为普通图层，只需在【图层】调板中选择所需操作的文本图层，然后选择【图层】|【栅格化】|【文字】命令，即可转换文本图层为普通图层，如图7-37所示。用户也可以在【图层】调板中所需操作的文本图层上右击，在打开的快捷菜单中选择【栅格化文字】命令，以此转换图层类型。

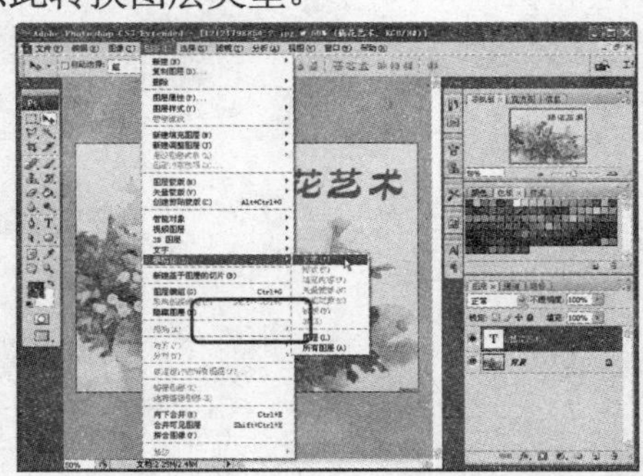

图7-37 转换文本图层为普通图层

7.5 文字转换为形状

在Photoshop CS3中，还提供转换文字为形状的功能。使用该功能文字图层就由包含基于

矢量蒙版的图层替换。用户可用路径选择工具对文字路径进行调节，创建自己喜欢的字型。但在【图层】调板中文字图层失去了文字的一般属性，即将无法在图层中编辑更改文字属性。

要将文字转换为形状，在【图层】调板中所需操作的文本图层上右击，在打开的快捷菜单中选择【转换为形状】命令即可。

【例 7-6】在打开的图像文件中使用文字工具创建文字，然后将文字转换为形状并调整文字外观。

(1) 启动 Photoshop CS3 应用程序，打开一幅素材图像文件，如图 7-38 所示。

(2) 选择【工具】调板中的【横排文字】工具，在工具选项栏中【设置字体系列】下拉列表中选择【方正综艺简体】，【设置字体大小】为 48 点，设置【颜色】为浅黄绿色，然后使用【横排文字】工具在图像中输入文字，如图 7-39 所示。

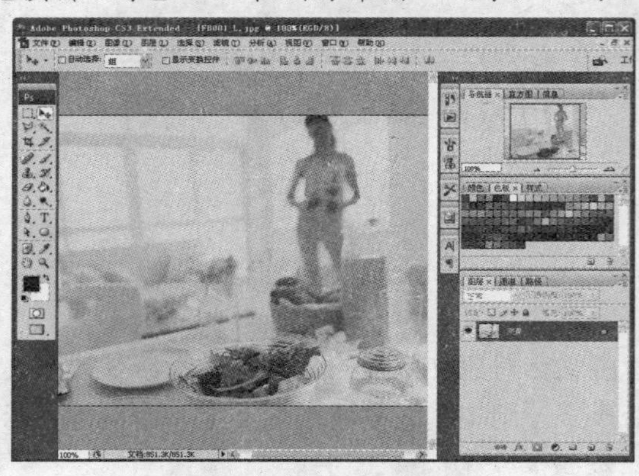

图 7-38　打开图像

图 7-39　输入文字

(3) 在【图层】调板中的文字图层上单击右键，在弹出的菜单中选择【转换为形状】命令，如图 7-40 所示。

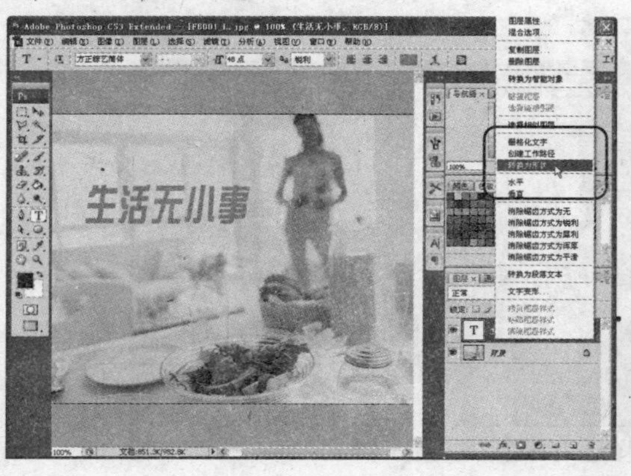

图 7-40　转换为形状

(4) 在【工具】调板中选择【直接选择】工具，然后使用【直接选择】工具在图像中选中锚点，并向下拖动，如图 7-41 所示。

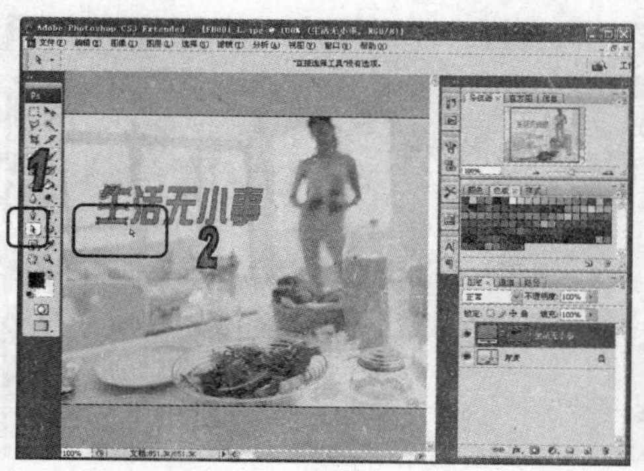

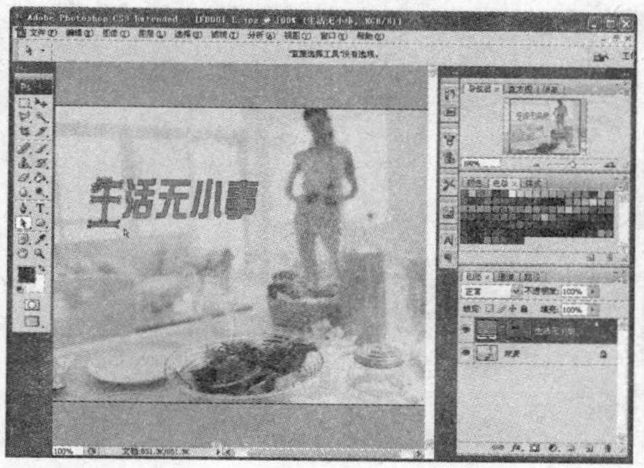

图 7-41 选中锚点并拖动

(5) 继续使用【直接选择】工具在图像中选中锚点，并向右拖动，得到图像效果如图 7-42 所示。

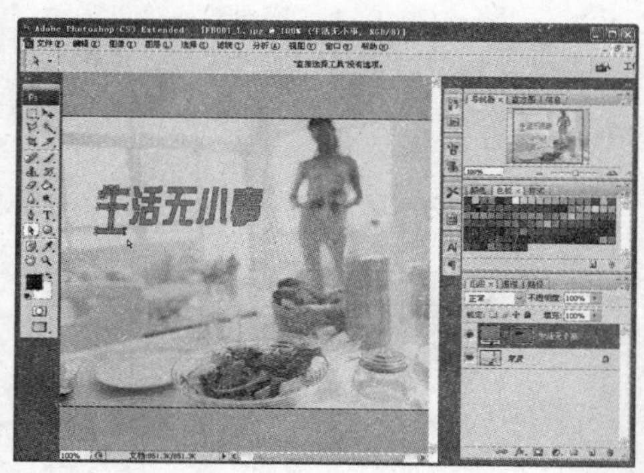

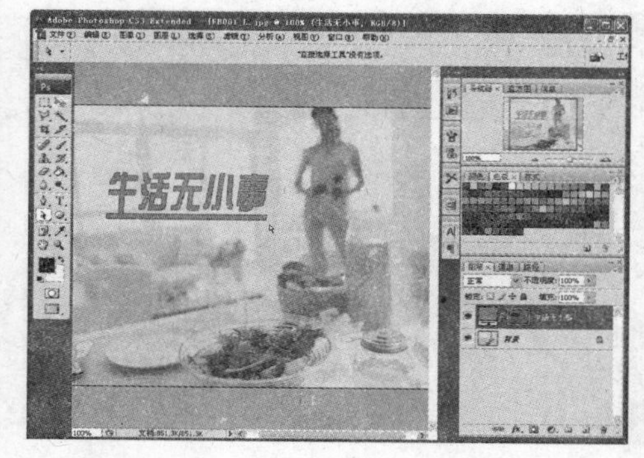

图 7-42 选中锚点并拖动

7.6 上机练习

本次上机练习将使用文字工具配合路径、选区等工具制作出如图 7-57 和图 7-87 所示的图像效果。通过练习可以让读者掌握使用【横排文字】工具、【直排文字】工具创建文字的操作，以及在路径上创建路径文字、区域内文字、文字变形等操作内容。

7.6.1 制作节日贺卡

应用前面介绍的【横排文字】工具、路径工具等创建路径文字、区域内文字，并结合形状工具等制作节日贺卡，最终效果如图 7-57 所示。

(1) 启动 Photoshop CS3 应用程序，打开一幅素材图像文件，如图 7-43 所示。

(2) 选择【工具】调板中的【钢笔】工具，在工具选项栏中单击【路径】按钮，然后在图像如图 7-44 所示绘制路径。

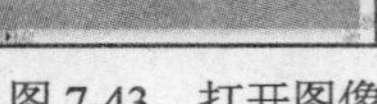

图 7-43　打开图像

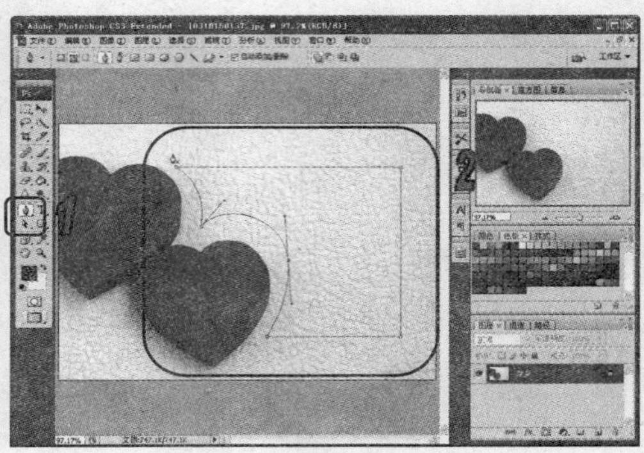

图 7-44　创建路径

(3) 选择【工具】调板中的【横排文字】工具，使用文字工具在选区内单击，然后输入文字，如图 7-45 所示。

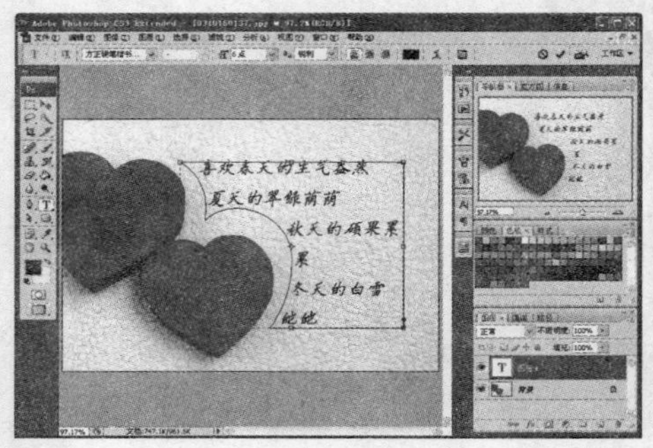

图 7-45　输入文字

(4) 按 Ctrl+A 键将输入的文字全部选中，打开【字符】调板。在调板中【设置字体大小】为 3 点，【设置所选字符的字距调整】为 50，单击【仿斜体】按钮，如图 7-46 所示。

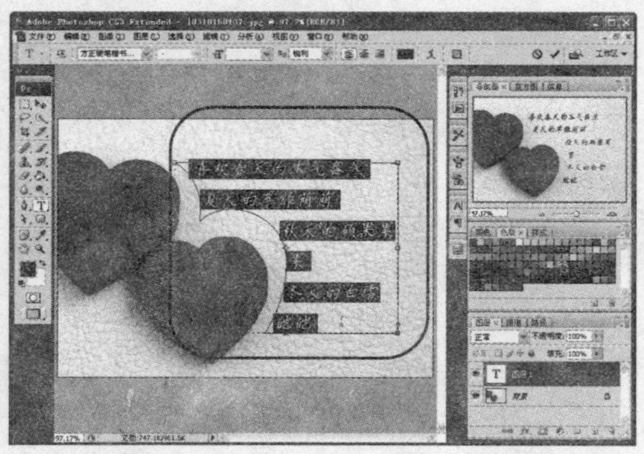

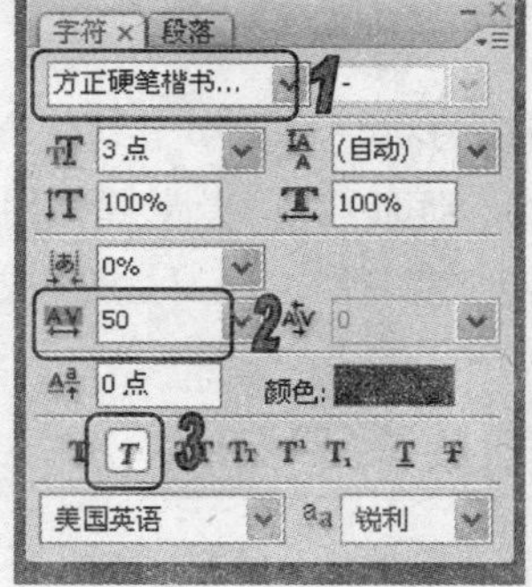

图 7-46　设置字体

(5) 在工具选项栏中单击【创建文字变形】按钮，打开【变形文字】对话框。在对话框中，【样式】下拉列表中选择【扇形】，单击【水平】单选按钮，设置【弯曲】为 -14%，然后单击【确定】按钮，如图 7-47 所示。

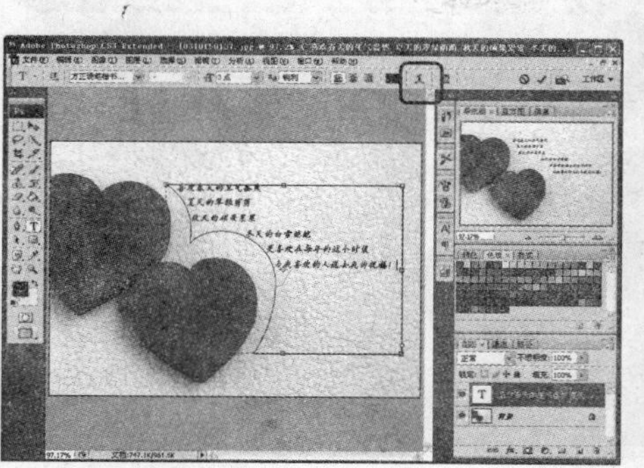

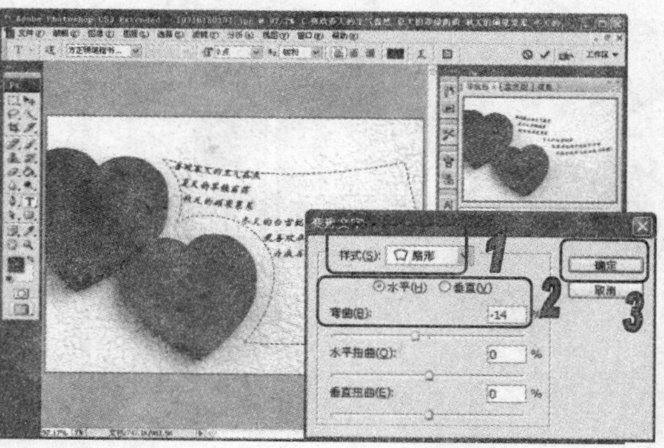

图 7-47 变形文字

(6) 选择【工具】调板中的【矩形】工具，在选项栏中单击【路径】按钮，然后使用工具在图像中创建路径，如图 7-48 所示。

(7) 选择【工具】调板中的【直排文字】工具，在路径上单击，并输入文字，如图 7-49 所示。

图 7-48 创建路径

图 7-49 创建路径文字

(8) 按 Ctrl+A 键将文字全部选中，打开【字符】调板，【设置字体系列】为 Action Jackson，【设置字体大小】为 6 点，【设置所选字符的字距调整】为-25，设置【颜色】为蜡笔洋红红色，如图 7-50 所示。

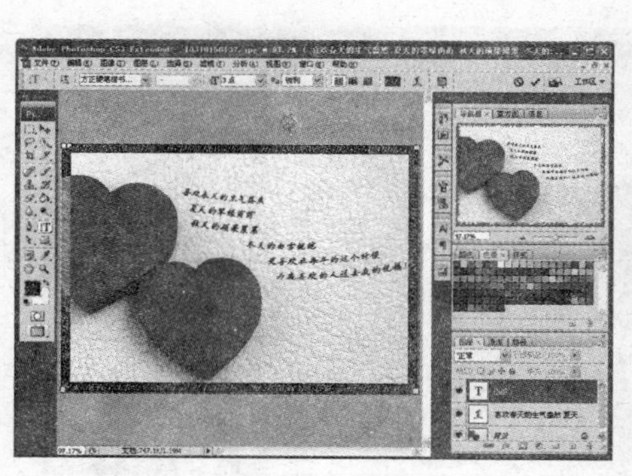

图 7-50 设置字体

(9) 在【图层】调板的当前文字图层上单击右键，在弹出的菜单中选择【栅格化文字】命令，将文字图层栅格化，如图 7-51 所示。

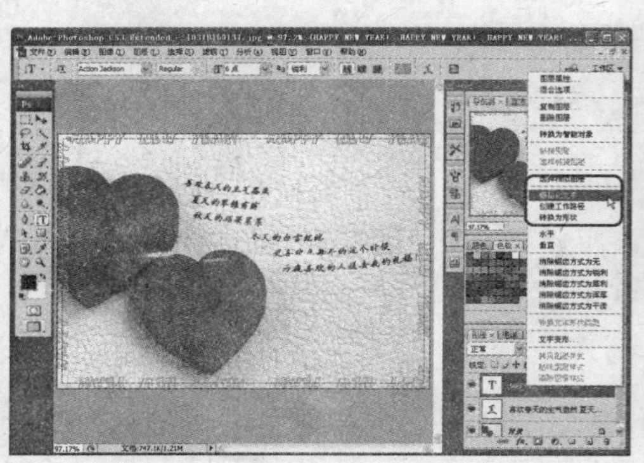

图 7-51　栅格化文字

(10) 选择【工具】调板中的【钢笔】工具，在图像文件中创建如图 7-52 所示的路径。

(11) 选择【工具】调板中的【横排文字】工具，在选项栏中设置字体为 Arial Black，字体大小为 8 点，设置颜色为红色，然后使用文字工具在路径上单击并输入文字，如图 7-53 所示。

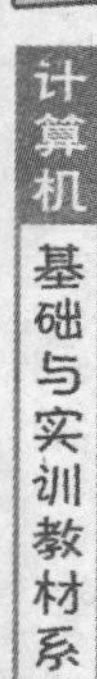

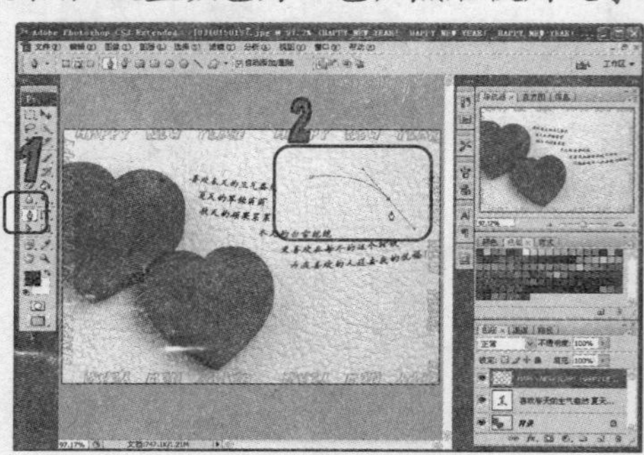

图 7-52　创建路径

图 7-53　输入文字

(12) 选择【工具】调板中的【直接选择】工具，在图像中调整路径形状，如图 7-54 所示。

(13) 选择【工具】调板中的【自定形状】工具，在工具选项栏中单击【路径】按钮，在【形状】下拉列表中选择【靶心】形状样式，单击【添加到路径区域】按钮，然后在图像中如图 7-55 所示创建路径。

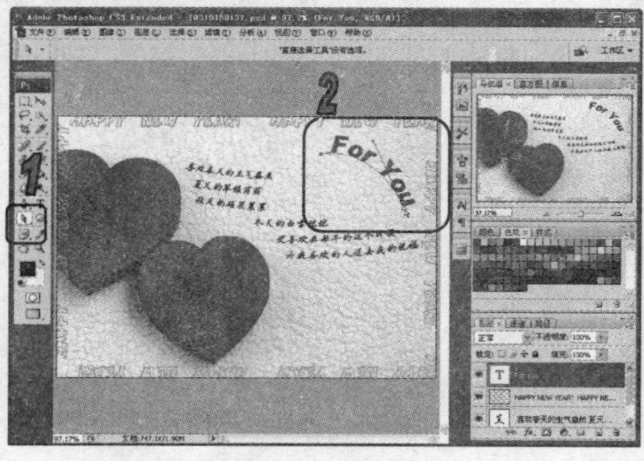

图 7-54　调整路径

图 7-55　创建路径

(14) 选择【路径】调板，单击【将路径作为选区载入】按钮，载入选区，如图 7-56 所示。

(15) 选择【图层】调板，单击【创建新图层】按钮创建【图层2】，然后按 Alt+Backspace 键使用前景色填充，如图 7-57 所示。

图 7-56 载入选区

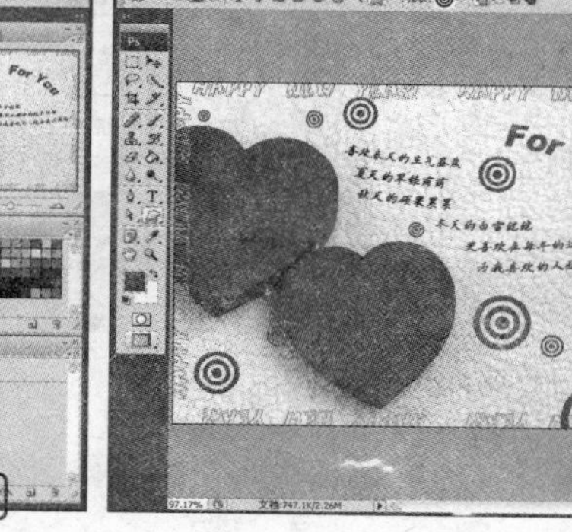

图 7-57 填充选区

7.6.2 设置促销海报

应用前面介绍的文字工具、路径工具等结合【字符】调板创编辑建路径文字、区域内文字等制作促销海报，最终效果如图 7-87 所示。

(1) 启动 Photoshop CS3 应用程序，选择【文件】|【新建】命令，打开【新建】对话框。在对话框中，设置【宽度】为 297 毫米，【高度】为 210 毫米，【分辨率】为 300 像素/英寸，【颜色模式】为 RGB 颜色，然后单击【确定】按钮创建，如图 7-58 所示。

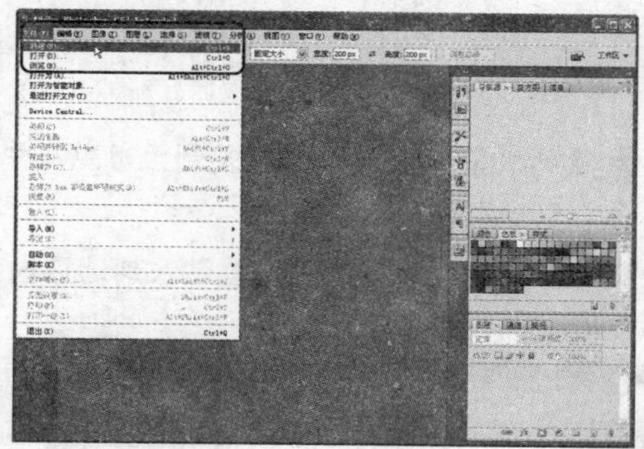

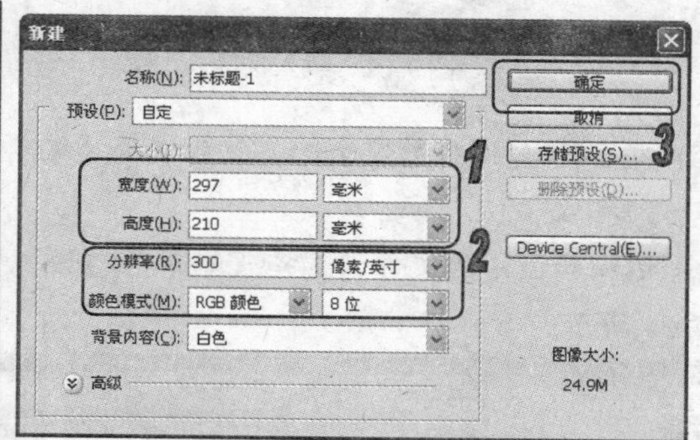

图 7-58 新建文件

(2) 选择【工具】调板中的【矩形】工具，在工具选项栏中单击【路径】按钮，然后在图像中拖动绘制如图 7-59 所示的路径。

(3) 选择【工具】调板中的【椭圆】工具，在工具选项栏中单击【路径】按钮，单击【几何选项】按钮，在弹出的【椭圆选项】中选择【圆(绘制直径或半径)】单选按钮，单击【从路径区域减去】按钮，然后在图像中拖动绘制如图 7-60 所示的路径。

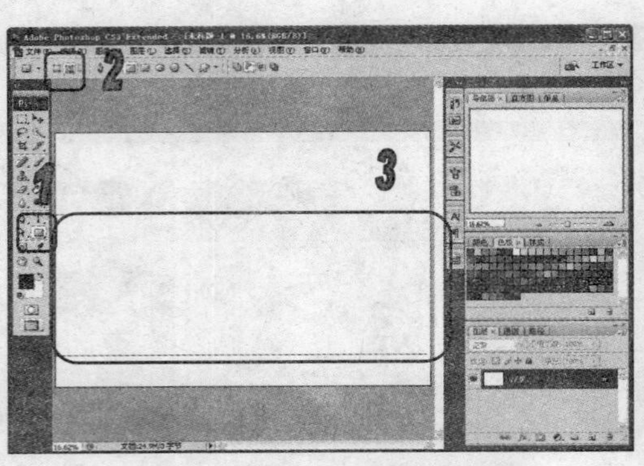

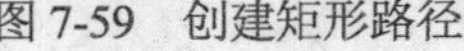

图 7-59　创建矩形路径

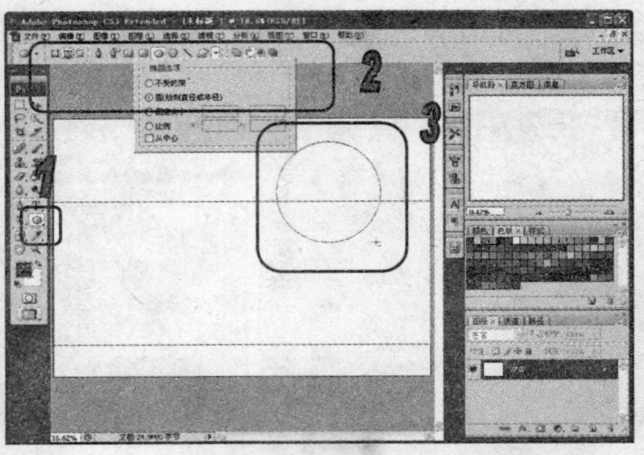

图 7-60　创建椭圆路径

(3) 选择【路径】调板，单击调板底部的【将路径作为选区载入】按钮载入选区，如图 7-61 所示。

(4) 选择【文件】|【新建】命令，在【打开】对话框中选择所需要的图像文件，然后单击【打开】按钮，如图 7-62 所示。

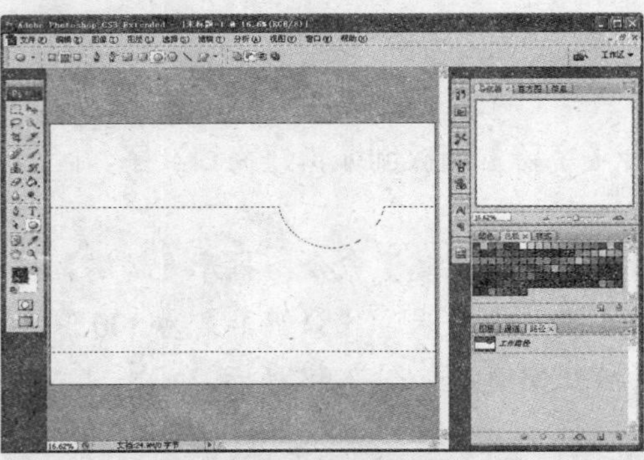

图 7-61　载入选区

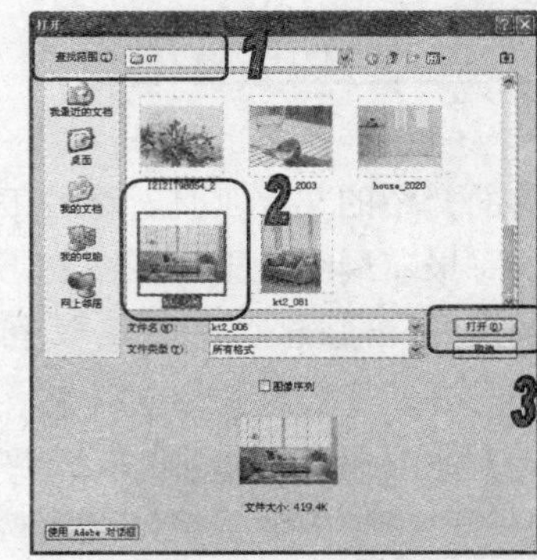

图 7-62　打开图像

(5) 按 Ctrl+A 键将图像全选，然后选择【编辑】|【拷贝】命令，将图像复制至剪贴板中，如图 7-63 所示。

(6) 返回新创建的文件，选择【编辑】|【贴入】命令，将剪贴板中的图像贴入到选区内，如图 7-64 所示。

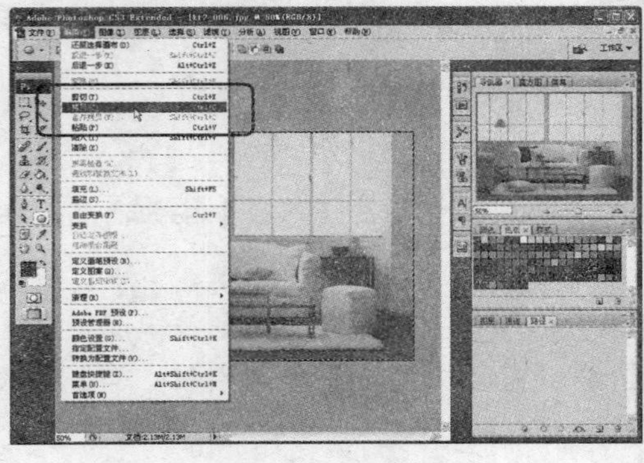

图 7-63　复制图像

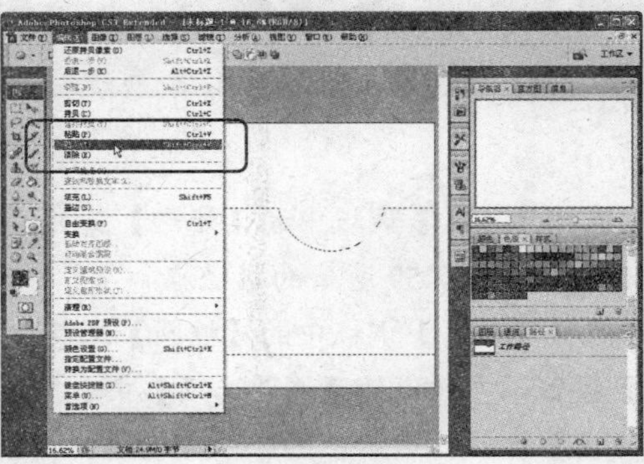

图 7-64　贴入图像

(7) 按 Ctrl+T 键使用【自由变换】命令调整贴入图像的大小，如图 7-65 所示。

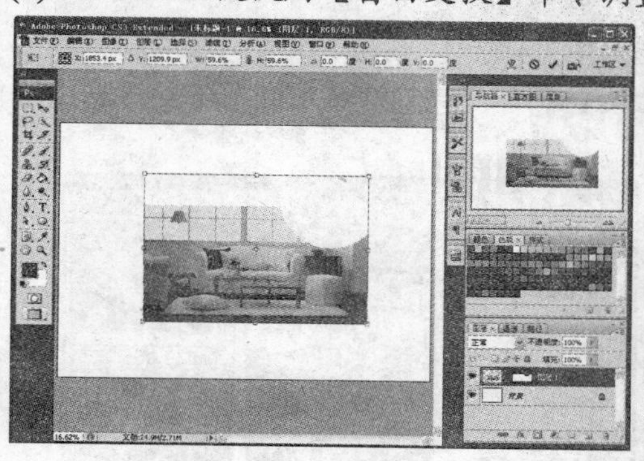

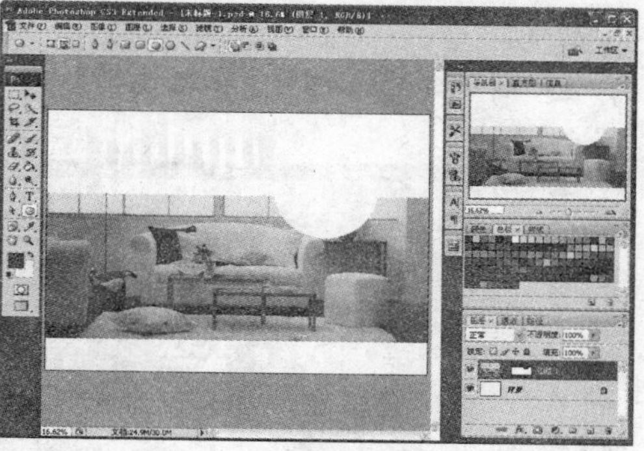

图 7-65 自由变换

(8) 在【路径】调板中单击【创建新路径】按钮，然后在工具选项栏中单击【添加到形状区域】按钮，继续使用【椭圆】工具在图像中创建路径，如图 7-66 所示。

(9) 选择【工具】调板中的【路径选择】工具，在图像中选中路径并移动路径的位置，如图 7-67 所示。

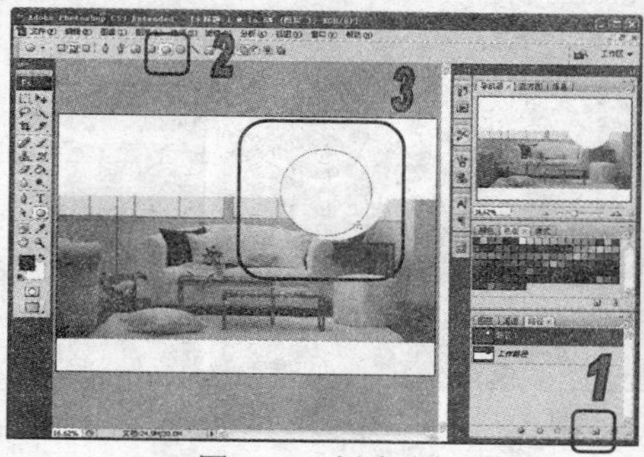

图 7-66 创建路径

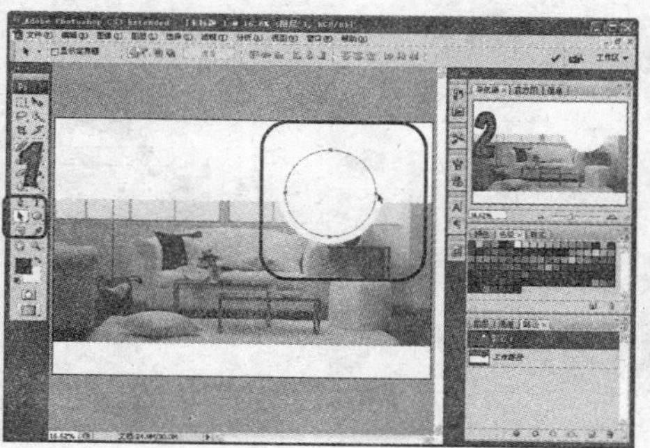

图 7-67 移动路径

(10) 在【路径】调板中，单击调板底部的【将路径作为选区载入】按钮载入选区，如图 7-68 所示。

(11) 选择【文件】|【新建】命令，在【打开】对话框中选择所需要的图像文件，然后单击【打开】按钮，如图 7-69 所示。

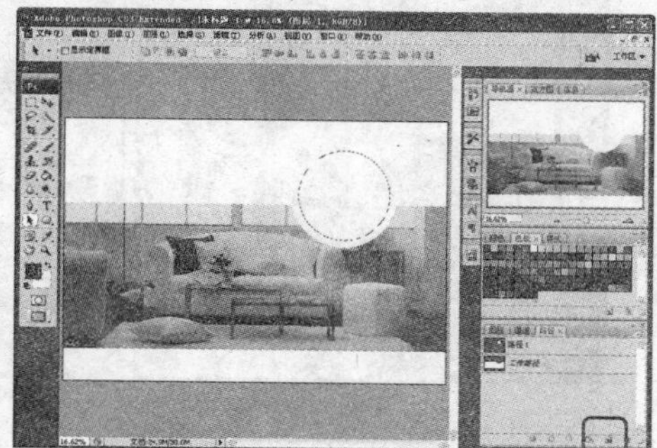

图 7-68 载入选区

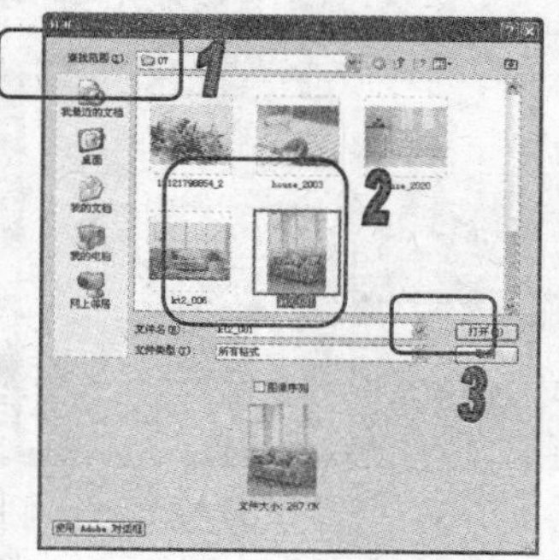

图 7-69 打开图像

计算机基础与实训教材系列

(12) 按 Ctrl+A 键将图像全选，然后选择【编辑】|【拷贝】命令，将图像复制至剪贴板中，如图 7-70 所示。

(13) 返回新创建的文件，选择【编辑】|【贴入】命令，将剪贴板中的图像贴入到选区内，如图 7-71 所示。

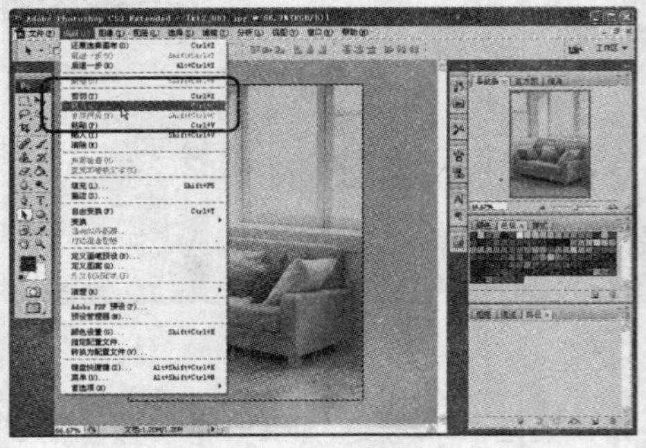

图 7-70　复制

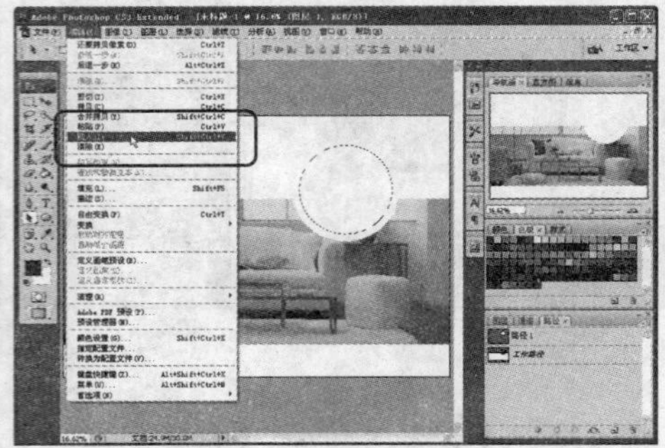

图 7-71　贴入

(14) 按 Ctrl+T 键使用【自由变换】命令调整贴入图像的大小，如图 7-72 所示。

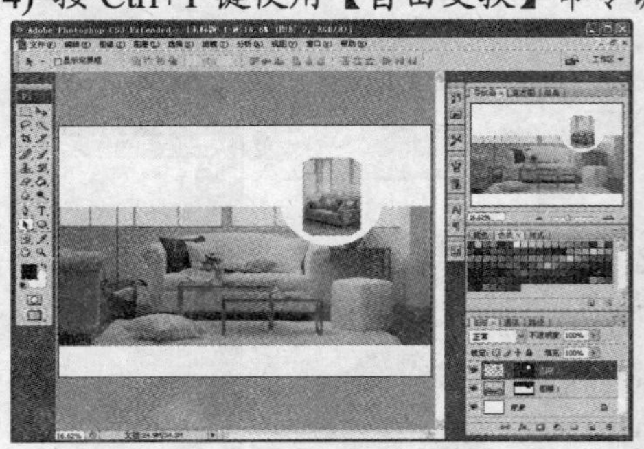

图 7-72　自由变换

(15) 选择【工具】调板中的【横排文字】工具，打开【字符】调板。在调板中，【设置字体系列】为【方正综艺简体】，【设置字体大小】为 55 点，【设置所选字符的字距调整】为 10，然后使用【横排文字】工具，在图像中单击并输入文字，如图 7-73 所示。

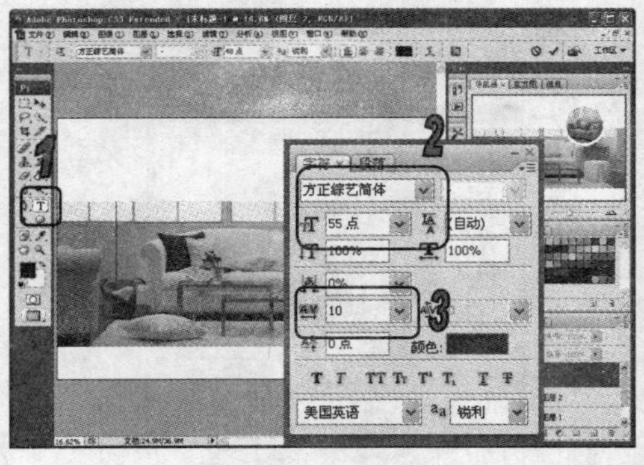

图 7-73　输入文字

(16) 选择【工具】调板中的【钢笔】工具，在工具选项栏中单击【路径】按钮，然后使用

工具在图像中创建路径，如图 7-74 所示。选择【工具】调板中的【横排文字】工具，使用工具在路径上单击并输入文字，如图 7-75 所示。

图 7-74 创建路径

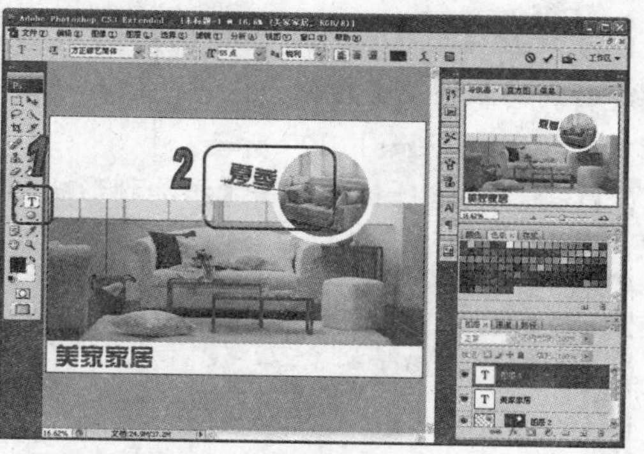

图 7-75 输入文字

(17) 按 Ctrl+A 键将输入的文字选中，打开【字符】调板。并在调板中设置字体系列为【方正粗倩简体】，设置字体大小为 30 点，设置所选字符的字距调整为 100，颜色为 RGB 红，如图 7-76 所示。

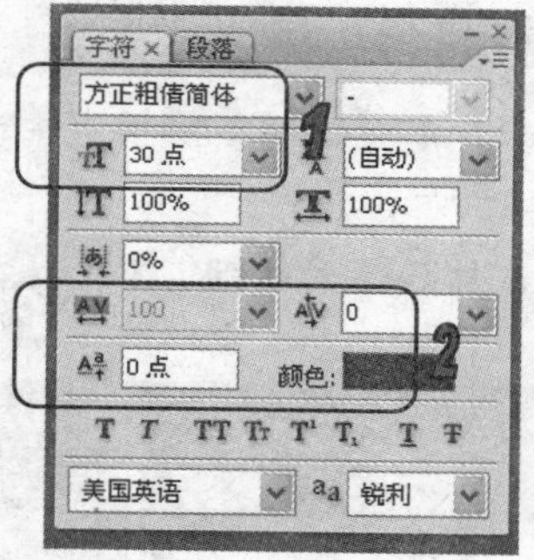

图 7-76 设置文字

(18) 选择【工具】调板中的【钢笔】工具，然后使用工具在图像中创建路径，如图 7-77 所示。

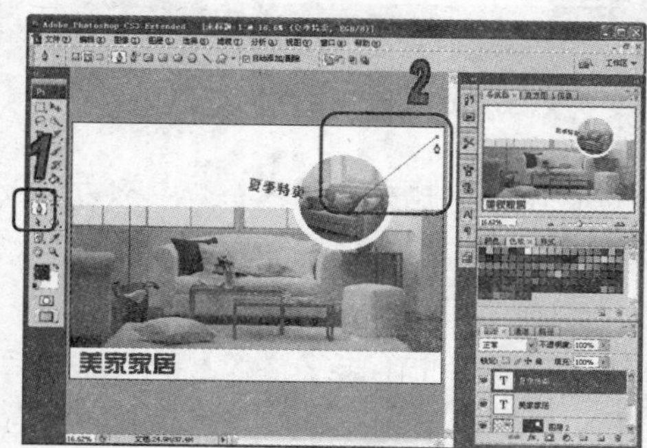

图 7-77 创建路径

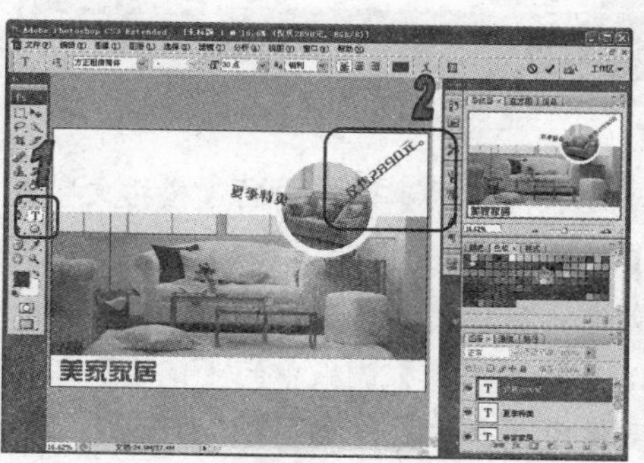

图 7-78 输入文字

(19) 选择【工具】调板中的【横排文字】工具，使用工具在路径上单击并输入文字，如图7-78 所示。

(20) 选择【工具】调板中的【钢笔】工具，在工具选项栏中单击【形状图层】按钮，单击【创建新的形状图层】按钮。在【色板】调板中单击【浅青】颜色色板，然后使用工具在图像中创建形状图层，如图 7-79 所示。

(21) 在工具选项栏中单击【添加到形状区域】按钮，然后使用【钢笔】工具在图像中添加形状，如图 7-80 所示。

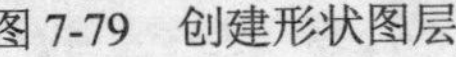

图 7-79　创建形状图层

图 7-80　添加形状区域

(22) 在工具选项栏中单击【创建新的形状图层】按钮。在【色板】调板中单击【浅黄】颜色色板，然后使用工具在图像中创建形状图层，如图 7-81 所示。

(23) 在工具选项栏中单击【添加到形状区域】按钮，然后使用【钢笔】工具在图像中添加形状，如图 7-82 所示。

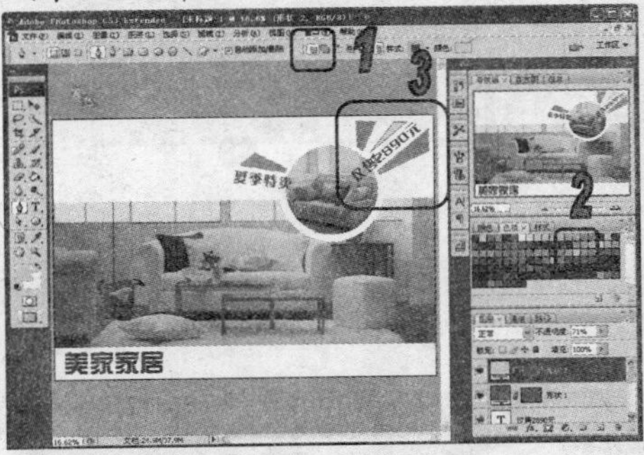

图 7-81　创建形状图层

图 7-82　添加形状区域

(24) 选择【工具】调板中的【横排文字】工具，在图像中拖动创建文本框。打开【字符】调板，【设置字体系列】为【宋体】，【设置字体大小】为 11 点，【设置行距】为 12 点，【颜色】为黑色，然后使用文字工具文本框内输入文字，如图 7-83 所示。

(25) 选择【工具】调板中的【钢笔】工具，在工具选项栏中单击【路径】按钮，然后使用工具在图像中创建路径，如图 7-84 所示。

(26) 选择【横排文字】工具，在路径内单击并输入文字，如图 7-85 所示。

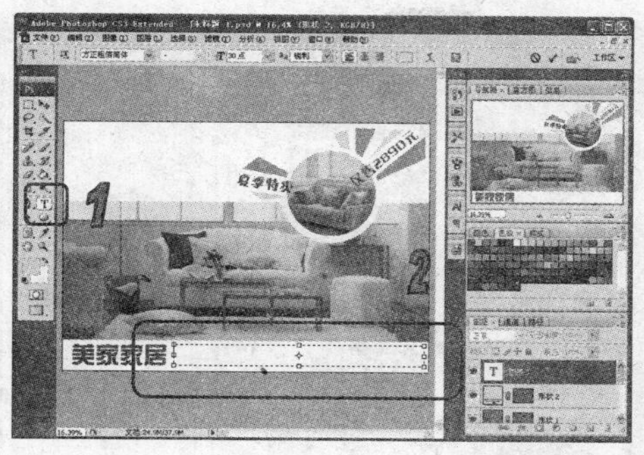

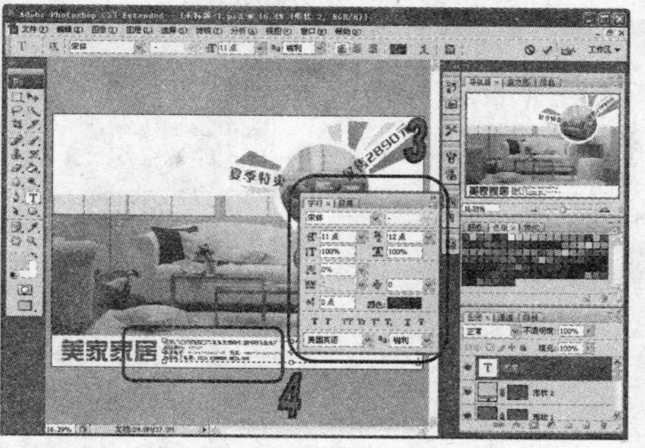

图 7-83 输入文字

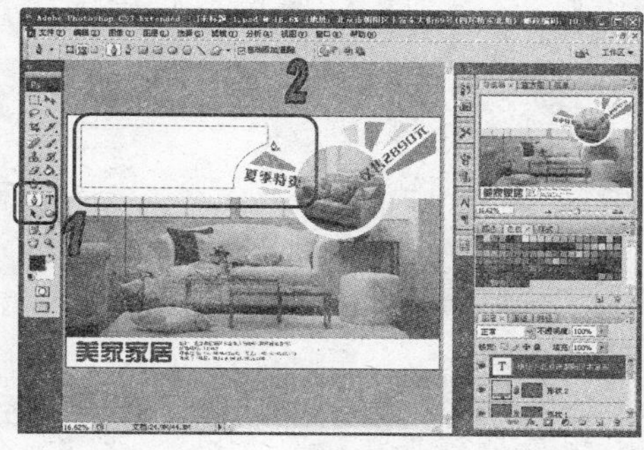

图 7-84 创建路径

图 7-85 输入文字

(27) 使用【横排文字】工具，在文本框内拖动选中需要修改的文字内容，打开【字符】调板，【设置字体系列】为【方正综艺简体】，【设置字体大小】为30点，【设置行距】为自动，【设置所选字符的字距调整】为25，如图7-86所示。

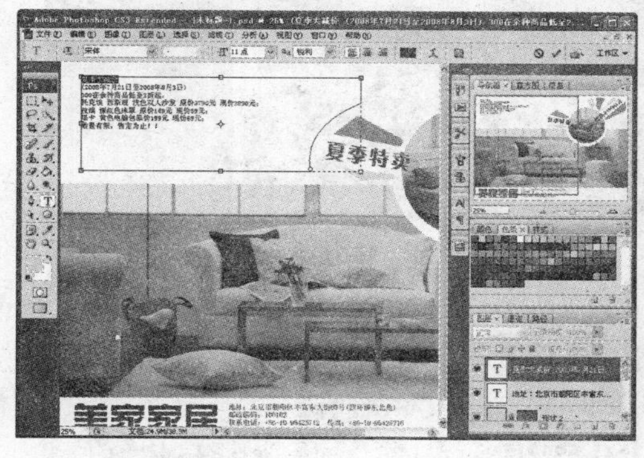

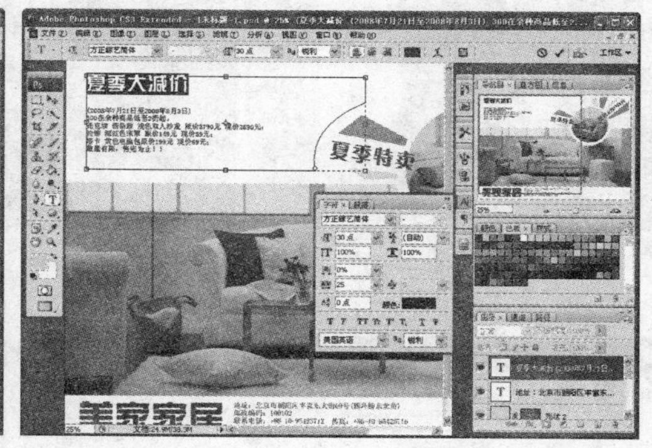

图 7-86 调整文字

(28) 使用【横排文字】工具，在文本框内拖动选中需要修改的文字内容，打开【字符】调板，【设置字体大小】为14点，【设置行距】为18点，【设置所选字符的字距调整】为0，如图7-87所示。

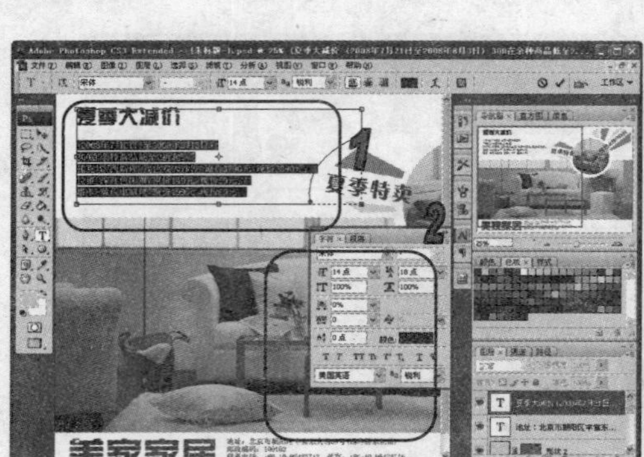
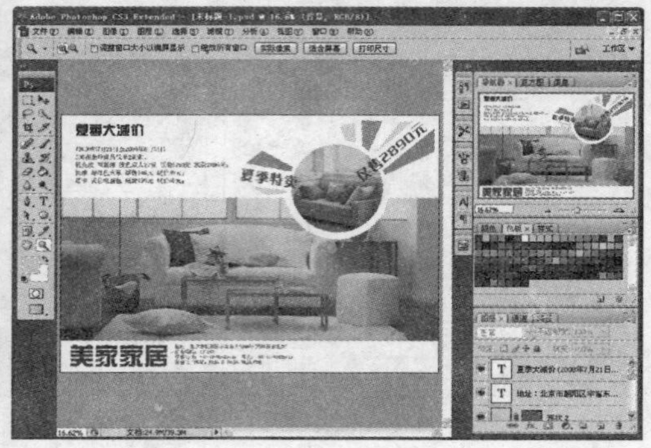

图 7-87　设置字体

7.7　习题

1. 打开如图 7-88 所示的图像文件，根据上机练习中类似的方法，应用创建路径文字，变形文字，以及文字设置等操作，制作如图 7-89 所示的图像效果。

2. 在 Photoshop CS3 中，根据前面上机练习中类似的方法，应用文字工具，结合路径工具创建选区图层等操作，制作如图 7-90 所示的促销海报效果。

图 7-88　原图像

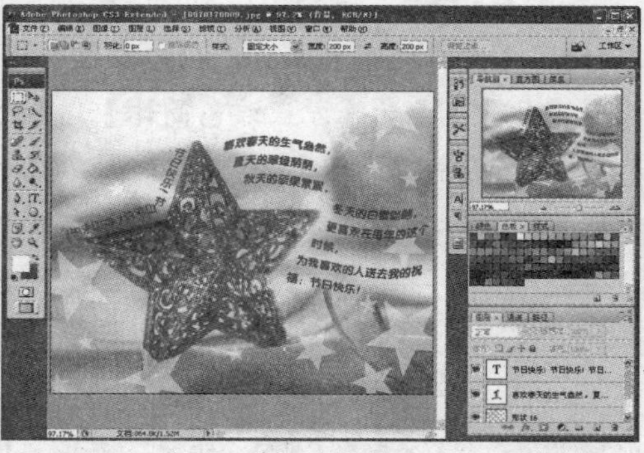

图 7-89　图像效果

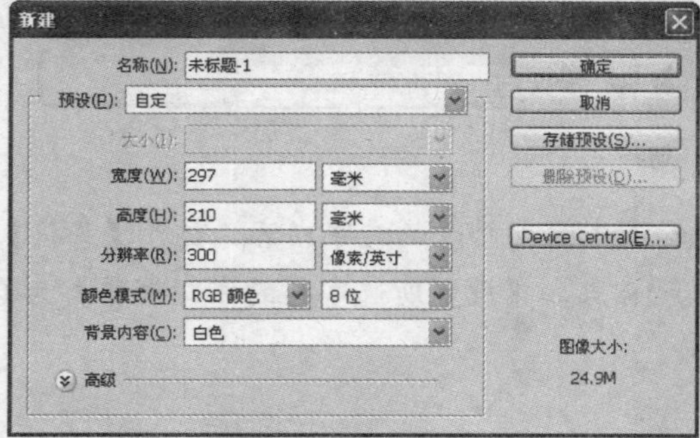

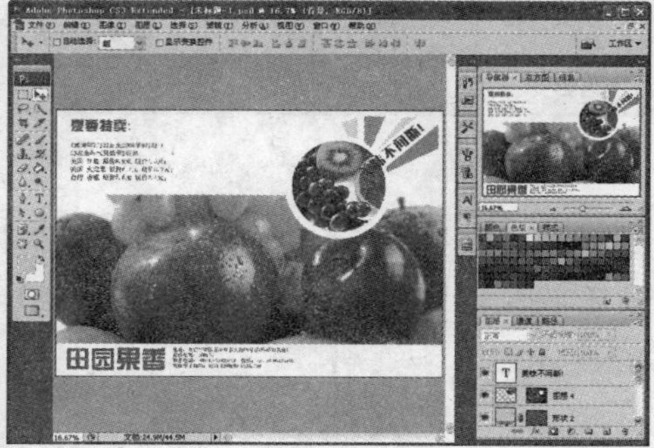

图 7-90　促销海报

第8章 图层的使用

学习目标

图层是 Photoshop CS3 最基本、最重要的常用功能。使用图层可以方便的管理和修改图像，还可以创建各种特效。本章主要介绍图层的操作方法，智能对象的应用，图层混合模式、不透明度、蒙版和图层样式应用等。

本章重点

- ⊙ 图层的基本使用
- ⊙ 智能对象的应用
- ⊙ 设置图层的混合模式
- ⊙ 使用图层样式

8.1 图层概念

图层是 Photoshop CS3 中非常重要的一个概念之一，它是实现在 Photoshop CS3 中绘制和处理图像的基础。图层看起来似乎非常复杂，但其概念实际上却相当的简单。把图像的文件中的不同部分分别放置在不同的独立图层上，从而使这些图层就好像带有一些图像的透明拷贝纸，互相堆叠在一起。并将每个图像放置在独立的图层上，用户就可以根据自己的需要自由地更改文档的外观和布局，而且这些更改结果不会互相影响。在绘图、使用滤镜或调整图像时，这些操作只会影响所处理的图层。如果对某个图层的结果不满意，则可以放弃这些图层修改，重新再做，这时文档的其他部分也不会受到影响。

在对图层进行操作之前，用户应该先熟悉一下【图层】调板，因为大部分的图层操作都要通过它来完成。选择【窗口】|【图层】命令，可以打开如图 8-1 所示的【图层】调板。【图层】调板中各部分的作用如下。

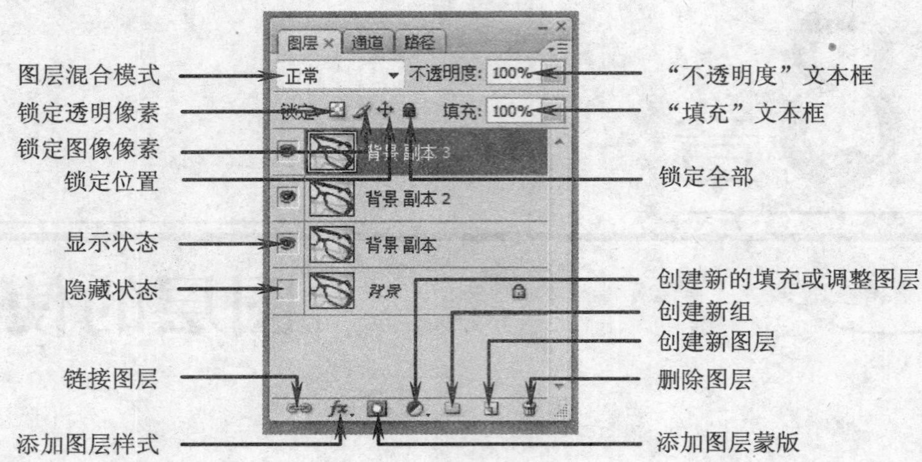

图 8-1 【图层】调板

- 【图层混合模式】下拉列表框中，可以选择【正常】、【溶解】、【滤色】等 25 种混合模式。使用这些混合模式，可以混合所选图层中的图像与下方所有图层中的图像。
- 【不透明度】文本框用于设置当前图层中图像的整体不透明度。
- 【填充】文本框设置图层中图像的不透明度。该选项主要用于图层中图像的不透明度设置，对于已应用于图层的图层样式，则不会产生任何影响。
- 【锁定透明像素】按钮：单击该按钮后，只能在图层中图像的不透明部分区域进行操作。
- 【锁定图像像素】按钮：用于锁定当前图层中图像的编辑状态。单击该按钮，可以禁止用户对当前图层中的图像进行任何效果处理，也不允许更改该图层中图像的透明度。不过，使用该按钮后没有禁止移动该图层中的图像。
- 【锁定位置】按钮：用于锁定当前图层中图像的位置。单击该按钮，可以禁止用户在图像文件窗口中移动当前图层中的图像。
- 【锁定全部】按钮：用于锁定当前图层或图层组中的图像。单击该按钮，可以禁止用户对当前图层或图层组中的图像进行任何的操作，如修改、删除、添加、移动以及设置图像不透明度等操作。
- 图标：用于显示或隐藏图层。当在图层左侧显示有此图标时，表示图像窗口将显示该图层的图像。单击此图标，图标消失并隐藏该图层的图像。
- 链接图层：可将选中的两个或两个以上的图层或图层组进行链接，链接后的图层或图层组可以同时进行相关操作。
- 添加图层样式 fx.：用于为当前图层添加图层样式效果，单击该按钮，将弹出命令菜单，从中可以选择相应的命令为图层添加特殊效果。
- 添加图层蒙板：单击该按钮，可以为当前图层添加图层蒙版。
- 创建新的填充或调整图层：用于创建调整图层。单击该按钮，在弹出的命令菜单中可以选择所需的调整命令。

- 创建新组：单击该按钮，可以创建新的图层组，它可以包含多个图层。并可将包含的图层作为一个对象进行查看、复制、移动、调整顺序等操作。
- 创建新图层：单击该按钮，可以创建一个新的空白图层。
- 删除图层：单击该按钮，可以删除当前图层。

8.2　图层的操作

通过【图层】调板，用户可以方便的实现图层的创建、复制、删除、排序、对齐、合并等操作，这也是进行复杂的图像编辑处理时，所必须掌握的知识点。

8.2.1　创建图层

创建图层是进行图层处理的基础。在 Photoshop CS3 中，用户可以在一个图像中创建很多图层，并可以创建不同用途的图层。主要有普通图层、调整图层和填充图层。

1. 创建普通图层

Photoshop CS3 中会自动创建用户所需的大部分图层，如使用拷贝和粘贴图像，或者在两个文件之间拖动图层时，都会自动添加一个新的图层。但用户要想创建普通的空白图层，一种方法是单击【图层】调板底部的【创建新图层】按钮，即可在调板中创建一个空白图层，如图 8-2 所示。另一种方法是选择菜单栏中的【图层】|【新建】|【图层】命令或单击【图层】调板右上角扩展菜单按钮，在打开的控制菜单中选择【新建图层】命令，打开如图 8-3 所示的【新建图层】对话框。在【名称】文本框中输入新的图层名称；在【颜色】下拉列表中选择图层显示的颜色；在【模式】下拉列表中选择图层模式；在【不透明度】数值中设置图层不透明度。新图层将出现在【图层】调板中选定图层的上方，或出现在选定组内。

图 8-2　新建空白图层

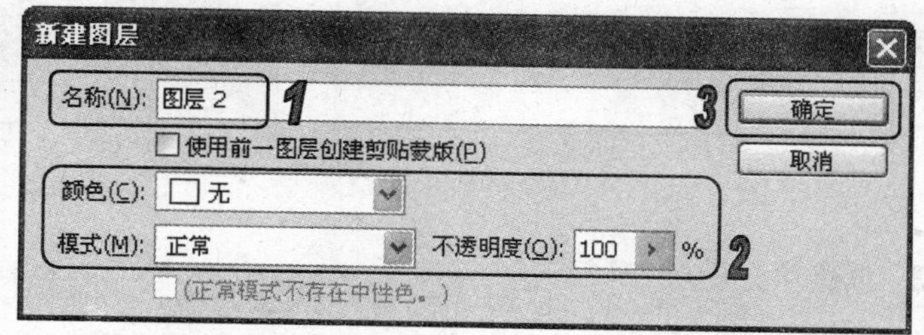

图 8-3　【新建图层】对话框

2. 创建调整图层

调整图层的功能非常强大，通过创建以【色阶】、【色彩平衡】、【曲线】等调整命令为

基础的调整图层，用户可以单独对其下方图层中的图像进行调整处理，并且不会修改、破坏原图。要创建调整图层，可选择【图层】|【新建调整图层】命令，在其子菜单中选择所需的调整命令，或在【图层】调板底部单击【创建新的填充或调整图层】按钮，在打开的菜单中选择相应调整命令；隐藏或删除调整图层，即可撤销调整图层对原图像的调整处理效果。这样方便用户反复调整处理图像的画面效果。

【例 8-1】在打开的图像文件中创建调整图层，并调整图像效果。

(1) 启动 Photoshop CS3 应用程序，打开一幅素材图像文件，如图 8-4 所示。

(2) 在【图层】调板中单击【创建新的填充或调整图层】按钮，在打开的菜单中选择【色阶】命令，如图 8-5 所示。

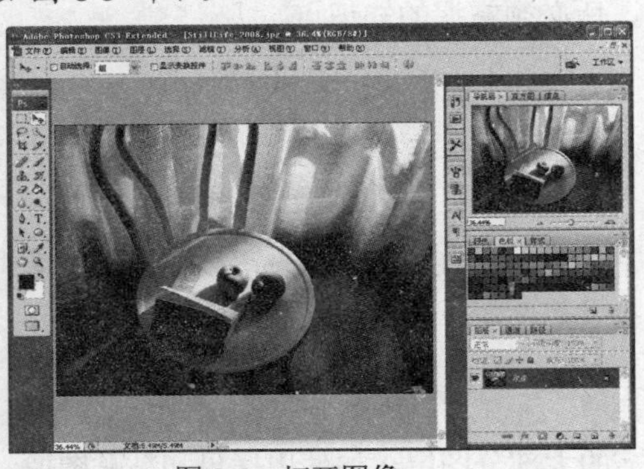

图 8-4　打开图像

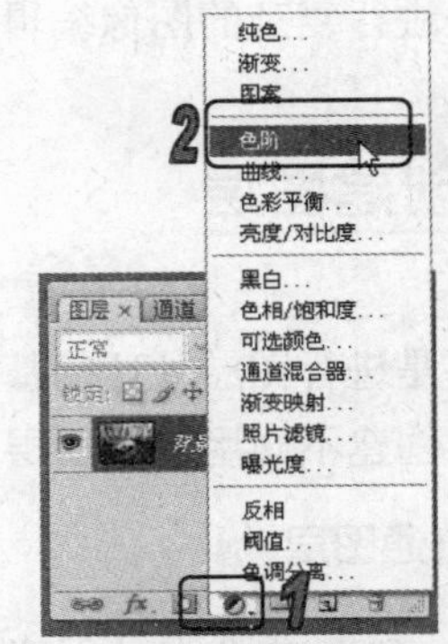

图 8-5　选择【色阶】命令

(3) 在打开的【色阶】对话框中，向左拖动中间调滑块，然后单击【确定】按钮，如图 8-6 所示。

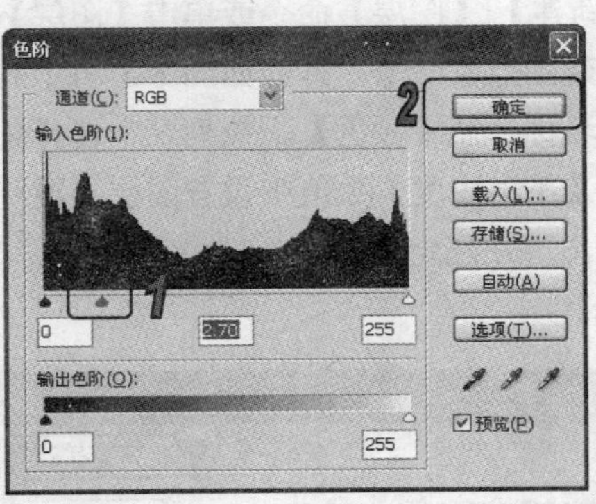

图 8-6　调整图像

3. 创建填充图层

填充图层的作用和使用方法与调整图层基本相同。用户可以在【图层】调板中创建纯色、渐变、图案这 3 种填充图层。

要想改变填充图层的填充内容或将其转换为调整图层，可以选择所需操作的填充图层，然后选择【图层】|【更改图层内容】命令的级联菜单中的相应命令进行操作。

【例 8-2】在打开的图像文件中创建填充图层。

(1) 启动 Photoshop CS3 应用程序，打开一幅素材图像文件，如图 8-7 所示。

(2) 在【图层】调板中单击【创建新的填充或调整图层】按钮，在打开的菜单中选择【渐变】命令，如图 8-8 所示。

图 8-7　打开图像

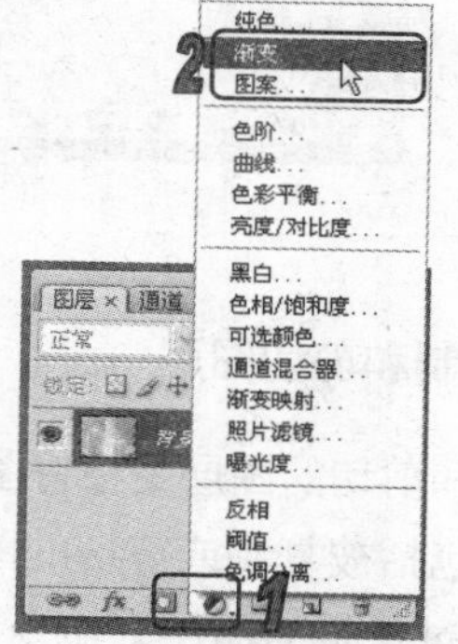

图 8-8　选择【渐变】命令

(3) 在打开的【渐变填充】对话框中单击【渐变】选项栏右侧的按钮打开渐变样式列表框，选择【橙色、黄色、橙色】渐变样式，再单击按钮，如图 8-9 所示。

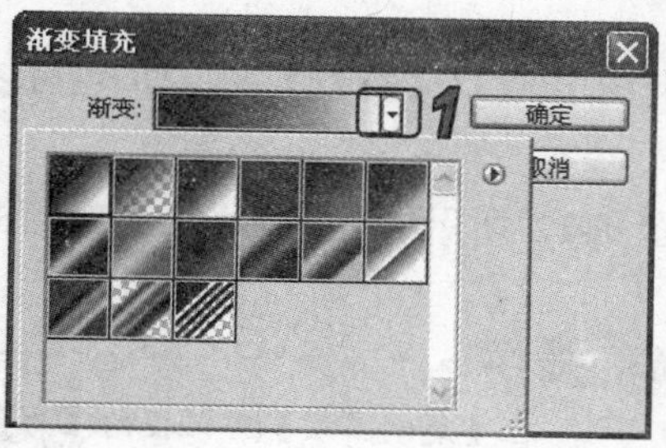

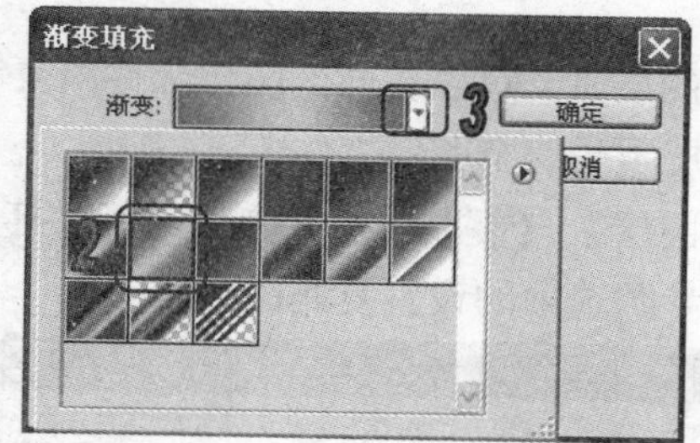

图 8-9　选择渐变样式

(4) 设置【角度】为 75 度，缩放为 150%，然后单击【确定】按钮，创建【渐变填充】图层，如图 8-10 所示。

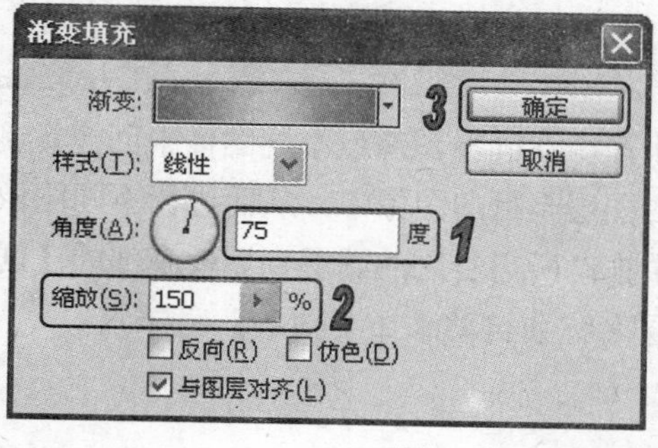

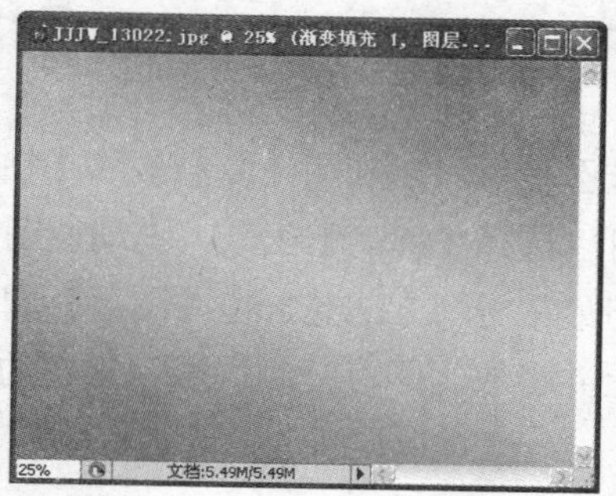

图 8-10　创建【渐变填充】图层

(5) 在【图层】调板中，设置【渐变填充 1】图层的【不透明度】为 30%，如图 8-11 所示。

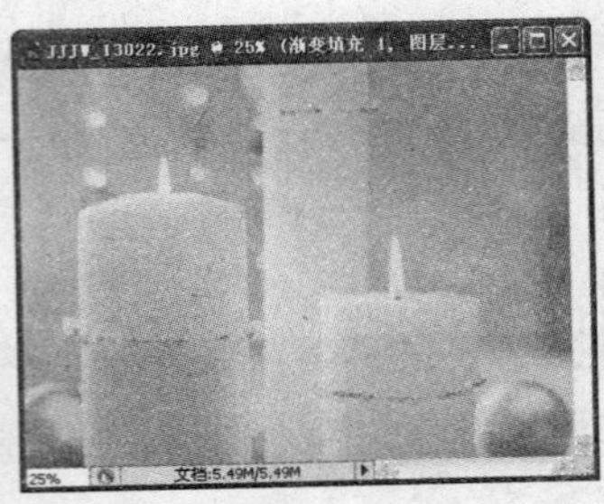

图 8-11　设置不透明度

4. 创建复制和剪切图层

创建复制和剪切的图层是指将图像中的部分选取图像通过复制或剪切操作来创建新图层，新建的图层中将包括被复制或剪切的图像。创建的方法是在当前图层中选取图像后选择【图层】|【新建】|【通过拷贝的图层】命令或选择【图层】|【新建】|【通过剪切的图层】命令。

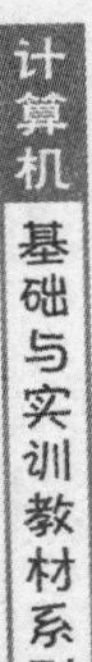

8.2.2　复制图层

在复制图层时，可以在同一图像文件内复制任何图层(包括【背景】图层)，也可以复制选择操作的图层至另一个图像文件中。

选择【图层】|【复制图层】命令，可以打开如图 8-12 所示的【复制图层】对话框，通过该对话框中参数选项的设置复制图层。

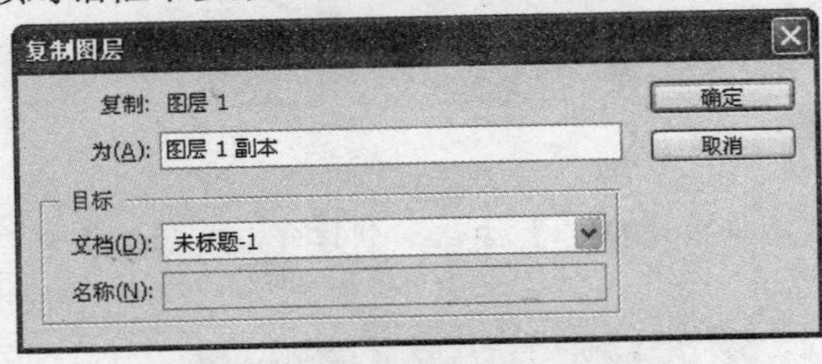

图 8-12　【复制图层】对话框

提示

在【复制图层】对话框的【为】文本框中，可以设定新建图层的名称；在【目标】选项区域的【文档】下拉列表中，可以选择目标图像文件。默认情况下，复制的图层位于图像文件中原图层上。

创建选区后，可以利用【复制】和【粘贴】命令在同一图像或不同图像中创建复制图层。另外，也可以选择【移动】工具，拖动原图像的图层至目的图像中，从而进行不同图像间图层的复制。但最常用的方法是，在【图层】调板中拖动所需复制的图层到调板底部的【创建新图层】按钮上并释放，即可复制图层。复制的图层名称会自动添加【副本】字样。

8.2.3　删除图层

在图像处理中，对于一些不使用的图层，虽然可以通过隐藏图层的方式取消它们对图像整体显示效果的影响，但是它们仍然存在于图像文件中，并且占用一定的磁盘空间。因此，用户

可以根据需要及时删除【图层】调板中不需要的图层，以精简图像文件。删除图层有以下几种方法：

- 选择需要删除的图层，拖动其至【图层】调板底部的【删除图层】按钮上并释放鼠标，即可删除所选择的图层。
- 选择需要删除的图层，单击【图层】调板底部的【删除图层】按钮，在弹出的对话框中单击【是】按钮即可删除所选择的图层。
- 选择需要删除的图层，单击右键，在弹出的菜单中选择【删除图层】命令，然后在弹出的对话框中单击【是】按钮即可删除所选择的图层。

8.2.4　排列图层顺序

在【图层】调板中，所有的图层都是按一定顺序进行排列的，图层的排列顺序决定了一个图层是显示在其他图层的上方还是下方。因此，通过移动图层的排列顺序可以更改图像窗口中各图像的叠放位置，以实现所需的效果。

排列图层顺序的方法是：在【图层】调板中单击需要移动的图层，按住鼠标左键不放，将其拖动到需要调整的位置，当出现一条双线时释放鼠标，即可将图层移动到需要的位置。

8.2.5　对齐与分布图层

在 Photoshop CS3 中，可以让几个图层按照一定的方式沿着直线自动对齐或按照一定的间距进行分布。

1. 自动对齐图层

【自动对齐图层】命令可以根据不同图层中的相似内容自动对齐图层。可以指定一个图层作为参考图层，也可以让 Photoshop CS3 自动选择参考图层。其他图层将与参考图层对齐，以便匹配的内容能够自行叠加。

要自动对齐图层，首先将要对齐的图像置入到同一文档中，并且每个图像都要位于单独的图层中。在【图层】调板中选中要对齐的图层，选择【编辑】|【自动对齐图层】命令，打开【自动对齐图层】对话框，选择一个对齐选项后，单击【确定】按钮，Photoshop CS3 会自动对齐图层。在【自动对齐图层】对话框中可以选择以下对齐选项。

- 【自动】：Photoshop CS3 将分析源图像并应用【透视】或【圆柱】版面。
- 【透视】：通过将源图像中的一个图像(默认情况下为中间的图像)指定为参考图像来创建一致的复合图像。然后将变换其他图像(需要时，进行位置调整、伸展或斜切)，以便匹配图层的重叠内容。

◎ 【圆柱】：通过在展开的圆柱上显示各个图像，从而来减少在【透视】版面中会出现的【领结】扭曲。图层的重叠内容仍匹配，并将参考图像居中放置，最适合于创建全景图。

◎ 【仅调整位置】：对齐图层并匹配重叠内容，但不会变换(伸展或斜切)任何源图层。

提示

如果要将共享重叠区域的多个图像缝合在一起(如创建全景图)，可使用【自动】、【透视】或【圆柱】选项；如果要将扫描图像与位移内容对齐，可使用【仅调整位置】选项。

【例 8-3】在打开的素材图像文件中自动对齐图层，并拼合图像。

(1) 启动 Photoshop CS3 应用程序，打开一幅素材图像文件，如图 8-13 所示。

(2) 在【图层】调板中，按 Ctrl 键单击选中【图层 1】、【图层 2】和【图层 3】，如图 8-14 所示。

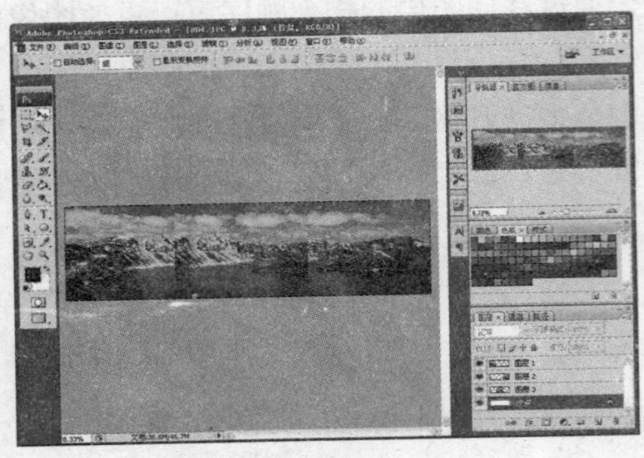

图 8-13 打开素材图像

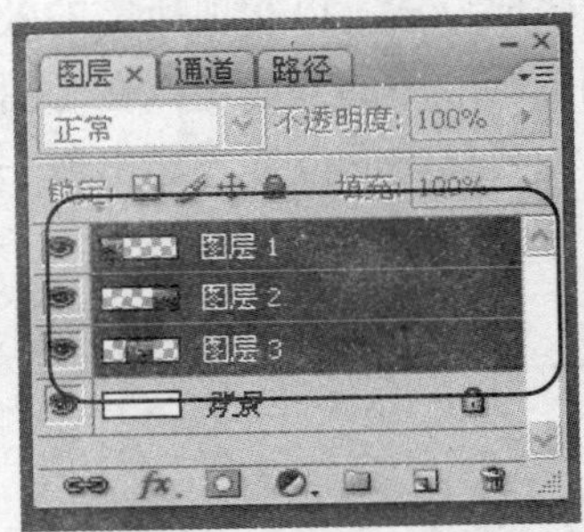

图 8-14 选中图层

(3) 选择【编辑】|【自动对齐图层】命令，就在打开的【自动对齐图层】对话框中，选择【自动】单选按钮，然后单击【确定】按钮，如图 8-15 所示。

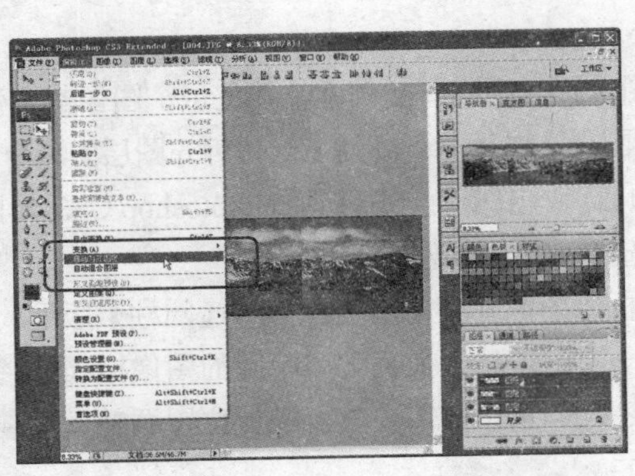

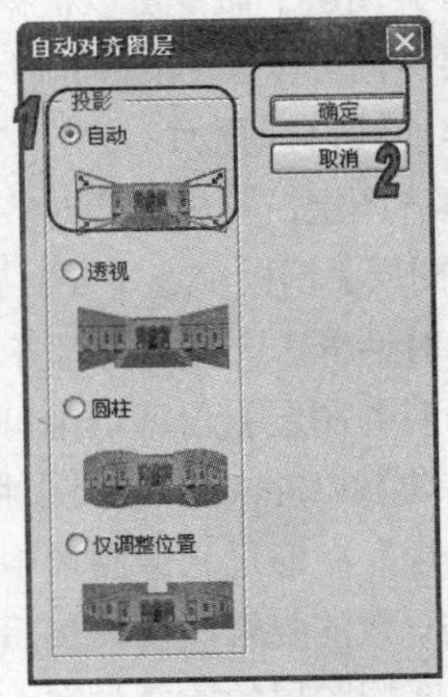

图 8-15 使用【自动对齐图层】命令

(4) 选择【工具】调板中的【裁剪】工具，在图像画面中裁剪多余区域，如图 8-16 所示。

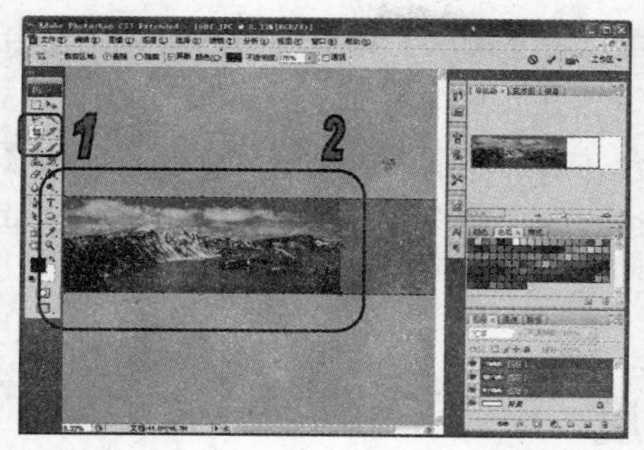

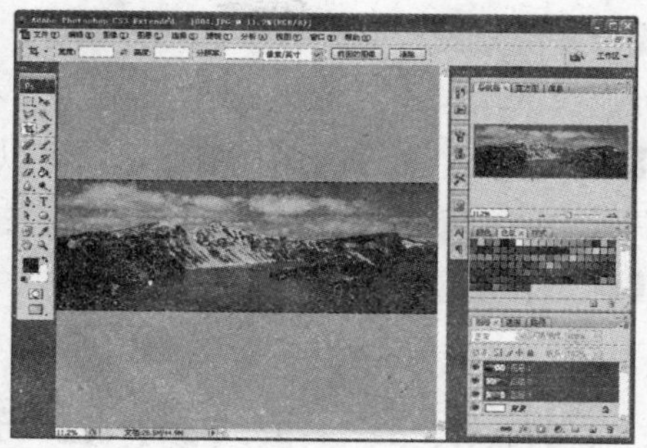

图 8-16 裁剪图像

2. 对齐与分布图层

在【图层】调板中选择 2 个图层，然后选择【移动】工具，这时选项栏中的【对齐】按钮被激活。如果选择了 3 个或 3 个以上的图层，选项栏中的【分布】按钮也会被激活。各按钮的作用如下。

- 【顶对齐】按钮将所有选中的图层最顶端的像素与基准图层最上方的像素对齐。
- 【垂直居中对齐】按钮将所有选中的图层垂直方向的中间像素与基准图层垂直方向的中心像素对齐。
- 【底对齐】按钮将所有选中的图层最底端的像素与基准图层最下方的像素对齐。
- 【左对齐】按钮将所有选中的图层最左端的像素与基准图层最左端的像素对齐。
- 【水平居中对齐】按钮将所有选中的图层水平方向的中心像素与基准图层水平方向的中心像素对齐。
- 【右对齐】按钮将所有选中图层最右端的像素与基准图层最右端的像素对齐。
- 【按顶分布】按钮从每个图层的顶端像素开始，间隔均匀地分布选中图层。
- 【垂直居中分布】按钮从每个图层的垂直居中像素开始，间隔均匀地分布选中图层。
- 【按底分布】按钮从每个图层的底部像素开始，间隔均匀地分布选中图层。
- 【按左分布】按钮从每个图层的左侧像素开始，间隔均匀地分布选中图层。
- 【水平居中分布】按钮从每个图层的水平中心像素开始，间隔均匀地分布选中图层。
- 【按右分布】按钮从每个图层的右边像素开始，间隔均匀地分布选中图层。

8.2.6 合并图层

要想合并【图层】调板中的多个图层，可以在【图层】调板的控制菜单中选择相关的合并命令。在【图层】调板控制菜单中的合并命令作用如下。

- 【向下合并】命令：选择该命令，可以合并当前选择的图层与位于其下方的图层，合并后会以选择的图层下方的图层名称作为新图层的名称。

◎ 【合并可见图层】命令：选择该命令，可以将【图层】调板中所有可见图层合并成当前选择的图层中。

◎ 【拼合图像】命令：选择该命令，可以合并当前多余的可见图层，并且删除【图层】调板中的隐藏图层。在删除隐藏图层的过程中，则会打开一个系统提示对话框，单击【确定】按钮即可完成图层的合并。

8.3 图层混合模式与不透明度

Photoshop CS3 提供了许多可以直接应用于图层的混合模式。但此功能只对普通层起作用。如果想为背景层设置效果，必须先将其转换为普通层再进行设置。图层的混合模式主要包括模式的选择和不透明度的确定两部分内容，在【图层】调板中有它们的控制项。

1. 图层混合模式

图层混合模式指当图像叠加时，上方图层和下方图层的像素进行混合，从而得到另外一种图像效果。由此可知图层混合模式只能在两个图层图像之间产生作用；【背景】图层上的图像不能设置图层混合模式。如果想为【背景】图层设置混合效果，必须先将其转换为普通图层后再进行。

在 Photoshop CS3【图层】调板的【设置图层的混合模式】下拉列表框中，提供了【正常】、【溶解】、【滤色】等 25 种混合模式，选择所需的混合模式即可。

◎ 【正常】模式：这是 Photoshop CS3 默认模式，使用时不产生任何特殊效果。

◎ 【溶解】模式：选择此选项后，图像画面产生溶解，粒状效果。其右侧的不透明度值越小，溶解效果越明显。

◎ 【变暗】模式：选择此选项，在绘制图像时，软件将取两种颜色的暗色作为最终色，亮于底色的颜色将被替换，暗于底色的颜色保持不变。

◎ 【正片叠底】模式：选择此选项，可以产生比底色与绘制色都暗的颜色，可以用来制作阴影效果。

◎ 【颜色加深】模式：选择此选项，可以使图像色彩加深，图像亮度降低。

◎ 【线性加深】模式：选择此选项，系统会通过降低亮度使底色变暗从而反映出绘制的颜色，当它与白色混合时，不发生变化。

◎ 【深色】模式：选择此选项，系统将从底色和混合色中选择最小的通道值来创建结果颜色。

◎ 【变亮】模式：这种模式只有在当前颜色比底色深的情况下才起作用，底图的浅色将覆盖绘制的深色。

◎ 【滤色】模式：此选项与“正片叠底”选项的功能相反，通常这种模式的颜色都较浅。任何颜色的底色与绘制的黑色混合，原颜色不受影响；与绘制的白色混合将得到白色；和绘制的其他颜色混合将得到漂白效果。

- 【颜色减淡】模式：选择此选项，将通过减低对比度，使底色的颜色变亮来反映绘制的颜色，与黑色混合并没有变化。
- 【线性减淡(添加)】模式：选择此选项，将通过增加亮度使底色的颜色变亮来反映绘制的颜色，与黑色混合并没有变化。
- 【浅色】模式：选择此选项，系统将从底色和混合色中选择最大的通道值来创建结果颜色。
- 【叠加】模式：选择此选项，在保留底色明暗变化效果，使绘制的颜色叠加到底色上。
- 【柔光】模式：选择此选项，系统将根据绘制色的明暗程度来决定最终是变亮还是变暗。当绘制的颜色比 50%的灰暗是，图像通过增加对比度变暗。
- 【强光】模式：选择此选项，系统将根据混合颜色决定执行正片叠底还是过滤。但绘制的颜色比 50% 灰亮时，底色图像变亮；当比 50%的灰色暗时，底色图像变暗。
- 【亮光】模式： 选择此选项，系统将根据绘制色通过增加或降低对比度来加深或者减淡颜色。当绘制的颜色比 50%的灰色暗时，图像通过增加对比度变暗。
- 【线性光】模式：选择此选项，系统同样根据绘制色通过增加或降低亮度来加深或减淡颜色。当绘制的颜色比 50%的灰色亮时，图像通过增加亮度变亮，当比 50%的灰色暗时，图像通过降低亮度变暗。
- 【点光】：选择此选项，系统将根据绘制色来替换颜色。当绘制的颜色比 50%的灰色亮时，绘制色被替换，但比绘制色亮的像素不被替换；当绘制的颜色比 50%的灰色暗时，比绘制色亮的像素被替换，但比绘制的色暗的像素不被替换。
- 【实色混合】模式：选择此选项，将混合颜色的红色、绿色和蓝色通道值添加到底色的 RGB 值。如果通道的结果总和大于或等于 255，则值为 255；如果小于 255，则值为 0。因此，所有混合像素的红色、绿色和蓝色通道值要么是 0，要么是 255。这会将所有像素更改为原色：红色、绿色、蓝色、青色、黄色、洋红、白色或黑色。
- 【差值】模式：选择此选项，系统将用较亮的像素值减去较暗的像素值，其差值作为最终的像素值。当与白色混合时将使底色相反，而与黑色混合则不产生任何变化。
- 【排除】模式：选择此选项，可生成与“正常”选项相似的效果，但比差值模式生成的颜色对比度要小，因而颜色较柔和。
- 【色相】模式：选择此选项，系统将采用底色的亮度、饱和度以及绘制色的色相来创建最终颜色。
- 【饱和度】模式： 选择此选项，系统将采用底色的亮度、色相以及绘制色的饱和度来创建最终颜色。
- 【颜色】模式：选择此选项，系统将采用底色的亮度以及绘制色的色相、饱和度来创建最终颜色。
- 【明度】模式：选择此选项，系统将采用底色的色相、饱和度以及绘制色的明度来创建最终颜色。此选项实现效果与“颜色”选项相反。

2. 图层不透明度

图层的不透明度是用来确定选定图层遮蔽或显示其下方图层的程度。【图层】调板中的【不透明度】文本框设置控制着当前图层的不透明度。当不透明度为 1% 时，当前图层看起来几乎透明，而不透明度为 100% 时，当前图层则完全不透明。

8.4 使用图层样式

为了使图层中的图像可以得到更多的视觉效果，Photoshop CS3 中提供了图层样式功能。使用这些图层样式可以对当前图层中的图像应用投影、阴影、发光、斜面、浮雕等视觉效果，用户可以根据实际需要应用其中的一种或多种。

8.4.1 使用预设样式

在 Photoshop CS3 中，还可以通过【样式】调板对图像或文字应用样式效果。要想应用【样式】调板中的样式，只需先选择所要操作的对象，然后在打开的【样式】调板中单击所需要样式，即可对选择的对象应用样式效果，如图 8-17 所示。

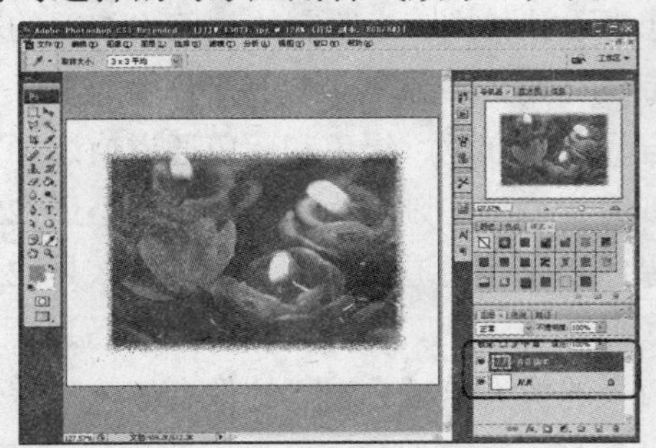

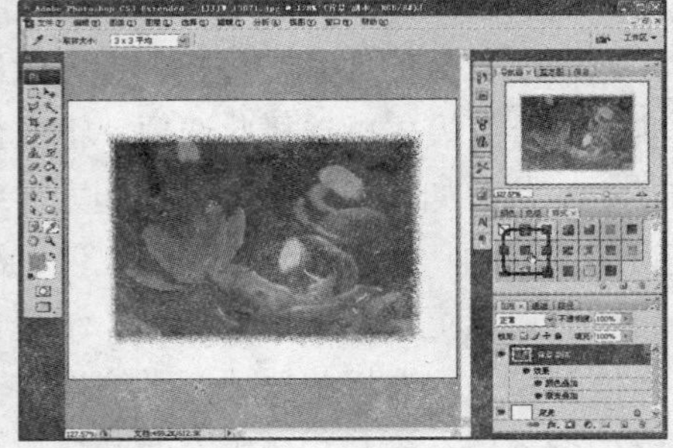

图 8-17　使用预设样式

【样式】调板中带有大量预设的图层样式，可以通过调板菜单命令载入样式库。在【样式】调板中单击调板菜单按钮，在打开的菜单中选择所需的图层样式库，在弹出的对话框中单击【确定】或【追加】按钮，即可添加所需样式库，如图 8-18 所示。

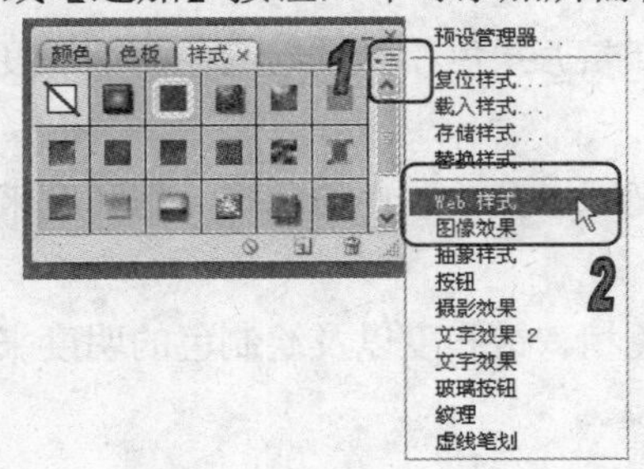

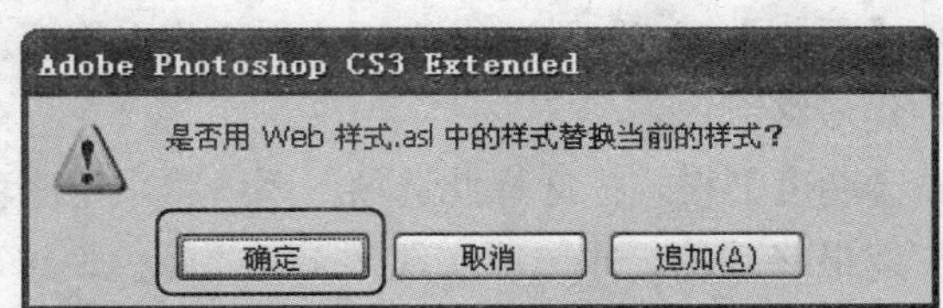

图 8-18　载入样式库

8.4.2 【投影】图层样式

要想设置【投影】样式，可以在【图层】调板中选择需要操作的图层，然后选择【图层】|【图层样式】|【投影】命令，打开【图层样式】对话框；或双击所需图层，打开【图层样式】对话框，在对话框中左侧的【样式】列表中选择并启用【投影】复选框，即可显示【投影】选项设置区域，通过设置区域中参数，即可改变图层效果，如图 8-19 所示。

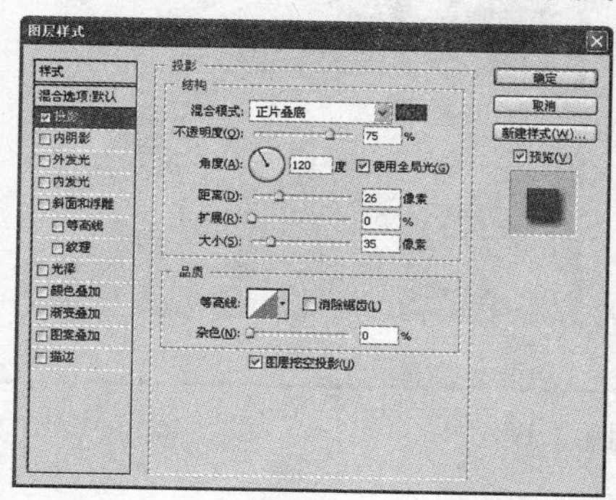

图 8-19　【投影】样式

在【投影】样式设置区域中，可以设置如下参数选项。

- 【结构】选项区域中的【混合模式】下拉列表框里，可以选择投影的混合模式。如果单击该选项右侧的颜色按钮，可以在打开的【拾取器】对话框中设置所需要的投影颜色。
- 【不透明度】选项的参数数值，可以确定阴影效果的不透明程度。它的取值范围为 0%~100%。
- 【角度】文本框中，可以设置光照投影的角度，默认为 120°。启用【使用全局光】复选框，所有图层样式效果会使用相同的角度值。
- 【距离】、【扩展】和【大小】文本框中，可以分别设置投影效果与当前图层中图像的相对位置，阴影的模糊程度以及效果的影响范围。
- 【等高线】下拉列表框中，可以设置投影的轮廓效果。启用【消除锯齿】复选框，可以消除阴影区域边缘的锯齿现象。
- 【杂色】选项，可以设置颜色的不透明度或暗调不透明度中随机元素的数量，其数值越大，杂色效果越明显。

8.4.3 【内阴影】图层样式

对图层应用【内阴影】样式，可以在图层中的图像边缘内部增加投影效果，从而增强图像的立体感，如图 8-20 所示。选择【图层】|【图层样式】|【内阴影】命令，可以打开显示【内阴影】样式设置区域的【图层样式】对话框。也可以在打开的【图层样式】对话框中只选择并

启用【样式】列表里的【内阴影】复选框，显示【内阴影】样式设置区域；或者单击【图层】调板底部的【添加图层样式】按钮，在打开的快捷菜单中选择【内阴影】命令，打开显示【内阴影】样式设置区域的【图层样式】对话框。【内阴影】样式设置区域与【投影】样式设置区域中的参数选项及设置方法基本相同。

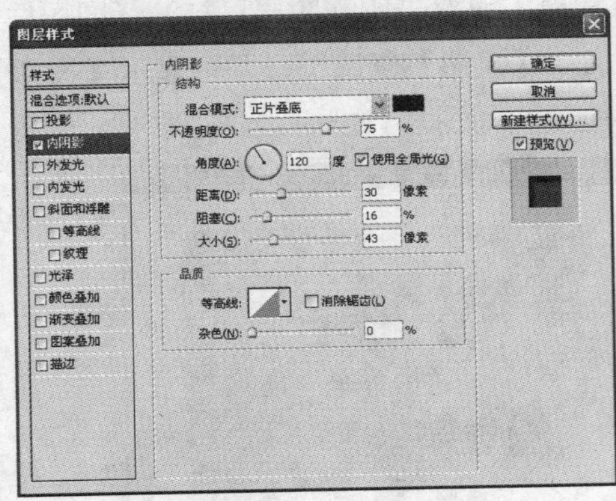

图 8-20 【内阴影】样式

8.4.4 【外发光】图层样式

在【图层样式】对话框左侧的【样式】列表中选择并启用【外发光】复选框，即可显示【外发光】样式设置区域，如图 8-21 所示。

在【外发光】样式设置区域的【结构】选项区域中，【杂色】选项用于设置发光不透明度或暗调不透明度中随机元素的数量；【颜色】按钮和【渐变样式】下拉列表框用于设置外发光的颜色和颜色渐变样式。【图素】选项区域中的【方法】下拉列表用于设置光线的发散效果，【扩展】和【大小】选项分别用于设置外发光的模糊程度和亮度强弱。【品质】区域中的【范围】选项用于设置外发光颜色的不透明度过渡范围，【抖动】选项用于改变渐变得颜色和不透明度的应用。

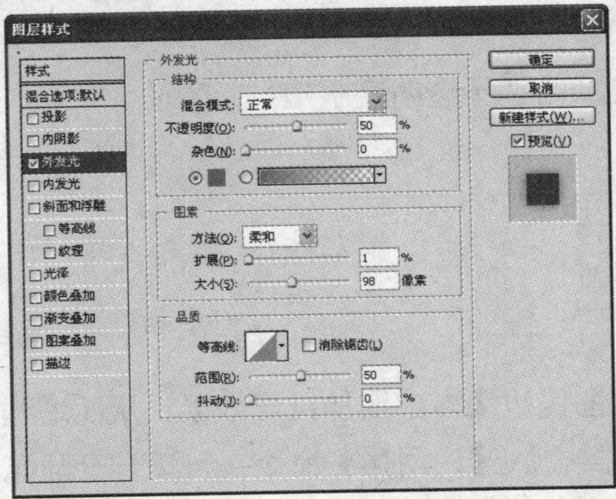

图 8-21 【外发光】样式

8.4.5 【内发光】图层样式

应用【内发光】样式的操作方法与应用【外发光】样式的操作方法大致相同。【内发光】样式设置区域比【外发光】样式设置区域多了一个【源】选项。如果选择【居中】单选按钮，可以从图像的中心位置处产生内发光效果；如果选择【边缘】单选按钮，可以从图像内部的边缘部分产生内发光效果，如图 8-22 所示。

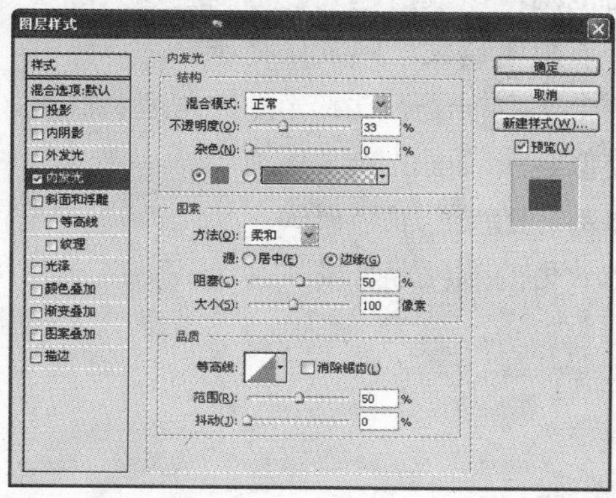

图 8-22 【内发光】样式

8.4.6 【斜面与浮雕】图层样式

使用【斜面和浮雕】样式，用户可以为图层中的图像添加不同形式的斜面与浮雕效果。要想应用【斜面和浮雕】样式，可以打开【图层样式】对话框，在【样式】列表中选中并启用【斜面与浮雕】复选框，即可显示【斜面与浮雕】样式设置区域，如图 8-23 所示。

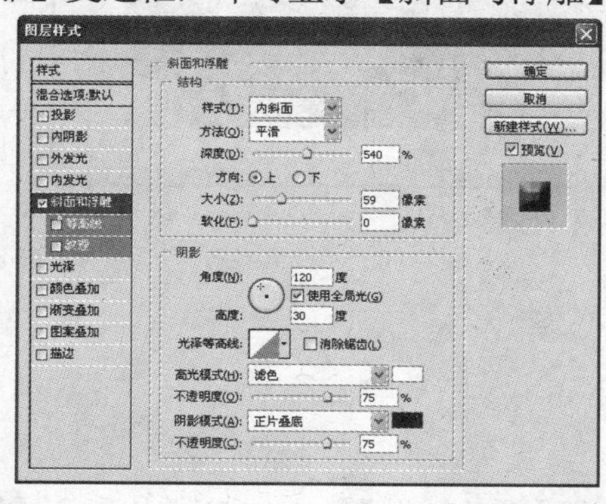

图 8-23 【斜面与浮雕】样式

在【斜面与浮雕】样式设置区域中，各主要参数选项作用如下。

- 【样式】下来列表框：用于设置【斜面和浮雕】样式的类型，有【内斜面】、【浮雕效果】、【枕状浮雕】和【描边浮雕】等选项。

◎ 【方法】下拉列表框：用于设置斜面和浮雕效果的应用技术，有【平滑】、【雕刻清晰】和【雕刻柔和】3 个选项。

◎ 【深度】选项：用于设置斜面与浮雕效果的立体程度。数值越大，斜面与浮雕的效果越明显。

◎ 【方向】选项区域：该选项区域有【上】和【下】两个单选按钮，用于设置对象受光面的方向。

◎ 【大小】选项：用于设置斜面浮雕的作用范围，该数值越大，范围就越大。

◎ 【软化】选项：用于设置模糊阴影效果，该数值越大，则效果将越好。

◎ 【角度】文本框和【亮度】文本框：这两个文本框用于设置光源的角度和高度。

◎ 【光泽等高线】下拉列表框：用于创建类似金属表面的光泽外观。

◎ 【高光模式】选项：用于设置斜面的突出部分的颜色混合模式。

◎ 【阴影模式】下拉列表框：用于设置阴影效果的颜色混合模式。

8.4.7 【光泽】图层样式

【光泽】样式可以使用图层中的图像变得柔和，增强图像颜色光泽的视觉效果，如图 8-24 所示。如果应用【光泽】样式，可以打开【图层样式】对话框，在其左侧的【样式】列表里选择并启用【光泽】复选框，即可显示【光泽】样式设置区域。

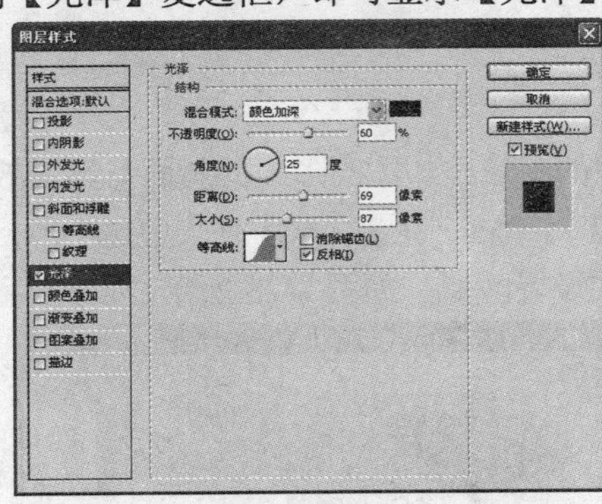

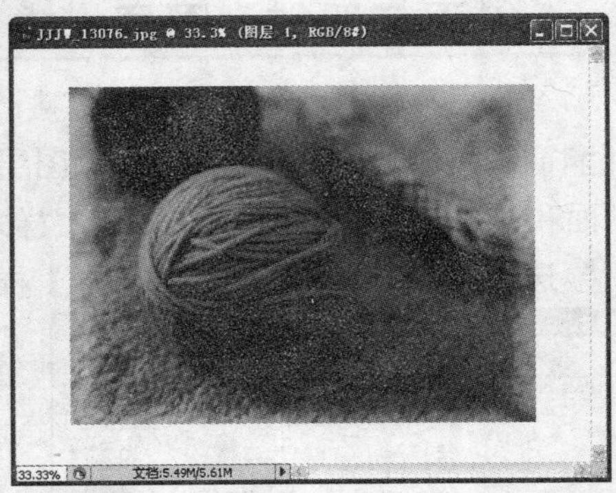

图 8-24 【光泽】样式

8.4.8 叠加类图层样式

通过选择所需的叠加类样式 ，用户可以为图像【颜色叠加】、【渐变叠加】和【图案叠加】样式效果，如图 8-25 所示。要想使用这些叠加类样式，只需打开【图层样式】对话框，在其左侧的样式列表里选择并启用相应的叠加类样式复选框，即可显示相应的样式设置区域。

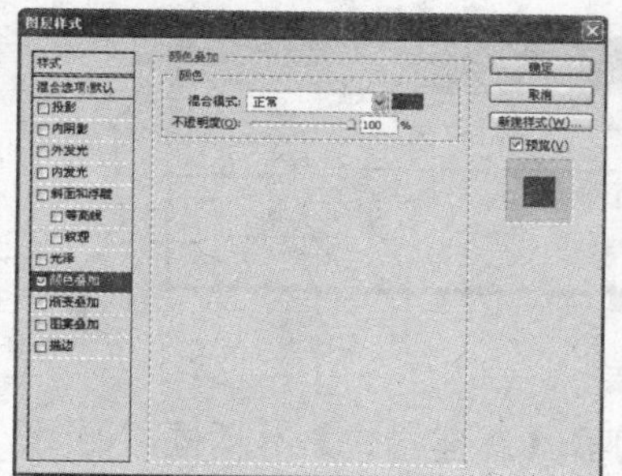
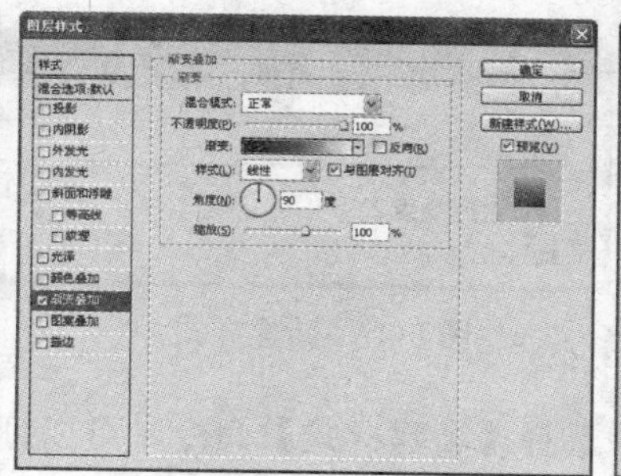
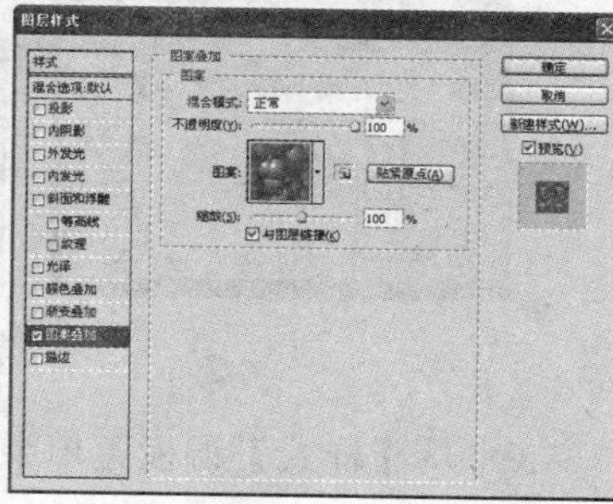

图 8-25　叠加类图层样式

8.4.9　【描边】图层样式

【描边】样式是一种比较奇特的填充样式，它不仅可以将图层中的图像边缘向外或向内填充内容，还可以将图层中的图像从中心向图像的边缘填充，填充类型可为颜色、渐变色或图案，如图 8-26 所示。要想应用【描边】样式，可以打开【图层样式】对话框，在其左侧的【样式】列表选择并启用【描边】复选框，即可显示【描边】样式设置区域。

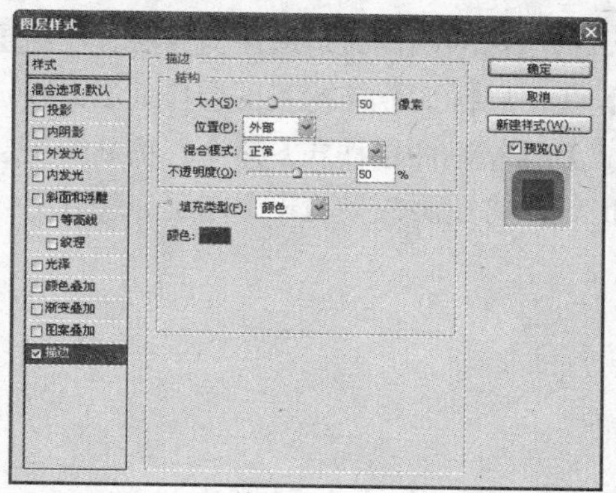

图 8-26　【描边】样式

8.4.10　创建新样式

【样式】调板可以保存自定义的样式。将自己创建的样式保存在【样式】调板中，以后可以方便其他图像使用相同的样式。创建新样式时，首先在【图层】调板中选择包含要存储为预设的样式的图层，然后选择下列任一种方法进行操作。

- 在【样式】调板的空白区域，当光标变为 时单击，弹出【新建样式】对话框。输入预设样式的名称，设置样式选项，然后单击【确定】按钮，即可将样式保存到【样式】调板中，如图 8-27 左图所示。

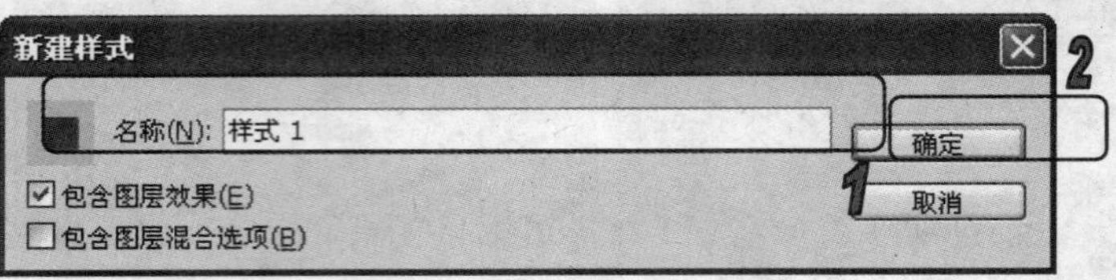

图 8-27　新建样式

- 从【样式】调板菜单中选择【新建样式】命令，可以打开【新建样式】对话框，如图 8-27 右图所示。
- 按住 Alt 键单击【样式】调板底部的【创建新样式】按钮，也可以打开【新建样式】对话框。如果直接单击【创建新样式】按钮，则可以创建新样式，但不打开【新建样式】对话框，样式的名称将使用系统默认的名称。
- 选择【图层】|【图层样式】|【混合选项】命令，在打开的【图层样式】对话框中单击【新建样式】按钮，也可以创建新样式。

8.4.11　拷贝与粘贴图层样式

当需要对多个图层应用相同样式效果的时候，拷贝和粘贴样式是最便捷方法。在图层调板中，选择包含要拷贝的样式的图层，选择【图层】|【图层样式】|【拷贝图层样式】命令；在调板中选择目标图层，然后选取【图层】|【图层样式】|【粘贴图层样式】命令，粘贴的图层样式将替换目标图层上的现有图层样式。或者按住 Alt 键，将图层效果从一个图层拖动到另一个图层以复制图层效果。

8.4.12　隐藏与删除图层样式

如果图层具有样式，【图层】调板中的图层名称右侧将显示 fx 图标。选择【图层】|【图层样式】|【隐藏所有效果】或【显示所有效果】或单击【效果】前的眼睛图标可隐藏所有图层样式效果。要隐藏某一图层样式，只需单击图层样式名称前的眼睛图标即可。

如果要删除不需要的图层样式，只要在图层上单击右键，在弹出的菜单中选择【清除图层样式】命令或在图层样式名称上按住鼠标，将其拖动至【删除图层】按钮上释放即可。

8.5　上机练习

本次上机练习将重点应用图层样式和图层混合模式制作出如图 8-54 和图 8-73 所示的图像效果。通过练习可以让读者掌握使用创建图层、编辑复制图层、图层样式的使用以及图层混合模式的应用等内容。

8.5.1　制作图像浏览器

应用前面介绍的形状工具、选框工具等创建及复制图层，并结合多种图层样式制作图像浏览器效果，最终效果如图 8-56 所示。

(1) 启动 Photoshop CS3 应用程序，选择【文件】|【新建】命令，在打开的新建对话框中设置【宽度】为 10 厘米，【高度】为 8 厘米，【分辨率】为 300 像素/英寸，【颜色模式】为 RGB 颜色，然后单击【确定】按钮，如图 8-28 所示创建新文件。

(2) 选择【视图】|【显示】|【网格】命令，在新建文件中显示网格，如图 8-29 所示。

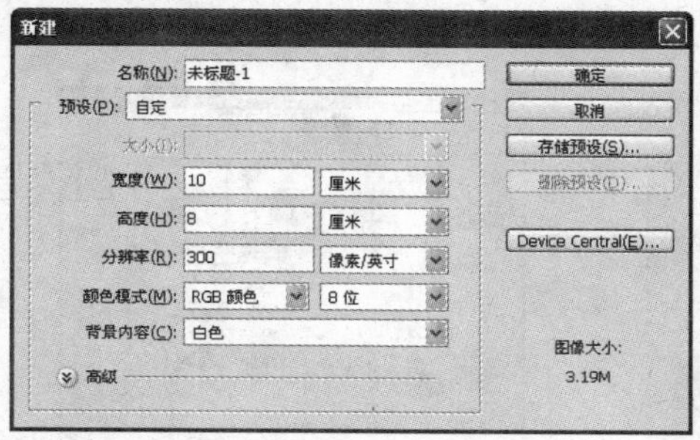

图 8-28　设置【新建】对话框

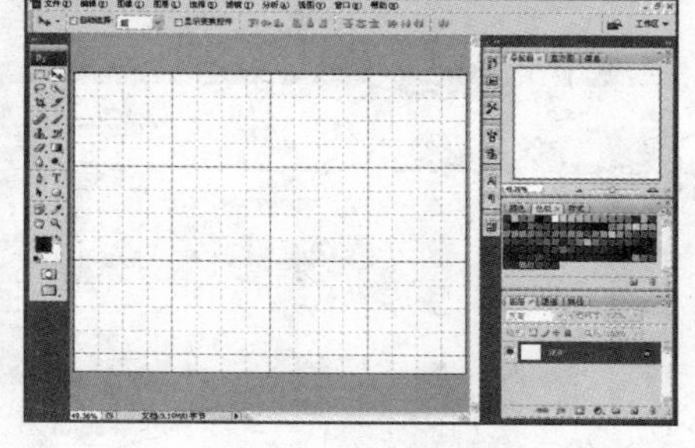

图 8-29　显示网格

(3) 在【色板】调板中单击【蜡笔黄橙】颜色色板，在【工具】调板中单击【圆角矩形】，在工具选项栏中单击【形状图层】按钮，设置【半径】为 20px，然后使用工具，在图像中拖动创建圆角矩形，如图 8-30 所示。

(4) 在【图层】调板中双击【形状 1】图层，打开【图层样式】对话框，如图 8-31 所示。

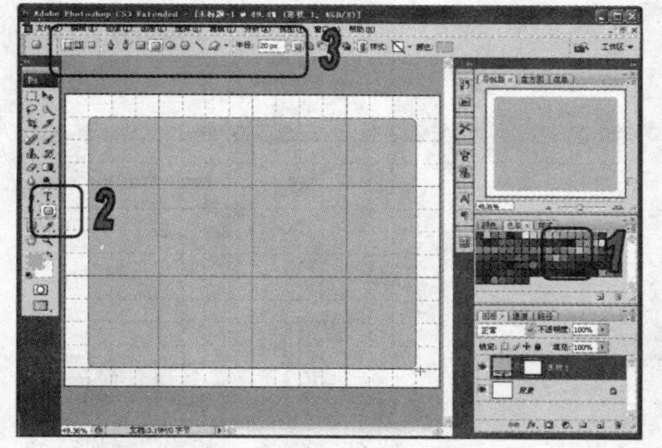

图 8-30　绘制圆角矩形

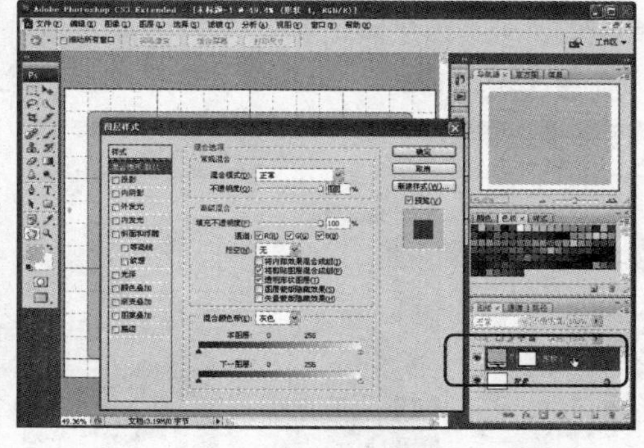

图 8-31　打开【图层样式】对话框

(5) 在对话框中，选择【斜面和浮雕】样式，在选项区中，选择【样式】为【内斜面】，设置【深度】为 100%，【大小】为 13 像素，【软化】为 16 像素；单击【阴影模式】右侧的颜色块，在打开的【拾色器】对话框中设置颜色 R 为 235、G 为 133、B 为 0，然后单击【确定】按钮关闭【拾色器】，接着单击【确定】按钮关闭【图层样式】对话框，如图 8-32 所示。

(6) 选择【工具】调板中的【矩形选框】工具，在图像中拖动创建选区，如图 8-33 所示。

(7) 选择【文件】|【打开】命令，在【打开】对话框中选择所需要的图像打开，如图 8-34 所示。

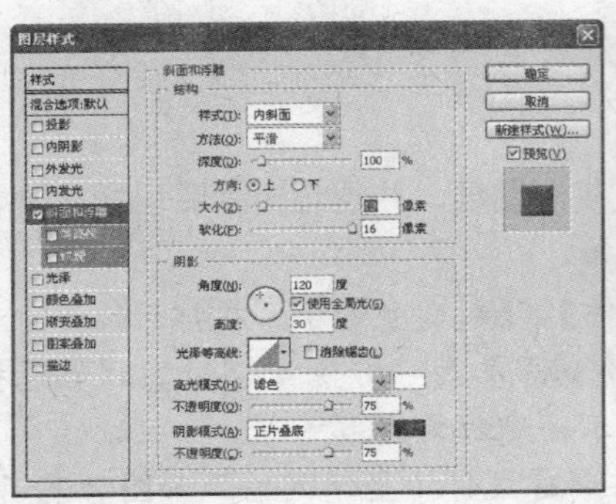
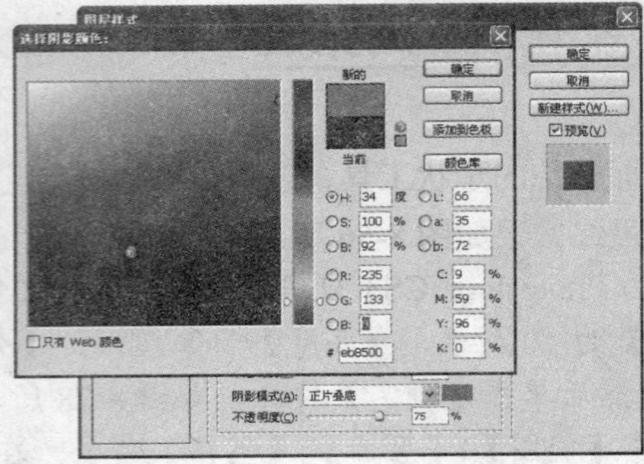

图 8-32　设置【斜面和浮雕】样式

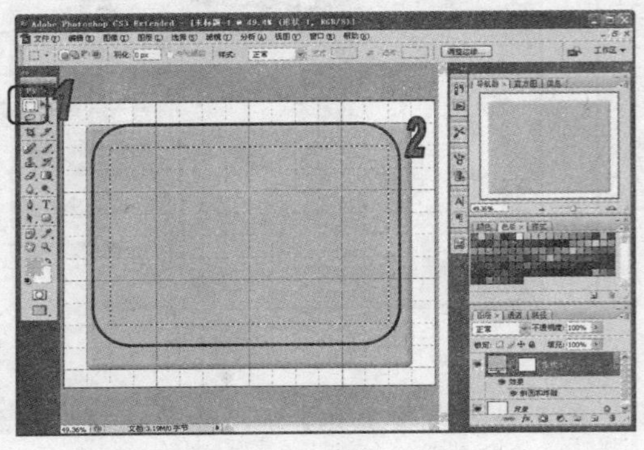

图 8-33　创建选区

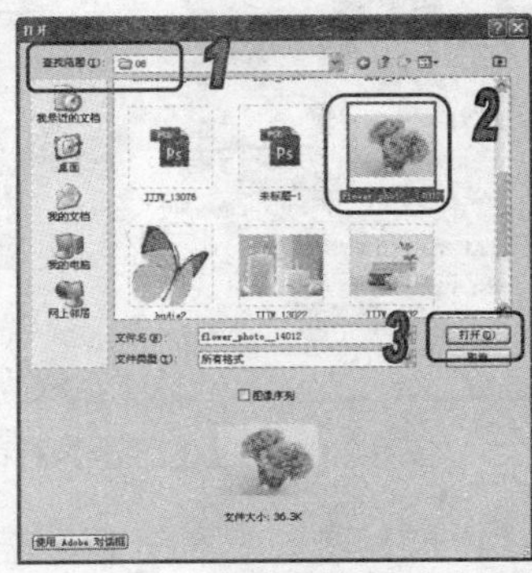

图 8-34　打开图像

(8) 在打开的图像中，按 Ctrl+A 键将图像全部选中，然后选择【编辑】|【拷贝】命令将图像复制到剪贴板中，如图 8-35 所示。

(9) 返回正在编辑的图像文件，选择【编辑】|【贴入】命令，将剪贴板中的图像贴入到选区内，如图 8-36 所示。

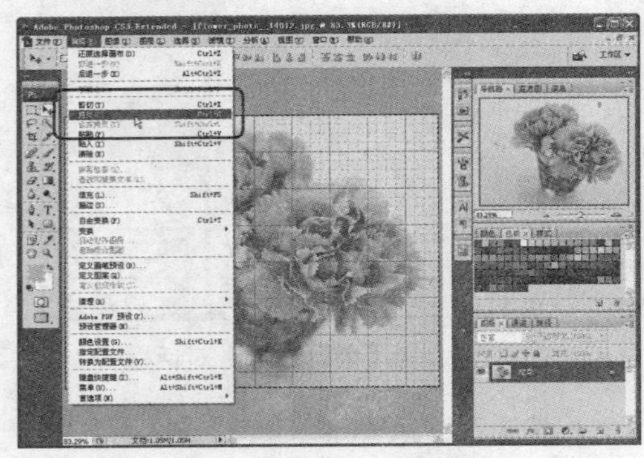

图 8-35　【拷贝】命令

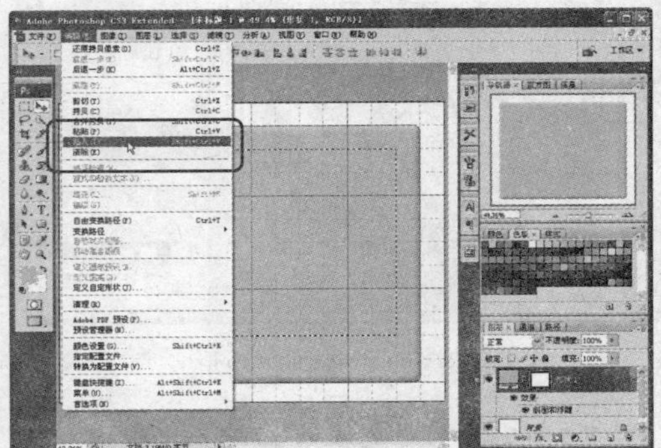

图 8-36　【贴入】命令

(10) 按 Ctrl 键单击【图层 1】的图层蒙版，载入选区。然后在【图层】调板中单击【创建新图层】按钮，创建【图层 2】，如图 8-37 所示。

(11) 将【图层 2】拖动放置在【图层 1】下方，按 D 键恢复默认前景色和背景色，然后使用前景色填充选区，如图 8-38 所示。

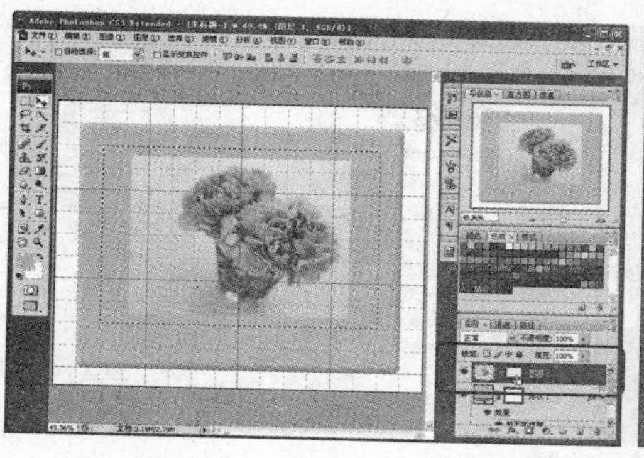
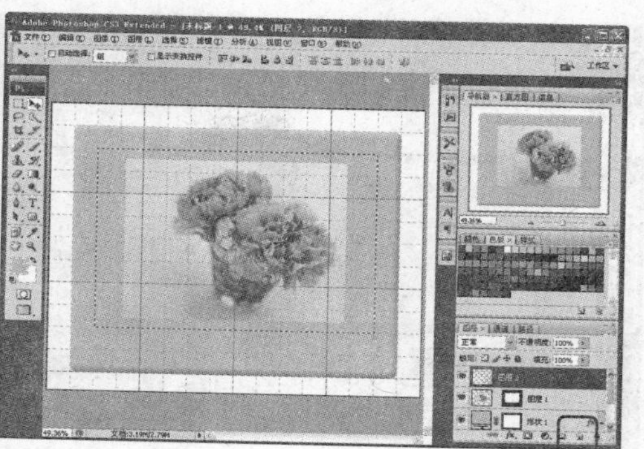

图 8-37　载入选区并创建新图层

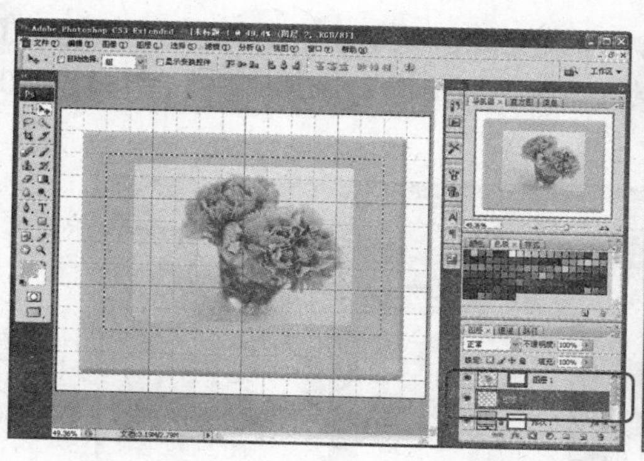

图 8-38　填充图层选区

(12) 双击【图层 2】，打开【图层样式】对话框，并选择【斜面和浮雕】样式。在【样式】下拉列表中选择【外斜面】，【大小】为 2 像素，【软化】为 10 像素，单击【阴影模式】右侧的颜色块，在打开的【拾色器】对话框中设置颜色 R 为 235、G 为 133、B 为 0，然后单击【确定】按钮关闭【拾色器】，接着单击【确定】按钮关闭【图层样式】对话框，如图 8-39 所示。

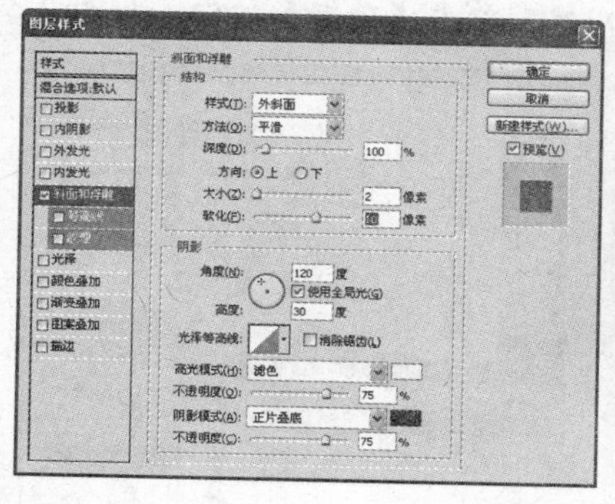
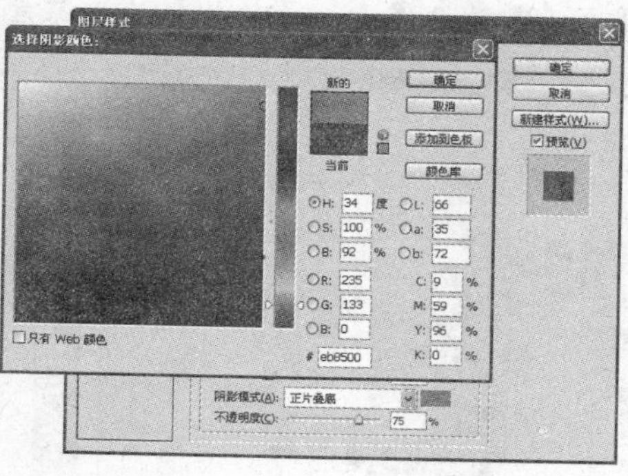

图 8-39　设置【斜面和浮雕】样式

(13) 选择【圆角矩形】工具，在工具选项栏中单击【形状图层】按钮，设置【半径】为 10px，然后使用工具在图像中拖动创建圆角矩形，如图 8-40 所示。

(14) 双击【形状 2】图层，打开【图层样式】对话框。在对话框中选择【渐变叠加】，并选【反向】复选框，如图 8-41 所示。

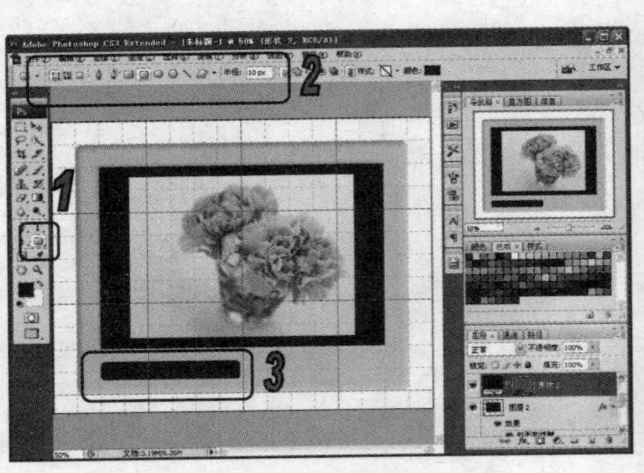
图 8-40　创建形状图层

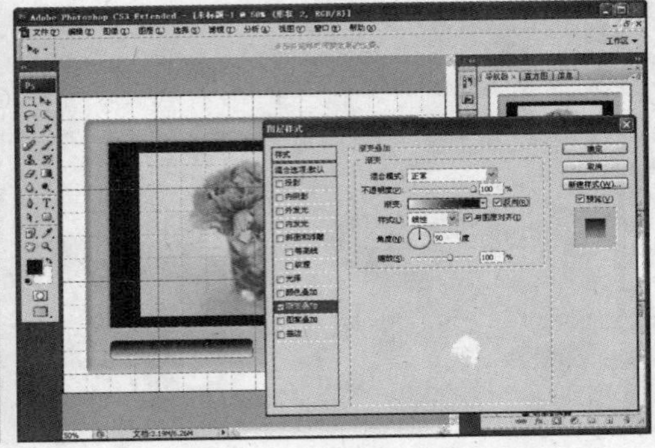
图 8-41　设置【渐变叠加】样式

(15) 选中【内阴影】复选框，在内阴影选项区中设置混合模式为【正片叠底】，设置【不透明度】为 84%，【角度】为-45 度，【距离】为 1 像素，【阻塞】为 0%，【大小】为 10 像素，如图 8-42 所示。

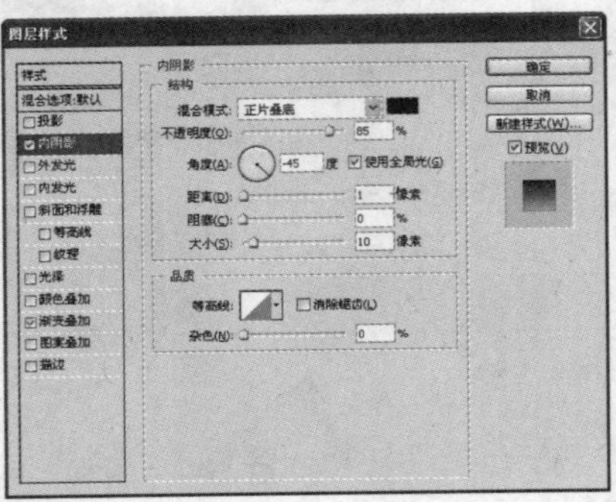

图 8-42　设置【内阴影】样式

(16) 选中【斜面和浮雕】复选框，在【样式】下拉列表中选择【内斜面】，设置【深度】为 490%，【大小】为 2 像素，【软化】为 1 像素，然后单击【确定】按钮，如图 8-43 所示。

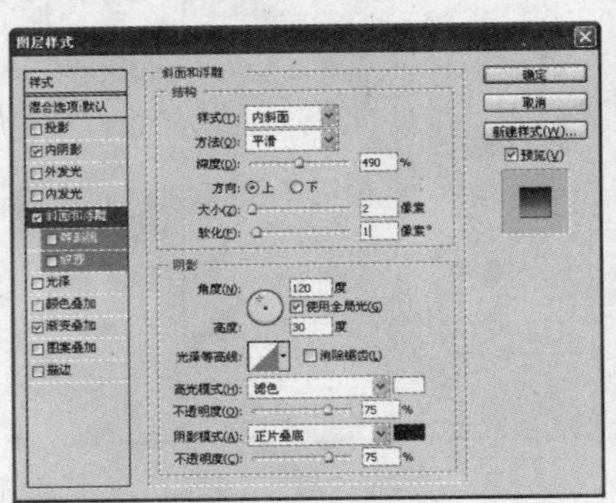

图 8-43　设置【内斜面】样式

(17) 在【图层】调板中，按住鼠标将【形状 2】图层拖动至【创建新图层】按钮上，释放鼠标创建【形状 2 副本】图层，如图 8-44 所示。

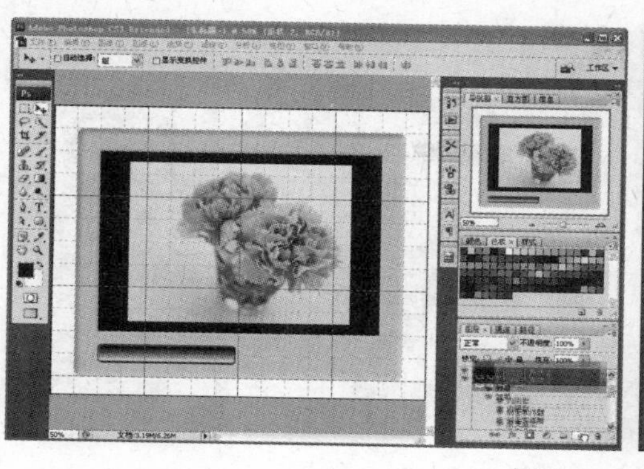

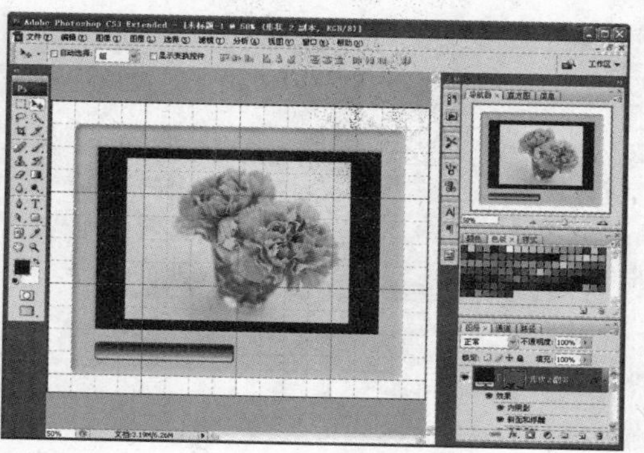

图 8-44 复制图层

(18) 选择【移动】工具，按住 Shift 键拖动【形状 2 副本】图层至合适位置，如图 8-45 所示。

(19) 在【色板】调板中，单击【65%灰色】颜色调板，然后选择【自定形状】工具，在工具选项栏中单击【形状】图层按钮，在【形状】下拉列表中选择【箭头 9】形状样式，使用工具在图像中拖动，绘制图形，如图 8-46 所示。

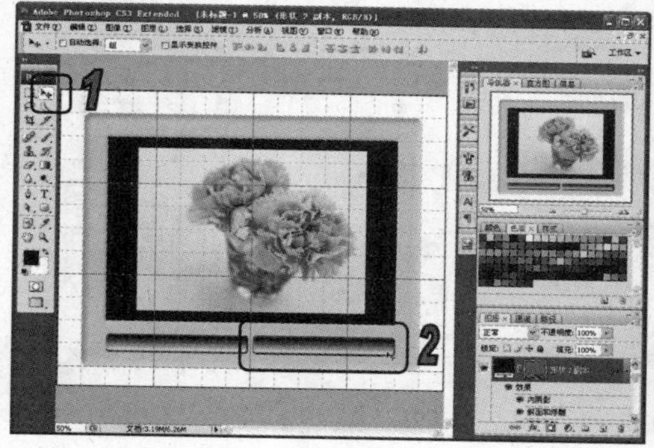

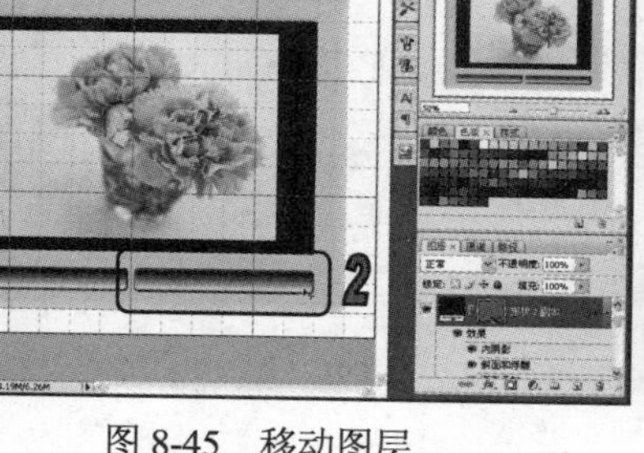

图 8-45 移动图层

图 8-46 绘制图形

(20) 双击【形状 3】图层，打开【图层样式】对话框。选择【内阴影】样式，设置【距离】为 5 像素，【大小】为 5 像素，然后单击【确定】按钮，如图 8-47 所示。

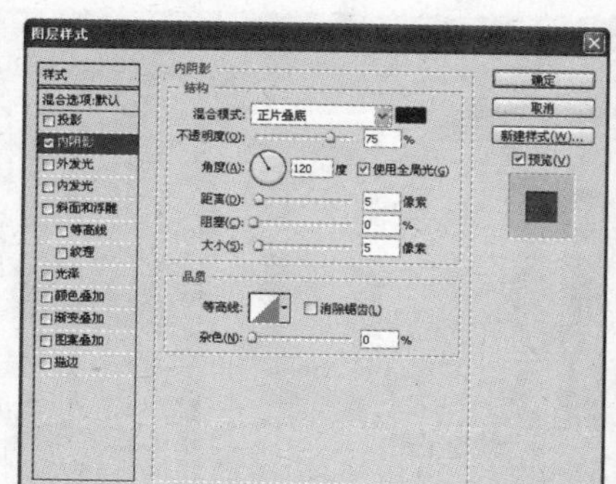

图 8-47 设置【内阴影】样式

(21) 在【图层】调板中，按住鼠标将【形状 3】图层拖动至【创建新图层】按钮上，释放鼠标创建【形状 3 副本】图层，如图 8-48 所示。

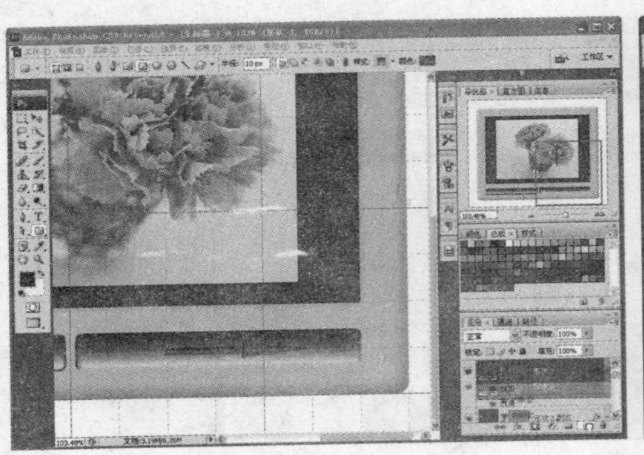
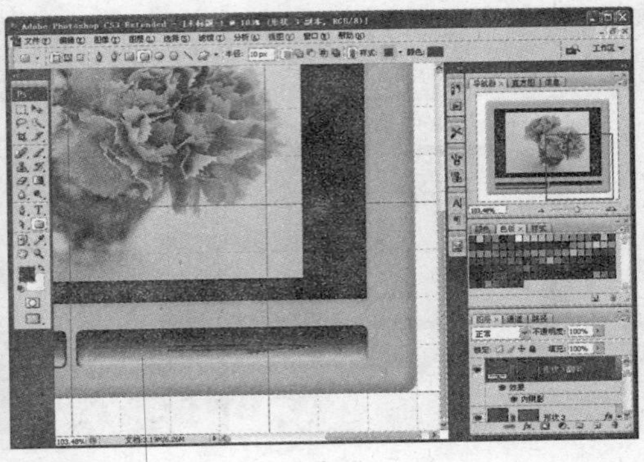

图 8-48　复制图层

(22) 选择【移动】工具，按住 Shift 键拖动【形状 3 副本】图层至合适位置，如图 8-49 所示。

(23) 选择【编辑】|【变换路径】|【水平翻转】命令，将【形状 3 副本】中的图像进行变换，如图 8-50 所示。

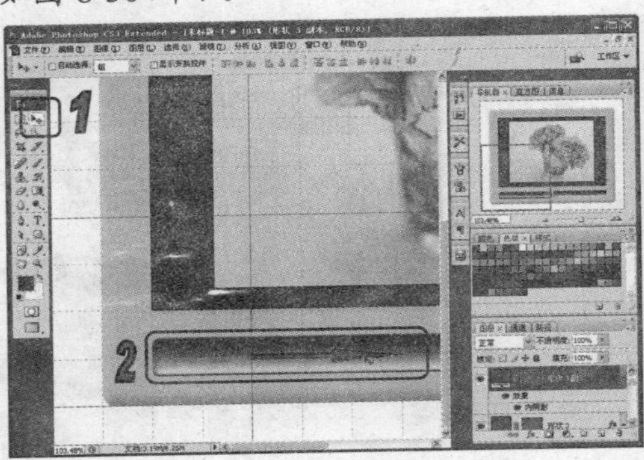

图 8-49　移动图形

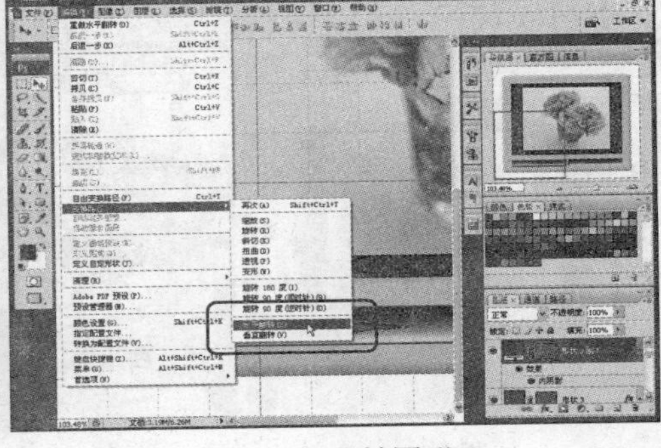

图 8-50　翻转图形

(24) 在【图层】调板中选中【形状 1】图层，然后选择【图层】|【更改图层内容】|【渐变】命令，如图 8-51 所示。

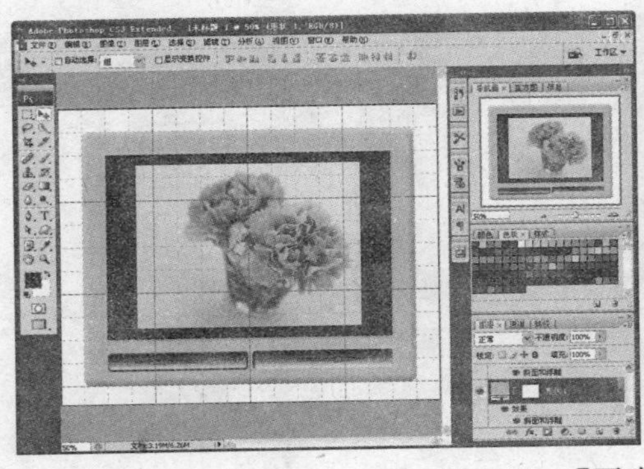
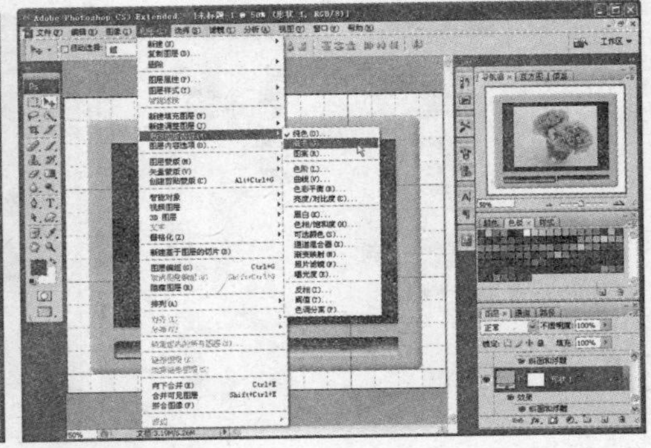

图 8-51　【更改图层内容】命令

(25) 在【渐变填充】对话框中，设置渐变样式为黑色到深灰色渐变，然后单击【确定】按钮，如图 8-52 所示。

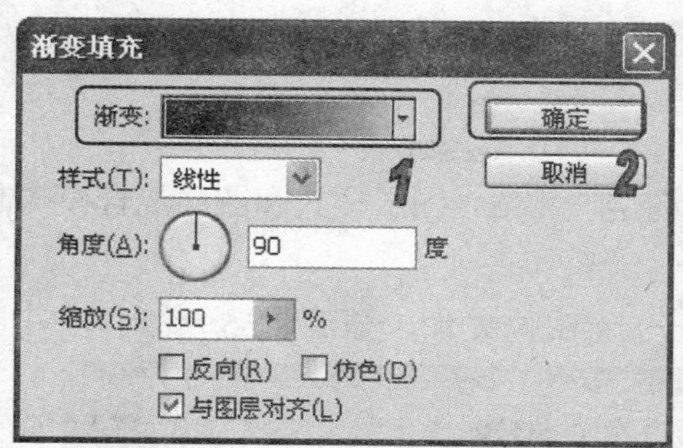

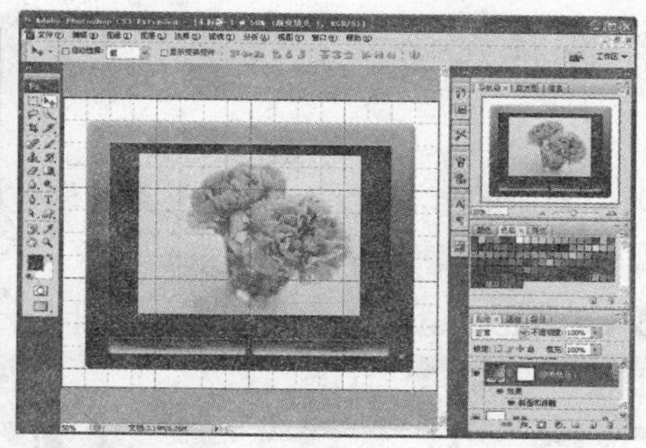

图 8-52　设置【渐变填充】

(26) 双击更改后的图层，打开【图层样式】对话框。单击【阴影模式】右侧的颜色块，在打开的【拾色器】对话框中将颜色设置为黑色。选择【光泽】样式，设置【不透明度】为 10%，角度为 19 度，【距离】为 11 像素，【大小】为 14 像素，然后单击【确定】按钮，如图 8-53 所示。

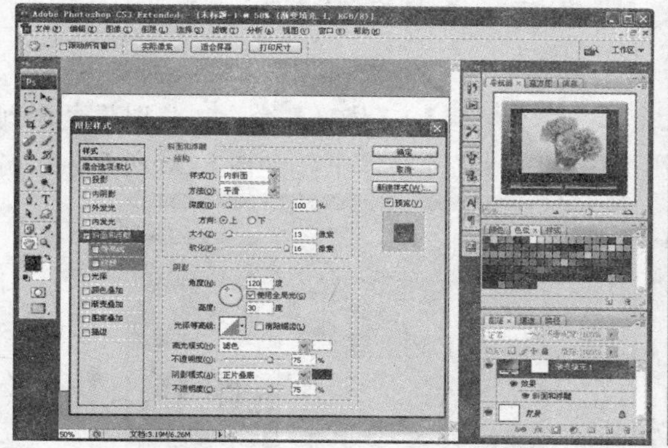

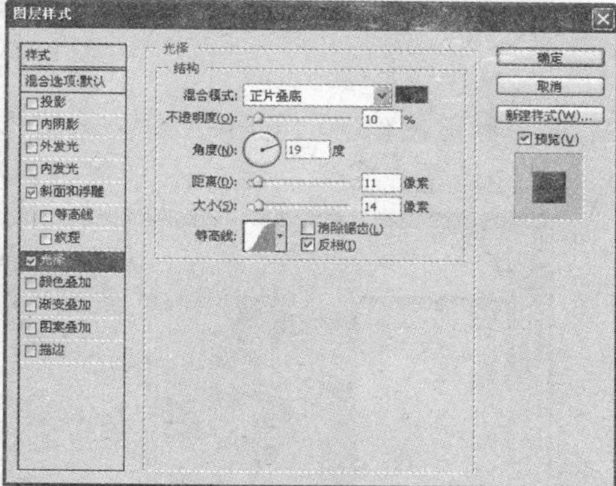

图 8-53　设置图层样式

(27) 选择【图层 2】，并双击打开【图层样式】对话框。选择【斜面和浮雕】样式，在【样式】下拉列表中选择【内斜面】，【方法】选择【雕刻清晰】，设置【深度】为 90%，【大小】为 9 像素，【软化】为 0 像素，如图 8-54 所示。

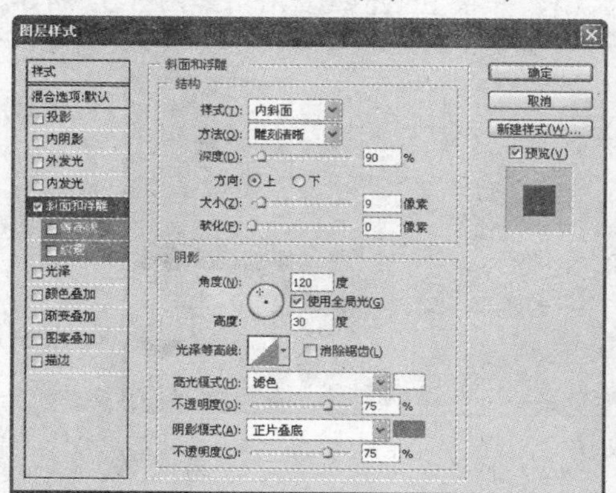

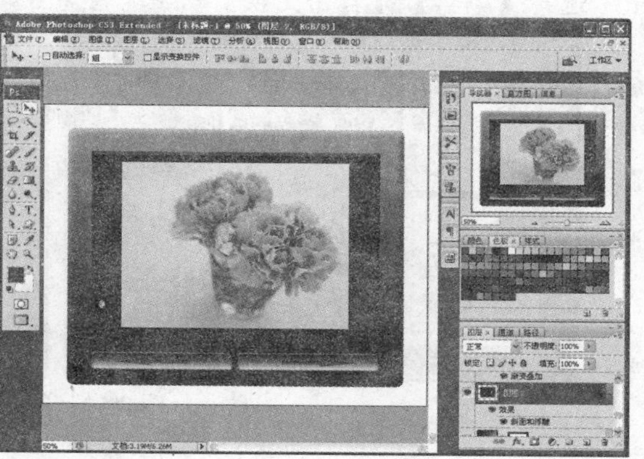

图 8-54　设置【斜面和浮雕】样式

8.5.2 制作精美照片效果

应用前面介绍的形状工具、选框工具等创建图层，并结合图层样式和图层混合模式制作精美照片效果，最终效果如图 8-73 所示。

(1) 启动 Photoshop CS3 应用程序，打开两幅素材图像文件，如图 8-55 所示。

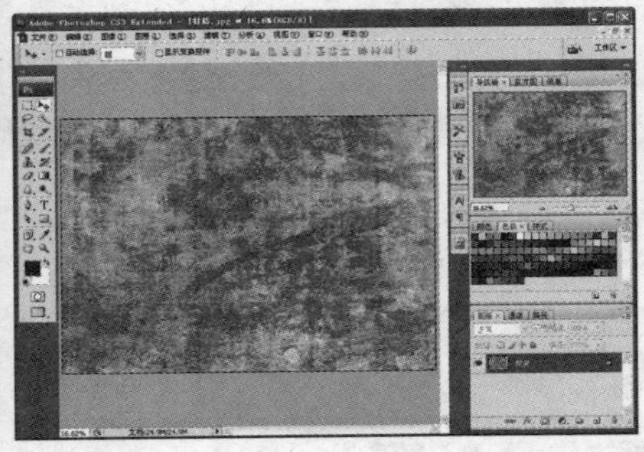

图 8-55 打开图像

(2) 选择材质图像，按 Ctrl+A 键全选图像，并选择【编辑】|【拷贝】命令，将图像复制到剪贴板中。选择花卉图像，按 Ctrl+V 键将材质图像粘贴到花卉图像中，如图 8-56 所示。

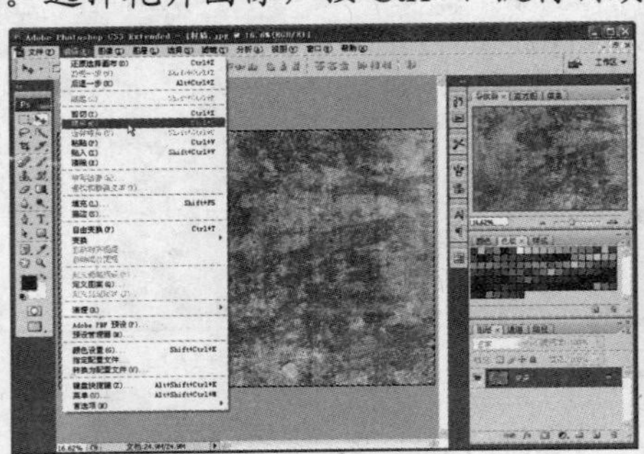
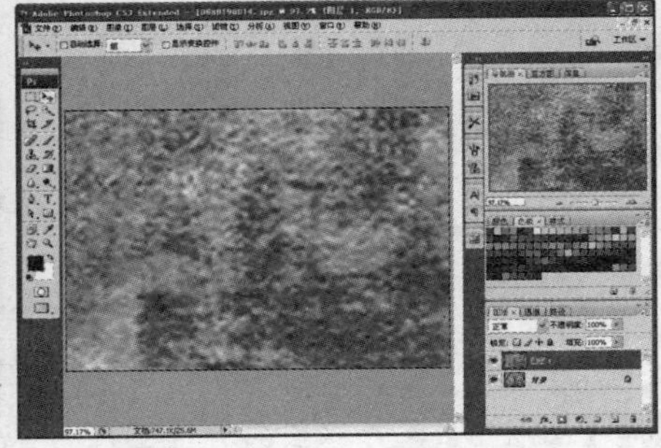

图 8-56 复制、粘贴

(3) 选择【编辑】|【自由变换】命令，调整图像大小，并按 Enter 键应用，如图 8-57 所示。

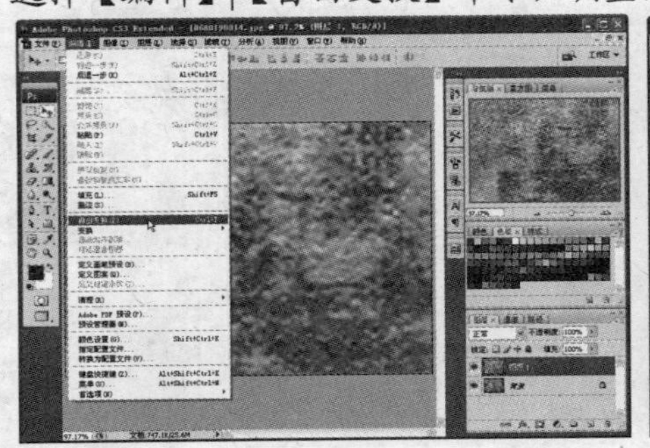
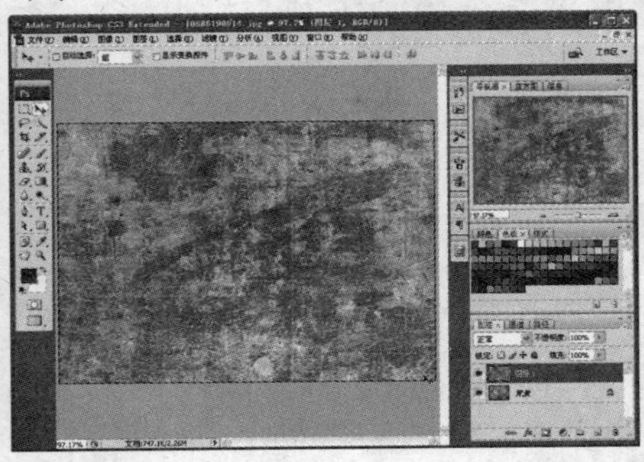

图 8-57 自由变换

(4) 选择【图像】|【调整】|【去色】命令，然后在【图层】调板中，设置【图层 1】的【混合模式】为【线性光】，【不透明度】为 70%，如图 8-58 所示。

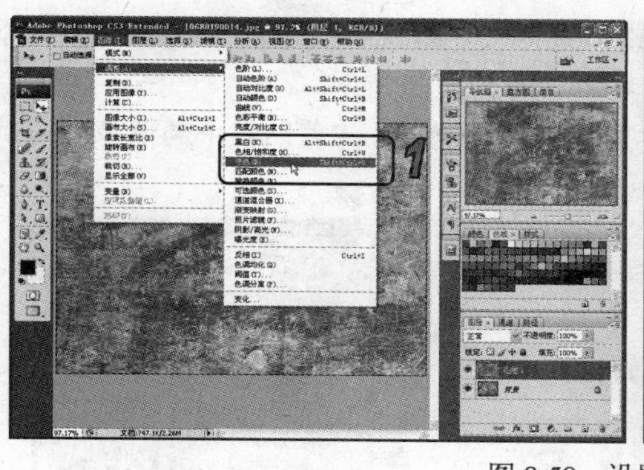

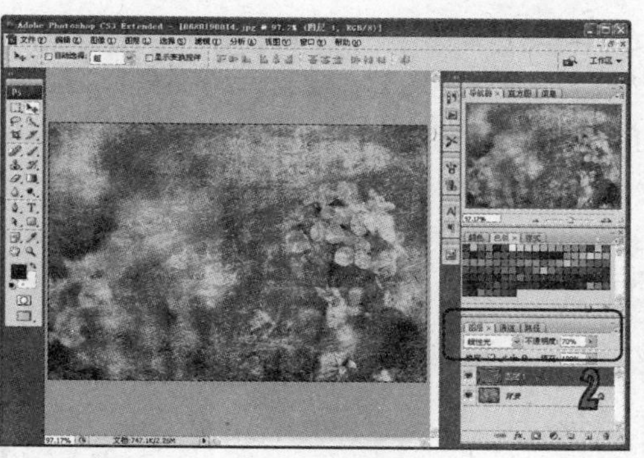

图 8-58　设置混合模式

(5) 在【工具】调板中单击【切换前景色和背景色】按钮，然后选择【矩形】工具，在选项栏中单击【形状图层】按钮，接着在图像中绘制矩形，如图 8-59 所示。

(6) 双击【形状 1】图层，打开【图层样式】对话框。在对话框中选择【投影】样式，设置【不透明度】为 60%，【角度】为 30 度，【距离】为 6 像素，【扩展】为 0%，【大小】为 10 像素，然后单击【确定】按钮，如图 8-60 所示。

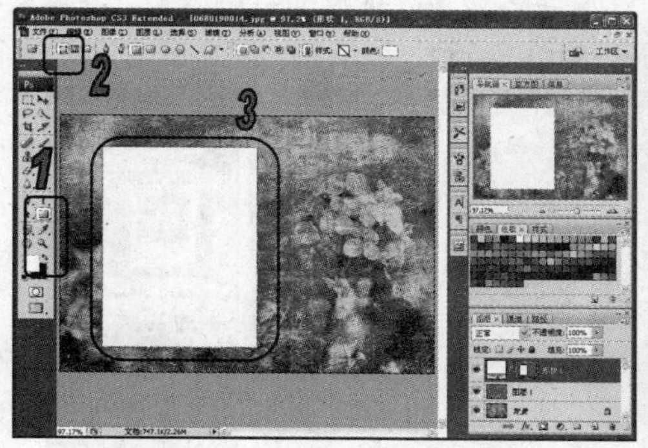

图 8-59　绘制矩形

图 8-60　设置【投影】样式

(7) 在【工具】调板中选择【矩形选框】工具，在图像中创建矩形选区，如图 8-61 所示。

(8) 选择【文件】|【打开】命令，在【打开】对话框中选择所需的图像，然后单击【打开】按钮打开，如图 8-62 所示。

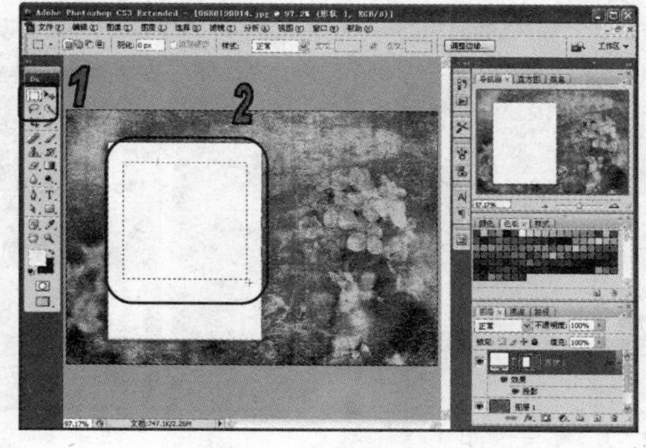

图 8-61　创建选区

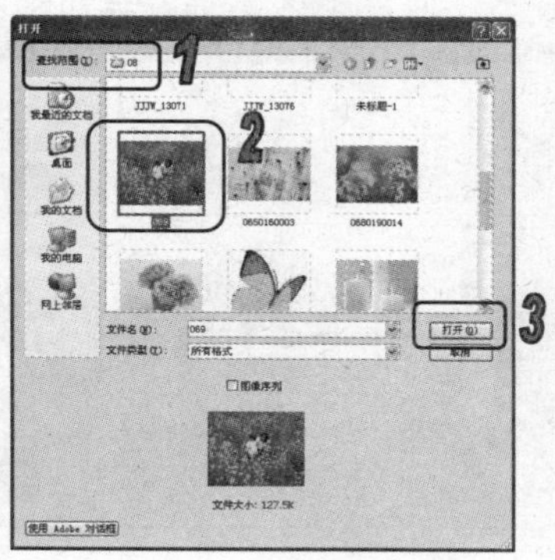

图 8-62　打开图像

(9) 在打开的图像中，按 Ctrl+A 键将图像全部选中，然后选择【编辑】|【拷贝】命令将图像复制到剪贴板中，如图 8-63 所示。

(10) 返回正在编辑的图像文件，选择【编辑】|【贴入】命令，将剪贴板中的图像贴入到选区内，如图 8-64 所示。

图 8-63 复制

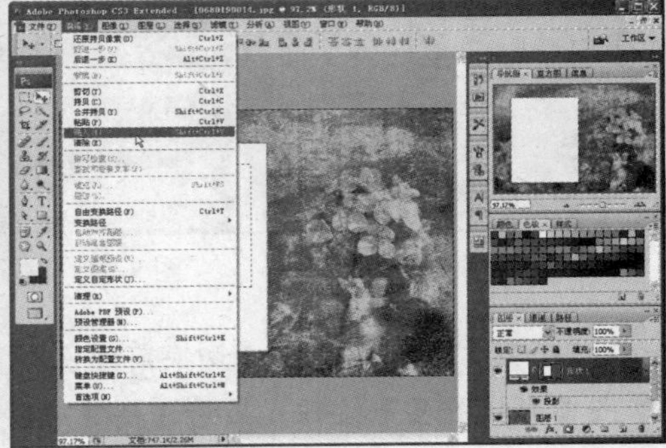

图 8-64 粘贴

(11) 选择【移动】工具，在图像中调整照片图像位置，如图 8-65 所示。

(12) 选择【横排文字】工具，在工具选项栏中设置字体为【方正瘦金书简体】，字体大小为 3 点，然后使用工具在图像中单击，并输入文字，如图 8-66 所示。

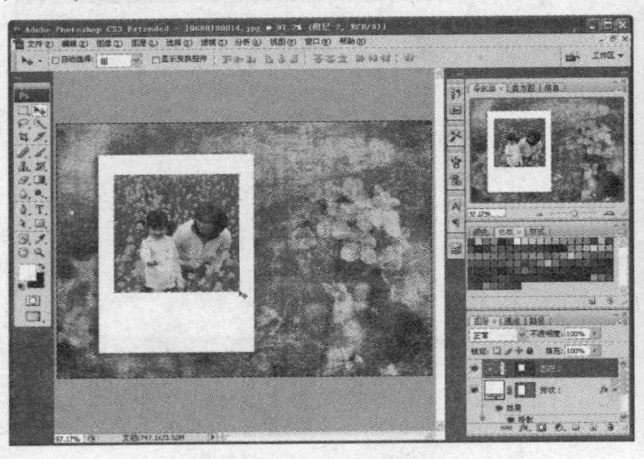

图 8-65 移动图像

图 8-66 输入文字

(13) 在【图层】调板中选中【形状 1】、【图层 2】和文字图层，然后选择【图层】|【图层编组】命令，将选中图层进行编组，如图 8-67 所示。

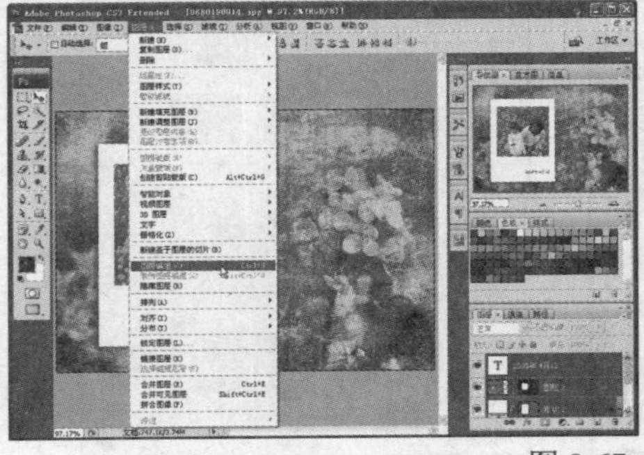

图 8-67 图层编组

(14) 在【图层】调板中展开【组 1】，在【图层 2】的图像缩览图和图层蒙版间单击创建链接，然后选中【组 1】，按 Ctrl+T 键使用【自由变换】命令旋转图像，如图 8-68 所示。

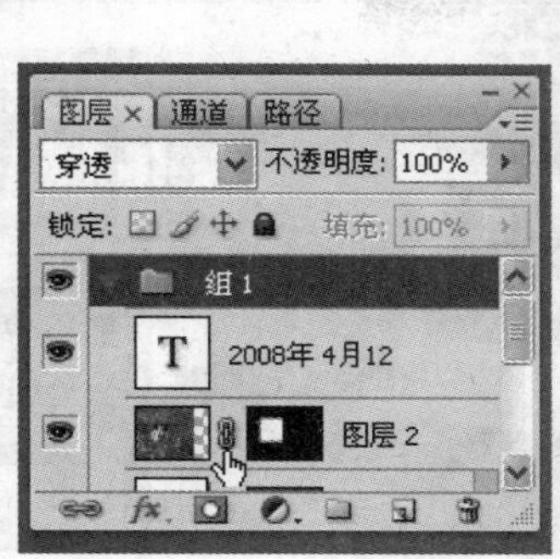

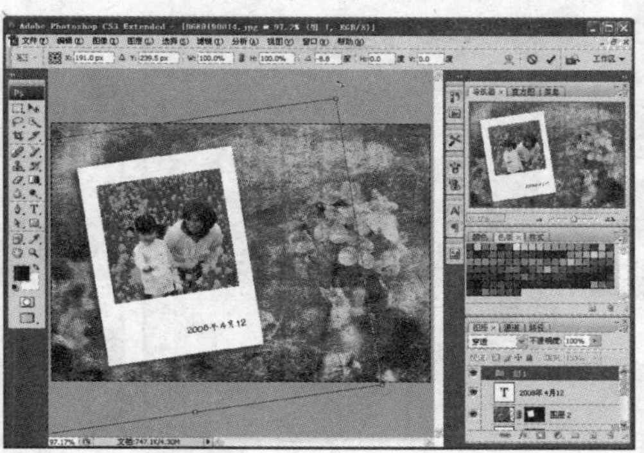

图 8-68　旋转图像

(15) 选择【直排文字】工具，在【字符】调板中设置字体为【方正黄草简体】，字体大小为 30 点，字符间距为-100，然后使用工具在图像中单击，并输入文字，如图 8-69 所示。

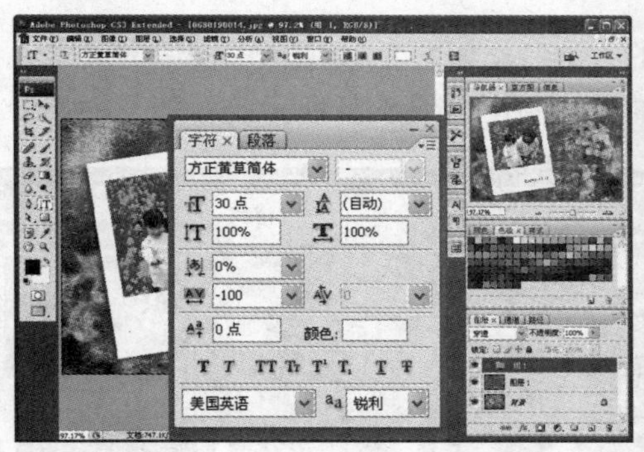

图 8-69　输入文字

(16) 选择【移动】工具，调整文字至合适位置，如图 8-70 所示。

(17) 选择【自定形状】工具，在选项工具栏中单击【路径】按钮，在【形状】下拉列表中选择【花形饰件 4】样式，选择【添加到形状区域】按钮，在图像中绘制路径，如图 8-71 所示。

图 8-70　移动文字　　图 8-71　绘制路径

(18) 在【路径】调板中单击【将路径作为选区载入】按钮，载入选区，如图 8-72 所示。

(19) 在【图层】调板中，单击【创建新图层】按钮创建新图层，使用背景色填充选区，并设置图层【不透明度】为 75%，如图 8-73 所示。

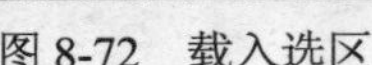

图 8-72　载入选区

图 8-73　填充选区

8.6　习题

1. 打开图像文件，并根据上机练习中类似的方法制作如图 8-74 所示的图像浏览器。
2. 打开图像文件，并根据上机练习中类似的方法制作如图 8-75 所示的精美照片效果。

图 8-74　图像浏览器

图 8-75　照片效果

第9章 通道与蒙版的使用

学习目标

通道和蒙版是 Photoshop CS3 中非常重要的概念。在 Photoshop CS3 中有颜色通道、Alpha 通道和专色通道 3 种通道，以及快速蒙版、图层蒙版、剪贴蒙版等多种蒙版。本章主要介绍这些通道的用途及使用方法等内容。

本章重点

- 通道的概述
- 【通道】调板的使用
- 通道的基本操作
- 通道的计算
- 蒙版的使用

9.1 通道的概述

在 Photoshop CS3 中，通道是图像文件的一种颜色数据信息存储形式，它与图像文件的颜色模式密切关联，多个分色通道叠加在一起可以组成一幅具有颜色层次的图像。

在 Photoshop CS3 中，通道可以分为颜色通道、Alpha 通道和专色通道 3 类，每一类通道都有其不同的功能与操作方法。

- 原色通道是用于保存图像的颜色信息的通道，在打开图像时自动创建。图像所具有的原色通道的数量取决于图像的颜色模式。位图模式及灰度模式的图像有一个原色通道，RGB 模式的图像有 4 个原色通道，CMYK 模式有 5 个原色通道，Lab 模式有 3 个原色通道，HSB 模式的图像有 4 个原色通道。
- Alpha 通道用于存放选区信息的，其中包括选区的位置、大小、羽化值等。

◎ 专色通道可以指定用于专色油墨印刷的附加印版。专色是特殊的预混油墨，用于替代或补充印刷色(CMYK)油墨，例如金色、银色和荧光色等特殊颜色。印刷时每种专色都要求专用的印版，而专色通道可以把 CMYK 油墨无法呈现的专色指定到专色印版印刷。

9.2 【通道】调板的使用

在 Photoshop CS3 中要对通道进行操作，必须使用【通道】调板，选择【窗口】|【通道】命令，即可打开【通道】调板如图 9-1 所示。

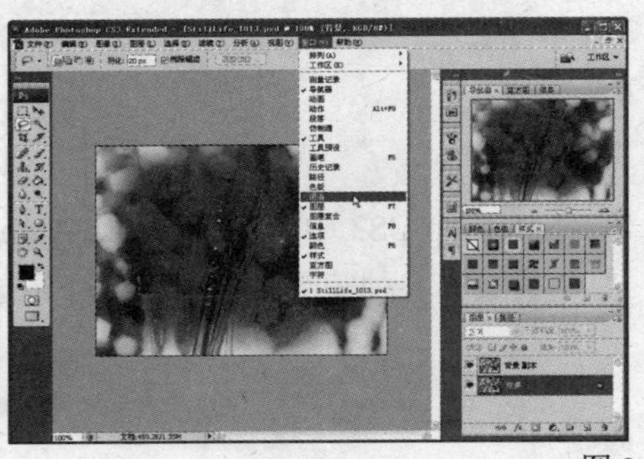

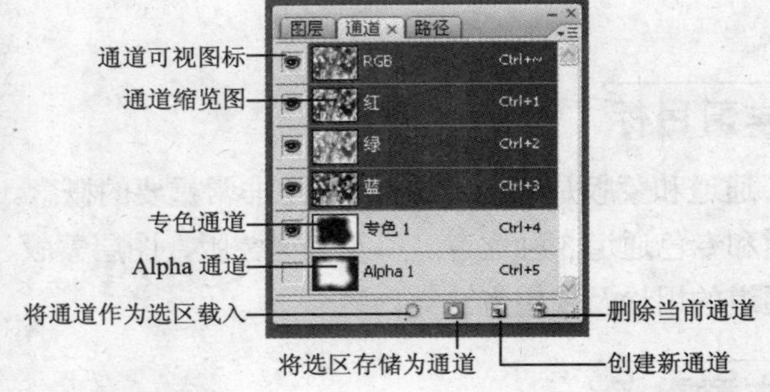

图 9-1 【通道】调板

在【通道】调板中可以通过直接单击通道选择所需通道，也可以按住 Shift 键单击选中多个通道。所选择的通道会以高亮的方式显示，当用户选择复合通道时，所有分色通道都以高亮方式显示。

【通道】调板中其他组成元素较为简单，元素的作用如下。

◎ 通道可视图标：该图标用于控制通道的显示或隐藏。要隐藏通道，只需在该通道的可视图标处单击，图标变为即可；要想重新显示该通道，单击图标使其变成即可。

◎ 通道缩览图：用于缩略显示该通道内的图像效果。通过单击【图层】调板右上角的调板菜单按钮，从打开的调板控制菜单中选择【调板选项】命令，打开【通道调板选项】对话框，在其中调整缩览图的显示大小。

◎ 【将通道作为选区载入】按钮：单击该按钮，可以将通道中的图像内容转换为选区。

◎ 【将选区存储为通道】按钮：单击该按钮，可以将当前图像中的选区以图像方式存储在自动创建的 Alpha 通道中。

◎ 【创建新通道】按钮：单击该按钮，即可在【通道】调板中创建一个新通道。

◎ 【删除当前通道】按钮：单击该按钮，可以删除当前用户所选择的通道，但不能删除图像文件的原色通道。

9.3　通道的基本操作

认识【通道】调板后，下面介绍通道的基本操作，主要包括通道的创建通道、复制通道、删除通道、分离与合并通道及存储与载入通道等内容。

9.3.1　创建通道

一般情况下，在 Photoshop CS3 中创建的新通道是保存选择区域信息的 Alpha 通道。单击【通道】调板中的【创建新通道】按钮，即可将选区存储为 Alpha 通道。在将选择区域保存为 Alpha 通道时，选择区域被保存为白色，而非选择区域被保存为黑色。如果选择区域具有不为 0 的羽化值，则此类选择区域中被保存为由灰色柔和过渡的通道，如图 9-2 所示。

要创建 Alpha 通道并设置选项时，按住 Alt 键单击【创建新通道】按钮，或通过单击【通道】调板右上角的调板菜单按钮，从打开的调板菜单中选择【新建通道】命令，即可打开【新建通道】对话框，如图 9-3 所示。在该对话框中，可以设置所需创建的通道参数选项，然后单击【确定】按钮，即可创建新的通道。

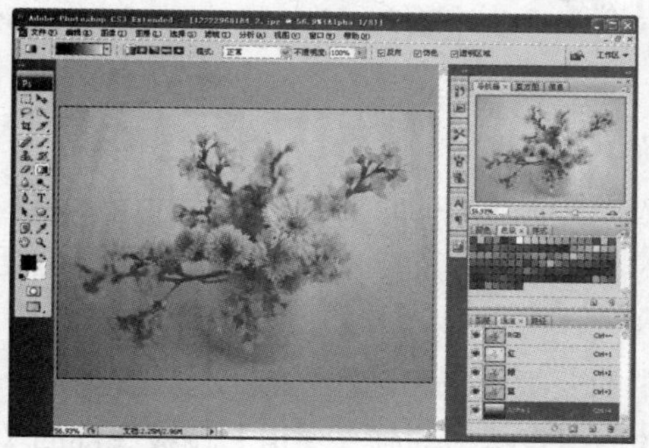

图 9-2　应用通道

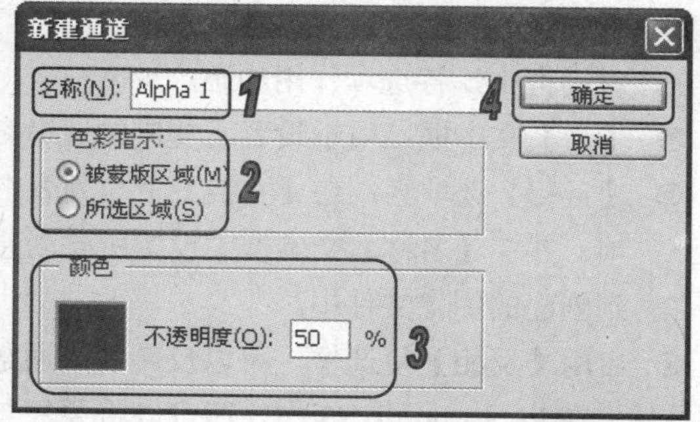

图 9-3　【新建通道】对话框

在【新建通道】对话框中，各参数选项作用如下。

- 【名称】文本框：用于输入新建的 Alpha 通道名称。
- 【色彩指示】选项区域：用户可以选择【被蒙版区域】单选按钮或【所选区域】单选按钮。选择【被蒙版区域】单选按钮时，新建通道中的黑色区域为蒙版区域，白色区域为所选区域。选择【所选区域】单选按钮时，新建通道中的黑色区域为所选区域，白色区域为蒙版区域。
- 【颜色】选项区域：在该选项区域中，可以设置通道蒙版所显示的颜色和不透明度。在此设置的颜色和不透明度对图像本身没有影响，它只用于区别通道中的蒙版区域和非蒙版区域。

9.3.2 复制通道

在进行图像处理过程中，有时需要对某一通道进行多个处理，从而获得特殊的视觉效果，或者需要复制图像文件中的某个通道并应用到其他图像文件中，这是就需要通过通道的复制操作完成。在 Photoshop CS3 中，不仅可以对同一图像文件中的通道进行多次复制，也可以在不同的图像文件之间复制任意的通道。

选择【通道】调板中所需复制的通道，然后在调板控制菜单中选择【复制通道】命令可以打开【复制通道】对话框，如图 9-4 所示。

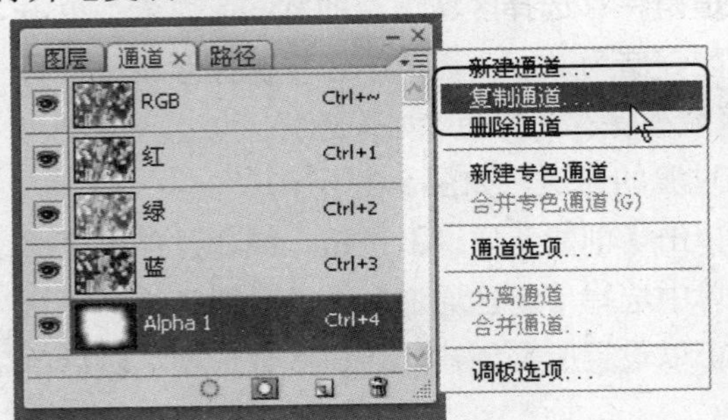

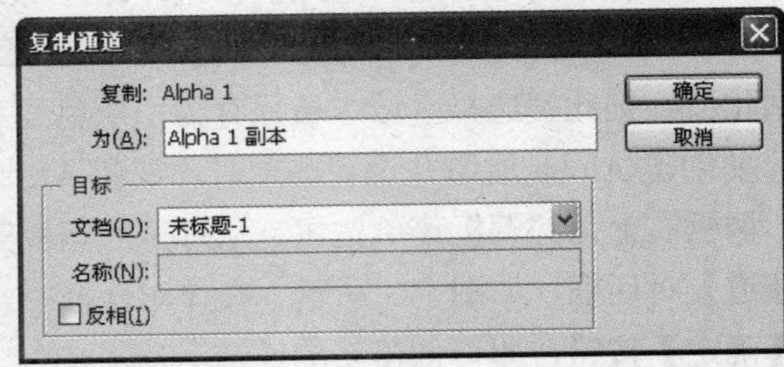

图 9-4 【复制通道】对话框

在该对话框中，各选项作用如下。

- 【为】文本框：用于设置所复制的通道名称。
- 【目标】选项区：在【文档】下拉列表中选择复制通道的目标文档。选择【新建】选项，并在【名称】文本框中设置所要创建的图像文件名称，可以将所选择的通道复制到创建的图像文件中。
- 启用【反相】复选框，可以反转复制通道中的蒙版区域和选区区域。

另外，在 Photoshop CS3 中，还可以将要复制的通道直接拖动到【通道】调板底部的【创建新通道】按钮上释放，在图像文件内快速复制通道。要想复制当前图像文件的通道到其他图像文件中，可以直接拖动需要复制的通道至其他图像文件窗口中释放即可。

知识点

在图像之间复制通道时，通道必须具有相同的像素尺寸，并且不能将通道复制到位图模式的图像中。

9.3.3 删除通道

在存储图像前删除不需要的 Alpha 通道，不仅可以减小图像文件占用的磁盘空间，而且还可以提高图像文件的处理速度。一般可以使用以下两种方法删除通道。

- 选择【通道】调板中需要删除的通道，然后在调板控制菜单中选择【删除通道】命令。
- 选择【通道】调板中需要删除的通道，然后拖动其至调板底部的【删除当前通道】按钮上释放。

9.3.4　分离与合并通道

在 Photoshop CS3 中可以将一幅图像文件的各个通道分离成单个文件分别存储，也可以将多个灰度文件合并为一个多通道的彩色图像，这就需要使用通道的分离和合并操作。

1. 分离通道

使用【通道】调板扩展菜单中的【分离通道】命令可以把一幅图像文件的通道拆分为单独的图像，原文件同时被关闭。例如，可以将一个 RGB 颜色模式的图像文件分离为 3 个灰度图像文件，并且根据通道名称分别命名，如图 9-5 所示。

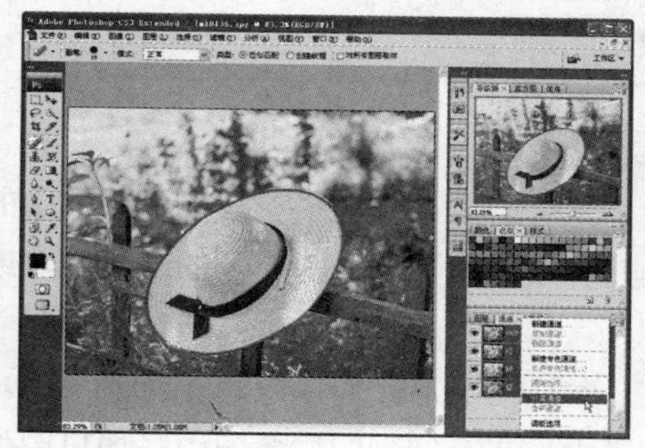

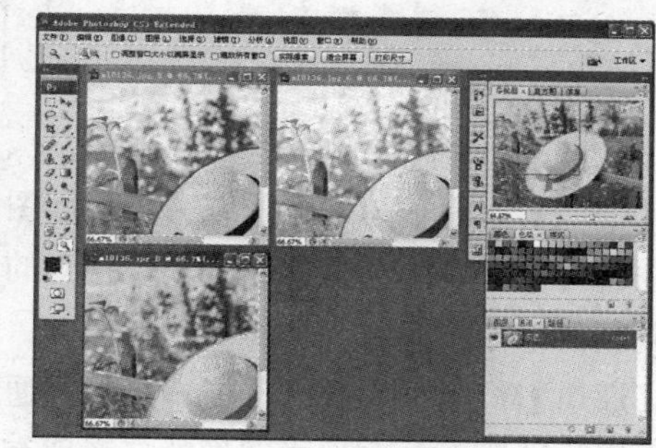

图 9-5　分离通道

2. 合并通道

选择【通道】调板扩展菜单中的【合并通道】命令，即可合并分离出的灰度图像文件成一个图像文件。选择该命令，可以打开【合并通道】对话框，如图 9-6 所示。在【合并通道】对话框中，可以自定义合并的采用的颜色模式以及通道数量。

默认情况下，使用【多通道】模式即可。设置完成后，单击【确定】按钮，打开一个随颜色模式而定的设置对话框。例如，选择 RGB 模式时，会打开【合并 RGB 通道】对话框，如图 9-7 所示。用户可在该对话框中进一步设置需要合并的各个通道的图像文件。设置完成后，单击【确定】按钮，即可将设置的多个图像文件合并为一个图像文件，并且按照设置转换各个图像文件分别为新图像文件中的分色通道。

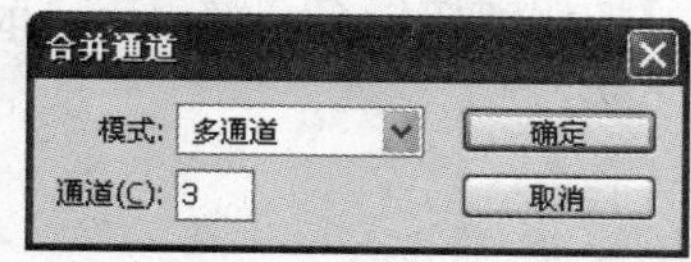

图 9-6　【合并通道】对话框

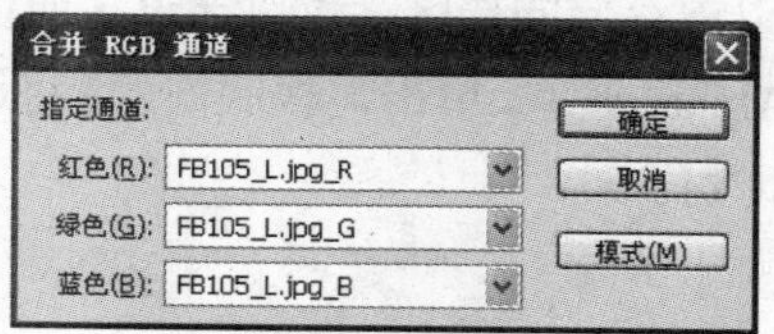

图 9-7　【合并 RGB 通道】对话框

9.3.5 存储和载入通道选区

可以选择一个区域存储到一个 Alpha 通道中，在以后需要使用该选区时，再从这个 Alpha 通道中载入这个选区即可。

1. 存储选区

创建选区范围后，单击【通道】调板底部的【将选区存储为通道】按钮，即可存储选区。或选择【选择】|【存储选区】命令，打开【存储选区】对话框，如图 9-8 左图所示。

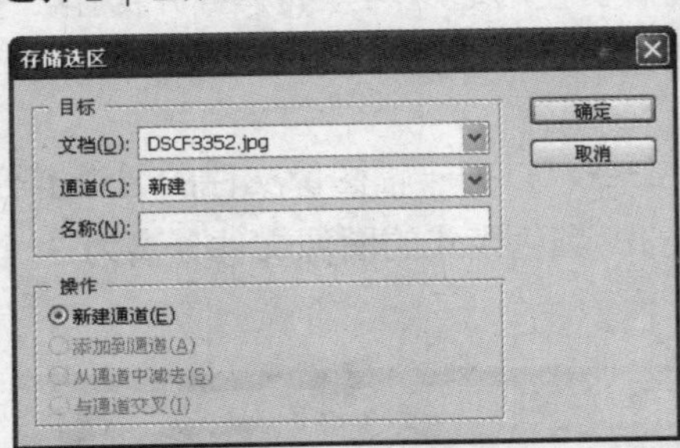

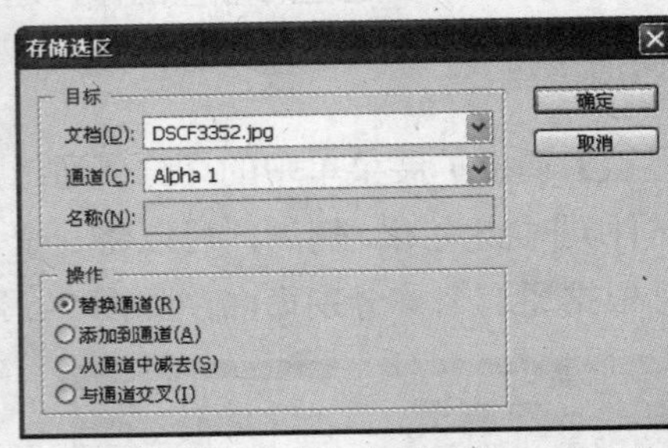

图 9-8 【存储选区】对话框

- 【文档】：用于为选区选取一个目标图像。默认情况下，选区放在现用图像中的通道内。可以选取将选区存储到其他打开的且具有相同像素尺寸的图像的通道中，或存储到新图像中。
- 【通道】：用于为选区选取一个目标通道。默认情况下，选区存储在新通道中。可以选取将选区存储到选中图像的任意现有通道中，或存储到图层蒙版中（如果图像包含图层）。
- 【名称】文本框：如果要将选区存储为新通道，在文本框中为该通道输入一个名称。

如果要将选区存储到已有通道中，在【操作】选项栏中【新建通道】单选按钮变为【替换通道】按钮，并激活其他单选按钮，如图 9-8 右图所示，其中各项含义如下。

- 【替换通道】单选按钮：替换通道中的当前选区。
- 【添加到通道】单选按钮：将选区添加到当前通道内容。
- 【从通道中减去】单选按钮：从通道内容中删除选区。
- 【与通道交叉】单选按钮：保留与通道内容交叉的新选区的区域。

2. 载入选区

载入以前存储的选区，可以通过【通道】调板或【选择】|【载入选区】命令。在通道调板中，选中 Alpha 通道，单击调板底部的【将通道作为选区载入】按钮或按住 Ctrl 键单击 Alpha 通道缩览图即可。

选择【选择】|【载入选区】命令，打开【载入选区】对话框，如图 9-9 所示。

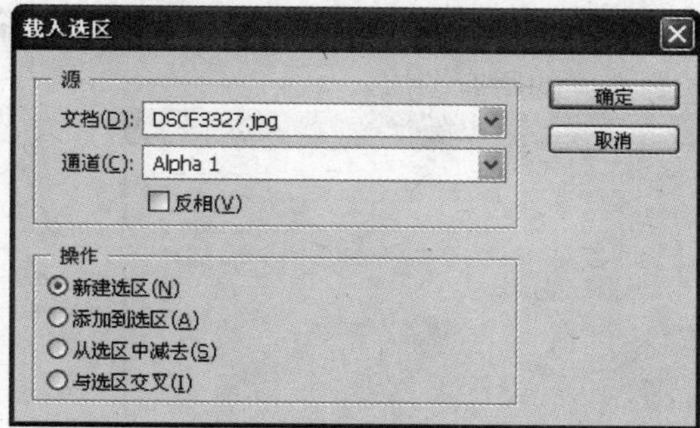

图 9-9　【载入选区】对话框

提示

按住 Ctrl+Shift 键单击一个通道，可以将载入的选区与原有的选区相加；按住 Ctrl+Alt 键单击一个通道，可以从原有的选区中减去载入的选区；按住 Ctrl+Shift+Alt 键单击一个通道，可以保留原有的选区和载入的选区相交的部分。

- 【文档】：用于选择要载入的源。
- 【通道】：用于选取包含要载入的选区的通道。
- 【反相】复选框：用于选择未选中区域。
- 【新建选区】单选按钮：用于添加载入的选区。
- 【添加到选区】单选按钮：用于将载入的选区添加到图像中的任何现有选区。
- 【从选区中减去】单选按钮：用于从图像的现有选区中减去载入的选区。
- 【与选区交叉】单选按钮：用于从与载入的选区和图像中的现有选区交叉的区域中存储一个选区。

9.4　通道计算

在 Photoshop CS3 中，可以对一个图像文件，或者多个尺寸及分辨率相同的图像文件进行通道合成的操作。通过通道合成，可以将几个通道的效果合成一种全新的图像效果，同时简化了图像编辑操作步骤。

9.4.1　使用【应用图像】命令

【应用图像】命令用来混合大小相同的两个图像，它可以将一个图像的图层和通道(源)与现用图像(目标)的图层和通道混合。如果两个图像的颜色模式不同，则可以对目标图层的复合通道应用单一通道。选择【图像】|【应用图像】命令，可以打开【应用图像】对话框，如图 9-10 所示。

- 【源】选项：下拉列表列出当前所有打开图像的名称，默认设置为当前的活动图像，从中可以选择一个源图像与当前的活动图像相混合。

◉ 【图层】选项：下拉列表中指定用源文件中的哪一个图层来进行运算。如果没有图层，只能选择【背景】图层；如果源文件有多个图层，则下拉列表中除包含有源文件的各图层外，还有一个合并的选项，表示选择源文件的所有图层。

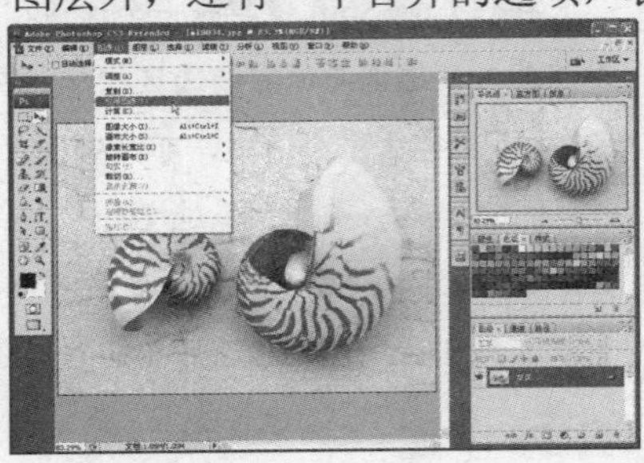

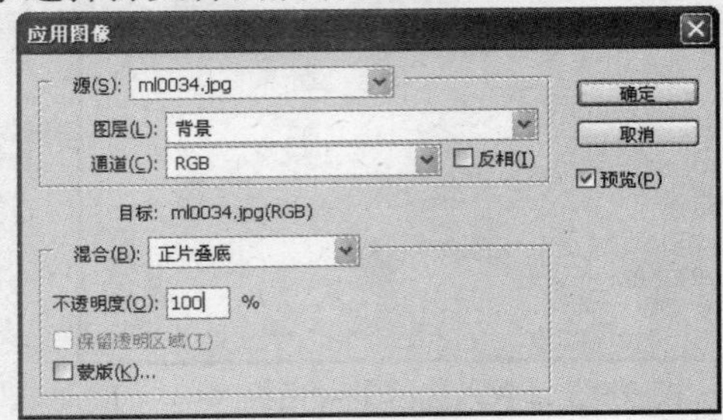

图 9-10　【应用图像】对话框

◉ 【通道】选项：下拉列表中指定使用源文件中的哪个通道进行运算。选择【相反】复选框可以将源文件相反后再进行计算。

◉ 【反相】复选框：选择该复选框，则将【通道】列表框中的蒙版内容进行反相。

◉ 【混合】选项：下拉列表中选择合成模式进行运算。则该下拉列表中增加了【相加】和【减去】两种合成模式，其作用是增加和减少不同通道中像素的亮度值。当选择【相加】或【减去】合成模式时，在下方会出现【缩放】和【补偿值】两个参数，设置不同的数值可以改变像素的亮度值。

◉ 【不透明度】选项：可以设置运算结果对源文件的影响程度。与【图层】调板中的不透明度作用相同。

◉ 【保留透明区域】复选框：该选项用于保护透明区域。并选择该复选框，表示只对非透明区域进行合并。若在当前活动图像中选择了【背景】图层，则该选项不能使用。

◉ 【蒙版】复选框：若要为目标图像设置可选取范围，可以选择【蒙版】复选框，将图像的蒙版应用到目标图像。通道、图层透明区域，以及快速遮罩都可以作为蒙版使用。

【例 9-1】在 Photoshop CS3 中使用【应用图像】命令，将两幅图像文件进行合成。

(1) 选择【文件】|【打开】命令，打开两幅不同的图像文件，如图 9-11 所示。

图 9-11　打开图像文件

(2) 选择【图像】|【应用图像】命令，打开【应用图像】对话框，如图 9-12 所示。

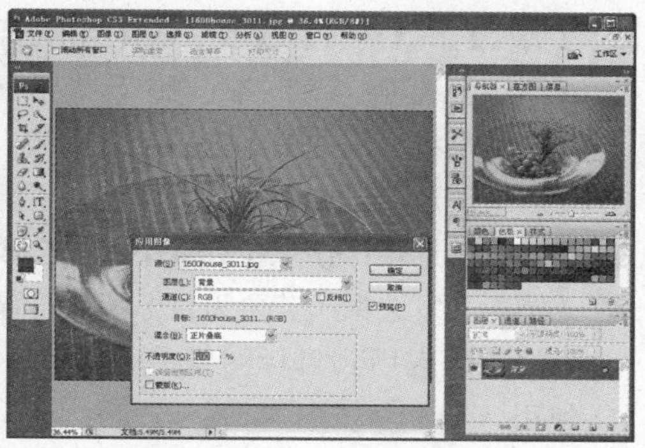

图 9-12　【应用图像】命令

(3) 在对话框中，【源】下拉列表中选择 SummerCool_6020.jpg，【通道】下拉列表中选择 RGB 通道，【混合】下拉列表中选择【线性加深】选项，不透明度设置为 70%，设置完成后单击【确定】按钮合成图像，如图 9-13 所示。

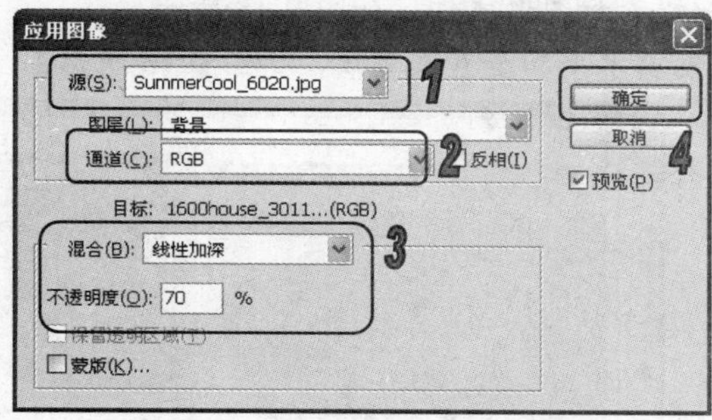

图 9-13　应用图像

9.4.2　使用【计算】命令

【计算】命令用于混合两个来自一个或多个源图像的单个通道，可以将结果应用到新图像或新通道，或现用图像的选区。如果使用多个源图像，则这些图像的像素尺寸必须相同。选择【图像】|【计算】命令，可以打开【计算】对话框，如图 9-14 所示。

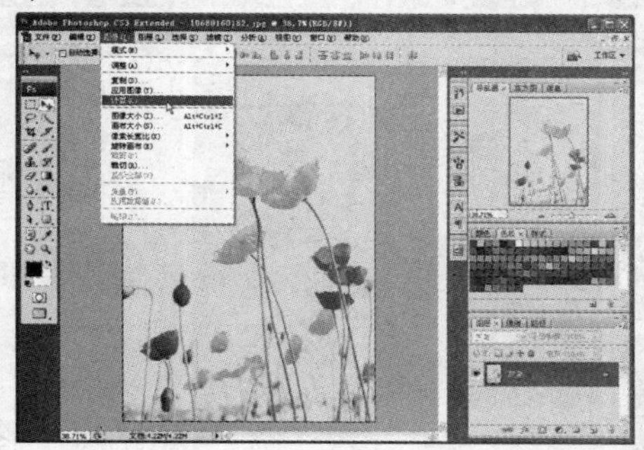
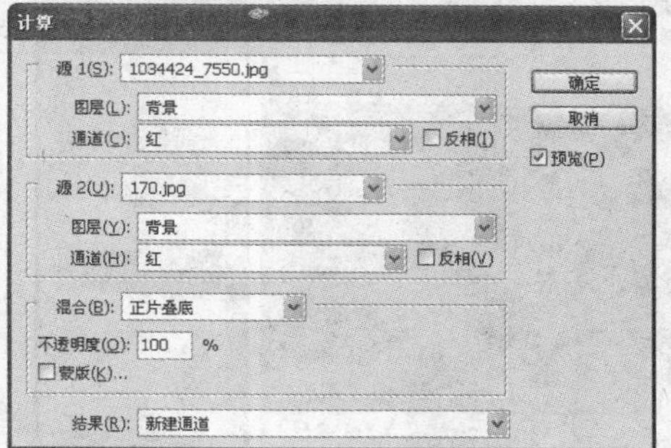

图 9-14　【计算】对话框

◎【源 1】和【源 2】选项：选择当前打开的源文件的名称。

◎【图层】选项：该下拉列表中选择相应的图层。在合成图像时，源 1 和源 2 的顺序安排会对最终合成的图像效果产生影响。

◎【通道】选项：该下拉列表中列出了源文件相应的通道。

◎【混合】选项：该下拉列表中选择合成模式进行运算。

◎【蒙版】复选框：若要为目标图像设置可选取范围，可以选择【蒙版】复选框，将图像的蒙版应用到目标图像中。通道、图层透明区域以及快速遮罩都可以作为蒙版使用。

◎【结果】选项：该下拉列表中指定一种混合结果。用户可以确定合成的结果是保存在一个灰度的新文档中，还是保存在当前活动图像的新通道中，或者将合成的效果直接转换成选取范围。如果对选区范围执行色彩调整命令，可以达到一种特殊效果。

【例 9-2】在 Photoshop CS3 中使用【应用图像】命令，在打开的图像中制作图像效果。

(1) 启动 Photoshop CS3 应用程序，打开一幅素材图像文件，如图 9-15 所示。

(2) 按 Ctrl+R 键显示标尺，并在图像中拖动出水平和垂直参考线，如图 9-16 所示。

图 9-15　打开图像

图 9-16　创建参考线

(3) 在【通道】调板中，单击【创建新通道】按钮，创建 Alpha1 通道，并选择【矩形选框】工具创建选区，如图 9-17 所示。

(4) 选择【渐变】工具，在选项栏中单击【线性渐变】按钮，然后在选区中从左向右进行拖动，如图 9-18 所示。

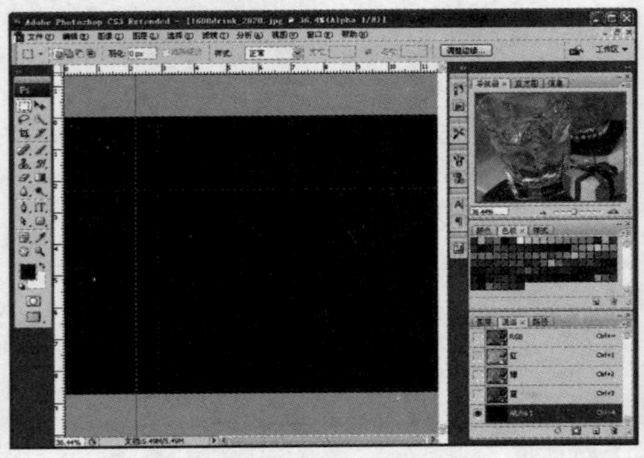

图 9-17　创建选区

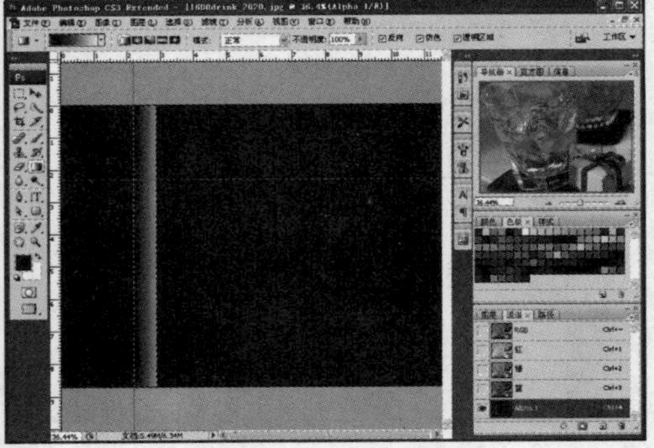

图 9-18　渐变填充

(5) 在【通道】调板中，单击【创建新通道】按钮，创建 Alpha2 通道，并选择【矩形选框】工具创建选区，如图 9-19 所示。

(6) 选择【渐变】工具，然后在选区中从上向下进行拖动，如图 9-20 所示。

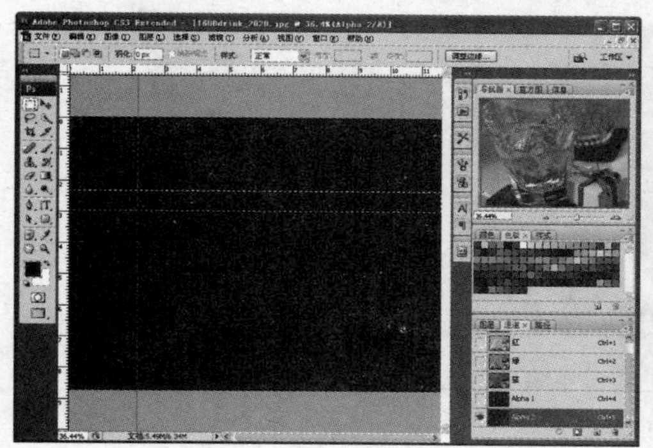

图 9-19　创建选区

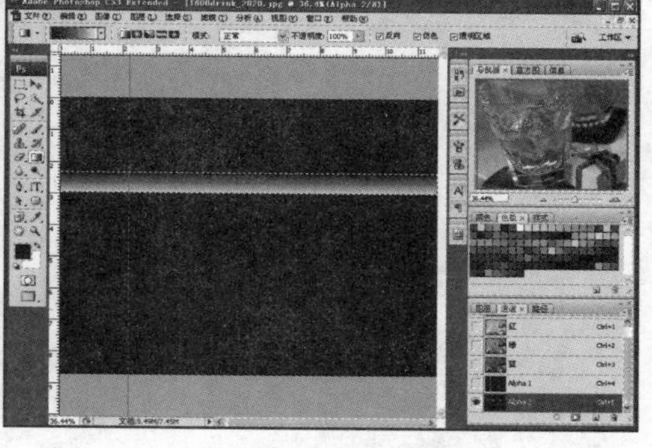

图 9-20　渐变填充

(7) 选择【图像】|【计算】命令，在打开的【计算】对话框中，【源 2】的【通道】下拉列表中选择 Alpha2，【混合】下拉列表中选择【滤色】选项，然后单击【确定】按钮，如图 9-21 所示。

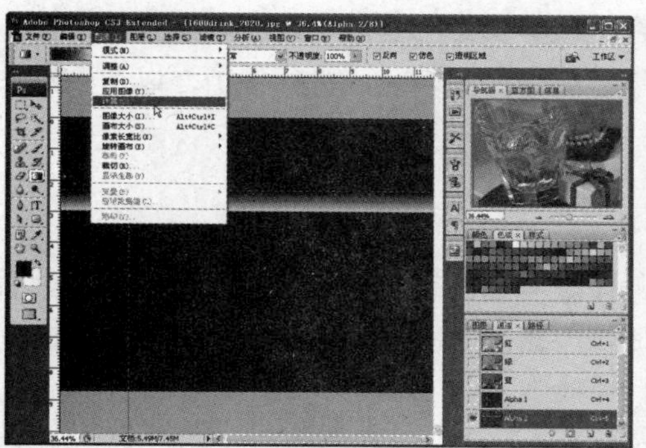

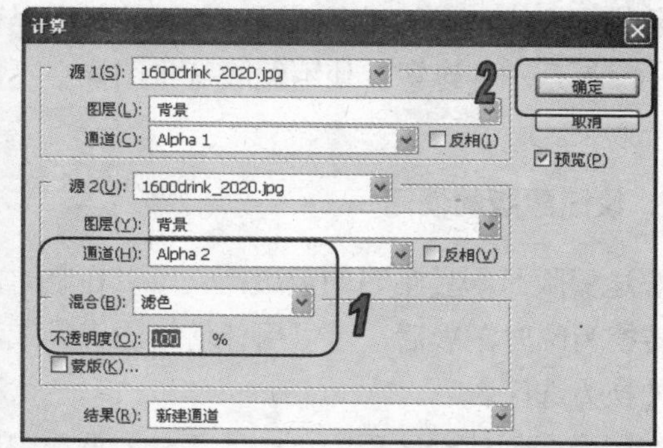

图 9-21　设置【计算】对话框

(8) 在【通道】调板中，按住 Ctrl 键单击 Alpha3 通道缩览图载入选区，如图 9-22 所示。

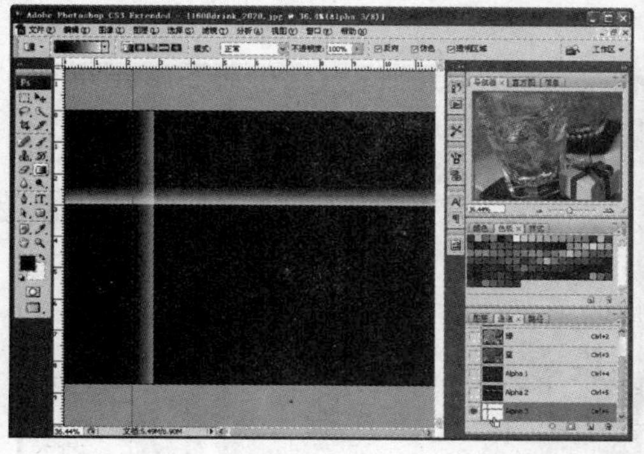

图 9-22　载入选区

(9) 按 Ctrl+M 键打开【曲线】对话框，在对话框中调整 RGB 曲线形状，然后单击【确定】按钮，并按 Ctrl+D 键取消选区，如图 9-23 所示。

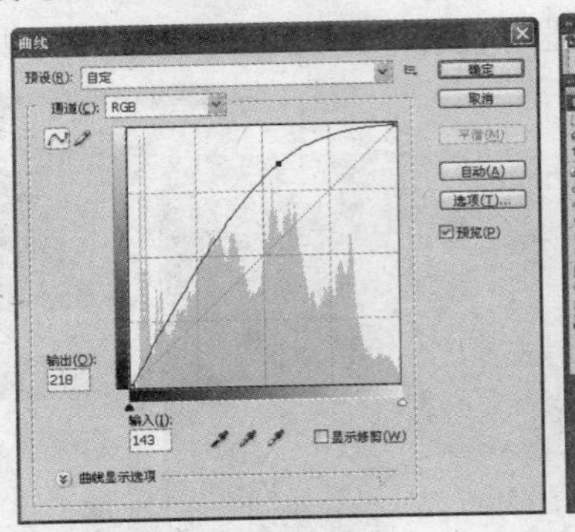

图 9-23 调整曲线

9.5 使用图层蒙版

蒙版是合成图像的重要工具，使用蒙版可以在不破坏图像的基础上，完成图像的拼接。实际上，蒙版是一种遮罩，使用蒙版可将图像中不需要编辑的图像区域进行保护，以达到制作画面融合效果。

1. 快速蒙版的使用

快速蒙版是一种临时的蒙版，它可以在临时的蒙版和选区之间快速转换。使用快速蒙版将选区转换为临时蒙版后，可以用任何绘画工具或滤镜编辑和修改它。退出快速蒙版模式时，蒙版将转换为选区。

在图像中创建选区后，单击【工具】调板中的【以快速蒙版模式编辑】按钮，或按快捷键 Q 键，可以进入快速蒙版模式编辑状态，图像窗口的标题栏中将出现【快速蒙版】字样；在快速蒙版状态下，原先的选区由一层半透明的红色替代；打开【通道】调板可以看到，调板中出现了一个临时的快速蒙版通道，如图 9-24 所示。

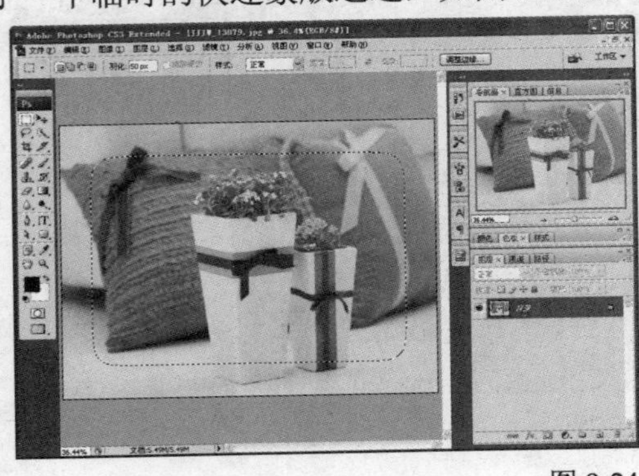

图 9-24 快速蒙版

在快速蒙版状态下，图像上覆盖红色区域为选区以外区域，选择区域则不受蒙版保护。当使用白色在蒙版上绘制时，可以擦除蒙版，以增加选择区域；使用黑色在蒙版上绘制时，可以增加选择区域；用灰色或其他颜色绘制时，可以创建半透明区域，这对羽化或消除锯齿效果有用。

【例 9-3】在 Photoshop CS3 中使用快速蒙版编辑图像效果。

(1) 启动 Photoshop CS3 应用程序，打开一幅图像文件，如图 9-25 所示。

(2) 选择【矩形选框】工具在图像中拖动创建选区，如图 9-26 所示。

图 9-25　打开图像

图 9-26　创建选区

(3) 在【工具】调板中，单击【以快速蒙版模式编辑】按钮，创建蒙版，如图 9-27 所示。

(4) 选择【画笔】工具，在【画笔】调板中，选择画笔样式，设置【直径】为 50px，【间距】为 54%，如图 9-28 所示。

图 9-27　创建蒙版

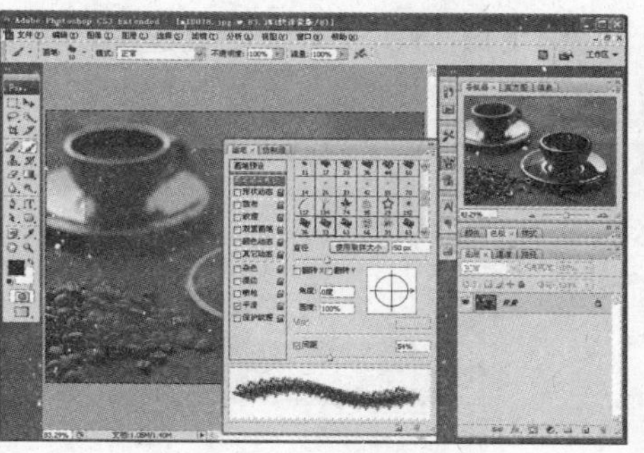

图 9-28　设置画笔

(5) 在【画笔】调板中选择【纹理】复选框，设置【缩放】为 12%，【深度】为 85%，然后在图像中绘制，增加蒙版区域，如图 9-29 所示。

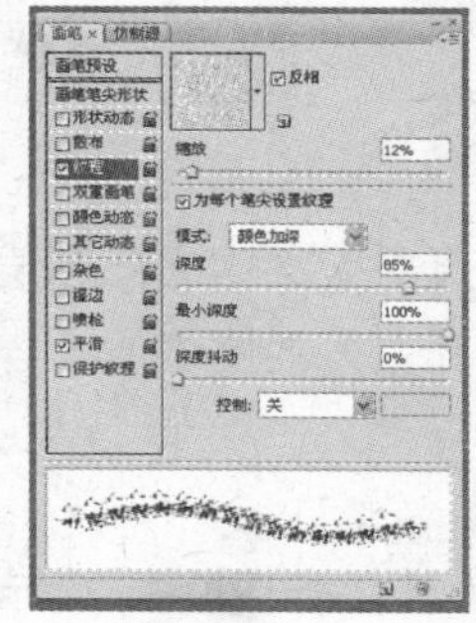

图 9-29　设置画笔，增加蒙版区域

计算机　基础与实训教材系列

(6) 在【工具】调板中，单击【以标准模式编辑】按钮，在图像中创建选区。然后按 Ctrl+Shift+I 键将选区反选，并按 Delete 键将选区内图像删除，如图 9-30 所示。

图 9-30　删除选区内图像

提示

要在【被蒙版区域】和【所选区域】选项之间快速切换，可按住 Alt 键单击【工具】调板中的【以快速蒙版模式编辑】按钮。【颜色】和【不透明度】设置只会影响蒙版的外观，对于蒙版区域没有任何影响。

2. 创建图层蒙版

图层蒙版是一个 8 位灰度图像。黑色表示图层的透明部分，白色表示图层的不透明部分，灰色表示图层中的半透明部分。要创建图层蒙版，只需要在【图层】调板中选择需要添加蒙版的图层后，单击调板底部的【添加图层蒙版】按钮，如图 9-31 所示。或选择【图层】|【图层蒙版】|【显示全部】或【隐藏全部】命令即可。

图 9-31　使用【添加图层蒙版】按钮

3. 创建剪贴蒙版

剪贴蒙版是使用某个图层的内容来遮盖其上方的图层。遮盖效果由底部图层和其上方图层的内容来决定。底部图层的非透明内容将在剪贴蒙版中裁剪其上方的图层的内容。剪贴图层中的所有其他内容将被遮盖掉。

【例 9-4】在 Photoshop CS3 中创建剪贴蒙版，编辑图像效果。

(1) 启动 Photoshop CS3 应用程序，打开一幅素材图像文件，如图 9-32 所示。

(2) 在【图层】调板中单击【创建新图层】按钮，创建【图层 2】，如图 9-33 所示。

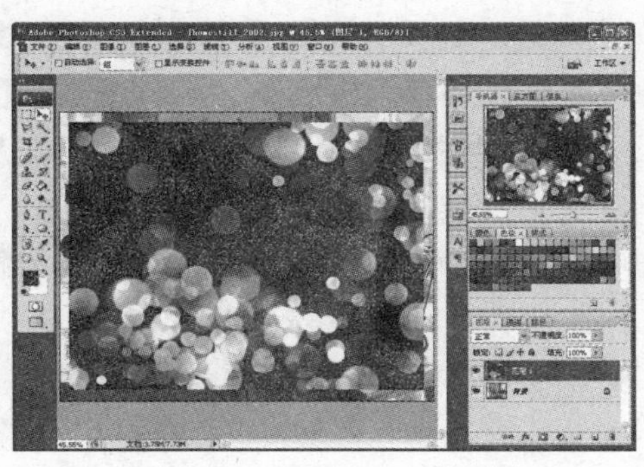

图 9-32　打开素材图像

图 9-33　创建新图层

(3) 选择【矩形选框】工具，在工具选项栏中单击【从选区减去】按钮，然后在图像中创建选区，并使用背景色填充选区，如图 9-34 所示。

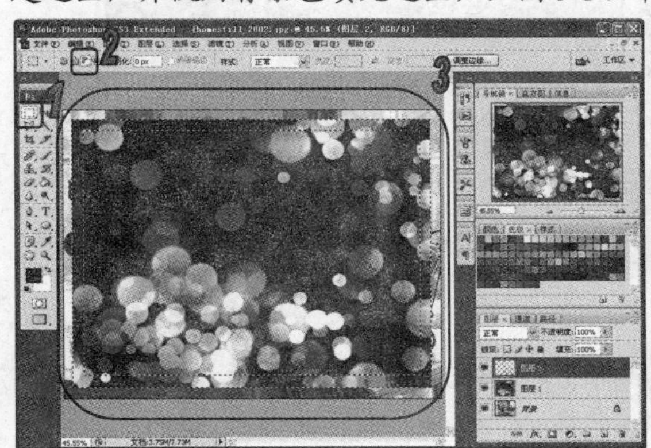

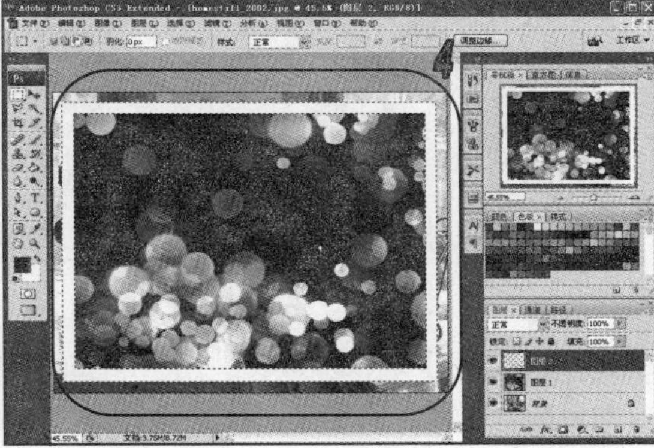

图 9-34　创建选区并填充

(4) 在【图层】调板中，选中【图层 1】并将其拖动至【图层 2】上方释放，调整图层顺序。并选择【图层】|【创建剪贴蒙版】命令，创建剪贴蒙版效果，如图 9-35 所示。

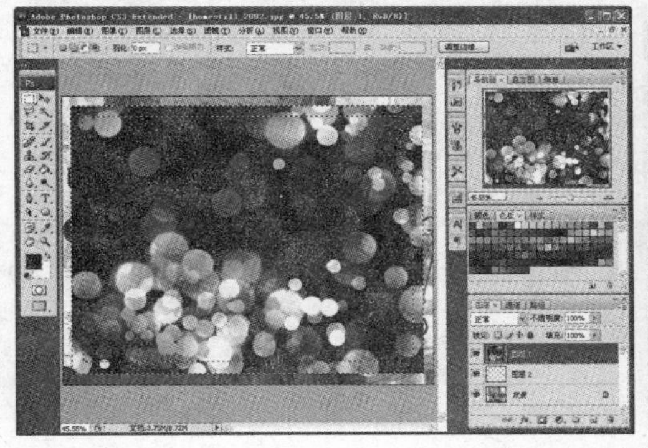

图 9-35　创建剪贴蒙版

4. 编辑图层蒙版

由于图层蒙版也是一幅图像，因此可以像编辑图像对象那样对其进行编辑操作，如在蒙版中进行描绘、填充等编辑操作。编辑图层蒙版，实际上就是对蒙版中的黑、白、灰三个色彩区域进行编辑。使用图层蒙版控制图层中不同区域的隐藏或显示。编辑图层蒙版常用的工具有【画笔工具】、【渐变工具】等。要编辑图层蒙版，必须首先选择图层蒙版缩略图，然后使用工具更改图层蒙版，将大量特殊效果应用到图层中，而不会影响图层上的像素。需要注意的是，蒙版编辑效果与在图层蒙版上填充或使用画笔描绘的颜色有关，并且只能用黑、白、灰进行编辑。

【例 9-5】在 Photoshop CS3 中创建图层蒙版，并修改图层蒙版效果。

(1) 启动 Photoshop CS3 应用程序，打开一幅素材图像文件，如图 9-36 所示。

(2) 选择【矩形选框】工具，在工具选项栏中单击【从选区减去】按钮，然后在图像中创建选区，如图 9-37 所示。

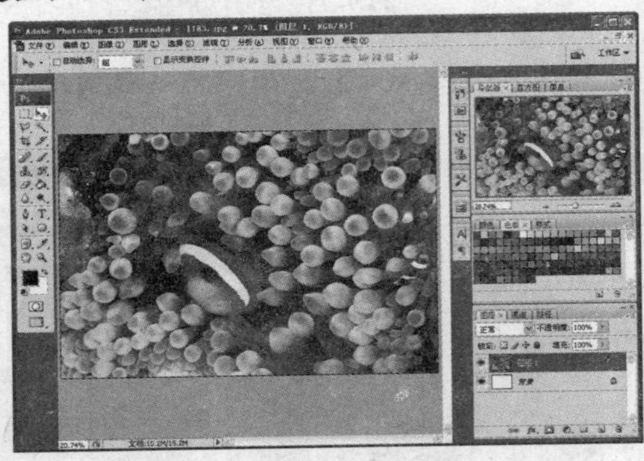

图 9-36 打开图像

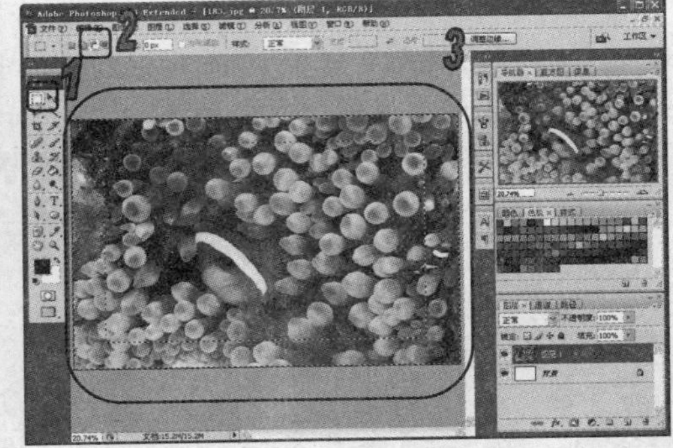

图 9-37 创建选区

(3) 在【图层】调板中，按住 Alt 键单击【添加图层蒙版】按钮，为【图层 1】添加图层蒙版，如图 9-38 所示。

(4) 在【工具】调板中选择【画笔】工具，在工具选项栏中设置画笔样式、大小和不透明度等参数，然后在【图层 1】蒙版中绘制，如图 3-39 所示。

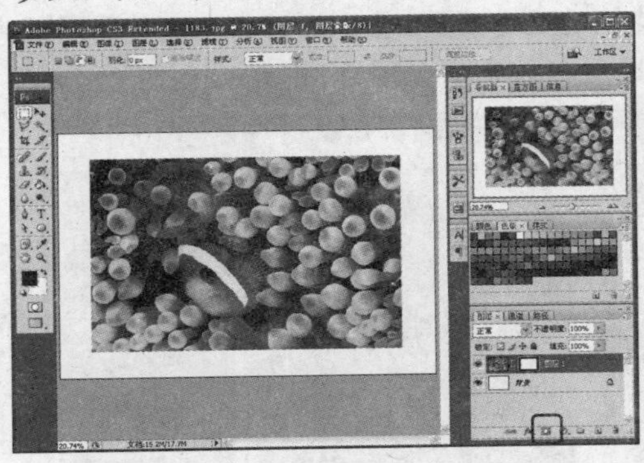

图 9-38 添加蒙版

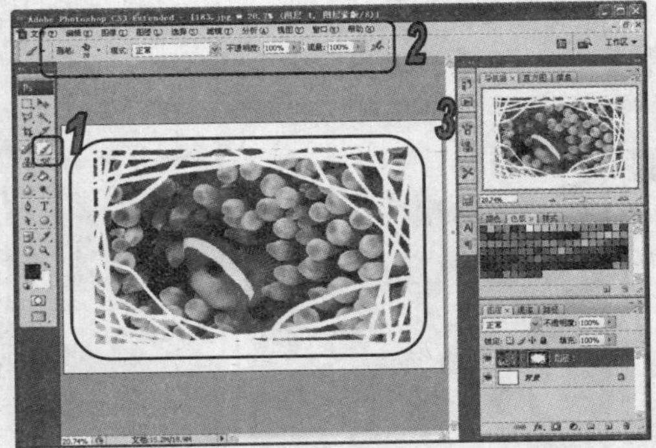

图 9-39 修改蒙版

5. 停用、删除和应用蒙版

为图层添加蒙版后，【图层】下的【图层蒙版】子菜单中将增加【停用】、【应用】和【删除】命令。执行【停用】命令，将蒙版关闭；执行【删除】命令，删除图层蒙版；执行【应用】命令，可以应用当前蒙版效果，同时将【图层】调板中的蒙版删除。

9.6　上机练习

本节练习将使用常用的通道和蒙版命令制作出如图 9-46 和图 9-56 所示的图像效果。通过练习可以让读者掌握【应用图像】命令、【计算】命令和蒙版、图层等应用操作。

9.6.1　照片效果调整

本次上机练习通过【计算】命令的应用调整反差过大的照片效果，最终效果如图 9-46 所示。

(1) 启动 Photoshop CS3 应用程序，打开一幅素材图像文件，如图 9-40 所示。

(2) 按 Ctrl+J 键复制【背景】图层，并选择【图像】|【计算】命令，如图 9-41 所示。

图 9-40　打开图像

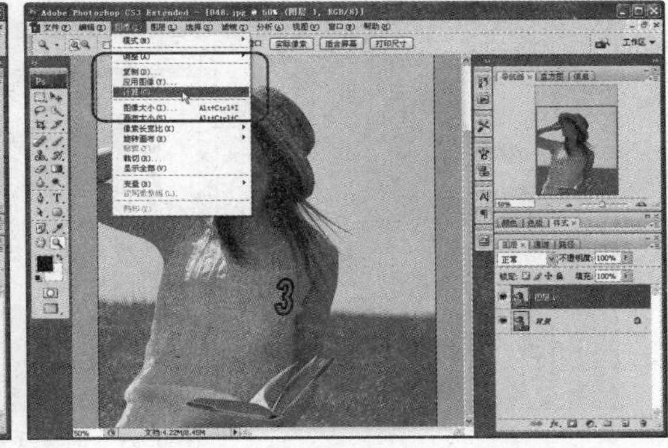

图 9-41　选择【计算】命令

(3) 在打开的【计算】对话框中，【源 2】的【通道】下拉列表中选择【灰色】，选中【反相】复选框，然后单击【确定】按钮，如图 9-42 所示。

(4) 选择【图像】|【计算】命令，打开【计算】对话框，在【混合】下拉列表中选择【强光】，然后单击【确定】按钮，如图 9-43 所示。

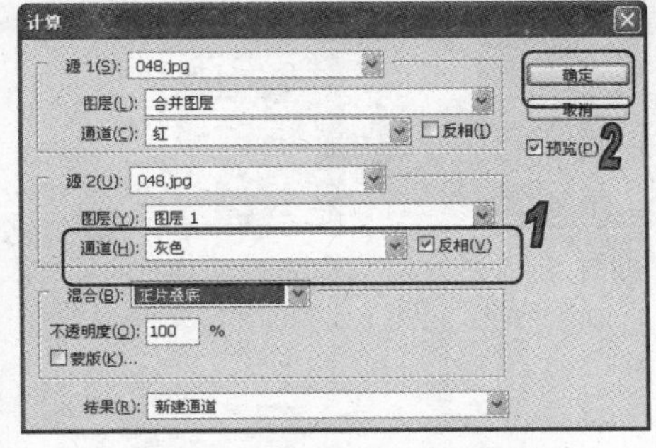

图 9-42　设置【计算】对话框

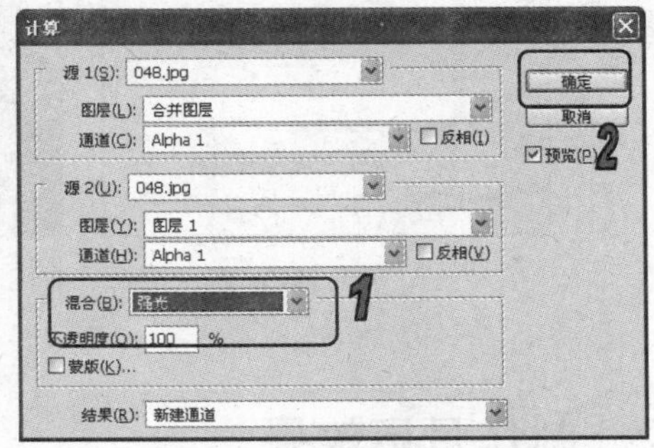

图 9-43　设置【计算】对话框

(5) 在【通道】调板中，按住 Ctrl 键单击 Alpha2 缩览图，在弹出的提示框中单击【确定】按钮，如图 9-44 所示。

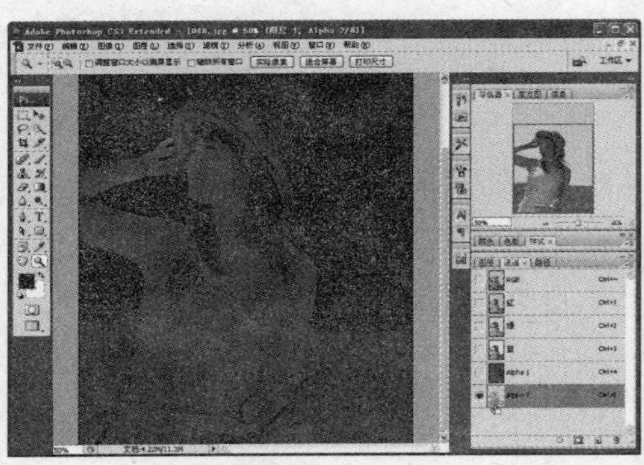

图 9-44　载入选区

(6) 单击 RGB 通道，选择【图层】调板，单击【创建新的填充或调整图层】按钮，在打开的菜单中选择【曲线】命令，如图 9-45 所示。

图 9-45　选择【曲线】命令

(7) 在对话框中调整 RGB 曲线形状，然后单击【确定】按钮，得到图像如图 9-46 所示。

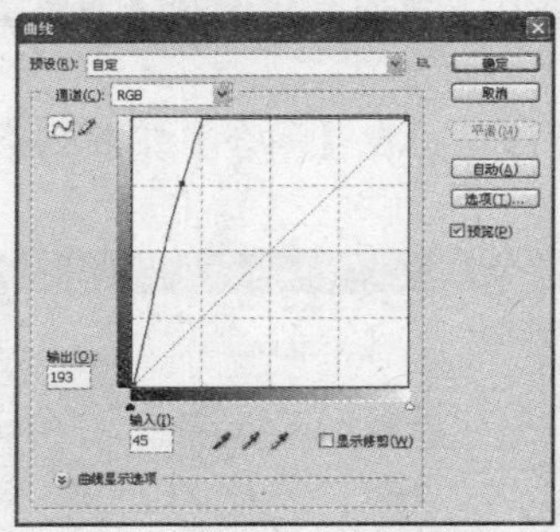

图 9-46　调整曲线

9.6.2　制作月历效果

本次上机练习通过【应用图像】命令、路径工具、文字工具以及蒙版等制作精美月历，最终效果如图 9-56 所示。

(1) 启动 Photoshop CS3 应用程序，打开两幅素材图像文件，如图 9-47 所示。

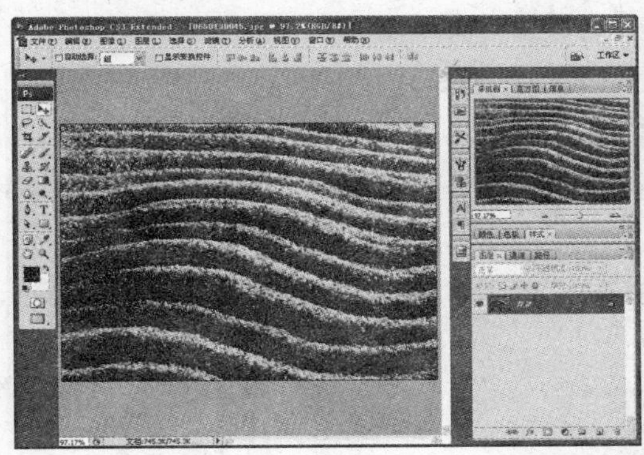

图 9-47　打开素材图像

(2) 选择【图像】|【应用图像】命令，在打开的【应用图像】对话框中，【源】下拉列表中选择另一幅图像文件名称，并在【混合】下拉列表中选择【减去】，设置【不透明度】为 80%，然后单击【确定】按钮，如图 9-48 所示。

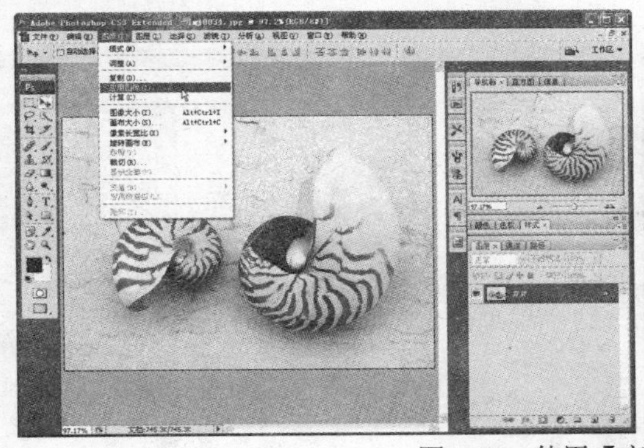
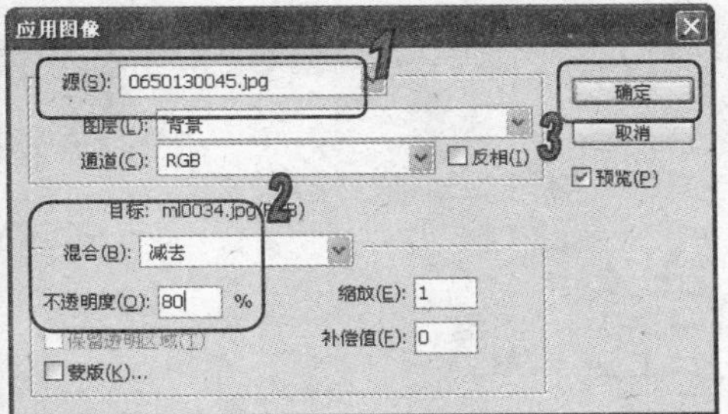

图 9-48　使用【应用图像】命令

(3) 选择【钢笔】工具，在工具选项栏中单击【路径】按钮，然后在图像中创建路径，如图 9-49 所示。

(4) 选择【横排文字】工具，在工具选项栏中设置字体为【方正黄草体】，字体大小为 14 点，然后使用文字工具在路径上单击，并输入文字，如图 9-50 所示。

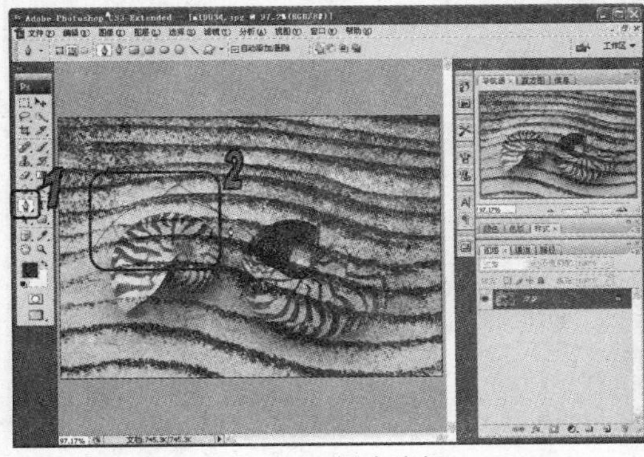

图 9-49　创建路径

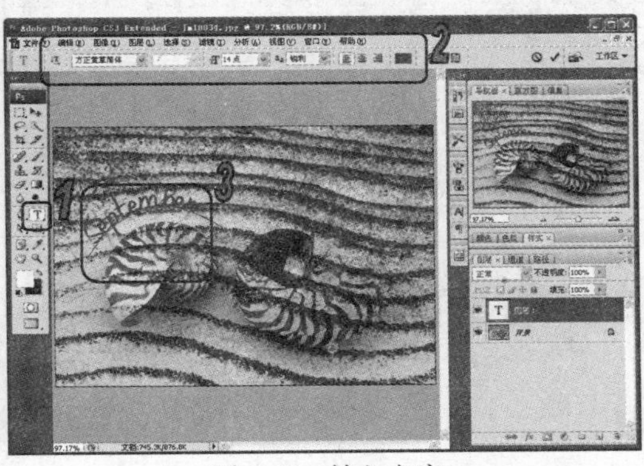

图 9-50　输入文字

(5) 选择【钢笔】工具，在图像中创建路径，然后选择【横排文字】工具，在工具选项栏中设置字体大小为 6 点，然后使用文字工具在路径上单击，并输入文字，如图 9-51 所示。

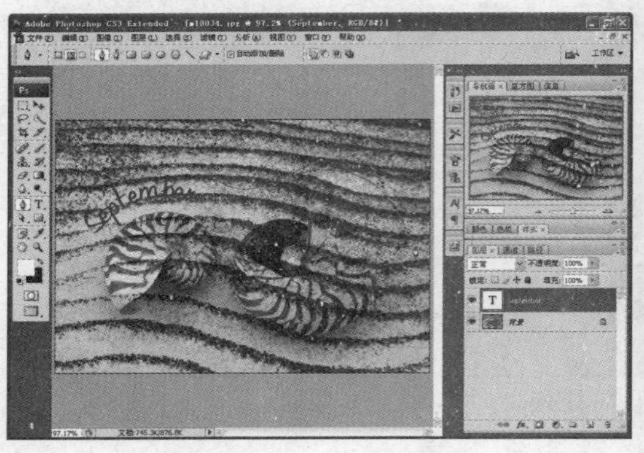
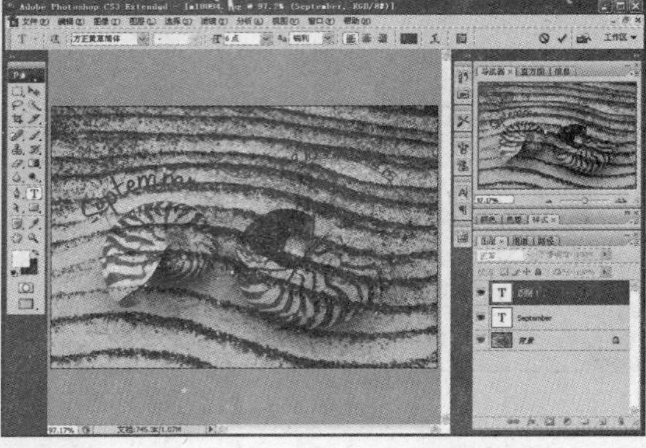

图 9-51　创建路径文字

(6) 选择【钢笔】工具，在图像中创建路径，然后选择【横排文字】工具，使用文字工具在路径上单击，并输入文字，如图 9-52 所示。

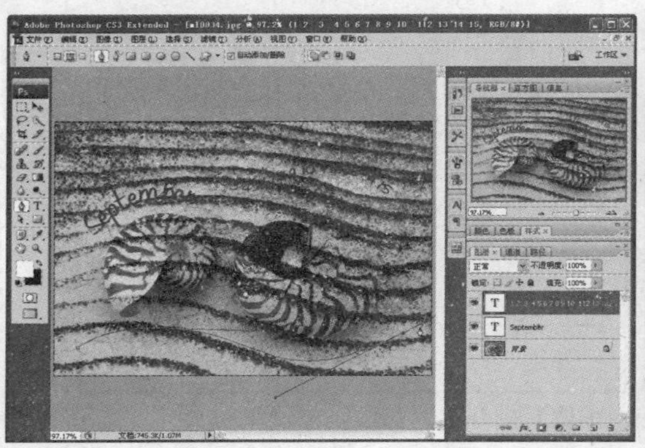
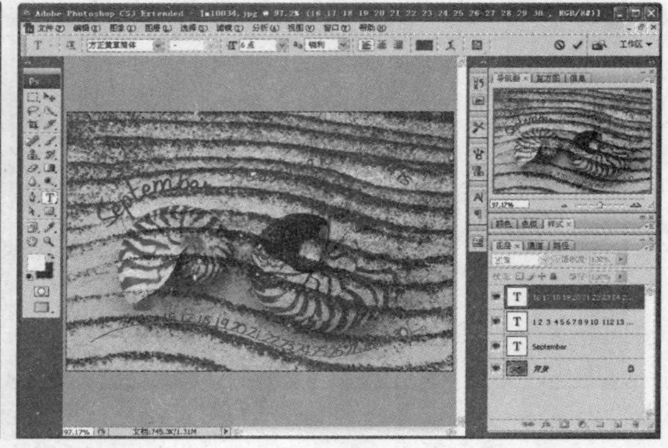

图 9-52　创建路径文字

(7) 在【图层】调板中，按住 Ctrl 键选中所有图层，然后按 Ctrl+E 键合并所有图层，如图 9-53 所示。

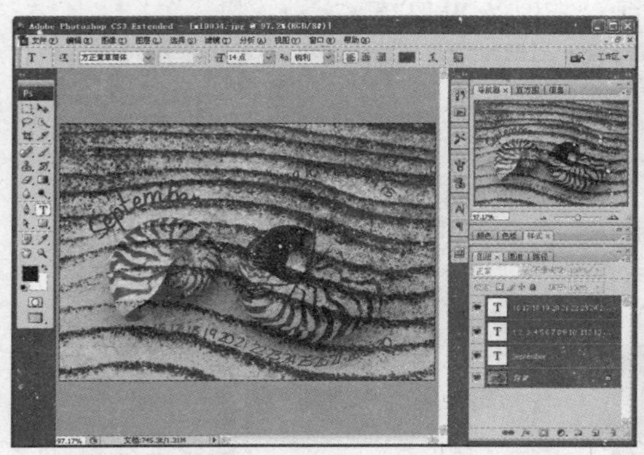
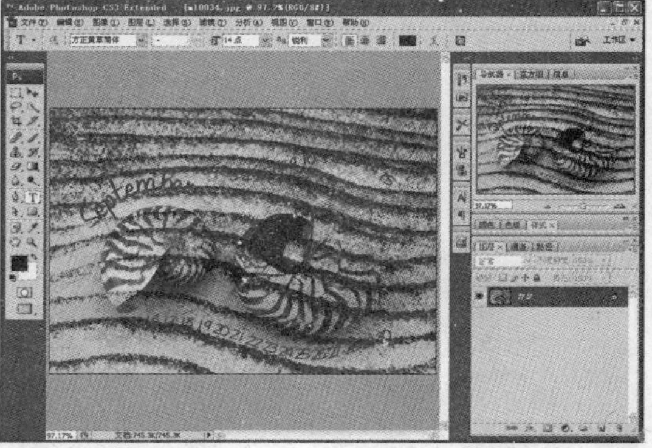

图 9-53　合并图层

(8) 选择【画笔】工具，在【画笔】调板中，选择一种画笔样式，设置【直径】为 63px，【间距】为 80%，选择【形状动态】复选框，设置【大小抖动】为 96%，【角度抖动】为 56%，如图 9-54 所示。

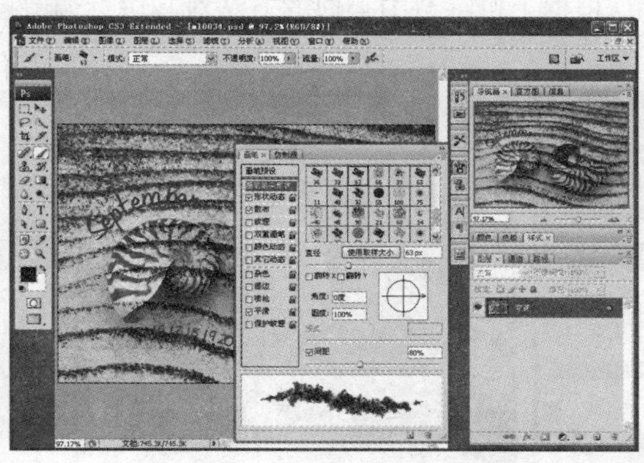

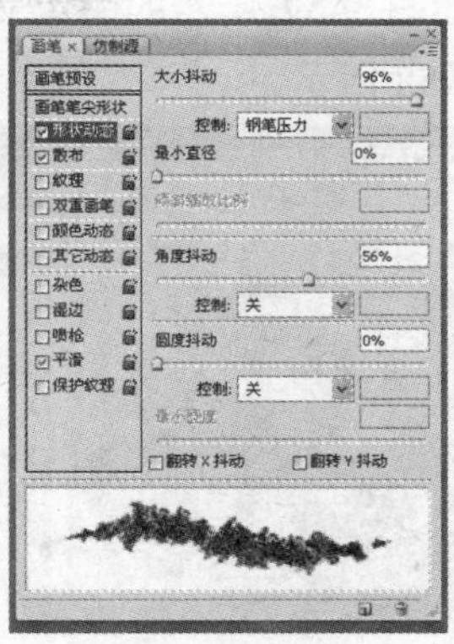

图 9-54　设置画笔

(9) 选择【散布】复选框，设置【散布】为 43%，【数量】为 2，【数量抖动】为 95%，在【工具】调板中单击【以快速蒙版模式编辑】按钮，然后使用【画笔】工具在图像中涂抹，如图 9-55 所示。

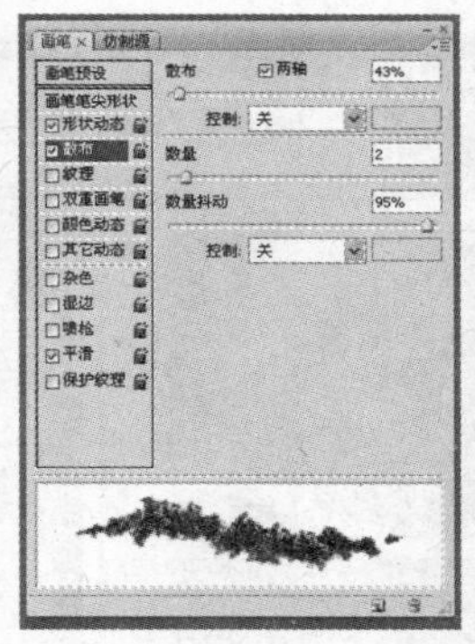

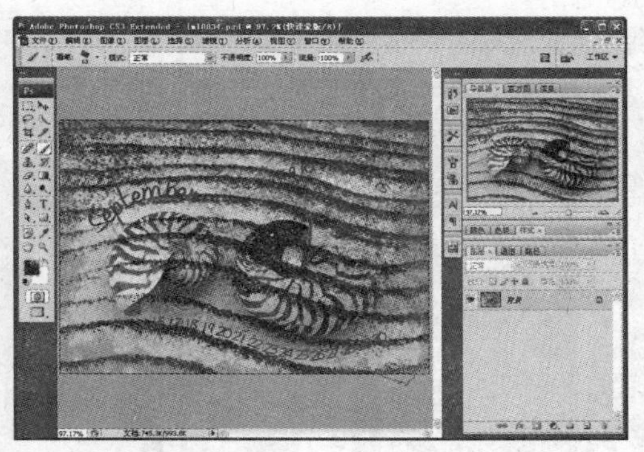

图 9-55　设置并使用画笔

(10) 按 Q 键切换为标准编辑模式，将蒙版转换为选区，并按 Delete 键删除选区内图像，如图 9-56 所示。

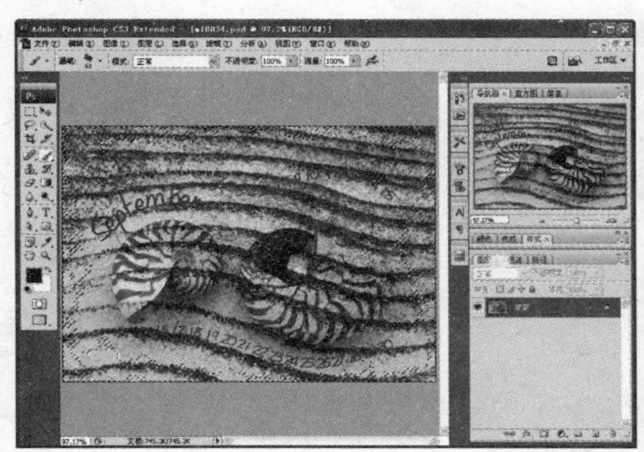

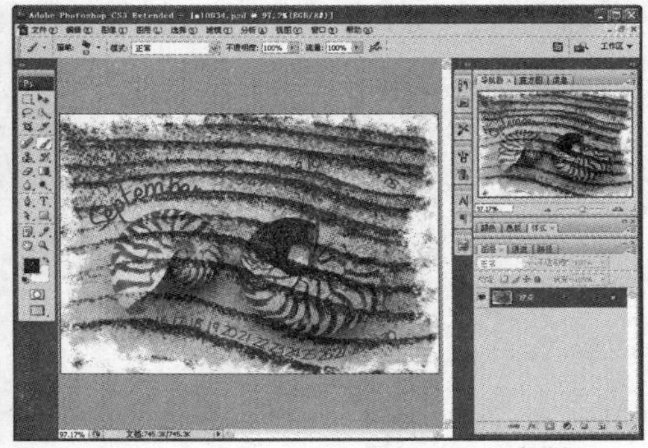

图 9-56　编辑蒙版

9.7 习题

1. 打开如图 9-57 所示的图像文件，根据上机练习中类似的方法对其进行调整操作，完成后效果如图 9-58 所示。

图 9-57 原图像

图 9-58 调整效果

2. 打开如图 9-59 所示的图像文件，根据上机练习中类似的方法对其进行编辑，完成后效果如图 5-60 所示。

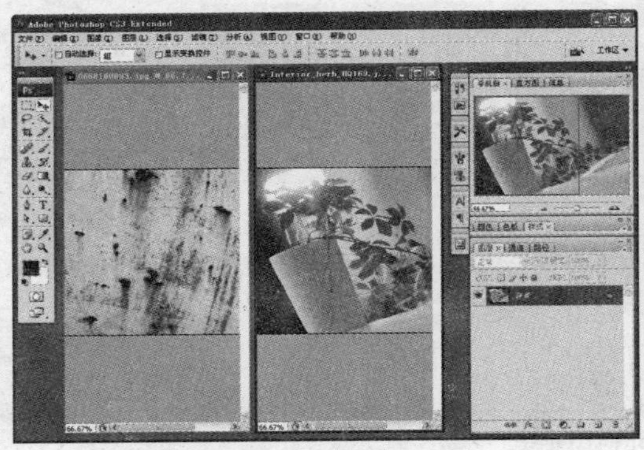

图 9-59 原图像

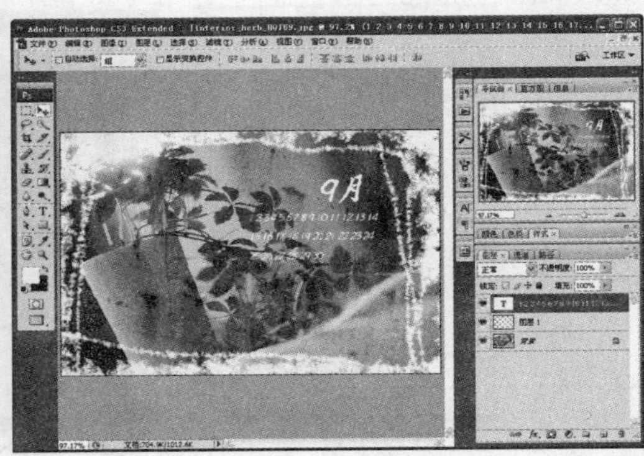

图 9-60 完成效果

第10章 滤镜的使用

学习目标

在 Photoshop CS3 中，通过滤镜可以对当前可见图层或图像选区进行各种特效的处理。本章主要介绍滤镜基础知识，以及各个滤镜组的使用等内容。

本章重点

- 使用滤镜库
- 校正性滤镜
- 破坏性滤镜
- 效果滤镜

10.1 初识滤镜

通过使用滤镜，可以清除和修饰照片，同时可以制作出图像画面特殊艺术效果，还可以使用扭曲和光照效果创建独特的变换。Photoshop CS3 提供了近百种滤镜，这些滤镜经过分组归类后存放在菜单栏的【滤镜】主菜单中。各种滤镜的效果不同，只有通过不断实践，在实践中积累经验才能掌握好各种滤镜的使用方法，制作出意想不到的特殊效果和好的艺术作品。

10.1.1 滤镜基本使用方法

要想对图像应用内置滤镜，只需在【滤镜】菜单中选择相应的滤镜命令，然后在打开的该命令参数选项设置对话框中设置所需的效果参数即可。

由于滤镜命令在处理过程中需要进行大量的数据运算，相应的处理过程将比较耗时，尤其在对较大的图像文件进行滤镜效果应用时。因此，Photoshop CS3 在滤镜设置对话框中设置预览区域，这样用户就可以通过预览区域下方的【缩小预览画面】按钮[-]和【放大预览画面】按钮[+]，缩放预览区域中图像的显示大小，预览滤镜处理效果。

有些滤镜命令在执行时不会显示参数选项设置的对话框。另外，在使用滤镜进行图像效果处理时，最好先确定滤镜所要处理的图像范围，再执行滤镜命令。如果在使用滤镜命令时，没有确定滤镜所要处理的图像范围，滤镜命令会以整个图像作为效果应用的范围。

10.1.2 使用滤镜库

【滤镜库】是 Photoshop CS3 中滤镜功能最为强大的命令，此命令集成了滤镜中大部分比较常用的滤镜，并且允许重叠或重复使用多个或单个滤镜，从而使图像获得的效果更加复杂。要想使用【滤镜库】对话框，也可以选择【滤镜】|【滤镜库】命令，打开如图 10-1 所示的【滤镜库】对话框。

通过【滤镜库】对话框的预览区域用户可以更加方便的设置滤镜效果的参数选项。在预览区域下方的【-】按钮和【+】按钮，单击它们可以调整图像预览显示的大小。单击预览区域下方的【缩放比例】按钮，可以在打开的【缩放比例】列表中选择 Photoshop CS3 预设的缩放比例。

图 10-1 【滤镜库】对话框

【滤镜库】对话框中间显示的是滤镜命令选择区域，只需单击该区域中显示的滤镜命令效果缩略图，即可选择该命令。要想隐藏滤镜命令选择区域，只需单击对话框中的【显示/隐藏滤镜命令选择区域】按钮，即可使用更多空间显示预览区域，如图 10-2 所示。

在【滤镜库】对话框中，Photoshop CS3 允许用户使用滤镜叠加功能，即在同一个图像上同时应用多个滤镜效果。对图像应用一个滤镜效果后，只需单击滤镜效果列表区域下方的【新建效果图层】按钮，即可在滤镜效果列表中添加一个滤镜效果图层。然后，选择所需增加的滤镜命令并设置其参数选项，这样就可以对图像增加使用一个滤镜效果。

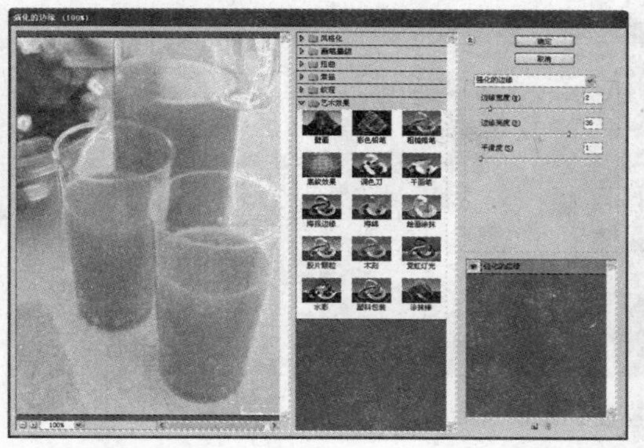

图 10-2　隐藏滤镜命令选择区域

在滤镜效果列表区域中，通过选择并拖动的操作方式，可以调整滤镜效果图层的排列位置；通过单击滤镜效果图层前部的【图层可见】图标，可以隐藏该滤镜效果图层，同时预览区域也会随之不显示该滤镜效果；要想删除应用的滤镜效果，只需先在滤镜效果列表中选择该滤镜效果图层，然后单击【删除效果图层】按钮即可。

10.2　校正性滤镜

校正性滤镜用于修改扫描的和其他方法获得的图像，以及要用于打印或在屏幕上显示的图像。在很多情况下，该类滤镜的效果非常细致，并能够用于改变图像的焦点，增强颜色过渡和平均相邻像素的颜色。这些滤镜位于【模糊】、【杂色】、【锐化】和【其他】滤镜组下方。

10.2.1　模糊滤镜组

模糊滤镜组主要通过削弱相邻像素的对比度，使相邻像素间过渡平滑，从而产生边缘柔和及模糊的效果。选择【滤镜】|【模糊】命令，可以打开【模糊】子菜单。

1. 动感模糊

【动感模糊】滤镜可以将静态的图像产生运动的动态效果，它实质上是通过对某一方向上的像素进行线性位移来产生运动模糊效果，如图 10-3 所示。

其对话框中，各选项含义如下。

- 【角度】文本框：用于控制运动模糊的方向，可以通过改变文本框中的数字或直接拖动指针来调整。
- 【距离】文本框：用于控制像素移动的距离，即模糊强度。该值越大，图像模糊的程度越大。

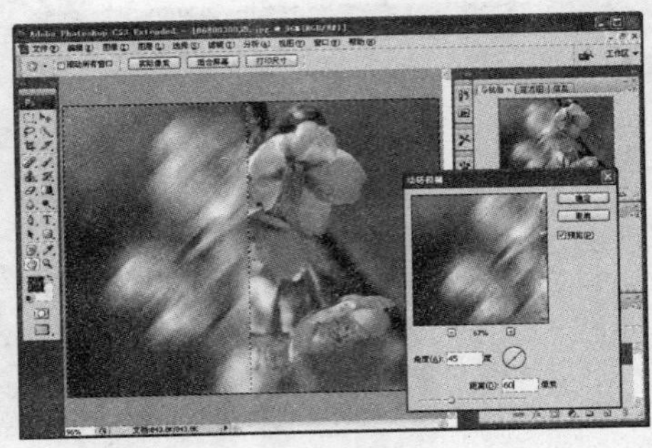

图 10-3 【动感模糊】滤镜

2. 径向模糊

【径向模糊】用于产生旋转模糊的效果，如图 10-4 所示。其对话框中，各选项含义如下。

- 【数量】文本框：用于调节模糊效果的强度，数值越大，模糊效果越强。
- 【中心模糊】预览框：用于设置模糊从哪一点开始向外扩散，在预览框中单击一点即可从该点开始向外扩散。
- 【模糊方法】选项栏：选中【旋转】单选按钮时，产生旋转模糊效果；选中【缩放】单选按钮时，产生放射模糊效果，该模糊的图像从模糊中心处开始放大。
- 【品质】选项栏：用于调节模糊质量，包括【草图】、【好】、【最好】单选按钮。

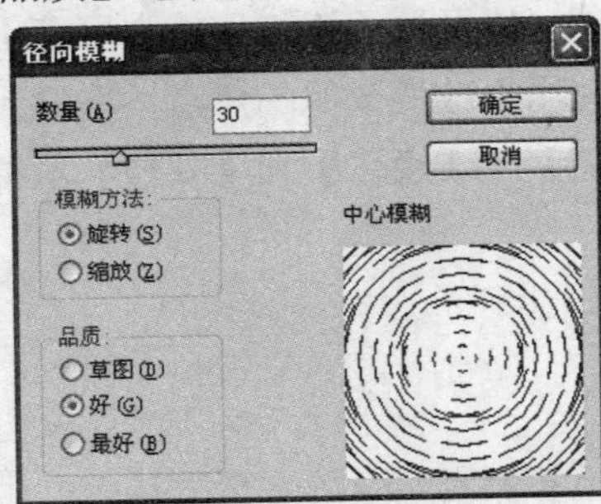

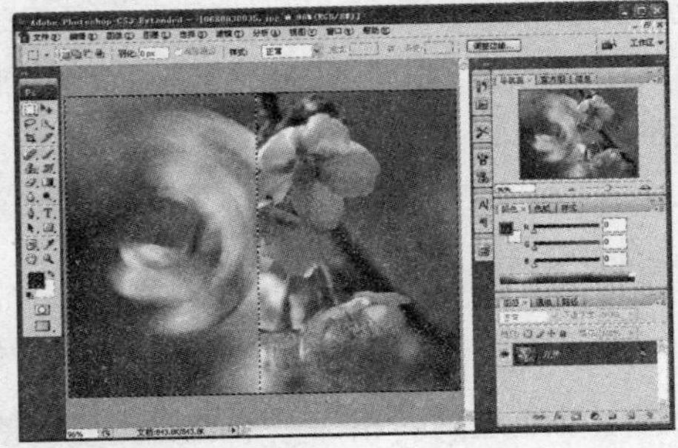

图 10-4 【径向模糊】滤镜

3. 特殊模糊

【特殊模糊】滤镜通过找出图像的边缘以及模糊边缘内的区域，产生一种清晰边界的模糊效果。其对话框中，各选项含义如下。

- 【半径】文本框：用于设置辐射范围的大小，值越大，模糊效果越明显。
- 【阈值】文本框：只有相邻像素间的亮度相差不超过此临界值的像素才会被模糊。
- 【品质】下拉列表：用于设置模糊的质量，包括【低】、【中】和【高】3 个选项。
- 【模式】下拉列表：用于设置效果模式，有【正常】、【边缘优先】和【叠加边缘】3 个选项。

4. 高斯模糊

【高斯模糊】滤镜可以将图像以高斯曲线的形式对图像进行选择性的模糊，同时产生浓厚的模糊效果，也可以将图像从清晰逐渐模糊。其对话框中，【半径】文本框用来调节图像的模糊程度，值越大，图像的模糊效果越明显。

10.2.2　杂色滤镜组

杂色滤镜组主要用来为图形添加杂点或去除图像中的杂点。选择【滤镜】|【杂色】命令，可以打开其子菜单，其中包括 5 种滤镜。

1. 蒙尘与划痕

【蒙尘与划痕】滤镜主要是通过将图像中有缺陷的像素融入到周围的像素中，达到除尘和涂抹的目的，如图 10-5 所示，常用于对扫描、拍摄图像的中蒙尘和划痕进行处理。选择【滤镜】|【杂色】|【蒙尘与划痕】命令，打开【蒙尘与划痕】对话框，其中各选项含义如下。

- 【半径】文本框：用于调整清除缺陷的范围。该数值越大，图像中颜色像素之间的融合范围越大。
- 【阈值】文本框：用于确定要进行像素处理的阈值，该值越大，图像所能容许的杂色就越多，去杂效果越弱。

图 10-5　【蒙尘与划痕】滤镜

2. 添加杂色

【添加杂色】滤镜可以向图像随机添加混合杂点，即添加一些细小的颗粒状像素。常用于添加杂点纹理效果。其对话框中，各选项含义如下。

- 【数量】文本框：用于调整杂点的数量、该数值越大，效果越明显。
- 【分布】选项栏：用于设置杂点的分布方式。选择【平均分布】单选按钮，则颜色杂点统一平均分布；选择【高斯分布】单选按钮，则颜色杂点按高斯曲线分布。
- 【单色】复选框：该复选框，用于设置添加的杂点是彩色的还是灰色的。杂点只影响原图像像素的亮度而不改变其颜色。

10.2.3 锐化滤镜组

锐化滤镜组主要通过加强图像中相邻像素之间的对比度使图像轮廓分明，减弱图像的模糊程度。选择【滤镜】|【锐化】命令，打开其子菜单，其中提供了 5 个锐化命令。

1. 【USM 锐化】

【USM 锐化】滤镜可以在图像边缘的两侧分别制作一条明线或暗线来调整边缘细节的对比度，使图像边缘轮廓化，如图 10-6 所示。其对话框中，各选项含义如下。

- 【数量】文本框：用于调节图像锐化的程度。该值越大，锐化效果越明显。
- 【半径】文本框：用于设置图像轮廓周围锐化范围。该值越大，锐化的范围越广。
- 【阈值】文本框：用于设置锐化的相邻像素的差值。只有对比度差值高于此值的像素才会得到锐化处理。

图 10-6 【USM 锐化】滤镜

2. 【智能锐化】

【智能锐化】滤镜具有【USM 锐化】滤镜所没有的锐化控制功能。该滤镜可以设置锐化算法，或控制在阴影和高光区域中进行的锐化量。在进行操作时，可将文档窗口缩放到 100%，以便精确地查看锐化效果。

10.2.4 其他滤镜组

其他滤镜组主要用来修饰图像中的某些细节部分，还可以让用户创建自己的特殊效果滤镜。选择【滤镜】|【其他】命令，打开其子菜单，其中包括 5 个滤镜命令。

1. 高反差保留

【高反差保留】滤镜可以删除图像中色调变化平缓的部分，而保留色彩变化最大的部分，使图像的阴影消失而亮点突出。其对话框中的【半径】选项用于设定该滤镜分析处理的像素范围，值越大，效果图中所保留原图像的像素越多。

2. 位移

【位移】滤镜可根据在【位移】对话框中设定的值来偏移图像，偏移后留下的空白可以用当前的背景色填充、重复边缘像素填充或折回边缘像素填充，如图 10-7 所示。其对话框中，各选项含义如下。

- 【水平】文本框：用于设置图像像素在水平移动的距离。该值越大，图像的像素在水平方向上移动的距离越大。
- 【垂直】文本框：用于设置图像像素在垂直方向上移动的距离。该值越大，图像的像素在垂直方向上移动的距离越大。
- 【未定义区域】栏：提供了【设置为背景】、【重复边缘像素】、【折回】3 种填补方式。

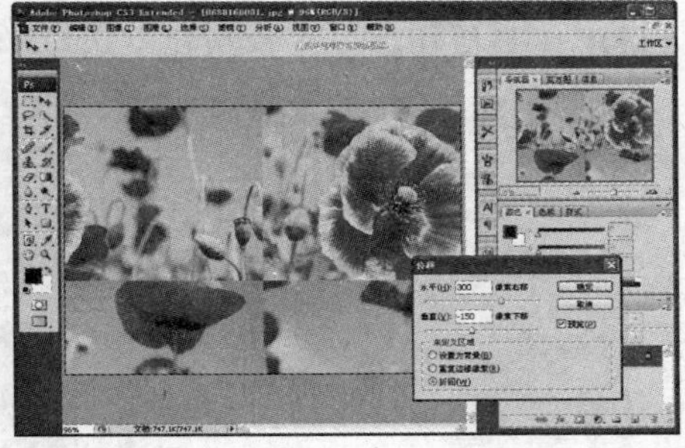

图 10-7　【位移】滤镜

3. 最大值

【最大值】滤镜可以用来强化图像中的亮部色调，消减暗部色调。其对话框中的【半径】文本框用于设置图像中的亮部的明暗程度。

4. 最小值

【最小值】滤镜的功能与【最大值】滤镜的功能相反，它可以用来减弱图像中的亮部色调，其对话框中的【半径】选项用于设置图像暗部区域的范围。

10.3　破坏性滤镜

破坏性滤镜的效果非常强烈，所以如果使用不当，会导致图像的彻底毁坏。这些滤镜位于【扭曲】、【像素化】、【渲染】和【风格化】滤镜组下方。

10.3.1　扭曲滤镜组

扭曲滤镜组主要用来对平面的图像进行扭曲处理，使其产生旋转、挤压和水波等变形效果，

选择【滤镜】|【扭曲】命令，打开其子菜单，其中包括 13 种滤镜效果。

1. 波浪

【波浪】滤镜可以使图像产生波浪效果，如图 10-8 所示。其对话框，各选项含义如下。

- 【生成器数】文本框：用于设置产生波浪的波源数目。
- 【波长】文本框：用于控制波峰间距。有【最小】和【最大】两个参数，分别表示最短波长和最长波长，最短波长值不能超过最长波长值。
- 【波幅】文本框：用于设置波动幅度，有【最小】和【最大】两个参数，表示最小波幅和最大波幅，最小波幅不能超过最大波幅。
- 【比例】文本框：用于调整水平和垂直方向的波动幅度。
- 【类型】选项栏：用于设置波动类型，有【正弦】、【三角形】和【方形】3 种类型。
- 【随机化】按钮：单击该按钮，可以随机改变图像的波动效果。

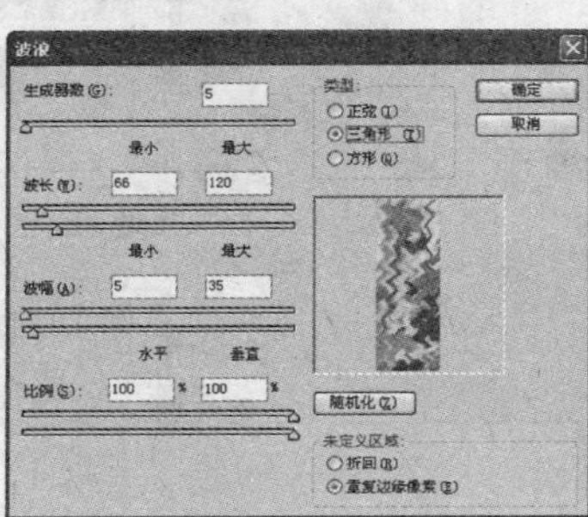

图 10-8 【波浪】滤镜

2. 极坐标

【极坐标】滤镜可以将图像在直角坐标系或极坐标系之间互相转换，产生一种图像极端变形效果。其对话框中，各选项含义如下。

- 【平面坐标到极坐标】单选按钮：表示将图像从直角坐标系转化到极坐标系。
- 【极坐标到平面坐标】单选按钮：表示将图像从极坐标转化到直角坐标系。

3. 挤压

【挤压】滤镜可以使全部图像或选区图像产生向外或向内的挤压变形效果。其对话框中，【数量】文本框用于调整挤压程度，其取值范围为 - 100%~100%，取正值是使图像向内收缩，取负值时使图像向外膨胀。

4. 扩散亮光

【扩散亮光】滤镜能使图像产生光热弥散的效果，常用来表现强烈的光线和烟雾效果，如图 10-9 所示。选择【滤镜】|【扭曲】|【扩散亮光】命令，打开【扩散亮光】对话框，其中各选项含义如下。

- 【粒度】文本框：用于控制辉光中的颗粒度，该值越小，颗粒越少。

- 【发光量】文本框：用于调整辉光的强度，该值不宜过大。
- 【清除数量】文本框：用于控制图像受滤镜影响的区域范围，该值越大，受影响的区域越少。

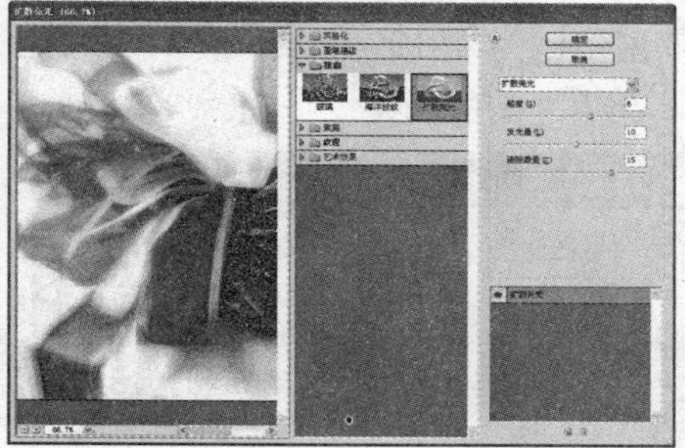

图 10-9　【扩散亮光】滤镜

5. 旋转扭曲

【旋转扭曲】滤镜可产生旋转图像效果，旋转中心为图像的中心，常用于制作漩涡效果。其对话框中，【角度】文本框的值为正时，图像顺时针旋转扭曲，为负时逆时针旋转扭曲。

6. 置换

【置换】滤镜可以使图像产生移位效果，图像的移位方向与对话框中的参数设置和置换图像有关。置换图像的前提是要有两个图像文件，一个图像是要编辑的图像，另一个是置换图像文件，置换图像充当移位模板，用来控制位移的方向。选择【滤镜】|【扭曲】|【置换】命令，打开【置换】对话框，其中各选项含义如下。

- 【水平比例】文本框：用于设定像素在水平方向的移动距离。数值越大，图像在水平方向上的移动越大。
- 【垂直比例】文本框：用于设定像素在垂直方向的移动距离。数值越大，图像在垂直方向上的移动越大。
- 【置换图】选项：用于设置置换图像的属性。选中【伸展以适合】单选按钮时，置换图像会覆盖原图并放大(置换图像小于原图时)，以适合原图大小；选中【拼贴】单选按钮时，置换图像会直接叠放在原图上，不作任何大小调整。
- 【未定义区域】栏：用于设置未定义区域的处理方法，包括【折回】和【重复边缘像素】单选按钮。

10.3.2　像素化滤镜组

像素化滤镜组的原理是将图像中相似的颜色转化成单元格而使图像分块或平面化。选择【滤镜】|【像素化】命令将打开其子菜单，其中包括 7 种滤镜效果。

1. 彩色半调

【彩色半调】滤镜可以将图像分成圆形网格，然后向其内部填充像素，模拟在图像的每个通道上使用放大的半调网屏效果，如图 10-10 所示。其中，【最大半径】文本框用来设置栅格的大小，取值范围为 4~127 像素；【网角(度)】选项栏用来设置屏蔽度数，共有 4 个通道，分别代表填入颜色之间的角度。

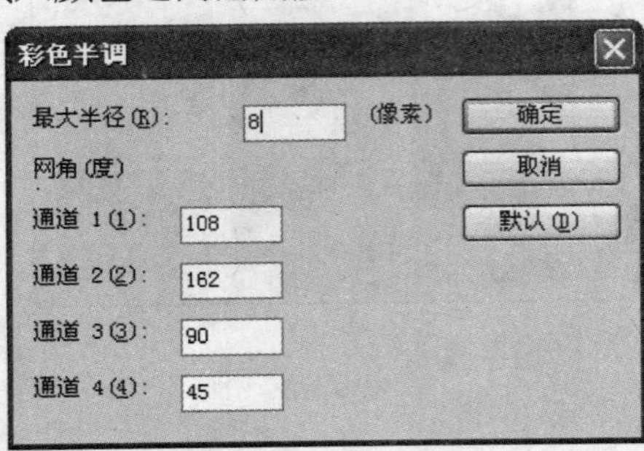

图 10-10　【彩色半调】滤镜

2. 点状化

【点状化】滤镜可以将图像中的颜色分解为随机分布的网点，如同点状化绘画一样，并使用背景色作为网点之间的画布区域。

3. 晶格化

【晶格化】滤镜能将图像中相近的像素集中到一个像素的多边形网格中，使像素结为纯色多边形，使图像产生类似冰块的块状效果。选择【滤镜】|【像素化】|【晶格化】命令，打开【晶格化】对话框，其中的【单元格大小】文本框用于控制色块的大小，取值范围为 3~300。

4. 马赛克

【马赛克】滤镜效果能使图像中相似像素结为方形块，使方形块中的像素颜色相同，产生马赛克效果，如图 10-11 所示。选择【滤镜】|【像素化】|【马赛克】命令，将打开【马赛克】对话框。对话框中的【单元格大小】文本框用来设置相同像素方形块的大小，取值范围为 2~200。

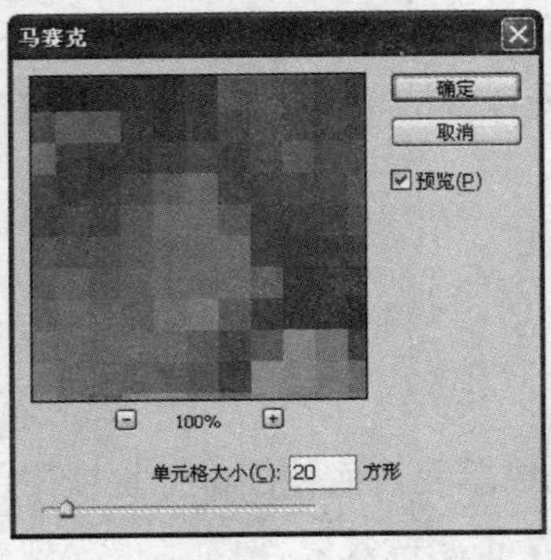

图 10-11　【马赛克】滤镜

10.3.3　渲染滤镜组

渲染滤镜组主要用来模拟光线照明效果，它可以模拟不同的光源效果。选择【滤镜】|【渲染】命令可以打开其子菜单，其中包括【云彩】、【光照效果】等 5 种滤镜。

1. 光照效果

【光照效果】滤镜的功能非常强大，用户可以在其中设置光源的【样式】、【类型】、【强度】和【光泽】等参数，然后根据这些设定的参数产生模拟三维光照效果，如图 10-12 所示。其对话框中，各选项含义如下。

- 【样式】下拉列表：在该下拉列表中可以选择光源的样式，系统提供了十多种样式，能模拟各种舞台光源效果。
- 【光照类型】下拉列表：该项在选中【开】复选框后才可以在其下拉列表框中选择光照的类型。其中包括【平行光】、【点光】、【全光源】3 种灯光类型。
- 【强度】选项栏：拖动其下方的滑块可以控制光的强度，其取值范围为-100~100，该值越大，光亮越强。单击其右侧的颜色图标，在弹出的【拾色器】对话框中可以设置灯光的颜色。
- 【聚焦】选项栏：可以调节椭圆区域内光线照射的范围。
- 【光泽】选项栏：可以设置反光物体的表面光泽度，滑块从【杂边】端到【发光】端，光照效果越来越强。
- 【材料】选项栏：用于设置灯光下图像的材质，该项决定反射光色彩是反射光源的色彩还是反射物体本身色彩。拖动滑块从【塑料效果】端到【金属质感】端，反射光线颜色也从光源颜色过渡到反射物颜色。
- 【曝光度】选项栏：拖动其下方的滑块可以控制照射光线的明暗度。
- 【环境】选项栏：用于设置灯光的扩散效果。单击其右侧的颜色图标，在弹出的【拾色器】对话框中可以设置灯光的颜色。
- 【纹理通道】下拉列表：在其下拉列表中可以选择【红】、【绿】和【蓝】3 种颜色，用于在图像中添加纹理产生浮雕效果。若选中【无】以外的选项，则【白色部分凸出】复选框变为不可设置状态。
- 【高度】选项栏：用于设置图像浮雕效果的深度。其中，纹理的突出部分用白色显示，凹陷部分用黑色显示。拖动滑块从【平滑】端到【凸起】端，浮雕效果将从浅到深。
- 【预览框】：当选择所需的光源样式后，单击预览框中的光源焦点即可以确定当前光源，在光源框上按住鼠标并拖动可以调节该光源位置和范围，拖动光源中间的节点可以移动光源的位置。拖动预览框底部的图标到预览框中即可添加新的光源。将预览框中光源的焦点拖动到其下方的图标上可以删除该光源。

2. 镜头光晕

【镜头光晕】滤镜能产生类似强光照射在镜头上所产生的光照效果，如图 10-13 所示，还可以人工调节光照的位置、强度和范围等。其对话框中，各选项含义如下。

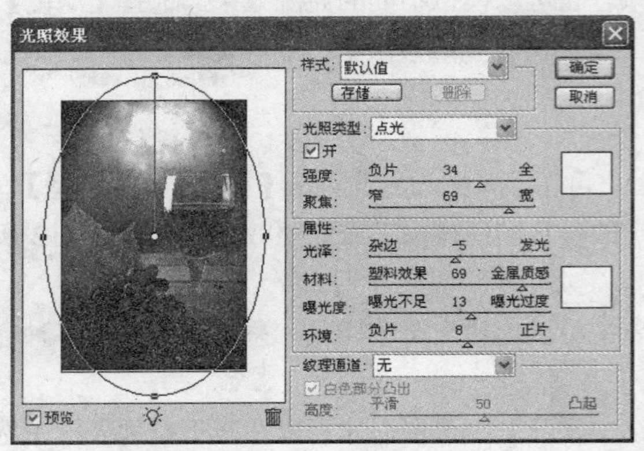

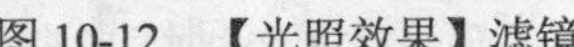
图 10-12 【光照效果】滤镜

图 10-13 【镜头光晕】滤镜

- ◎ 【光晕中心】预览框：使用鼠标指针在预览框中单击即可确定当前的光照位置，还可以将其移动到不同的位置。
- ◎ 【亮度】文本框：用来调节光照的强度和范围，该值越大，光照的强度越强，范围越大。
- ◎ 【镜头类型】选项栏：用于设置镜头类型，包括【50-300 毫米变焦】、【35 毫米聚焦】、【105 毫米聚焦】和【电影镜头】4 个单选按钮。

3. 纤维

【纤维】滤镜可以根据当前的前景色和背景色来生成类似纤维的纹理效果。其对话框中，各选项含义如下。

- ◎ 【差异】文本框：用于调整纤维的颜色变化。该值越大，前景色和背景色分离越明显。
- ◎ 【强度】文本框：用于设置纤维的密度，该值越大，纤维效果越精细。
- ◎ 【随机化】按钮：每次单击该按钮，将随机地产生不同的纤维效果。

4. 云彩

【云彩】滤镜可以在图像的前景色和背景色之间随机抽取像素，再将图像转换为柔和的云彩效果，该滤镜无参数设置对话框，常用于创建图像的云彩效果。

10.3.4 风格化滤镜组

风格化滤镜组可以使图像像素通过位移、置换、拼贴等操作，从而产生图像错位和风吹效果。选择【滤镜】|【风格化】命令打开其子菜单，其中包括 9 个滤镜命令。

1. 查找边缘

【查找边缘】滤镜可以查找图像中主色块颜色变化的区域，并将查找到的边缘轮廓描边，使图像看起来像用笔刷勾勒的轮廓一样。该滤镜无参数对话框。

2. 【扩散】

【扩散】滤镜可以使图像看起来像透过磨砂玻璃一样的模糊效果。其对话框中，各选项含义如下。

- 【正常】单选按钮：选中该单选按钮，可以通过像素点的随机移动来实现图像的扩散效果，而图像的亮度不变。
- 【变暗优先】单选按钮：选中该按钮，将用较暗的颜色替换较亮的颜色来产生扩散效果。
- 【变亮优先】单选按钮：选中该按钮，将用较亮的颜色替换较暗颜色来产生扩散效果。
- 【各向异性】单选按钮：选中该按钮，将通过图像中较暗和较亮的像素来产生扩散效果。

3. 【拼贴】

【拼贴】滤镜可以根据对话框中的设定值将图像分成许多小块，看上去好像图像是画在方块瓷砖上一样，如图 10-14 所示。其对话框中，各选项含义如下。

- 【拼贴数】文本框：用于设置在图像每行和每列中要显示的块数。
- 【最大位移】文本框：用于设置允许拼贴块偏移原位置的最大距离。
- 【填充空白区域用】栏：用于设置拼贴块间空白区域的填充方式，有【背景色】、【反向图像】、【前景颜色】和【未改变的图像】等 4 个单选按钮。

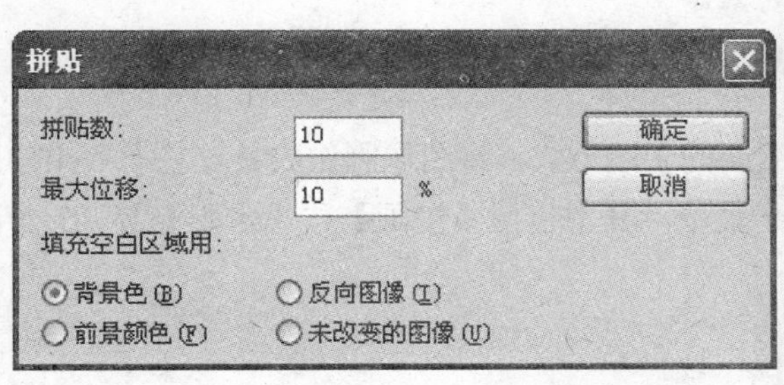

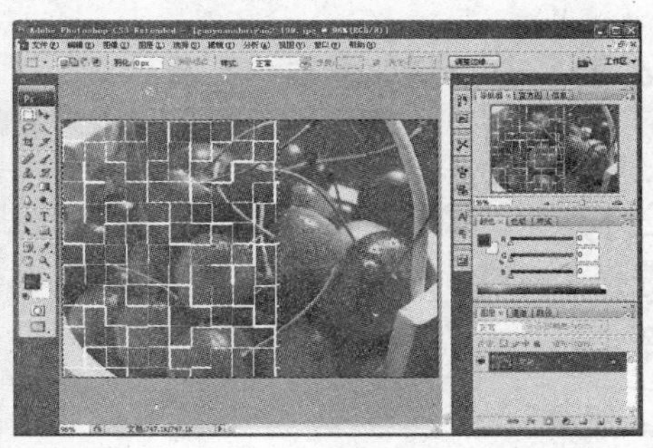

图 10-14　【拼贴】滤镜

4. 【凸出】

【凸出】滤镜可以将图像分成数量不等、但大小相同并有机叠放的立体方框，可以用来制作图像的扭曲或三维背景，选择【滤镜】|【风格化】|【凸出】命令，打开如图 10-15 所示对话框，其中各选项含义如下。

- 【类型】选项栏： 用于设置三维块的形状，包括【块】和【金字塔】两个单选按钮。

- ◉ 【大小】文本框：用于设置三维块的大小。该数值越大，三维块越大。
- ◉ 【深度】文本框：用于设置凸出深度。【随机】单选按钮和【基于色阶】单选按钮表示三维的排列方式。
- ◉ 【立方体正面】复选框：选中该复选框，只对立方体的表面填充物体的平均色，而不是对整个图案。
- ◉ 【蒙版不完整块】复选框：选中该复选框，将使所有的图像中都包括在凸出范围之内。

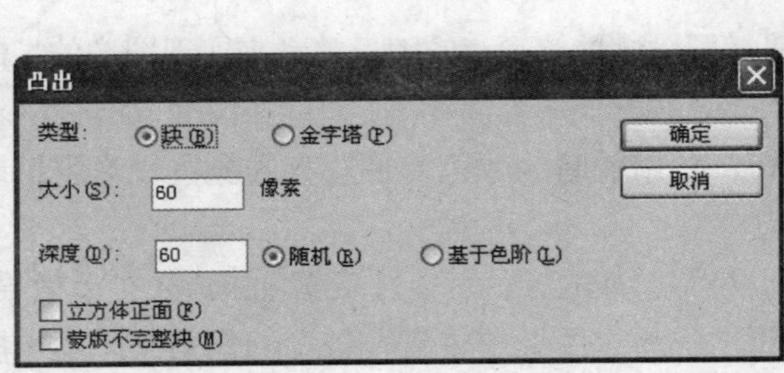

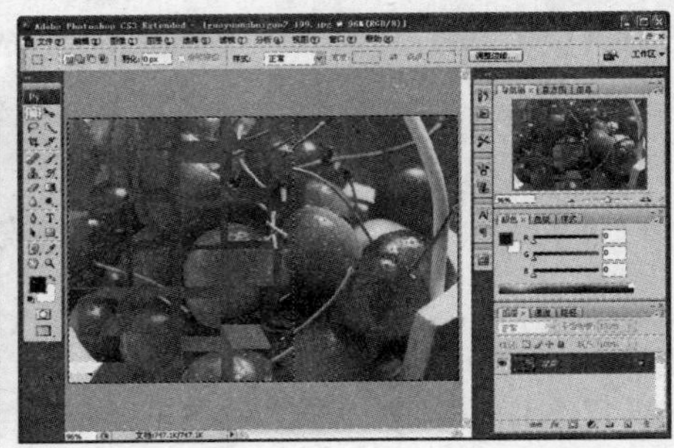

图 10-15 【凸出】滤镜

10.4 效果性滤镜

Photoshop CS3 还提供了多组效果性滤镜组。通过使用这些滤镜组中的滤镜，可以为图像制作出各种丰富多变的图像效果，但这些滤镜同样具有破坏性。这些滤镜位于【艺术效果】、【画笔描边】、【素描】和【纹理】滤镜组下方。

10.4.1 艺术效果滤镜组

艺术效果滤镜组可以通过模仿传统手绘图画的手法方式，将图像制作成具有艺术效果的图像。选择【滤镜】|【艺术效果】命令打开其子菜单，其中包括【壁画】、【水彩】等 15 个滤镜命令。

1. 壁画

【壁画】滤镜可以使图像产生类似壁画的效果，如图 10-16 所示。其对话框中，各选项含义如下。

- ◉ 【画笔大小】文本框：用于设置画笔的大小，该值越大，画笔的笔触越大。
- ◉ 【画笔细节】文本框：用于设置画笔刻画图像的细腻程度。该值越大，图像中的色彩层次越细腻。
- ◉ 【纹理】文本框：用于调节效果颜色间过渡的平滑度。该值越大，图像效果越明显。

2. 粗糙蜡笔

【粗糙蜡笔】滤镜可以使图像产生类似蜡笔在纹理背景上绘图产生的一种纹理效果，如图 10-17 所示。【粗糙蜡笔】对话框中的参数与【底纹效果】滤镜的参数设置基本相同。

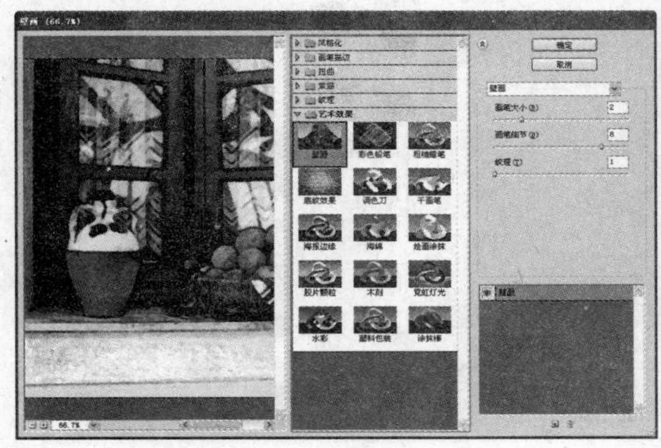

图 10-16　【壁画】滤镜

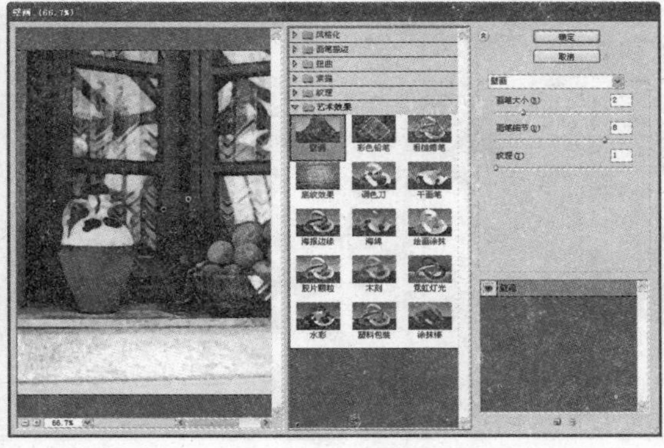

图 10-17　【粗糙蜡笔】

3. 底纹效果

【底纹效果】滤镜可以根据所选的纹理类型来使图像产生一种纹理效果。其对话框中，各选项含义如下。

- 【画笔大小】文本框：用于设置笔触的大小。该值越小，画笔笔触越大。
- 【纹理覆盖】文本框：用于设置笔触的细腻程度。该值越大，图像越模糊。
- 【纹理】下拉列表：用于选择纹理的类型。
- 【缩放】文本框：用于设置覆盖纹理的缩放比例。该值越大，底纹的效果越明显。
- 【凸现】文本框：用于调整覆盖纹理的深度。该值越大，纹理的深度越明显。
- 【光照】下拉列表：用于调整灯光照射的方向。
- 【反相】复选框：该复选框为确定纹理是否反向处理。

4. 干画笔

- 【干画笔】滤镜可以使图像生成一种干燥的笔触效果，类似于绘画中的干画笔效果，其对话框中的参数与【壁画】滤镜相同。

5. 海报边缘

【海报边缘】滤镜可以使图像查找出颜色差异较大的区域，并将其边缘填充成黑色，使图像产生海报画效果，如图 10-18 所示。其对话框中，各选项含义如下。

- 【边缘厚度】文本框：用于调节图像的黑色边缘的宽度。该值越大，边缘轮廓越宽。
- 【边缘强度】文本框：用于调节图像边缘的明暗程度。该值越大，边缘越黑。
- 【海报化】文本框：用于调节颜色在图像上的渲染效果。该值越大，海报效果越明显。

6. 海绵

【海绵】滤镜可以使图像产生类似海绵浸湿的图像效果，如图 10-19 所示。其对话框中，各选项含义如下。

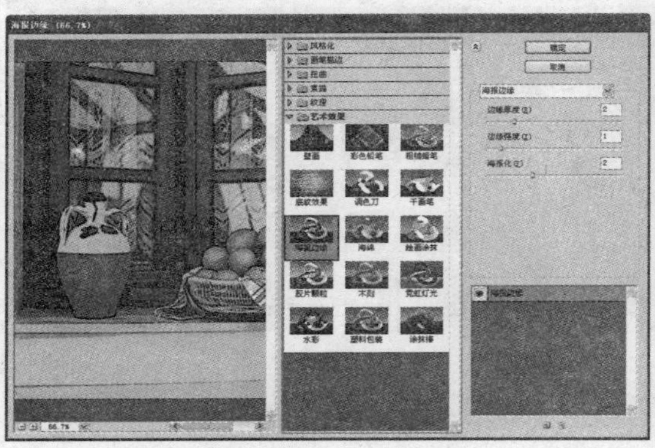

图 10-18 【海报边缘】滤镜

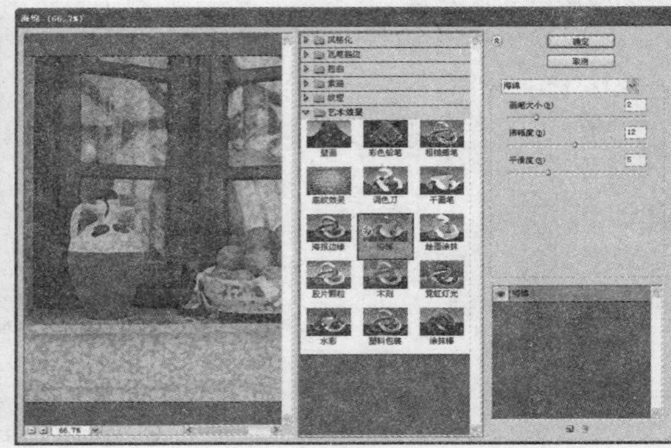

图 10-19 【海绵】滤镜

- 【画笔大小】文本框：用于设置海绵画笔笔触的大小。该值越大，海绵效果的画笔笔触越大。
- 【清晰度】文本框：用于设置图像的清晰程度。该值越小，图像效果越清晰。
- 【平滑度】文本框：用于设置海绵颜色的清晰程度。

7. 绘画涂抹

【绘画涂抹】滤镜可以使图像产生类似用手在湿画上涂抹的模糊效果，如图 10-20 所示。其对话框中，各选项含义如下。

- 【画笔大小】文本框：用于设置画笔的大小。该值越大，涂抹的画笔笔触越大。
- 【锐化程度】文本框：用于设置画笔的锐化程度。该值越大，图像效果越粗糙。
- 【画笔类型】文本框：用于选择画笔的类型，包括【简单】、【未处理光照】、【未处理深色】、【宽锐化】、【宽模糊】和【火花】6 种类型。

8. 木刻

【木刻】滤镜可以将图像制作出类似木刻画的效果，如图 10-21 所示。其对话框中，各选项含义如下。

- 【色阶数】文本框：用于设置图像中色彩的层次。该值越大，图像的色彩层次越丰富。
- 【边缘简化度】文本框：用于设置图像边缘的简化程度。该值越小，边缘越明显。
- 【边缘逼真度】文本框：用于设置产生痕迹的精确度。该值越小，图像痕迹越明显。

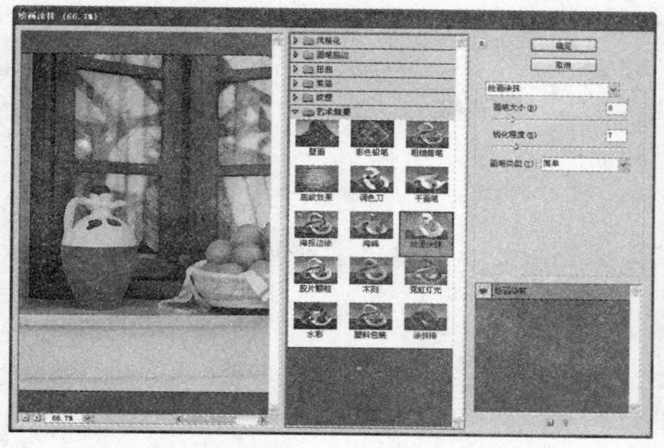
图 10-20 【绘画涂抹】滤镜

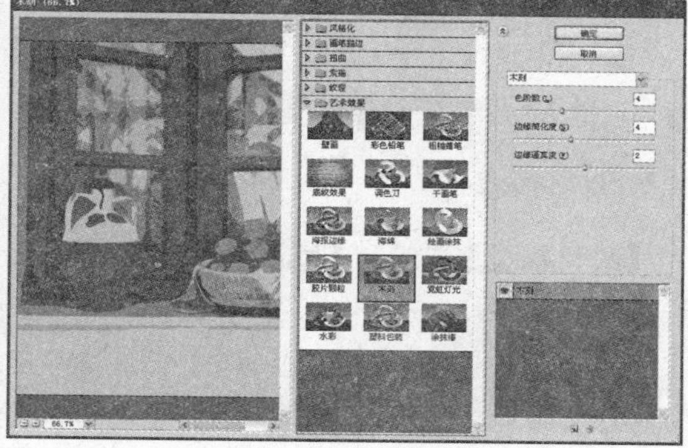
图 10-21 【木刻】滤镜

10.4.2 画笔描边滤镜组

【画笔描边】滤镜组主要用于将图像以不同的画笔笔触或油墨效果来进行处理，产生类似手绘的图像效果，选择【滤镜】|【画笔描边】命令，打开其子菜单，其中包括 8 种滤镜效果。

1. 成角的线条

【成角的线条】滤镜可以将图像产生倾斜的笔触效果，如图 10-22 所示。其对话框中，各选项含义如下。

- 【方向平衡】文本框：用于设置笔触的倾斜方向。该值越大，成交的线条越长。
- 【描边长度】文本框：用于控制勾绘画笔的长度。该值越大，笔触线条越长。
- 【锐化程度】文本框：用于控制笔锋的尖锐程度。该值越小，图像越平滑。

2. 喷溅

【喷溅】滤镜可以使图像产生类似笔墨喷溅的效果，如图 10-23 所示。其对话框中，各选项含义如下。

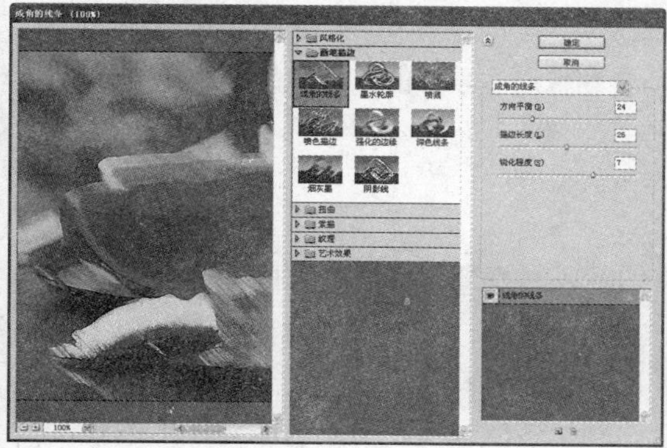
图 10-22 【成角的线条】滤镜

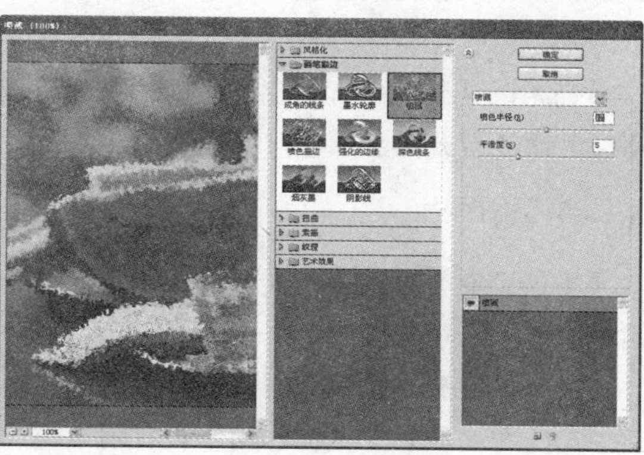
图 10-23 【喷溅】滤镜

◉ 【喷色半径】文本框：用于控制喷溅的范围。该值越大，喷溅范围越大。

◉ 【平滑度】文本框：用于调整喷溅效果的轻重或光滑度，该值越大，喷溅浪花越光滑，但喷溅浪花也会越模糊。

3. 喷色描边

【喷色描边】滤镜和【喷溅】滤镜效果相似，此外它还能产生斜纹飞溅效果。其对话框中，各选项含义如下。

◉ 【描边长度】文本框：用于设置喷色描边笔触的长度。

◉ 【喷色半径】文本框：用于设置图像飞溅的半径。

◉ 【描边方向】下拉列表：用于设置喷色方向，包括【左对角线】、【水平】、【右对角线】和【垂直】4 个选项。

4. 强化的边缘

【强化的边缘】滤镜可以对图像的边缘进行强化处理。其对话框中，各选项含义如下。

◉ 【边缘宽度】文本框：用于控制边缘的宽度。该值越大，边界越宽。

◉ 【边缘亮度】文本框：用于调整边界的亮度。该值越大，边缘越亮；相反，图像边缘越黑。

◉ 【平滑度】文本框：用于调整处理边界的平滑度。

5. 深色线条

【深色线条】滤镜通过使用黑色线条来绘制图像中的暗部区域，用白色线条来绘制图像中的明亮区域，从而产生一种很强的黑色阴影效果。其对话框中，各选项含义如下。

◉ 【平衡】文本框：用于调整笔触的方向大小。该值越大，黑色笔触越多。

◉ 【黑色强度】文本框：用于控制黑色阴影的强度。该值越大，变黑的区域范围越多。

◉ 【白色强度】文本框：用于控制白色区域的强度。该值越大，变亮的浅色范围越多。

10.4.3 素描滤镜组

素描滤镜组一般用于为图像添加各种纹理效果，使图像产生素描的艺术效果。选择【滤镜】|【素描】命令打开其子菜单，其中包括 14 种滤镜效果。

1. 半调图案

【半调图案】滤镜可以使用前景色和背景色将图像以网点效果显示，如图 10-24 所示。其对话框中，各选项含义如下。

◉ 【大小】文本框：用于设置网点的大小，该值越大，其网点越大。

◉ 【对比度】文本框：用于设置前景色的对比度。该值越大，前景色的对比度越强。

⊙ 【图案类型】下拉列表：用于设置图案的类型，有【网点】、【圆形】和【直线】3个选项。

2. 绘图笔

【绘图笔】滤镜将前景色和背景色生成一种钢笔画素描效果，图像中没有轮廓，只有变化的笔触效果，如图 10-25 所示。其对话框中，各选项含义如下。

⊙ 【描边长度】文本框：用于调节笔触在图像中的长短。

⊙ 【明/暗平衡】文本框：用于调整图像前景色和背景色的比例。当该值为 0 时，图像被背景色填充；当该值为 100 时，图像被前景色填充。

⊙ 【描边方向】下拉列表：用于选择笔触的方向。

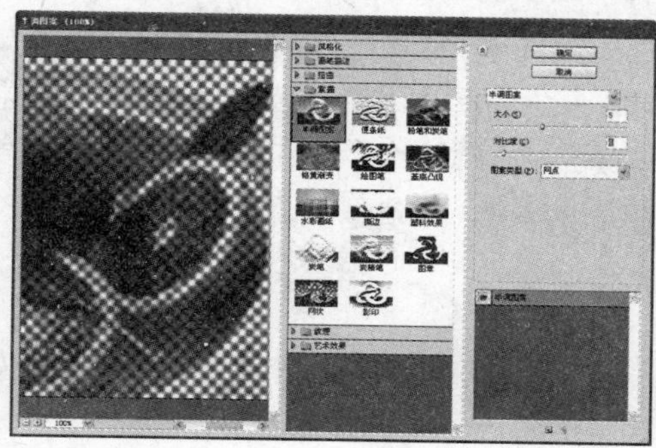

图 10-24 【半调图案】滤镜

图 10-25 【绘图笔】滤镜

3. 水彩画纸

【水彩画纸】滤镜能制作出类似在潮湿的纸上绘图而产生画面浸湿的效果，如图 10-26 所示。其对话框中，各选项含义如下。

⊙ 【纤维长度】文本框：用于控制边缘扩散程度、笔触长度。该值越大，纤维笔刷越长。

⊙ 【亮度】文本框：用于调整图像画面的亮度。该值越大，图像越亮。

⊙ 【对比度】文本框：用于调整图像与笔触的对比度。该值越大，图像明暗程度越明显。

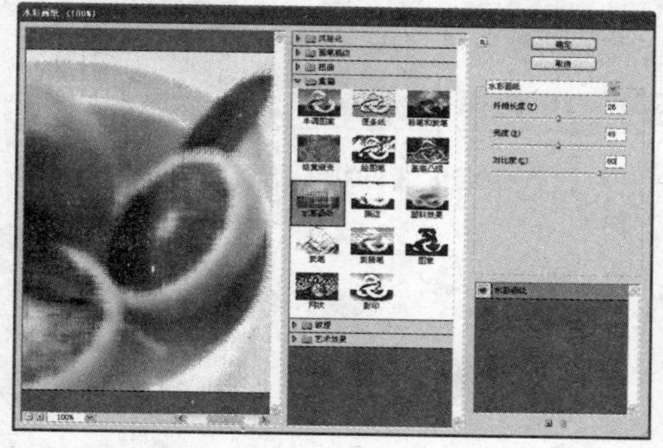

图 10-26 【水彩画纸】滤镜

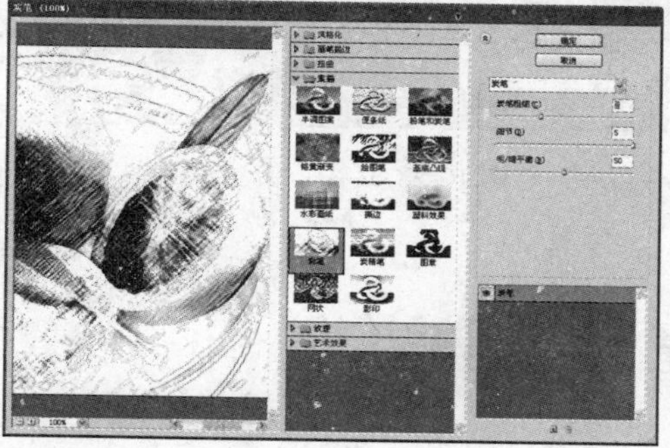

图 10-27 【炭笔】滤镜

4. 炭笔

【炭笔】滤镜可以将图像以类似炭笔画的效果显示，如图 10-27 所示。前景色代表笔触的颜色，背景色代表纸张的颜色。在绘制过程中，阴影区域用黑色对角线炭笔线条替换。其对话框中，各选项含义如下。

- 【炭笔粗细】文本框：用于设置笔触的粗细。该值越大，笔触越粗。
- 【细节】文本框：用于设置图像细节的保留程度。该值越大，炭笔刻画越细腻。
- 【明/暗平衡】文本框：用于控制前景色和背景色的混合比例。

5. 图章

【图章】滤镜可以使图像产生类似生活中的印章效果，如图 10-28 所示。其对话框中，各选项含义如下。

- 【明/暗平衡】文本框：用于设置前景色与背景色的混合比例。当值为 0 时，图像将显示为背景色；当值大于 50 时，图像将以前景色显示。
- 【平滑度】文本框：用于调节图章效果的锯齿程度，该值越大，图像越光滑。

6. 网状

【网状】滤镜将使用前景色和背景色填充图像，在图像中产生一种网眼覆盖效果，如图 10-29 所示。其对话框中，各选项含义如下。

- 【浓度】文本框：用于设置网眼的密度。
- 【前景色阶】文本框：用于设置前景色的层次。该值越大，实色块越多。
- 【背景色阶】文本框：用于设置背景色的层次。

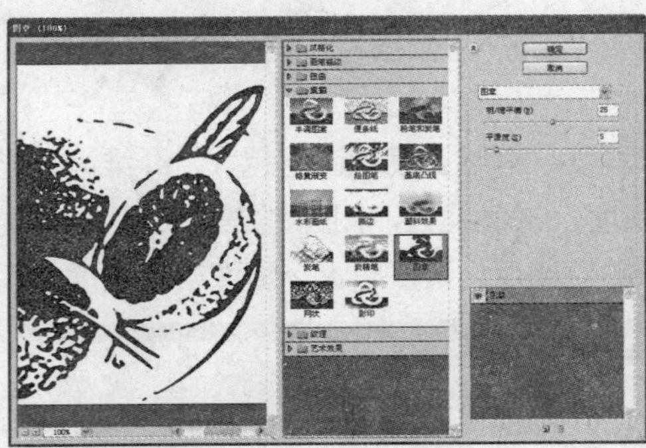

图 10-28 【图章】滤镜

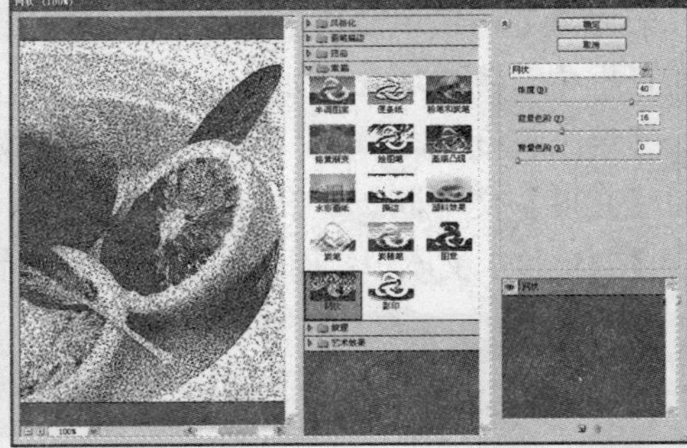

图 10-29 【网状】滤镜

10.4.4 纹理滤镜组

纹理滤镜组可以为图像添加立体感或赋予材质的纹理效果。选择【滤镜】|【纹理】命令打开其子菜单，其中包括 6 个滤镜命令。

1. 龟裂缝

【龟裂缝】滤镜可以使图像产生龟裂纹理，从而制作出具有浮雕效果的图像。其对话框中，各选项含义如下。

- 【裂缝间距】文本框：用于设置裂纹间隔距离。该值越大，纹理间的间距越大。
- 【裂缝深度】文本框：用于设置裂纹深度。该值越大，纹理裂纹的越深。
- 【裂纹亮度】文本框：用于设置裂纹亮度。该值越大，纹理裂纹的颜色越亮。

2. 颗粒

【颗粒】滤镜可以在图像中随机加入不规则的颗粒来产生颗粒纹理效果，如图 10-30 所示。其对话框中，各选项含义如下。

- 【强度】文本框：用于设置颗粒密度，其取值范围为 0~100。该值越大，图像中的颗粒越多。
- 【对比度】文本框：用于调整颗粒的明暗对比度，其取值范围为 0~100。
- 【颗粒类型】下拉列表框：用于设置颗粒的类型，包括【常规】、【柔和】和【喷洒】等 10 种类型。

3. 马赛克拼贴

【马赛克拼贴】滤镜可以使图像产生马赛克网格效果，如图 10-31 所示还可以调整网格的大小以及缝隙的宽度和深度。其对话框中，各选项含义如下。

- 【拼贴大小】文本框：用于设置拼贴块的大小。该值越大，拼贴的网格越大。
- 【缝隙宽度】文本框：用于设置拼贴块间隔大小。该值越大，拼贴块的网格缝隙越宽。
- 【加亮缝隙】文本框：用于设置间隔加亮程度。该值越大，缝隙的明度越高。

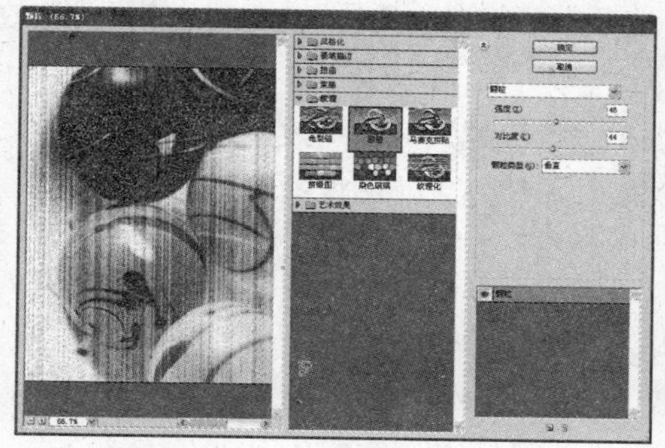

图 10-30 【颗粒】滤镜

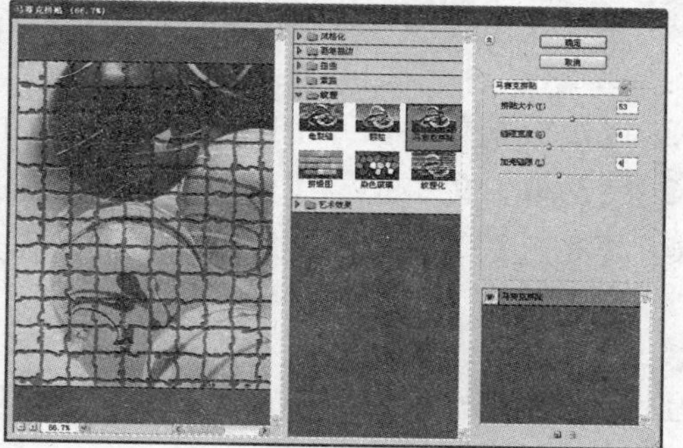

图 10-31【马赛克拼图】滤镜

4. 拼缀图

【拼缀图】滤镜可以将图像分割成数量不等的小方块，用每个方块内的像素平均颜色作为该方块的颜色，模拟一种建筑拼贴瓷砖的效果，类似生活中的拼图效果，如图 10-32 所示。其对话框中，各选项含义如下。

- 【方形大小】文本框：用于调整方块的大小。该值越小，方块越小，图像越精细。

◎ 【凸现】文本框：用于设置拼贴图片的凹凸程度。该值越大，纹理凹凸程度越明显。

5. 染色玻璃

【染色玻璃】滤镜可以在图像中产生不规则的玻璃网格，每格的颜色有该格的平均颜色来显示，如图 10-33 所示。其对话框中，各选项含义如下。

◎ 【单元格大小】文本框：用于设置玻璃网格的大小。该值越大，图像的玻璃网格越大。

◎ 【边框粗细】文本框：用于设置格子边框的宽度。该值越大，网格的边缘越宽。

◎ 【光照强度】文本框：用于设置照射格子的虚拟灯光强度。该值越大，图像中间的光照越强。

图 10-32 【拼缀图】滤镜

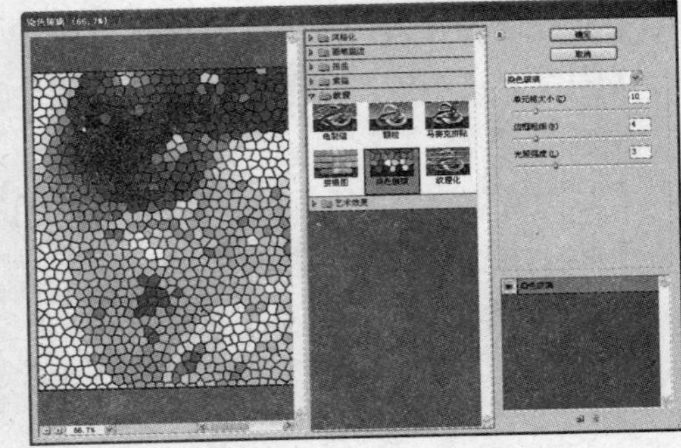

图 10-33 【染色玻璃】滤镜

6. 纹理化

【纹理化】滤镜可以为图像添加纹理效果。其对话框中，各选项含义如下。

◎ 【纹理】下拉列表：提供了【砖形】、【粗麻布】、【画布】和【砂岩】4 种纹理类型。另外，用户还可以选择【载入纹理】选项来装载自定义的以 PSD 文件格式存放的纹理模板。

◎ 【缩放】文本框：用于调整纹理的尺寸大小。该值越大，纹理效果越明显。

◎ 【凸现】文本框：用于调整纹理产生的深度。该值越大，图像的纹理深度越深。

◎ 【光照】下拉列表：提供了 8 种方向的光照效果。

10.5 上机练习

本节练习将使用【滤镜】菜单中的特殊滤镜命令制作出如图 10-41 和图 10-57 所示的图像效果。通过练习可以让读者巩固掌握常用滤镜的操作方法和特殊滤镜的应用。

10.5.1 制作炫光效果

本次上机练习将结合【波浪】、【极坐标】等滤镜制作特殊炫光效果，最终效果如图 10-41

所示。通过练习熟悉并掌握常用滤镜的操作方法。

(1) 启动 Photoshop CS3 应用程序，选择【文件】|【新建】命令，在打开的对话框中设置【宽度】和【高度】均为 10 厘米，【分辨率】为 72 像素/英寸，【颜色模式】为【RGB 颜色】，然后单击【确定】按钮，新建文件，如图 10-34 所示。

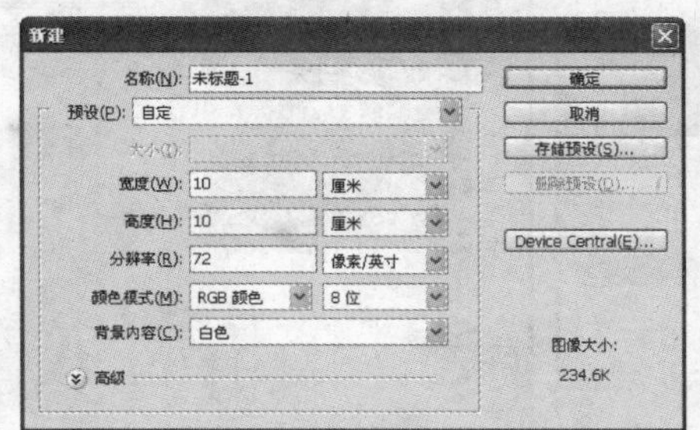

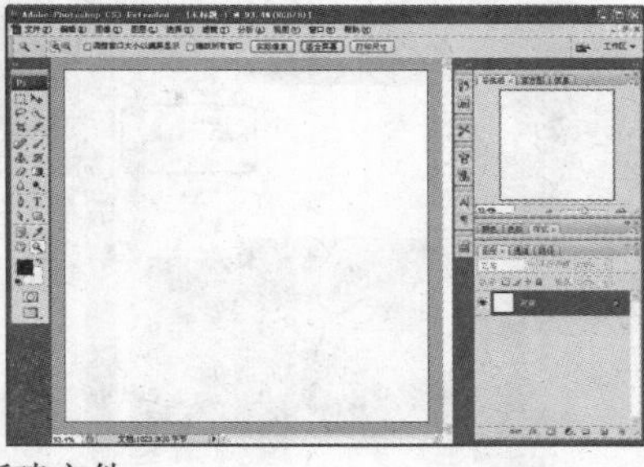

图 10-34　新建文件

(2) 在【工具】调板中选择【渐变】工具，在选项栏中单击【线性渐变】按钮，然后使用工具在图像中从下往上拖动创建渐变，如图 10-35 所示。

(3) 选择【滤镜】|【扭曲】|【波浪】命令，如图 10-36 所示。

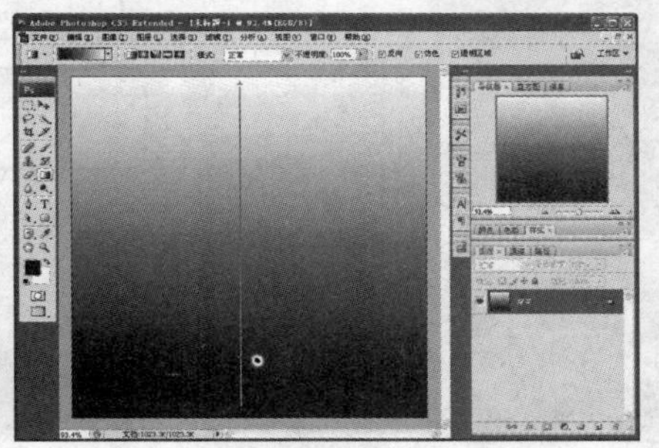

图 10-35　创建渐变

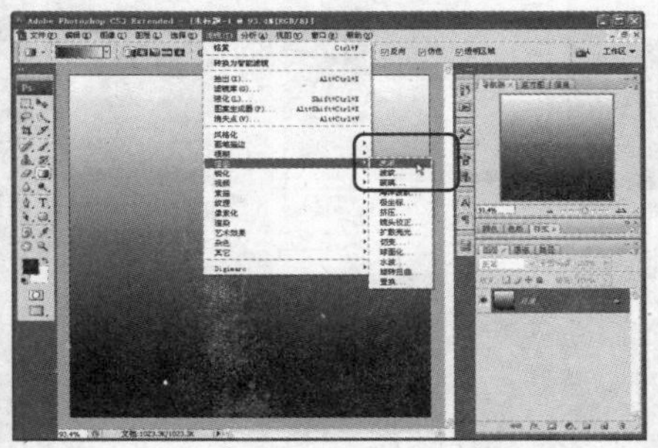

图 10-36　选择【波浪】命令

(4) 在打开的【波浪】对话框中，选择【三角形】单选按钮，设置【生成器数】为 1，【波长】的【最小】和【最大】均为 40，【波幅】的【最小】为 60，【最大】为 500，然后单击【确定】按钮，如图 10-37 所示。

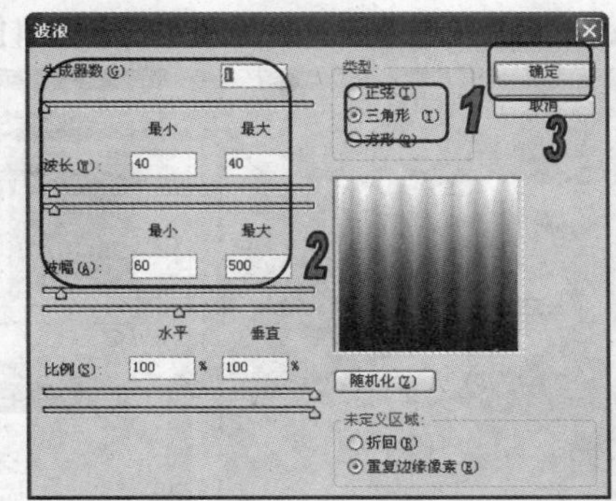

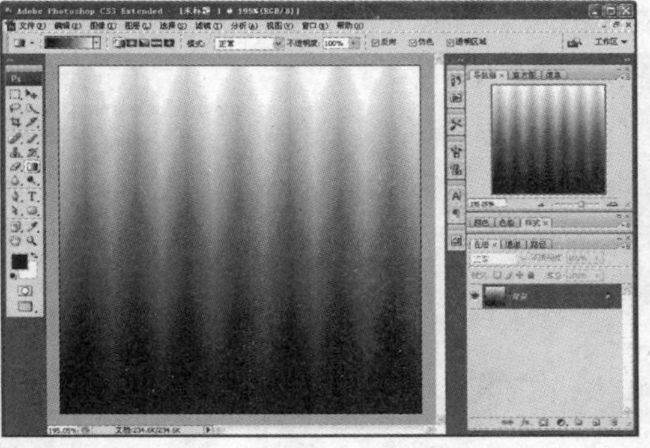

图 10-37　设置【波浪】滤镜

(5) 选择【滤镜】|【扭曲】|【极坐标】命令，在打开的【极坐标】对话框中，选择【平面坐标到极坐标】按钮，然后单击【确定】按钮，如图 10-38 所示。

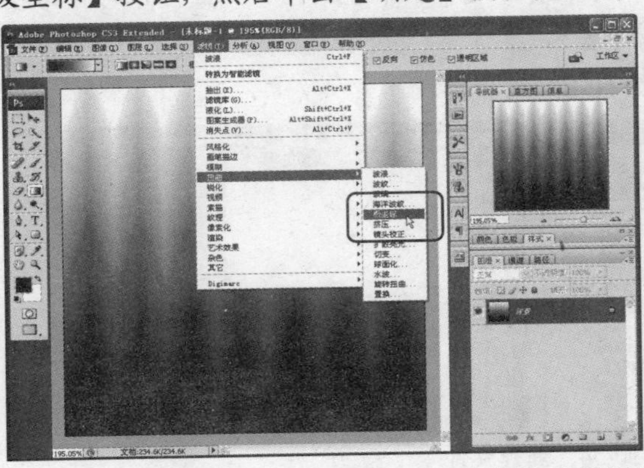
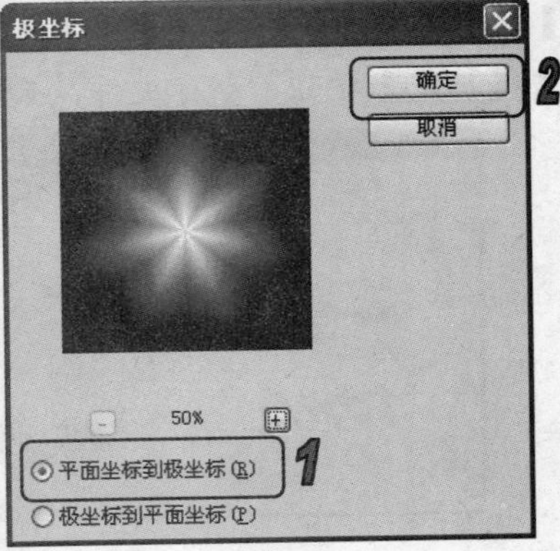

图 10-38　使用【极坐标】滤镜

(6) 选择【滤镜】|【素描】|【铬黄渐变】命令，在打开的【铬黄渐变】对话框中，设置【细节】为 10，【平滑度】为 10，然后单击【确定】按钮，如图 10-39 所示。

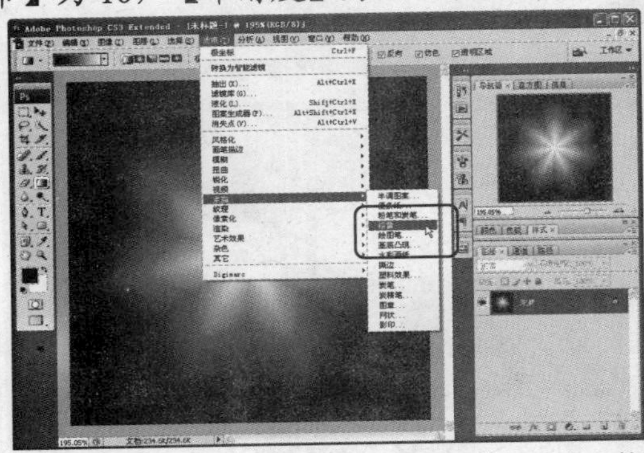
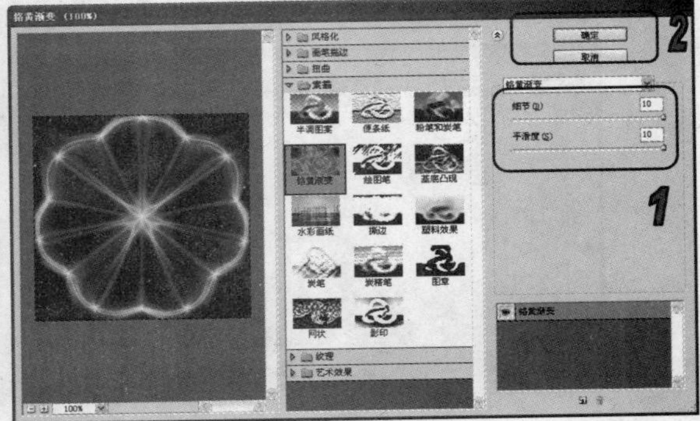

图 10-39　使用【铬黄渐变】滤镜

(7) 在【图层】调板中单击【创建新图层】按钮，创建【图层 1】。在工具选项栏中，单击渐变样式预览框，在打开的【渐变编辑器】中单击【蓝色、红色、黄色】渐变样式，然后使用【渐变】工具在图像中填充渐变，如图 10-40 所示。

(8) 在【图层】调板中，将【图层 1】混合模式设置为【颜色】，得到效果如图 10-41 所示。

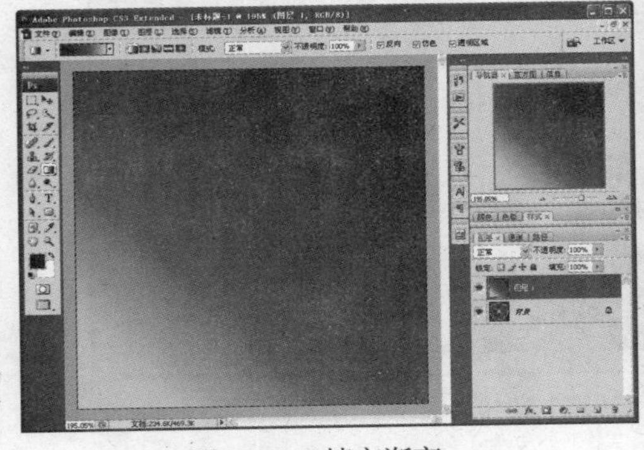

图 10-40　填充渐变

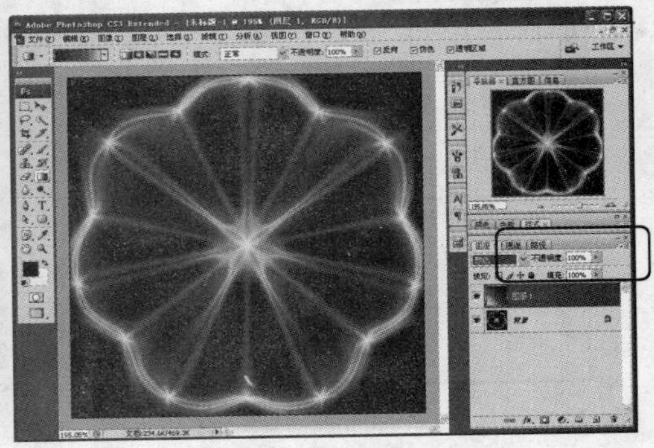

图 10-41　设置混合模式

10.5.2　制作拼贴图像效果

本次上机练习将通过【置换】滤镜制作特殊的图像拼贴效果，最终效果如图 10-57 所示。

(1) 选择菜单栏中的【文件】|【新建】命令，打开【新建】对话框。在【名称】文本框中输入文件名称为【拼贴文字】，宽度为 640 像素，高度为 480 像素，分辨率为 300 像素/英寸，颜色模式为 RGB 模式，背景内容为白色，然后单击【确定】按钮关闭对话框新建图像文件，如图 10-42 所示。

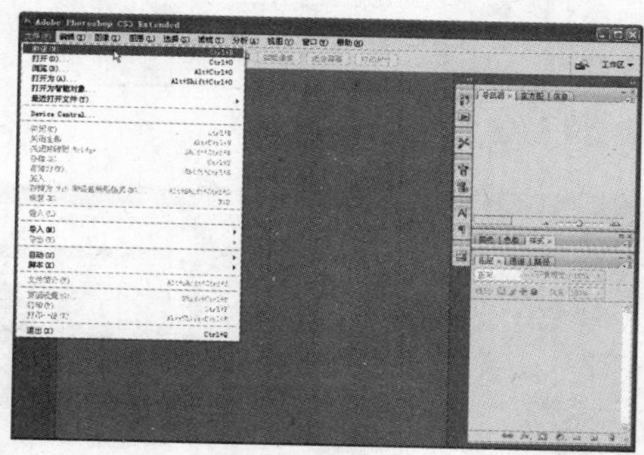

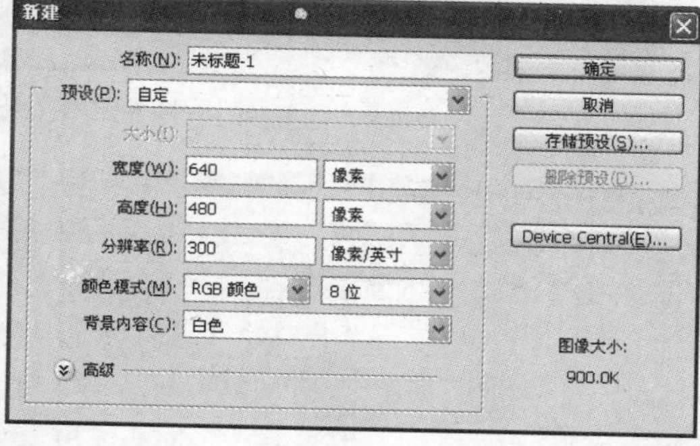

图 10-42　新建文件

(2) 选择菜单栏中的【滤镜】|【渲染】|【云彩】命令，制作出不规则的黑白云雾图像。每按一次 Ctrl+F 键都会制作出不同效果的图像，连续应用滤镜直到出现满意的效果，如图 10-43 所示。

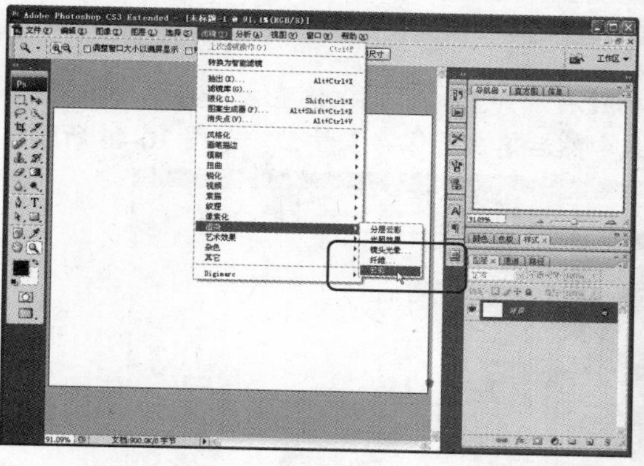

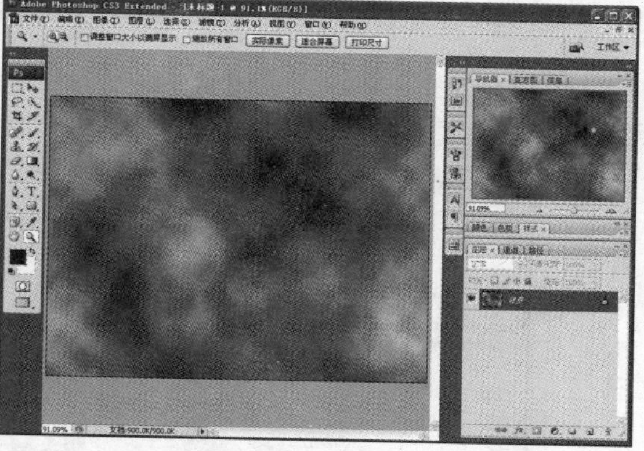

图 10-43　使用【云彩】滤镜

(3) 选择菜单栏中【滤镜】|【像素化】|【马赛克】命令，在打开的【马赛克】对话框中设置单元格大小为 65 方形，单击【确定】按钮关闭对话框，完成图像马赛克效果，如图 10-44 所示。

(4) 选择菜单栏【图像】|【调整】|【自动色阶】命令，调整马赛克图像效果，如图 10-45 所示。

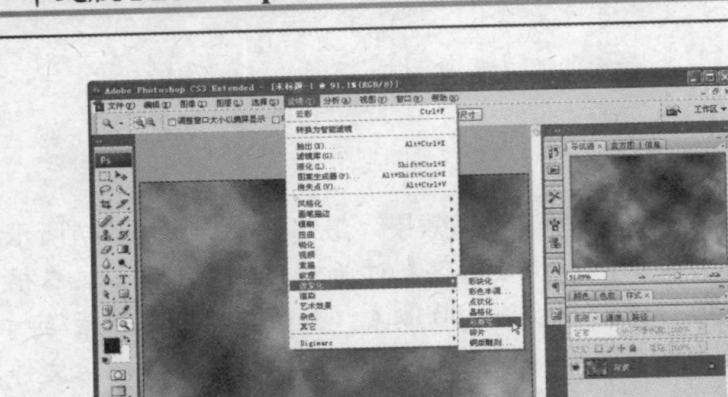
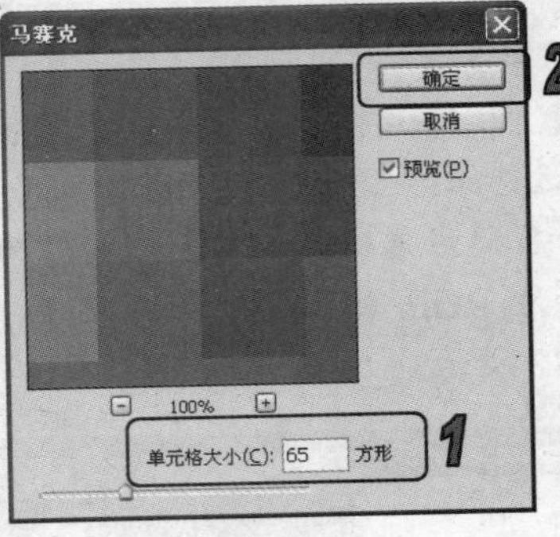

图 10-44　使用【马赛克】滤镜

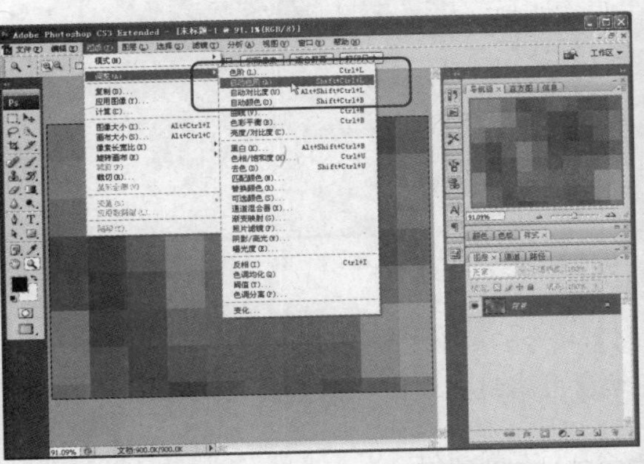
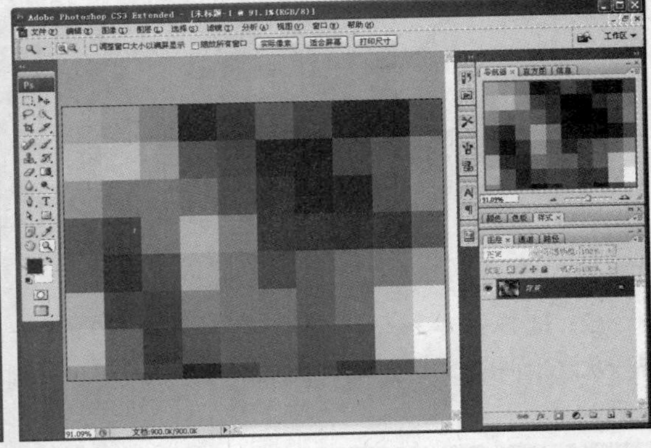

图 10-45　使用【自动色阶】命令

(5) 选择【文件】|【存储为】命令，在打开的【存储为】对话框中设置文件存储的位置，文件名称，在【格式】下拉列表中选择*.PSD 格式，然后单击【保存】按钮，如图 10-46 所示。

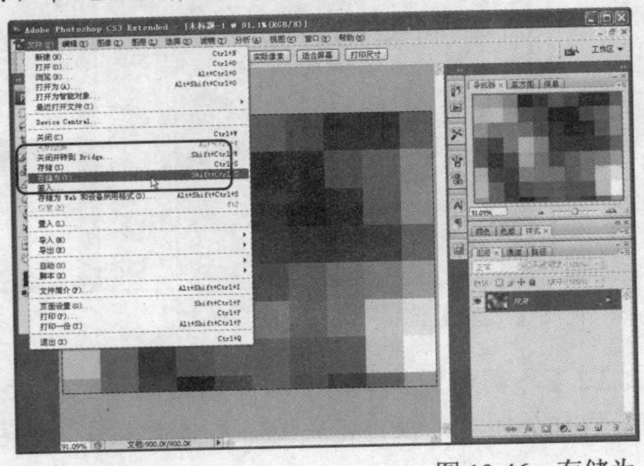
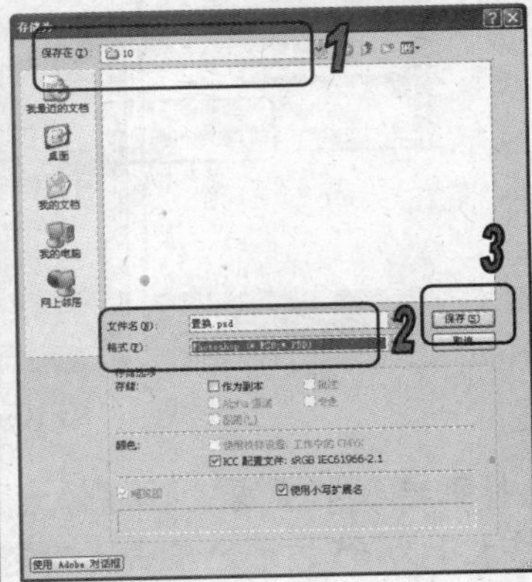

图 10-46　存储为

(6) 接着按 Ctrl+J 键复制马赛克图案的【背景】图层，生成【图层 1】。单击选择【背景】图层，并按 Ctrl+Del 键用白色填充被选的图层。如图 10-47 所示。

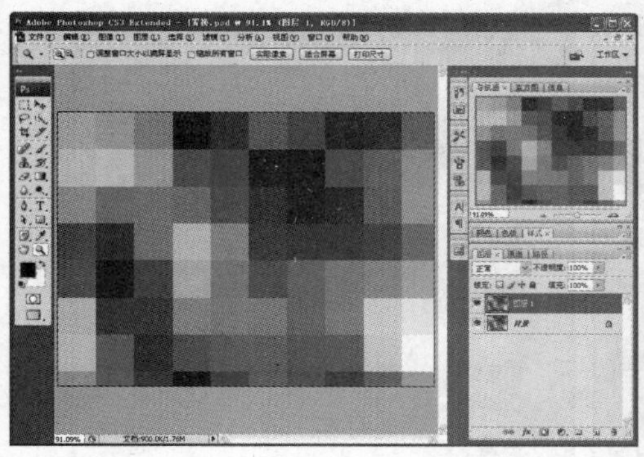

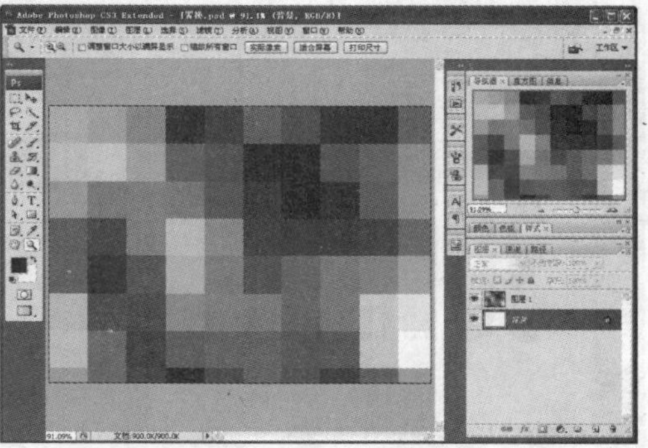

图 10-47　复制、填充图层

(7) 关闭【图层 1】视图，选择【工具】调板中的【横排文字】工具，在工具栏中设置字体为 Arial Black，字体大小为 30 点，然后在图像中单击并输入文字，如图 10-48 所示。

(8) 选择【移动】工具，然后使用【编辑】|【自由变换】命令放大文字，并按 Enter 键应用调整，如图 10-49 所示。

图 10-48　输入文字

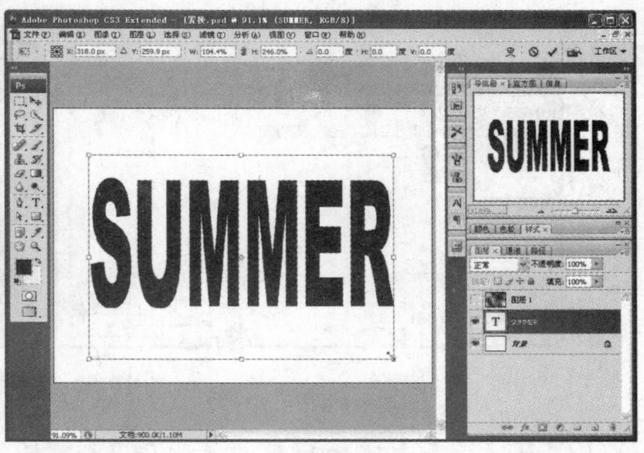

图 10-49　放大文字

(9) 在【图层】调板中，选中文字图层和【背景】图层，然后按 Ctrl+E 键合并图层，如图 10-50 所示。

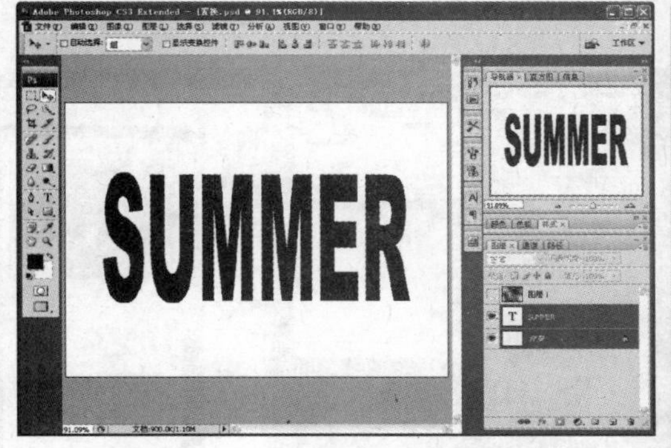

图 10-50　合并图层

(10) 选择菜单栏中【滤镜】|【扭曲】|【置换】命令，打开【置换】对话框，将【水平比例】和【垂直比例】的值均设置为 15，单击【确定】按钮，如图 10-51 所示。

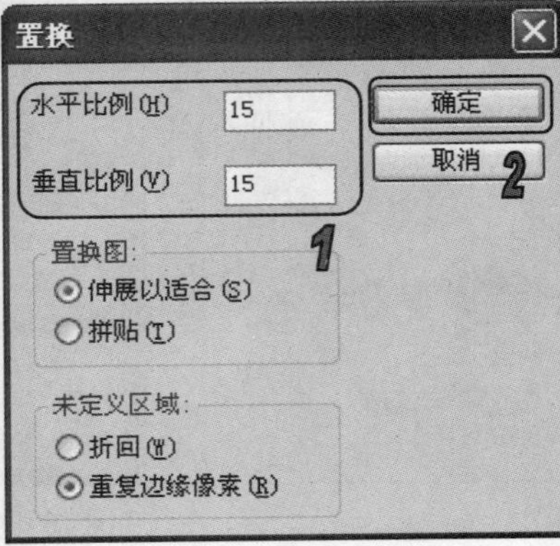

图 10-51　使用【置换】命令

(11) 在弹出的【选择一个置换图】对话框中，选择之前保存的 PSD 文件，使文字图像变形成不规则状态，如图 10-52 所示。

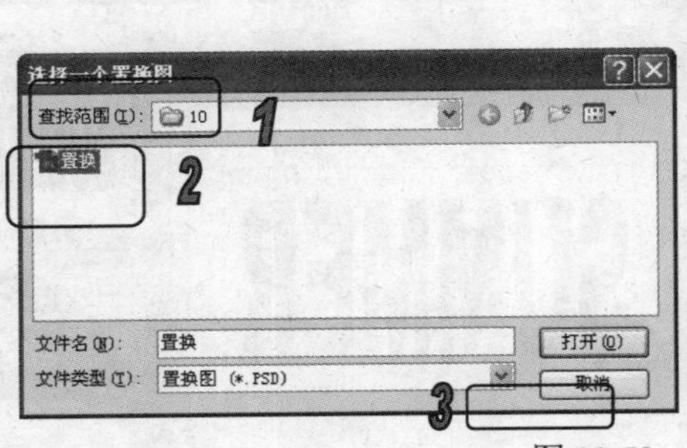

图 10-52　应用【置换】

(12) 在【图层】调板中打开【图层 1】视图，并将其图层混合模式设置为【正片叠底】，得到效果如图 10-53 所示。

(13) 在【图层】调板中，将【图层 1】图层拖动到创建新图层按钮上进行复制，在【图层 1 副本】被选定的状态下，选择菜单栏【滤镜】|【风格化】|【查找边缘】命令，得到效果如图 10-54 所示。

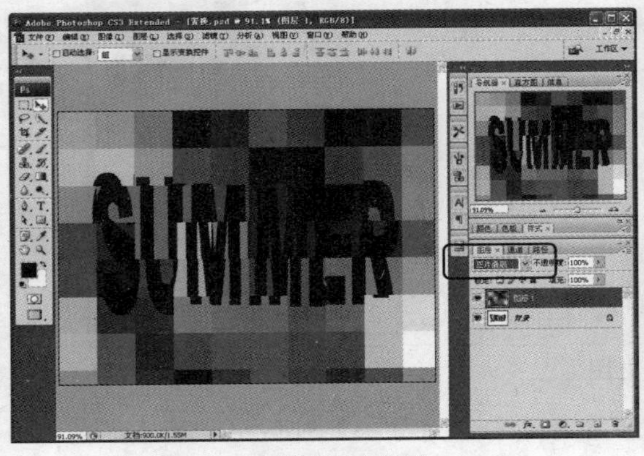

图 10-53　设置混合模式

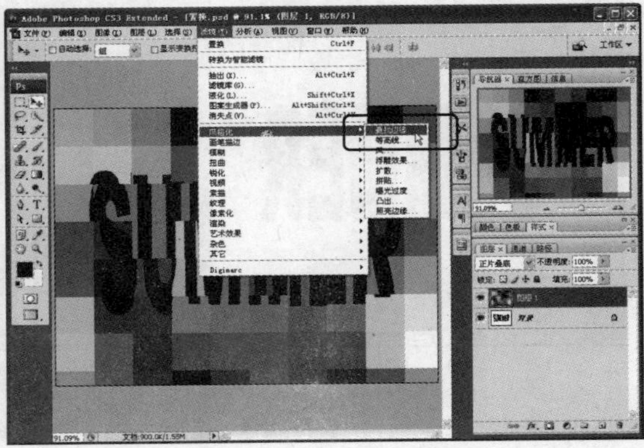

图 10-54　使用【查找边缘】滤镜

(14) 选择【文件】|【打开】命令，在【打开】对话框中选择所需的图像文件，然后单击【打开】按钮打开，如图 10-55 所示。

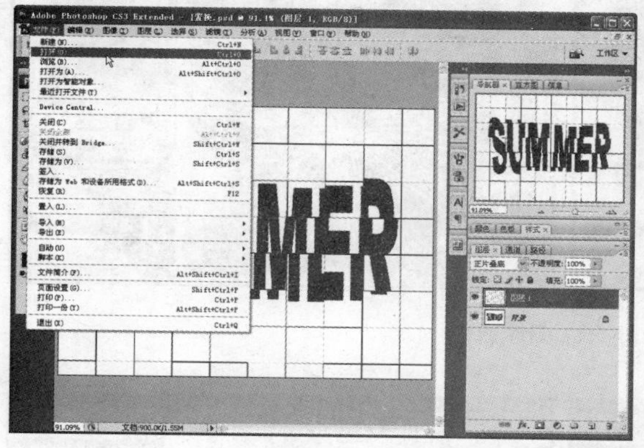

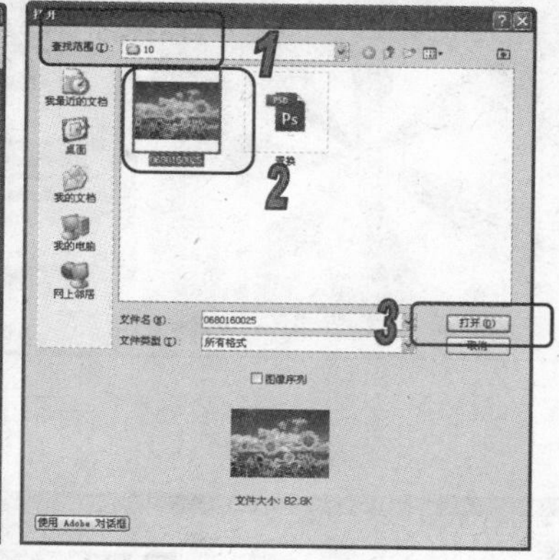

图 10-55　打开图像

(15) 按 Ctrl+A 键将图像全选，并选择【编辑】|【拷贝】命令复制图像，如图 10-56 所示。

(16) 返回编辑的图像文件，按 Ctrl+V 键粘贴图像，并在【图层】调板中设置混合模式为【正片叠底】，如图 10-57 所示。

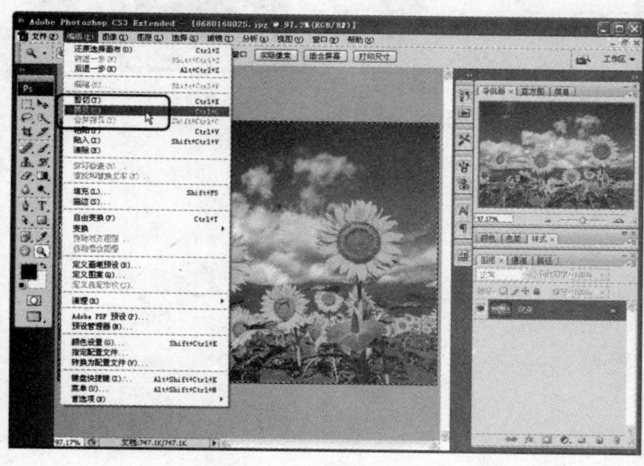

图 10-56　复制图像

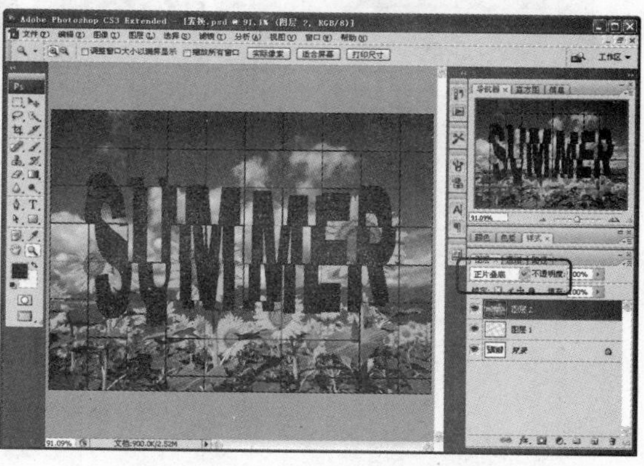

图 10-57　设置混合模式

10.6　习题

1. 根据上级练习中类似的方法，使用【滤镜】|【扭曲】|【波浪】、【极坐标】和【滤镜】|【素描】|【铬黄渐变】滤镜命令，制作如图 10-58 所示图像效果。

2. 打开如图 10-59 所示的图像文件，根据上级练习中类似的方法，使用【滤镜】|【风格化】|【拼贴】和【查找边缘】滤镜命令，并结合文字工具制作如图 10-60 所示的图像效果。

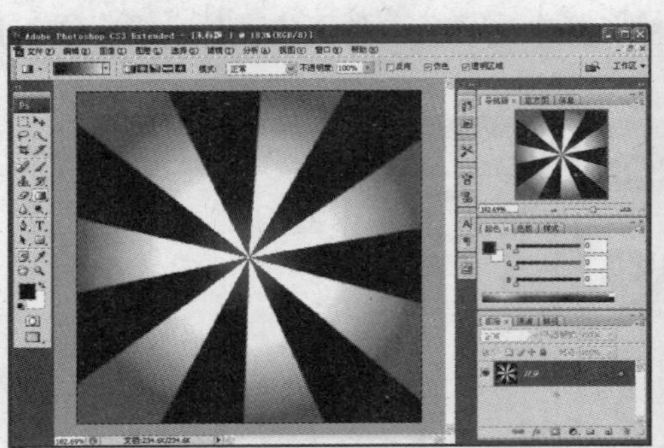

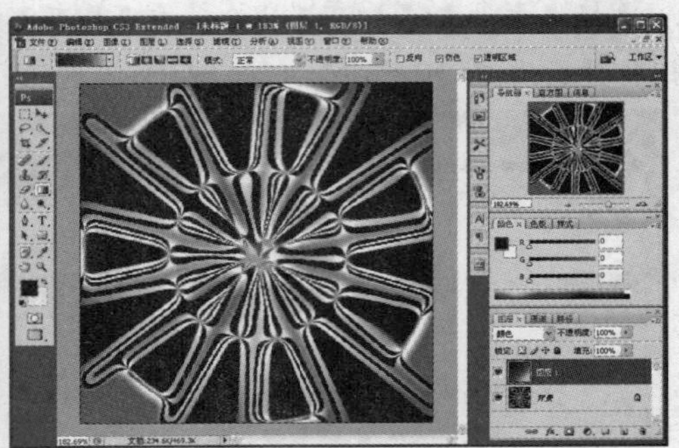

图 10-58　图像效果

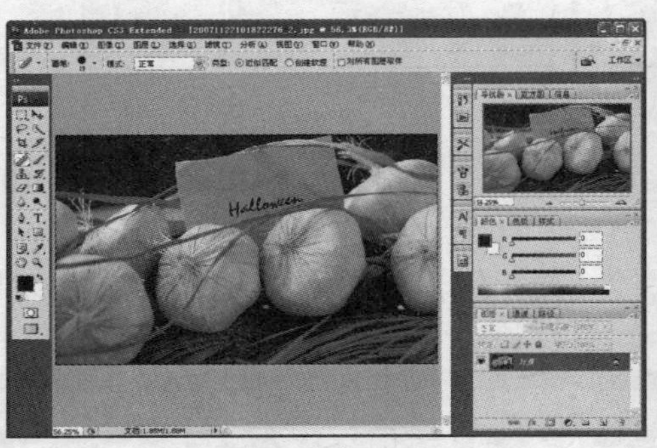

图 10-59　原图像

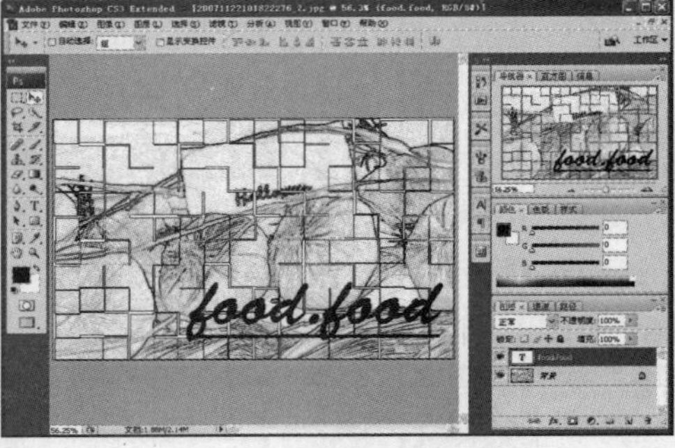

图 10-60　图像效果

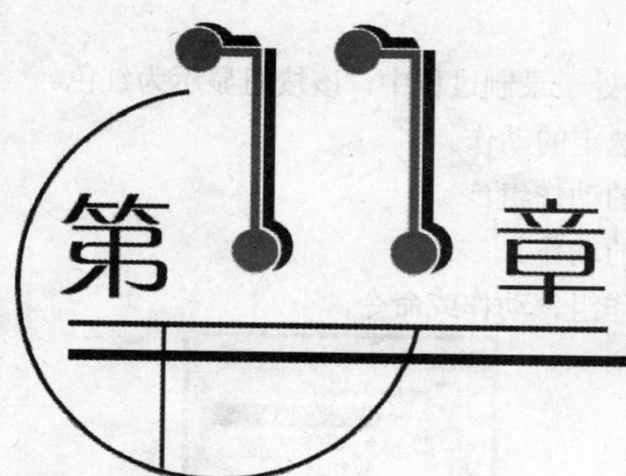

第11章 自动化处理

学习目标

在 Photoshop CS3 中使用动作和自动化处理可以简化图像编辑处理的过程，动作主要用于简化处理图像效果的过程，而自动化处理允许用户在文件夹内的文件和子文件夹上播放动作，达到提高用户工作效率的目的。本章主要介绍【动作】调板和【批处理】命令的操作方法和技巧。

本章重点

- ◎ 【动作】调板
- ◎ 使用动作
- ◎ 录制动作
- ◎ 批处理

11.1 使用【动作】调板

Photoshop CS3 中所谓的【动作】，就是将一系列重复的操作集成于一个命令集合中，通过运行这个命令集合，使 Photoshop CS3 自动执行一系列的操作，从而大大提高工作效率，这个命令的集合称为【动作】。

选择【窗口】|【动作】命令，打开如图 11-1 所示【动作】调板。【动作】调板就是用来录制、编辑、播放和删除动作等编辑操作的，其中也存储了 Photoshop CS3 预设的动作。

- ◎ 【动作组】：是一组动作的集合，在文件夹右侧显示的是该动作组的名称。
- ◎ 【切换对话开/关】：用来设置动作在播放的过程中，是否显示命令的对话框。
- ◎ 【切换项目开/关】：可控制播放动作时，是否排除特定的命令。
- ◎ 【停止播放/记录】：在播放动作时单击该按钮可停止播放动作，在记录动作时单击该按钮可停止记录动作。

- ◎ 【开始记录】：单击该按钮，可开始录制动作。处于录制过程中，该按钮显示为红色。
- ◎ 【播放选定的动作】：单击该按钮，可以播放选定的动作。
- ◎ 【创建新组】：单击该按钮，可以创建一个新的动作组。
- ◎ 【创建新动作】：单击该按钮，可新建一个新的动作。
- ◎ 【删除】：单击该按钮，可删除当前选定的动作组、动作或命令。

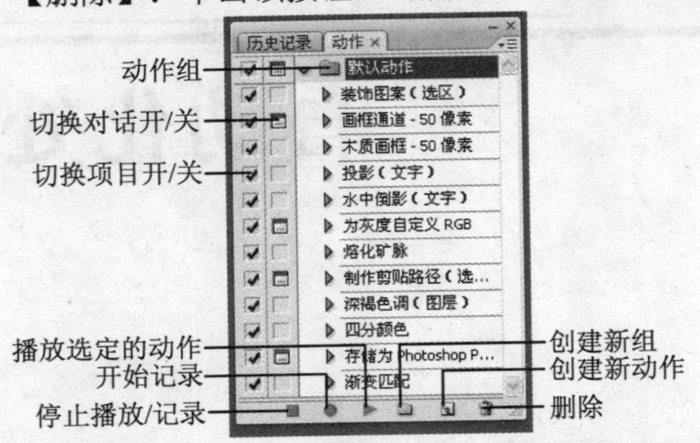

图 11-1 【动作】调板

11.1.1 使用预置动作

【动作】调板的默认显示状态是显示【默认动作】文件夹。单击【动作】调板菜单按钮，在打开的调板菜单中可以看到 Photoshop CS3 提供了自带的另外 7 种不同的动作组，例如底纹、边框和文字处理等，利用它们可以制作出很多批量的效果，而且通过引用这些动作，还将大大简化操作的过程，使得图像创造更加快速有效。

要应用预设动作，只需在选择图像文件后，在【动作】调板中选择某一动作组中的动作，然后单击调板底部的【播放选定的动作】按钮，即可快速完成图像的处理。

【例 11-1】在打开的图像文件中，应用画框动作组中的动作为图像文件添加浪花形画框效果。

(1) 启动 Photoshop CS3 应用程序，打开一幅素材图像文件，如图 11-2 所示。

(2) 打开【动作】调板，单击调板菜单按钮，在弹出的菜单中选择【画框】命令，载入【画框】动作组，如图 11-3 所示。

图 11-2 打开图像

图 11-3 载入画框动作组

(3) 在【动作】调板中，展开【画框】动作组，选择【波形画框】动作，如图 11-4 所示。

(4) 单击【播放选定的动作】按钮执行【画框】动作组中的【波形画框】动作便可以制作画框效果，如图 11-5 所示。

图 11-4　选择动作

图 11-5　应用【波形画框】动作

11.1.2　录制动作

虽然应用 Photoshop CS3 预设动作方法非常简单，但系统内部预设的动作数量及效果非常有限，因此，掌握录制动作的方法，可以丰富 Photoshop CS3 的智能化功能。

【例 11-2】在打开的图像文件中进行编辑，同时使用【动作】调板对编辑操作过程进行录制。

(1) 选择菜单栏【文件】|【打开】命令，打开一幅图像文件，如图 11-6 所示。

(2) 单击【动作】调板底部的【创建新组】按钮，打开【新建组】对话框，在【名称】文本框中输入"序列 1"，单击【确定】按钮关闭对话框，新建组，如图 11-7 所示。

图 11-6　打开图像

图 11-7　创建新组

(3) 在【动作】调板中选中新建的【序列 1】，单击【动作】调板中的【创建新动作】按钮，弹出【新建动作】对话框。在【名称】文本框中输入"圆角画框"，在【序列】选项选择【序列 1】命令，其他选项默认，如图 11-8 所示，单击【记录】按钮开始记录。

(4) 选择【圆角矩形】工具，在工具选项栏中单击【路径】按钮，设置【半径】为 20px，然后使用工具在图像中创建路径，如图 11-9 所示。

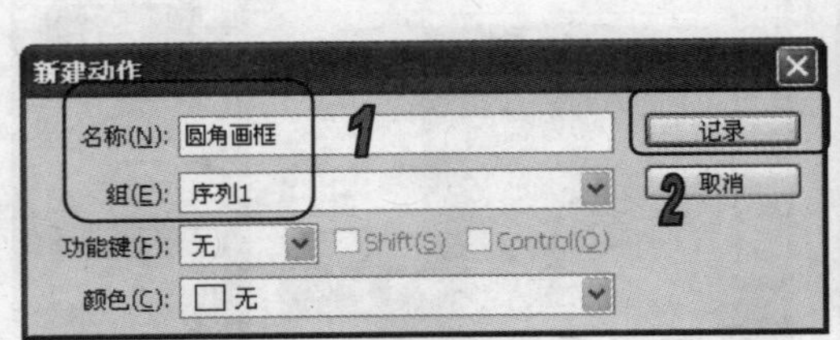

图 11-8　新建动作

图 11-9　创建路径

(5) 在【路径】调板中，单击【将路径作为选区载入】按钮，载入选区，并按 Ctrl+Shift+I 键反选选区，并按 Delete 键删除选区内图像，如图 11-10 所示。

图 11-10　删除选区内图像

(6) 单击【动作】调板中的【停止播放/记录】按钮，停止记录。这时【动作】调板中的【圆角画框】动作记录了刚才所做的所有操作。

11.1.3　编辑动作

动作录制完成后，对于一些不太完善的动作，用户还可以利用【动作】调板中相应的命令进行编辑修改，如重新录制动作，在动作中新增操作步骤等。

1. 重新录制动作

重新录制动作就是调整原有动作记录中操作步骤的设置。

要想重新录制动作，先选择所需操作的动作，然后在【动作】调板的控制菜单中选择【再次记录】命令，然后在图像文件中对原有动作进行重新设置调整。

2. 在动作中增加命令

录制动作结束后，用户还可以在动作原有基础上增加新的操作步骤。

要想在动作的原有基础上增加新的操作步骤，可以先在【动作】调板中选择所需动作，然后单击调板底部的【开始记录】按钮即可。这时，记录的操作步骤会放置在选择的原操作步骤后。

3. 在动作中插入菜单项目

通过选择【动作】调板控制菜单中的【插入菜单项目】命令，可以在动作中插入所需执行的菜单命令。选择【插入菜单项目】命令，可以打开如图 11-11 左图所示的【插入菜单项目】对话框。这时，用户可以根据需要在菜单栏中选择菜单命令，选择命令后，在【插入菜单项目】对话框的【菜单项】后将显示所选择菜单命令名称，如图 11-11 右图所示。需要注意的是，使用此方法操作时，每次只能插入一条菜单命令，并且插入该菜单命令是无法设置其参数选项的，只是按照其默认状态执行。再次执行该动作时，可以重新设置菜单命令的参数选项。

图 11-11　【插入菜单项目】对话框

4. 在动作中插入暂停命令

选择【动作】调板控制菜单中的【插入停止】命令，可以在动作中插入一个暂停设定。选择【插入停止】命令，可以打开【记录停止】对话框，如图 11-12 所示。用户在【信息】文本框中输入所要提示的文本内容，是作为暂停动作执行时显示的提示信息。如果在该对话框中启用【允许继续】复选框，则可以在暂停动作执行时打开的对话框中显示【继续】按钮。单击该按钮，可以继续执行动作中剩余的操作步骤。

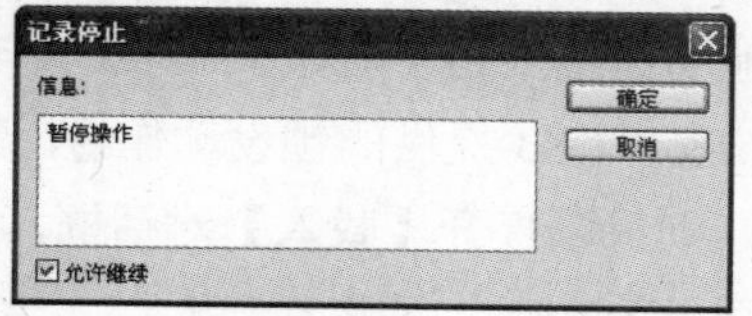

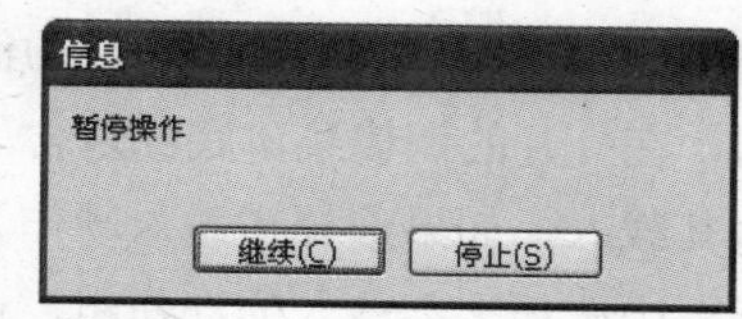

图 11-12　【记录停止】对话框

5. 在动作中插入路径

由于在录制动作时不能直接录制绘制路径的操作步骤，因此 Photoshop CS3 专门提供了一个【插入路径】命令，用于在动作执行过程中设置工作路径。

要想在动作执行过程中插入路径，需要先在【路径】调板中选择插入的路径层，然后在动作中设置插入路径操作步骤的位置，再选择【动作】调板控制菜单中的【插入路径】命令即可。

6. 修改动作属性

要想更改动作的名称、功能键和颜色等参数选项的设置，只需在【动作】调板中双击所要修改的动作名称，即可在打开的【动作选项】对话框中重新设置参数选项。

7. 禁止执行动作中的命令

要想在执行动作时不执行其中的某些操作步骤，可以在【动作】调板中单击这些操作步骤的第 1 列复选框，使其显示为红色√图标，即可取消其在动作执行中的应用。要想恢复这些操作步骤，再次单击该位置即可。

8. 改变命令的执行方式

默认情况下执行动作时，会按照动作中记录的操作步骤设置的参数选项自动执行。要想在执行某操作步骤时能够打开其相应的参数选项设置对话框，对其进行重新设置，可以单击该命令前面的第 2 列复选框，使其显示为灰色图标▣。

11.1.4 存储与载入动作

录制动作完成后，【动作】调板中会自动列出用户创建的所有动作，但录制的动作只是暂时保存在【动作】调板中的，只有将动作存储到文件中，才能在下次使用的时候继续调用。

选择需要存储的动作所在的动作组，从【动作】调板菜单中选择【存储动作】命令，打开【存储】对话框，如图 11-13 所示。在对话框中输入组的名称，并选择存储位置，单击【存储】按钮即可。如果将存储的动作组文件放置在 Adobe Photoshop CS3 程序文件夹内的【Presets/Actions】文件夹中，则在重新启动应用程序后，该组将显示在【动作】调板菜单的底部。

默认情况下，【动作】调板只显示 Photoshop CS3 提供的预设动作和用户创建的所有动作。用户也可以将 Photoshop CS3 提供的预设动作和其他动作载入到【动作】调板。单击【动作】调板菜单按钮，在打开的调板菜单底部包含了 Photoshop CS3 提供的预设动作组，选择一个动作组，即可将其载入。如果选择【载入动作】命令，则可以打开【载入】对话框，如图 11-14 所示，在对话框中选择需要载入的动作组，单击【载入】按钮，可将其载入。

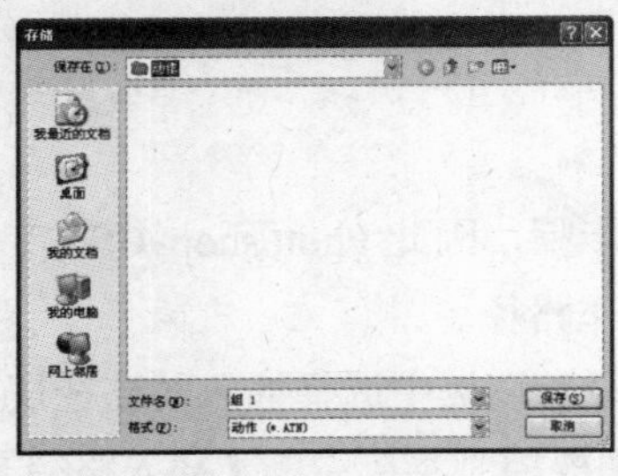

图 11-13　【存储】对话框

图 11-14　【载入】对话框

11.2　批处理

当用户需要对大量图像文件执行相同命令操作时，可通过 Photoshop CS3 提供的【批处理】命令来实现。使用【批处理】命令必须结合前面所讲的【动作】来执行，此命令能够自动为一个文件夹中的所有图像文件执行同一动作操作。选择【文件】|【自动】|【批处理】命令，打开如图 11-15 所示的【批处理】对话框。

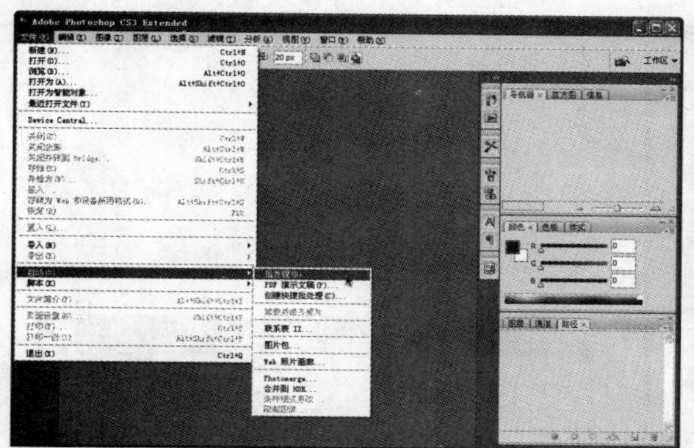

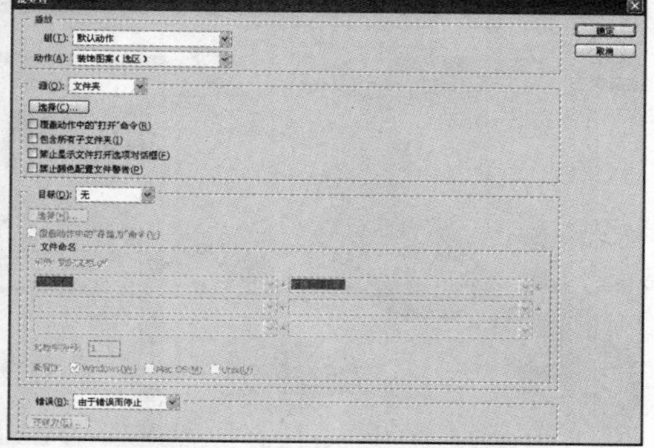

图 11-15　【批处理】对话框

- 【组】：可以从【组】下拉列表中选择批处理所要执行的动作所在的序列。
- 【动作】：选择批处理所要执行的动作。
- 【源】：选择图像文件的来源。即在执行批处理是从【文件夹】、【打开的文件】或【Bridge】还是通过【导入】得到图像。选择【文件夹】选项，可以单击【选择】按钮从中指定图像文件来源的文件夹。
- 【选择】按钮下方有 4 个选项，其中【覆盖动作中的‘打开’命令】复选框表示可能按照在【选择】中设置的路径打开文件，而忽略在动作中记录的【打开】操作；【包含所有子文件夹】复选框表示可以对【选择】中设置的路径中子文件夹中的所有图像文件做同一个动作的操作；【禁止显示文件打开选项对话框】复选框表示在打开一系列未经处理的照相机 raw 模式文件并试图进行处理时提出警告；【禁止颜色配置文件警告】复选框在进行批处理的过程中对出现的溢色问题提出警告。
- 【目标】选项区：用于设置执行动作后，处理完的文件保存的位置。选择【无】选项，则不保存文件并保持文件打开；选择【存储并关闭】选项，则保存该文件后并关闭该文件；选择【文件夹】选项，则可通过单击【选择】按钮指定一个文件夹保存处理完的图像文件。选中【覆盖动作中的‘存储为’命令】复选框，可能忽略在动作中记录的存储为操作。
- 【错误】：用于指定批处理出现错误的操作。选择【由于错误而停止】选项，则在批处理出现错误时会出现提示对话框，并终止批处理过程；选择【将错误记录到文件】

选项，则在批处理过程中出现错误时不停止批处理，只把出现的错误记录到使用【存储为】按钮所指定的文件中。

【例 11-3】使用【动作】调板录制图像编辑动作，在使用录制的动作对多个图像文件进行图像批处理。

(1) 选择菜单栏【文件】|【打开】命令，打开一幅图像文件，如图 11-16 所示。

(2) 单击【动作】调板底部的【创建新组】按钮，打开【新建组】对话框，在【名称】文本框中输入“色彩校正”，单击【确定】按钮关闭对话框，新建组，如图 11-17 所示。

图 11-16 打开图像

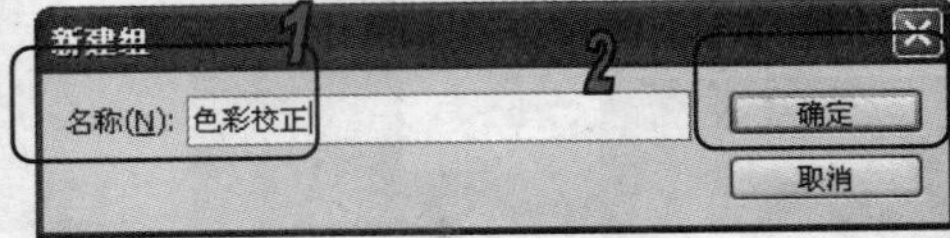

图 11-17 创建新组

(3) 单击【动作】调板的【创建新动作】，在对话框中，【名称】选项输入“去色”，其他选项默认。单击【新动作】调板的【记录】按钮开始记录动作，如图 11-18 所示。

(4) 选择菜单栏中的【图像】|【调整】|【去色】命令，如图 11-19 所示去除图像文件颜色。

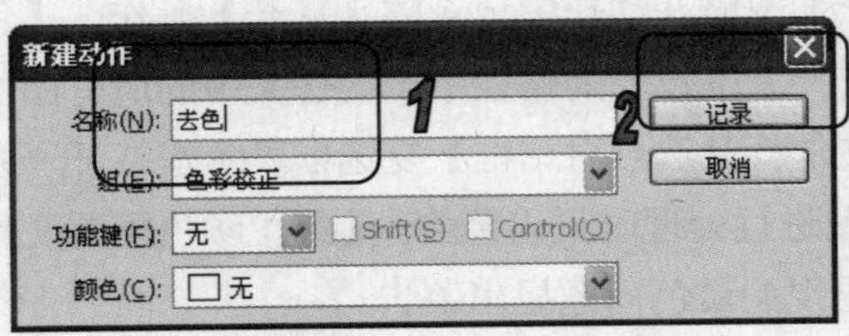

图 11-18 新建动作

图 11-19 使用【去色】命令

(5) 单击【动作】调板的【停止播放/记录】按钮，停止动作记录。

(6) 选择菜单栏中的【文件】|【自动】|【批处理】命令，在打开的【批处理】对话框。在【组合】列表选择名为【色彩校正】的序列。在【动作】列表选择名为【去色】的动作。在【源】列表选择【文件夹】，然后单击【选择】按钮，选择需要批处理的文件夹，在【目的】列表选择【无】选项，其他设置选择系统默认设置。最后单击【确定】按钮确认，系统会自动使用记录的动作调整图像颜色，如图 11-20 所示。

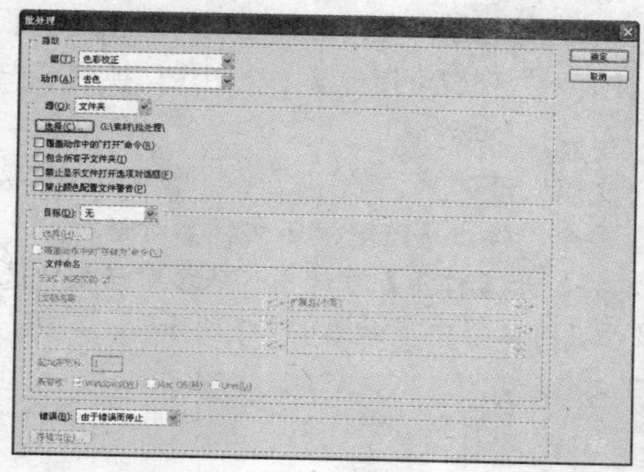

图 11-20 使用【批处理】命令

11.3 创建 PDF 演示文稿

PDF 是一种通用文件格式，这种格式既可以表现矢量数据，也可以表现位图数据，还可以包含电子文档搜索和导航功能。使用 Photoshop CS3 中【文件】|【自动】|【PDF 演示文稿】命令，可以用多幅图像创建多页面的 PDF 文档或具有自动演示效果的幻灯片文稿。

选择【文件】|【自动】|【PDF 演示文稿】命令，可以打开【PDF 演示文稿】对话框，其中各选项含义如下。

- 【源文件】选项组：其中，选择【添加打开的文件】复选框，可以添加已经在 Photoshop CS3 中打开的文件。【浏览】按钮，可向 PDF 演示文稿中添加文件；在【源文件】窗口中选择一幅图像文件，单击【复制】按钮，可复制该图像文件；在【源文件】窗口中选择一幅图像文件，单击【移去】按钮，可删除该文件。
- 【输出选项】选项组：【存储为】选项栏中选择【多页面文档】单选按钮，可创建一个其图像在不同页面上的 PDF 文档；选择【演示文稿】单选按钮，可创建一个 PDF 放映幻灯片演示文稿。【背景】下拉列表可为 PDF 演示文稿中每个图像周围的边框指定一种背景颜色。【包含】选项可选择 PDF 演示文稿中每个图像包含的内容。选择【文件名】复选框可在 PDF 演示文稿中每个图像的底部包含文件名称，选择【扩展名】复选框可以在文件名中包含文件格式扩展名；选择【标题】复选框可在每个图像的底部包含图像标题；选择【说明】复选框，可在每个图像的底部包含说明元数据；选择【作者】复选框可在每个图像的底部把包含作者元数据；选择【版权】复选框可在每个图像的底部包含版权元数据；选择【EXIF 信息】复选框可以在每个图像的底部包含相机元数据；选择【批注】复选框可在 PDF 演示文稿中包含图像中的附注或音频批注。【字体大小】下拉列表可指定显示文本的字体大小。
- 【演示文稿选项】选项组：【换片间隔】复选框可指定演示文稿前进到下一个图像之前显示每个图像的时间长度。默认的持续时间是 5 秒。【在最后一页之后循环】：选

择此选项，演示文稿在达末尾之后将自动重新开始播放；取消选择此项，则在显示了最后一个图像后停止播放演示文稿。【过渡】下拉列表可指定从一个图像切换到下一个图像的过渡方式。

【例 11-4】使用【自动】命令完成“PDF 演示文稿”设置。

(1) 选择【文件】|【自动】|【PDF 演示文稿】命令，弹出【PDF 演示文稿】对话框。

(2) 单击【源文件】选项组中的【浏览】按钮，将打开【打开】对话框。从该对话框中选择指定的文件，单击【打开】按钮，该文件就会显示在对话框中，如图 11-21 所示。

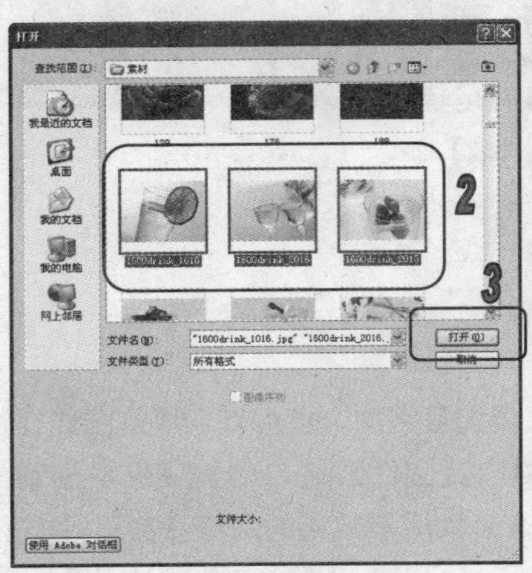

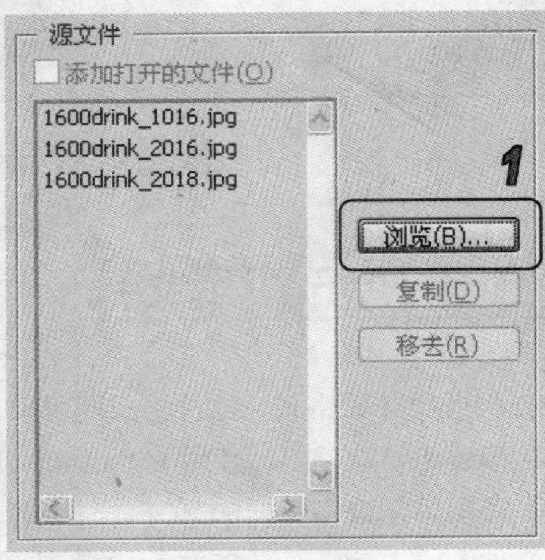

图 11-21　选择文件

(3) 在【输出选项】选项组中指定存储的方式。选中【演示文稿】单选按钮，设置【换片间隔】为 5 秒，【过渡】选项为【溶解】，如图 11-22 所示。

(4) 单击【存储】按钮，打开【存储】对话框，输入【文件名】为“茶”，然后单击【保存】按钮，如图 11-23 所示。

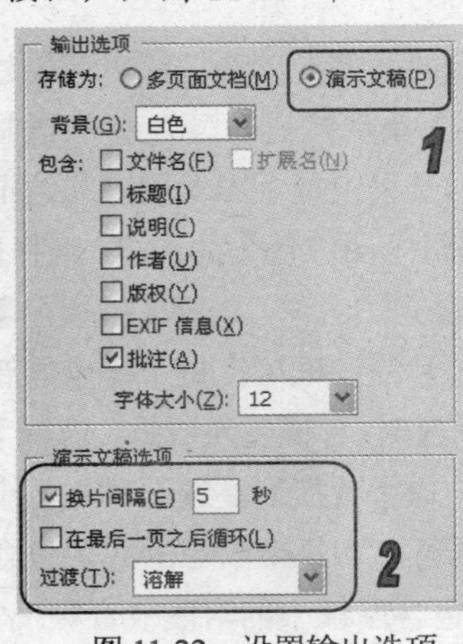

图 11-22　设置输出选项

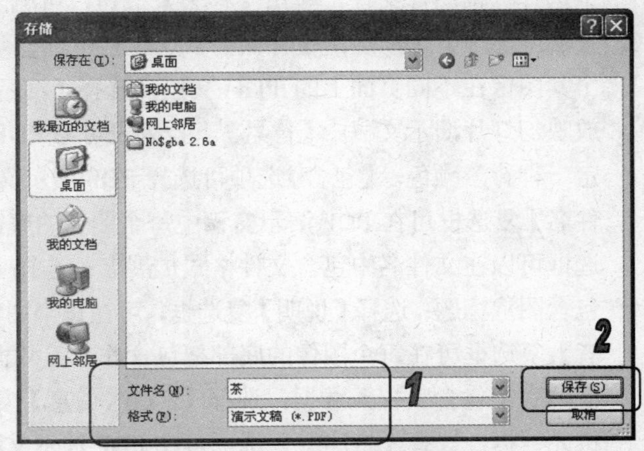

图 11-23　设置【存储】对话框

(5) 打开【存储 Adobe PDF】对话框，在对话框中单击【存储 PDF】按钮，系统将自动完成演示文稿的制作，如图 11-24 所示。

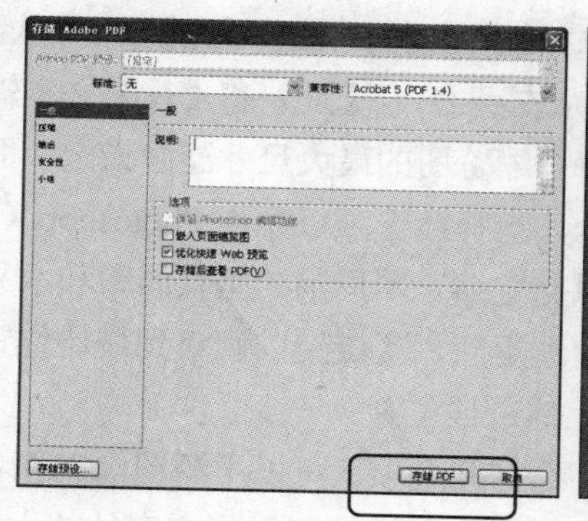

图 11-24 存储 PDF

11.4 创建联系表

在 Photoshop CS3 中，通过使用【文件】|【自动】|【联系表 II】命令可以在一页上显示一系列缩览图来轻松地预览图像，或将图像编为目录，如图 11-25 所示。

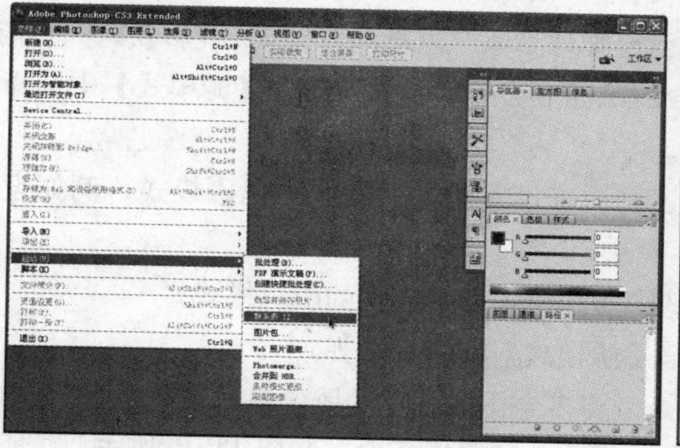

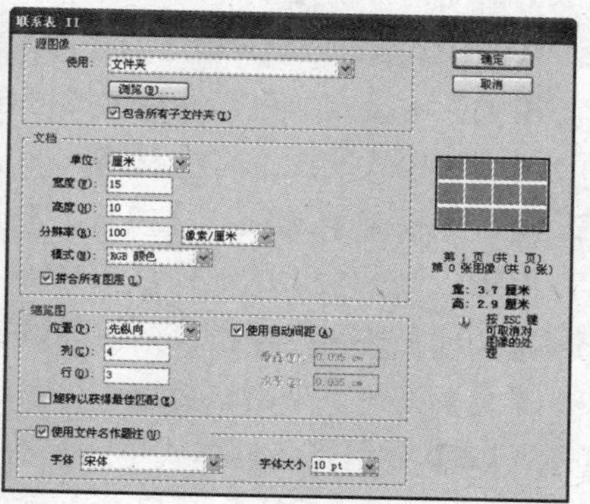

图 11-25 【联系表 II】命令

- 【源图像】选项组：【使用】下拉列表用于指定要使用的图像，选择【当前打开的文档】选项，可以使用 Photoshop CS3 中当前打开的任何图像；选择【文件夹】选项可单击【浏览】按钮，在打开的对话框中指定包含要使用的图像的文件夹；选择【从 Bridge 选择的图像】选项，可以使用 Bridge 中显示的图像。【包含所有子文件夹】选择此选项，可包含所有子文件夹内的图像。
- 【文档】选项组：【单位】下拉列表用于指定联系表的尺寸单位。【宽度】和【高度】文本框用于指定联系表的大小。【分辨率】选项用于指定图像的分辨率。【模式】下拉列表用于指定图像的颜色模式。【拼合所有图层】复选框可以创建联系表中的所有图像都位于一个图层上；取消此选项，可创建每个图像位于独立图层上并且每个体诸位于一个单独的文本图层上的联系表。

- 【缩览图】选项组：【位置】下拉列表可选择缩览图排列顺序是先横向(先从左到右，再从上到下)，还是先纵向(先从上到下，再从左到右)。【列】和【行】文本输入框用于输入每个联系表所具有的列数和行数，每个缩览图的最大尺寸连同指定版面的可见预览显示在右边。【使用自动间距】复选框，选择此选项可允许 Photoshop CS3 在联系表中自动分隔缩览图；取消此项，则可以指定缩览图周围的垂直间距和水平间距，在指定间距时，对话框中的联系表预览将自动更新。【旋转以调整到最佳位置】复选框，选择此项可旋转图像使其处于联系表上的最佳位置。
- 其他选项：【使用文件名作题注】复选框，选择此选项，可以用源图像文件名标记缩览图。【字体】选项用于指定题注的字体。【大小】选项用于指定字体的大小。

11.5 条件模式更改

使用【条件模式更改】命令，可以将当前图像文件由任一种模式转换位设置的模式。当记录该命令动作后，可自动为多个图像文件进行相同的模式转换。选择【文件】|【自动】|【条件模式更改】命令，弹出【条件模式更改】对话框。该对话框中各选项的意义和功能如下。

- 【源模式】选项组：该选项组用来设定原有图像的色彩混合模式。在转换时只有与【源模式】中设定的色彩混合模式符合的图像才会被转换，不符合【源模式】中选择的任何一种模式的图像将被忽略。
- 【目标模式】选项：【模式】列表框用来设置转换后图像的色彩模式，例如设定为 RGB，则转换后的图像都为 RGB 模式。
- 【全部】按钮：单击该按钮可以选中【源模式】中列举的所有模式。
- 【无】按钮：单击该按钮可以取消【源模式】中所有选择。

【例 11-5】使用【条件模式更改】命令，将多个图像文件的图像格式进行批量转换。

(1) 选择菜单栏【文件】|【打开】命令，打开一幅图像文件，如图 11-26 所示。

(2) 单击【动作】调板底部的【创建新组】按钮，打开【新建组】对话框，在【名称】文本框中输入“模式转换”，单击【确定】按钮关闭对话框，新建组，如图 11-27 所示。

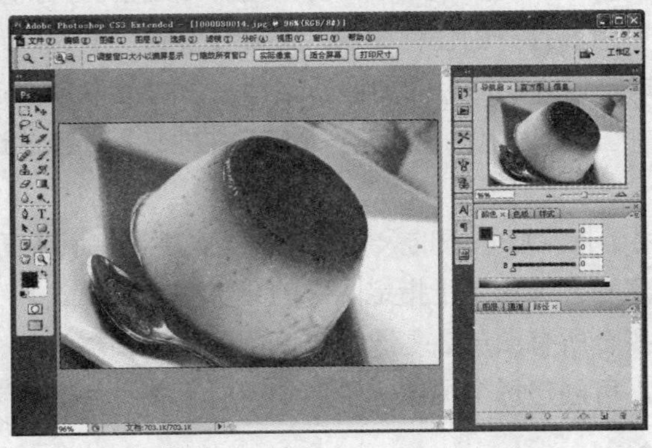

图 11-26 打开图像

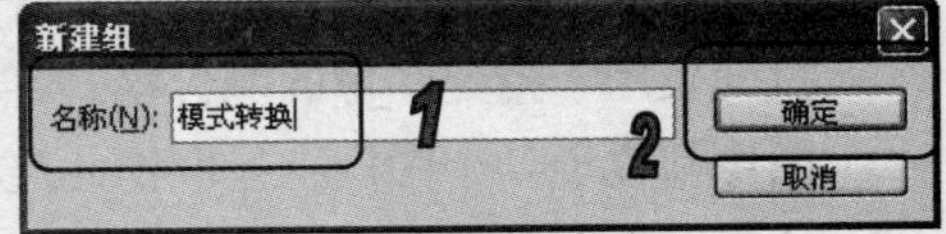

图 11-27 创建新组

(3) 单击【动作】调板的【创建新动作】按钮，弹出【新动作】对话框，在【名称】选项输入“灰度”，单击记录按钮，新建动作，如图 11-28 所示。

(4) 单击菜单栏中的【文件】|【自动】|【条件模式更改】命令，打开【条件模式更改】对话框。在【源模式】选项选择【RGB 模式】，在【目标模式】选项选择【灰度】模式，如图 11-29 所示。单击【确定】按钮，将该图像的色彩模式转换为灰度模式，同时，【动作】将该模式的转换过程记录为动作。单击【动作】调板的【停止播放/记录】按钮，结束记录。

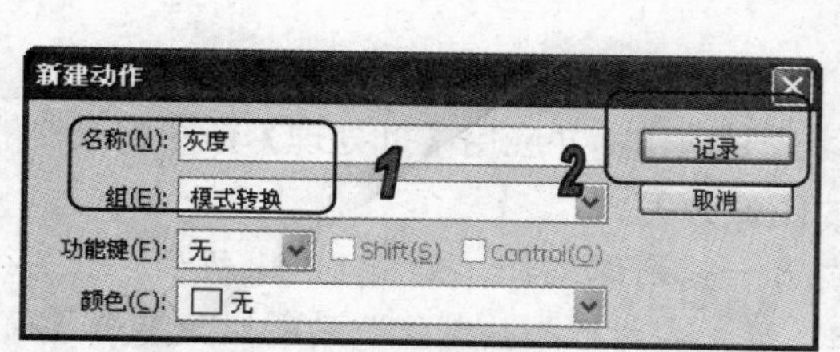

图 11-28　创建新动作

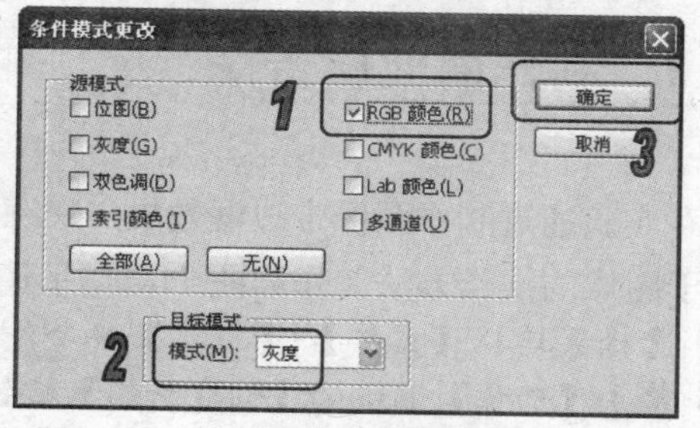

图 11-29　设置【条件模式更改】对话框

(5) 单击菜单栏中的【文件】|【自动】|【批处理】命令，打开【批处理】对话框。

(6) 在【组】列表选择【模式转换】，在【动作】列表选择【灰度】，在【源】列表选择【文件夹】，然后单击 【选择】按钮，选择【图片】目录下的【1】文件夹，其他设置默认，单击【确定】按钮，进行图像模式转换的批处理操作。完成的转换效果如图 11-30 所示。

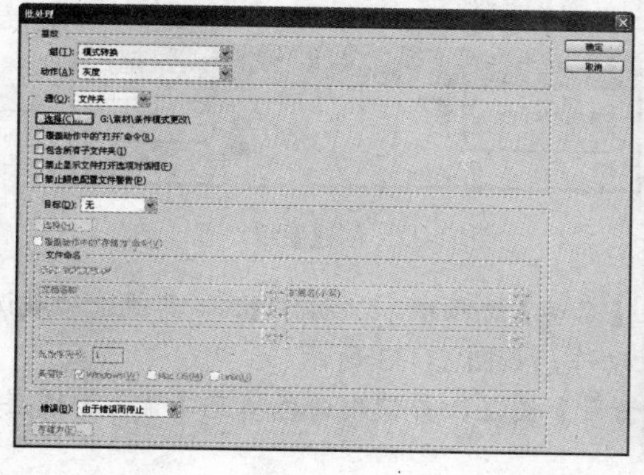

图 11-30　批处理转换

知识点

当来源文件中有其他模式的图像时，系统会弹出询问对话框，询问是否停止转换操作，单击【继续】按钮继续转换，如果想将其他模式的图像也转换为灰度模式，就应该在记录动作时，在【条件模式更改】对话框的【源模式】选项选择这些模式，这样在转换的过程中，系统就会自动将这些模式一起转换为灰度模式。

11.6 上机练习

本节练习将使用【滤镜】菜单中的特殊滤镜命令制作出如图 11-47 和图 11-52 所示的图像效果。通过练习可以让读者巩固掌握常用滤镜的操作方法和特殊滤镜的应用。

11.6.1 制作商业广告

本章实验通过制作图像带边框效果，来练习录制动作，并应用【批处理】命令将录制的动作作用于图像的操作方法制作如图 11-47 所示的图像效果。

(1) 选择菜单栏【文件】|【打开】命令，打开一幅图像文件，如图 11-31 所示。

(2) 单击【动作】调板的【创建新组】按钮，建立名为“相片制作”的新组，单击【确定】按钮关闭对话框，新建组，如图 11-32 所示。

图 11-31 打开图像

图 11-32 创建新组

(3) 单击【动作】调板的【创建新动作】，在【名称】选项输入“动作 1”，其他选项默认。单击【新建动作】调板的【记录】按钮开始记录动作，如图 11-33 所示。

(4) 在【图层】调板中，按 Ctrl+J 键复制【背景】图层，并使用白色填充【背景】图层，如图 11-34 所示。

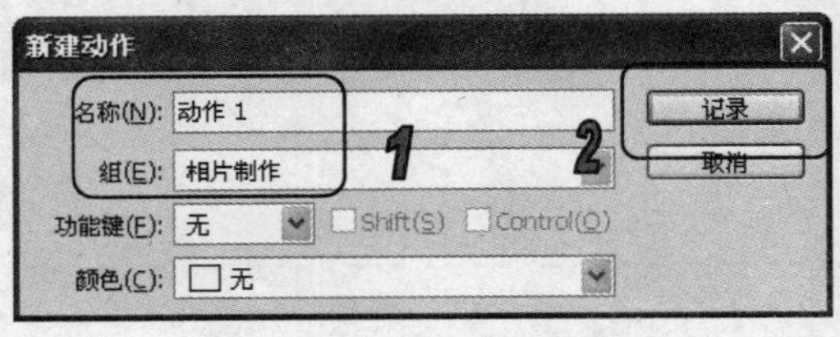

图 11-33 创建新动作

图 11-34 复制并填充图层

(5) 在【图层】调板中选中【图层 1】图层，选择【编辑】|【自由变换】命令，按 Shift+Alt 键对【图层 1】中的图像进行等比缩放，如图 11-35 所示。

(6) 在【图层】调板中选中【图层 1】和【背景】图层，然后按 Ctrl+E 键将选中图层合并，如图 11-36 所示。

图 11-35　自由变换

图 11-36　合并图层

(7) 在【图层】调板中单击【创建新图层】按钮，创建【图层 1】，将【背景】层转换成【图层 0】，并将图层放置在其下方，如图 11-37 所示。

图 11-37　创建图层并调整图层顺序

(8) 选择菜单栏【图像】|【画布大小】命令，在打开的【画布大小】对话框中将宽度和高度都增加 1 厘米，在定位框中单击中间的定位按钮，单击【确定】按钮关闭对话框，如图 11-38 所示。

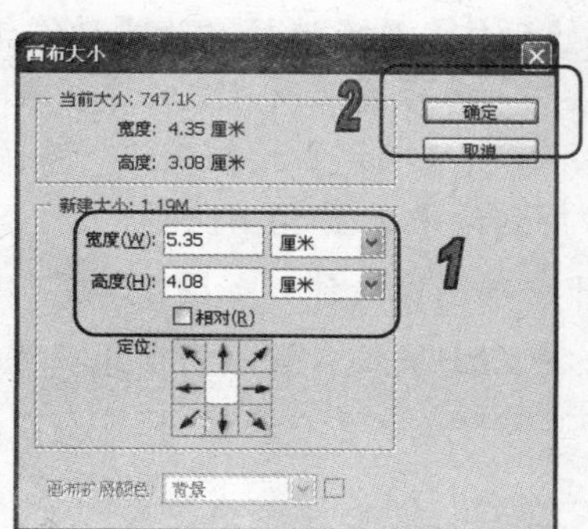

图 11-38　调整画布大小

(9) 选择【投影】命令，打开【投影】对话框。在对话框中设置混合模式为【正片叠底】，不透明度为 75%，角度为 120 度，选中【使用全局光】复选框，距离为 9 像素，扩展为 15%，大小为 10 像素，单击【确定】按钮关闭对话框应用图影效果，如图 11-39 所示。

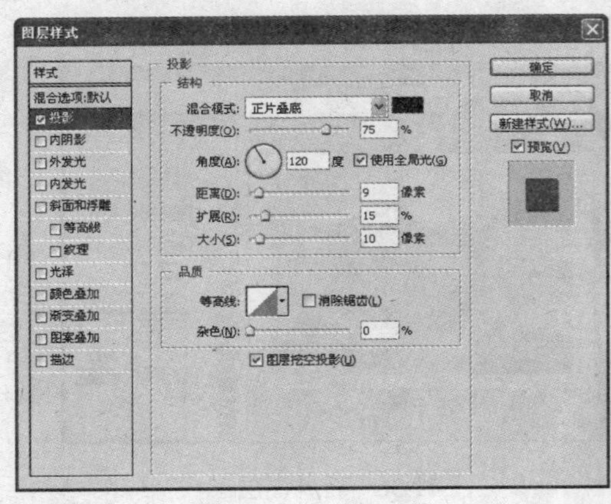

图 11-39　应用【投影】图层样式

(10) 在【图层】调板中，按 Ctrl 键单击选中所有图层，然后按 Ctrl+E 键将所有图层合并，如图 11-40 所示。

图 11-40　合并图层

(11) 单击【动作】调板的【停止播放/记录】按钮，停止动作记录。

(12) 单击菜单栏中的【文件】|【自动】|【批处理】命令，在打开的【批处理】对话框。

(13) 在【组】列表选择名为【相片制作】的组。在【动作】列表选择名为【动作 1】的动作。在【源】列表选择【文件夹】，然后单击【选择】按钮，选择图像所在文件夹。在【目的】列表选择【无】选项，其他设置，则选择系统默认设置，单击【确定】按钮确认，系统会自动使用记录的动作对文件夹中的所有图像进行编辑操作，得到结果如图 11-41 所示。

(14) 选择菜单栏中的【文件】|【打开】命令，打开一幅图像文件，如图 11-42 所示。

(15) 将批处理完成的照片，分别按 Ctrl+C 键复制，按 Ctrl+V 键粘贴到当前正在操作的文件中，如图 11-43 所示。

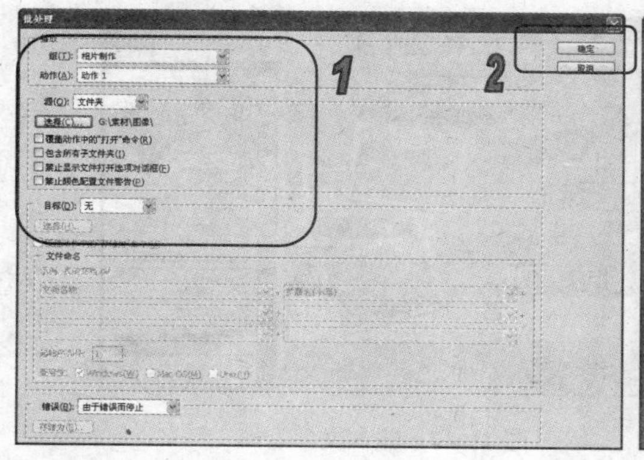

图 11-41 应用【批处理】命令

图 11-42 打开图像文件

图 11-43 置入图像

(16) 选择菜单栏中的【编辑】|【自由变换】命令，分别对置入的照片图像位置进行移动、旋转调整，得到效果如图 11-44 所示。

(17) 选择【矩形】工具，单击【切换前景色和背景色】按钮，在工具选项栏中单击【形状图层】按钮，然后使用工具在图像中拖动创建形状图层，如图 11-45 所示。

图 11-44 自由变换图像

图 11-45 绘制矩形

(18) 选择【工具】调板中的【横排文字】工具T，在工具选项栏中设置字体为【汉仪综艺体简】，字体大小为 22 点，在图像文件中输入文字，如图 11-46 所示。

(19) 使用【横排文字】工具T，在工具选项栏中设置字体大小为 6 点，在图像文件中创建文本框并输入文字，如图 11-47 所示。

图 11-46　输入文字　　　　图 11-47　输入文字

(20) 使用【横排文字】工具T，在工具选项栏中设置字体为【黑体】，字体大小为 6 点，颜色为黑色，在图像文件中创建文本框并输入文字，如图 11-48 所示。

图 11-48　输入文字

11.6.2　制作联系表

本节上机实验通过制作图像联系表，来练习应用【联系表 II】命令自动编辑整理图像的操作方法，制作效果如图 11-53 所示。

(1) 选择【文件】|【自动】|【联系表 II】命令，弹出【联系表 II】对话框，如图 11-49 右图所示。

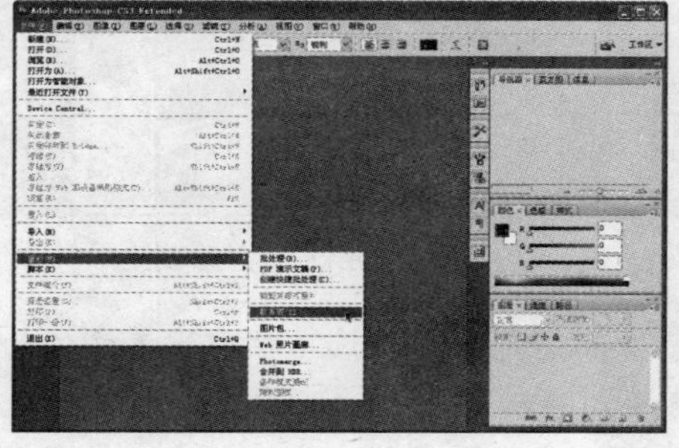

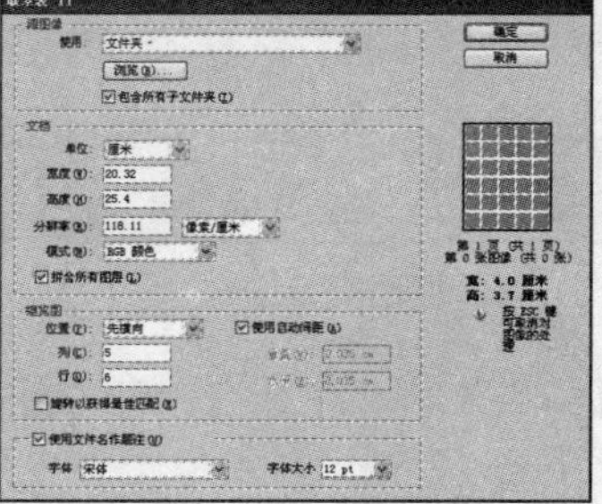

图 11-49　【联系表 II】命令

(2) 在【源图像】选项组中设定图像来源的文件夹，单击【浏览】按钮打开【浏览文件夹】对话框选择图像所在文件夹，然后单击【确定】按钮。选择后的文件夹名称出现在【浏览】按钮的右边。如图 11-50 所示。

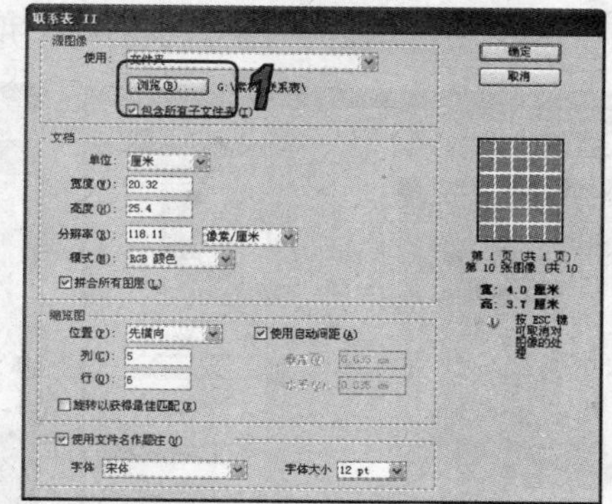

图 11-50　选择来源文件夹

(3) 在【文档】选项组中设定新文件的【单位】为厘米，【宽度】为 29.7，【高度】为 21，【分辨率】为 72 像素/厘米，【颜色模式】为【RGB 模式】，如图 11-51 所示。

(4) 在【缩览图】选项组中，【位置】下拉列表中有选择【先横向】选项。【列数】为 5，【行数】为 2，取消【使用自动间距】复选框，设置【垂直】和【水平】均为 0.5cm，如图 11-52 所示。

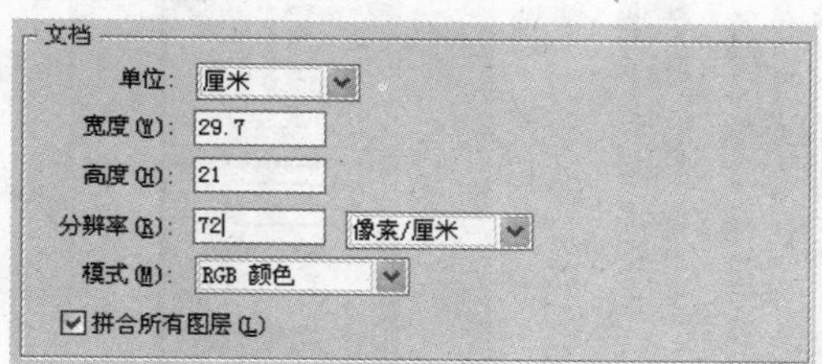

图 11-51　设置【文档】选项组　　　　图 11-52　设置【缩览图】选项组

(5) 选中【使用文件名作题注】复选框，在【字体】下拉列表框中可以选择【字体】为【宋体】，【字体大小】为 12pt，设定完成后，单击【确定】按钮指定目录中的图像便会被缩小后整齐地排放到新文件中，如图 11-53 所示。

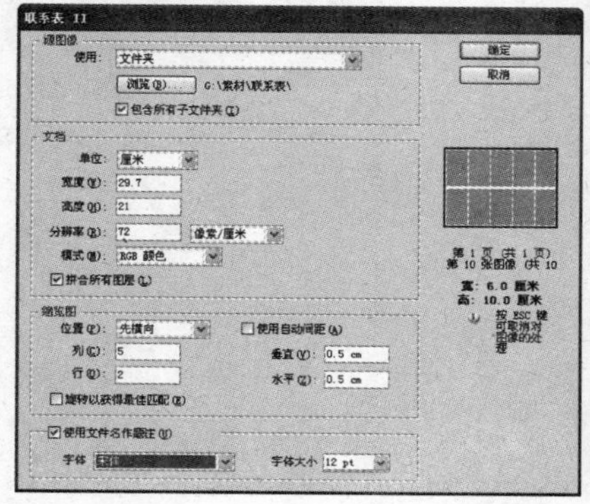

图 11-53　完成缩览图目录

11.7 习题

1. 根根据上机练习中类似的方法，录制动作并应用，制作如图 11-54 所示图像效果。

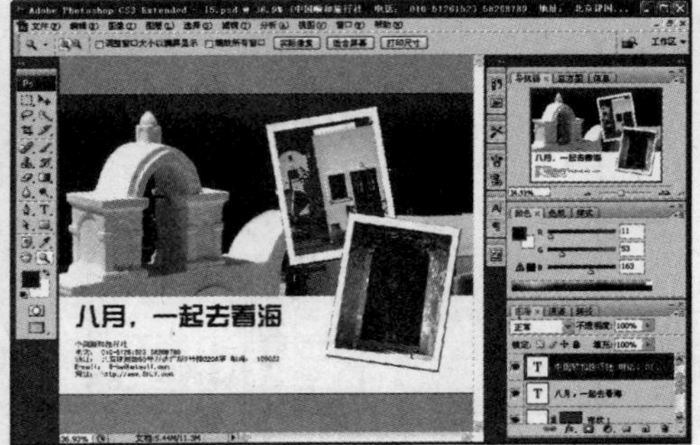

图 11-54　图像效果

2. 根据上机练习中类似的方法，使用【联系表Ⅱ】命令，制作缩览图目录，如图 11-55 所示。

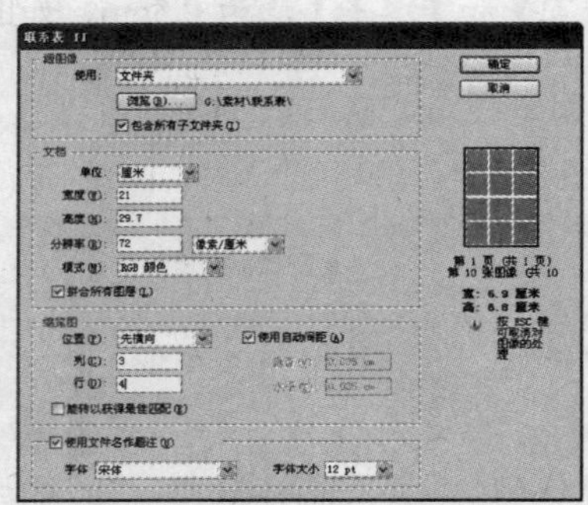

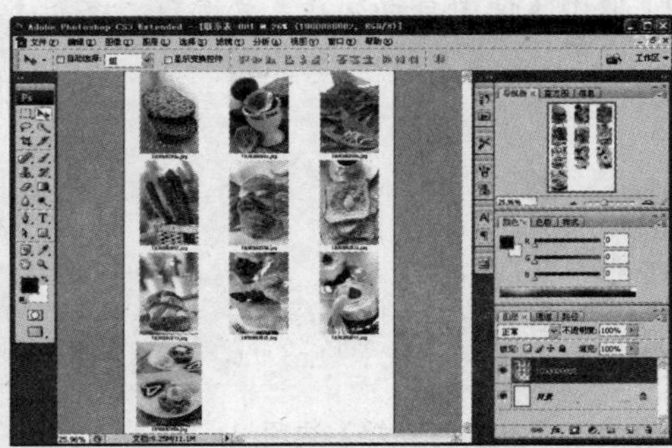

图 11-55　使用【联系表Ⅱ】命令

第12章 Photoshop 综合实例应用

学习目标

通过前面章节的讲解，用户可以掌握 Photoshop CS3 的基本功能和操作，并了解 Photoshop CS3 强大的图像处理能力。但是学习软件的主要目的是应用到实践中，掌握一些简单的功能是远远不够的。本章主要介绍 4 个综合实例的练习，来巩固常用的工具、命令等内容的操作。通过对本章的学习，读者应能够进一步加强对 Photoshop CS3 的认识，并能够综合运用它的基本功能，创建复杂的图像效果。

本章重点

- 制作书籍封面
- 制作电脑桌面
- 制作招贴海报
- 制作播放器界面

12.1 制作书籍封面

在本节中，我们将使用 Photoshop CS3 制作书籍封面效果，最终效果如图 12-34 所示。整个制作过程包括使用工具创建图层、选区，图像的调整，以及文字工具在图像中的输入与编排。

(1) 启动 Photoshop CS3 应用程序，选择【文件】|【新建】命令，打开对话框。在对话框中输入【名称】为“书籍封面”，设置【宽度】为 384 毫米，【高度】为 260 毫米，【分辨率】为 300 像素/英寸，【颜色模式】为【RGB 颜色】，然后单击【确定】按钮，如图 12-1 所示。

(2) 选择【视图】|【标尺】命令，在新建文件中打开标尺，如图 12-2 所示。

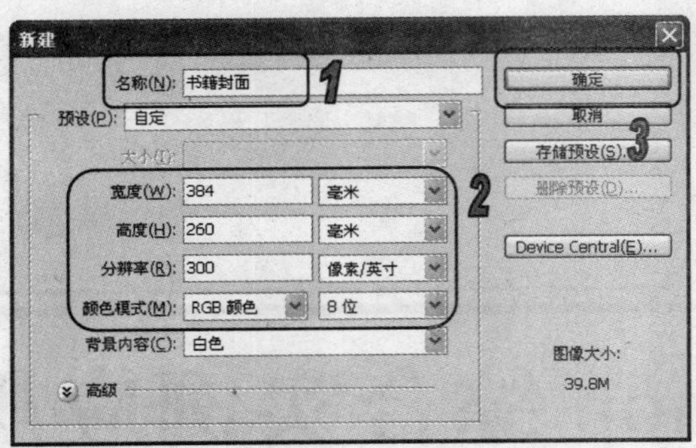

图 12-1　新建文件

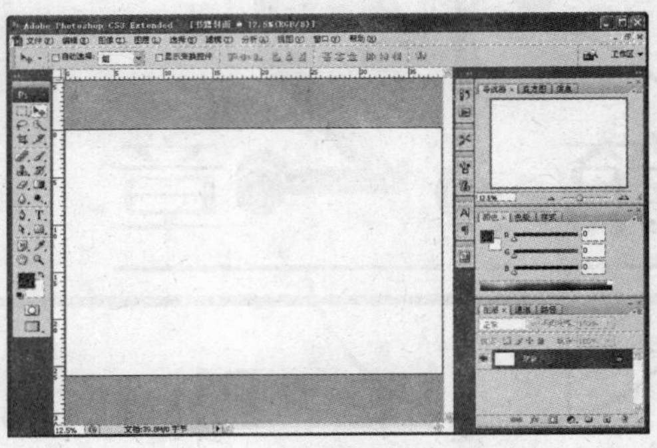

图 12-2　显示标尺

(3) 选择【视图】|【新建参考线】命令，在打开的【新建参考线】对话框中选择【垂直】单选按钮，设置【位置】为 18.5 厘米，然后单击【确定】按钮，如图 12-3 所示。

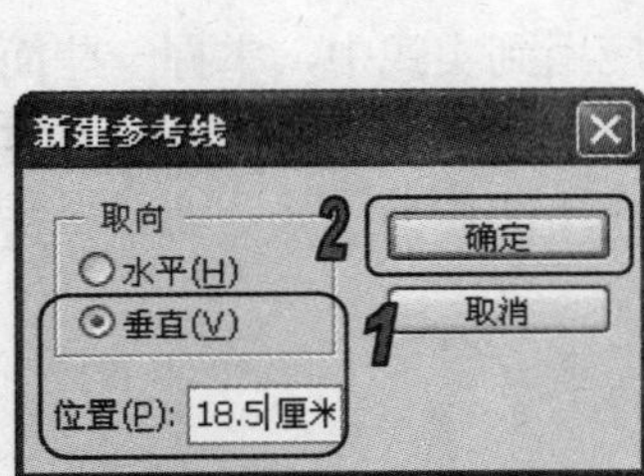

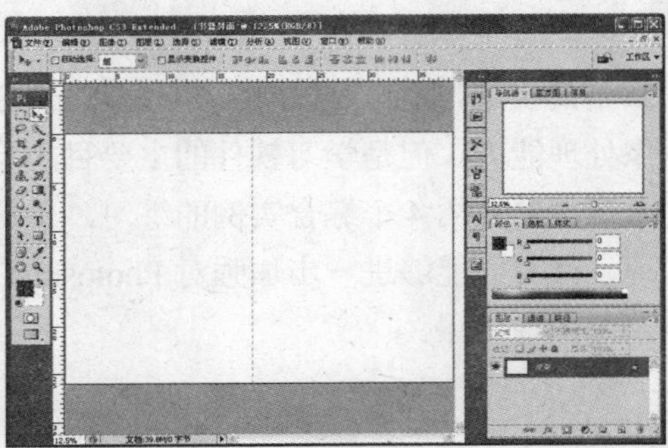

图 12-3　新建参考线

(4) 选择【视图】|【新建参考线】命令，在打开的【新建参考线】对话框中选择【垂直】单选按钮，设置【位置】为 19.9 厘米，然后单击【确定】按钮，如图 12-4 所示。

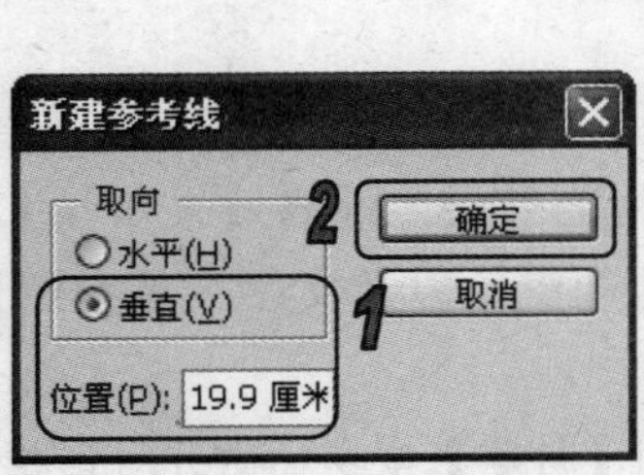

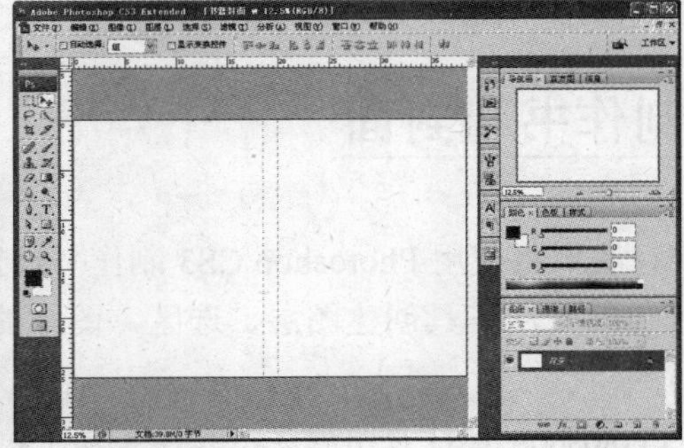

图 12-4　新建参考线

(5) 选择【钢笔】工具，在工具选项栏中单击【路径】按钮，然后使用工具在图像中按如图 12-5 所示绘制路径。

(6) 在【路径】调板中单击【将路径作为选区载入】按钮，载入选区，如图 12-6 所示。

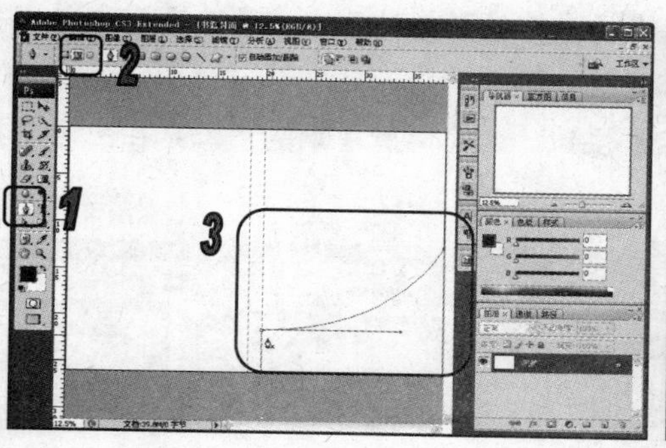

图 12-5　绘制路径

图 12-6　载入选区

(7) 选择【文件】|【打开】命令，在【打开】对话框中选择所需图像文件打开。按 Ctrl+A 键将图像全选，并选择【编辑】|【拷贝】命令，如图 12-7 所示。

(8) 返回正在编辑的文件，选择【编辑】|【贴入】命令，将图像贴入到选区中，如图 12-8 所示。

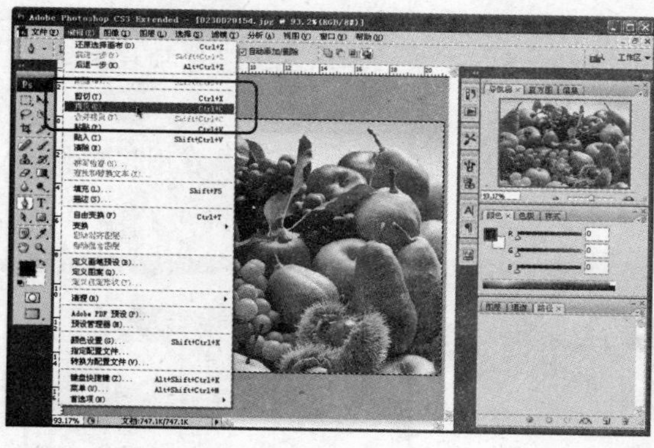

图 12-7　拷贝图像

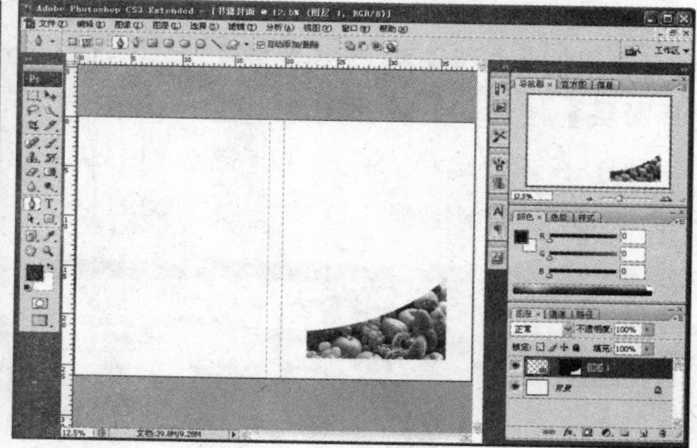

图 12-8　贴入图像

(9) 按 Ctrl+T 键使用【自由变换】命令，调整贴入图像的大小，并按 Enter 键应用调整，如图 12-9 所示。

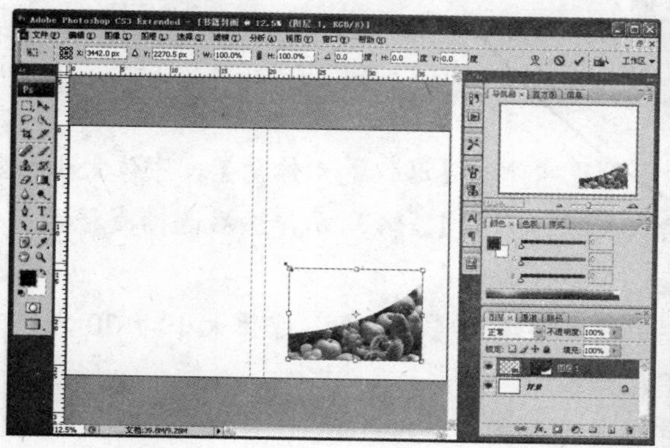

图 12-9　自由变换

(10) 在【色板】调板中单击【纯红】色板，选择【钢笔】工具，在工具选项栏中单击【形状图层】按钮，然后在图像中按如图 12-10 所示绘制图形。

(11) 在工具选项栏中单击【添加到形状区域】按钮，继续使用【钢笔】工具在图像中按如图 12-11 所示绘制图形。

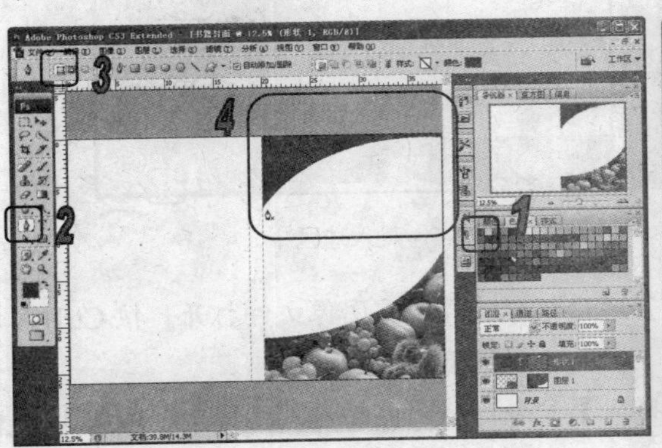

图 12-10　绘制图形

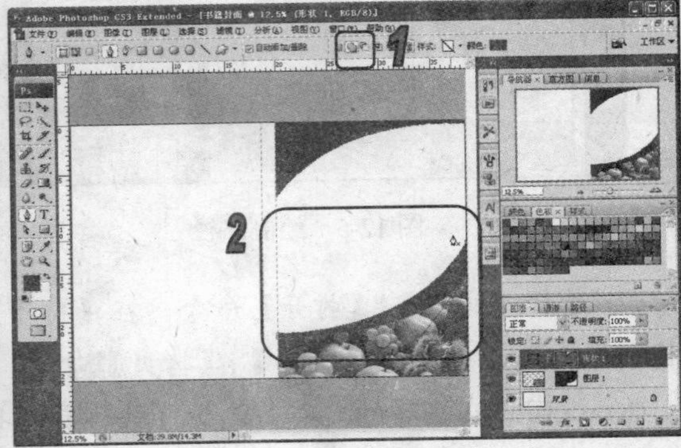

图 12-11　绘制图形

(12) 在【色板】调板中单击【蜡笔洋红】色板，选择【钢笔】工具，在工具选项栏中单击【新图层】按钮，然后在图像中按如图 12-12 所示绘制图形。

(13) 在工具选项栏中单击【添加到形状区域】按钮，继续使用【钢笔】工具在图像中按如图 12-13 所示绘制图形。

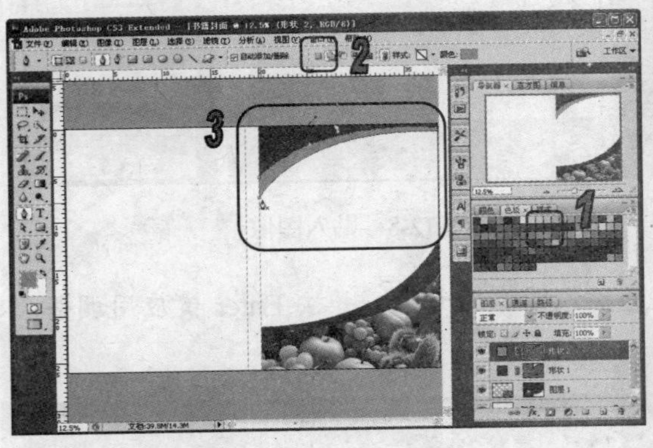

图 12-12　绘制图形

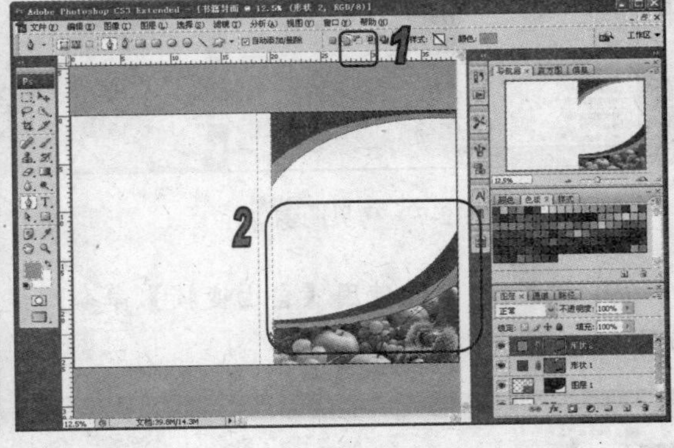

图 12-13　绘制图形

(14) 选择【横排文字】工具，在工具选项栏中设置字体为【汉仪菱心体简】，字体大小为 72 点，颜色为【纯红】，然后在图像中单击并输入文字，如图 12-14 所示，然后选择【移动】工具。

(15) 选择【横排文字】工具，在工具选项栏中设置字体为【黑体】，字体大小为 30 点，颜色为【纯红】，然后在图像中单击并输入文字，如图 12-15 所示。

(16) 选择【移动】工具，在图像中移动文字位置，如图 12-16 所示。

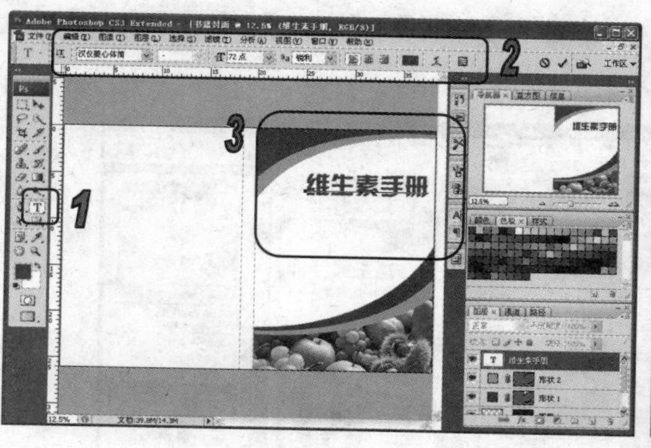

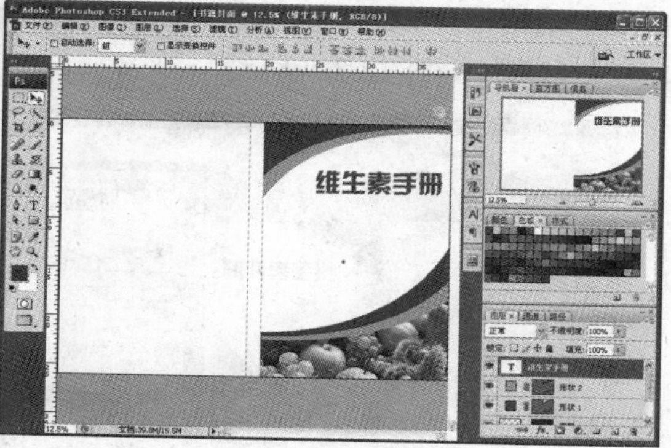

图 12-14 输入文字

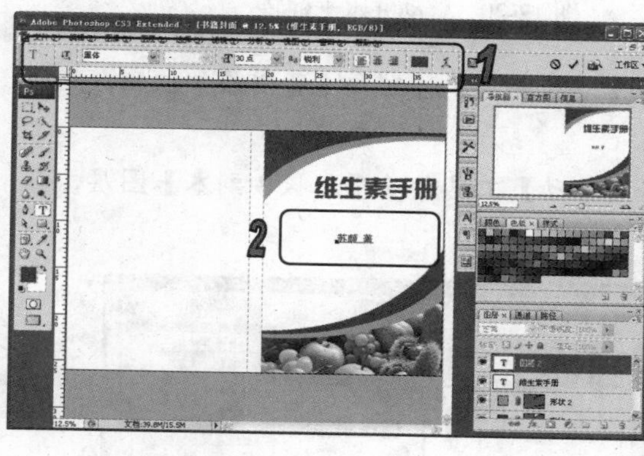

图 12-15 输入文字

图 12-16 移动文字

(17) 在【图层】调板中，单击【图层 1】图层缩览图和蒙版中间，链接图像，如图 12-17 所示。

(18) 按 Ctrl 键单击选中【图层 1】、【形状 1】和【形状 2】，然后按 Ctrl+G 键将选中的图层进行编组，如图 12-18 所示。

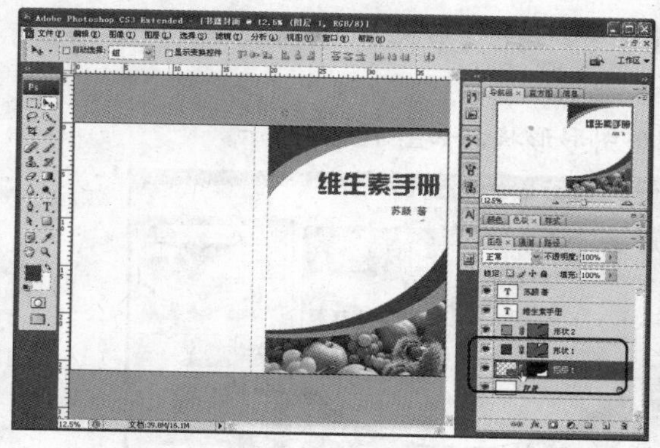

图 12-17 链接图层

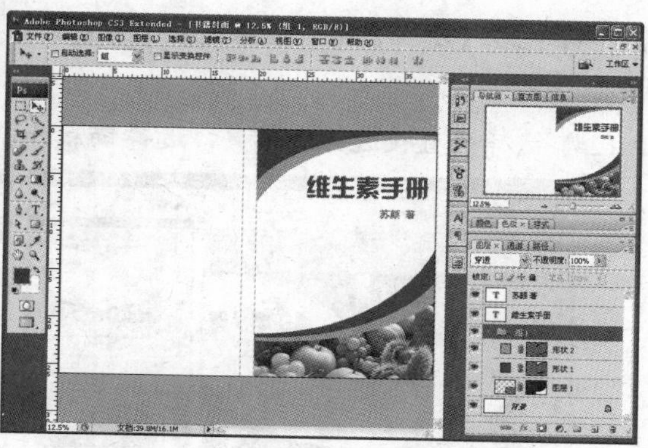

图 12-18 图层编组

(19) 在【图层】调板中，将【组 1】拖动至【创建新图层】按钮上进行复制，如图 12-19 所示。

(20) 选择【移动】工具，移动【组 1 副本】，并选择【编辑】|【变换】|【水平翻转】命令，调整图像，如图 12-20 所示。

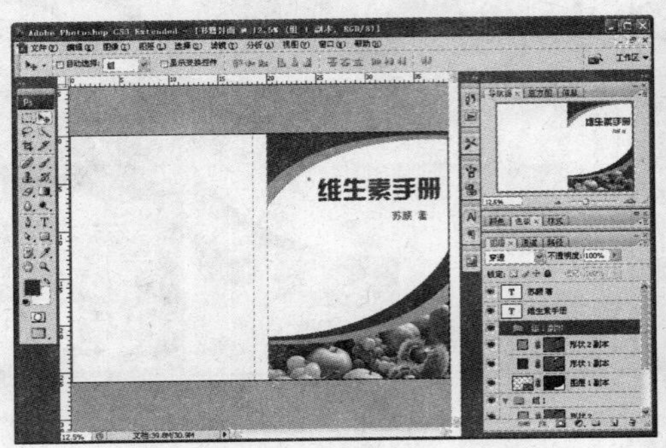

图 12-19　复制组 1

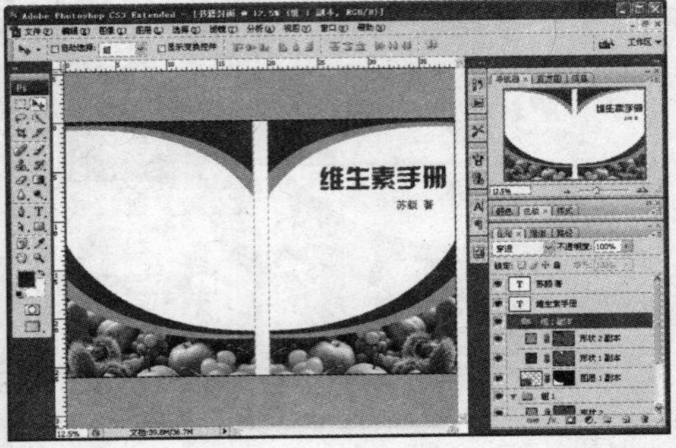

图 12-20　移动并水平翻转

(21) 选择【钢笔】工具，在工具选项栏中单击【形状图层】按钮和【新图层】按钮，然后使用工具在图像中按如图 12-21 所示绘制图形。

(22) 按 Ctrl+J 键复制【形状 3】图层，并选择【移动】工具移动【形状 3 副本】图层，如图 12-22 所示。

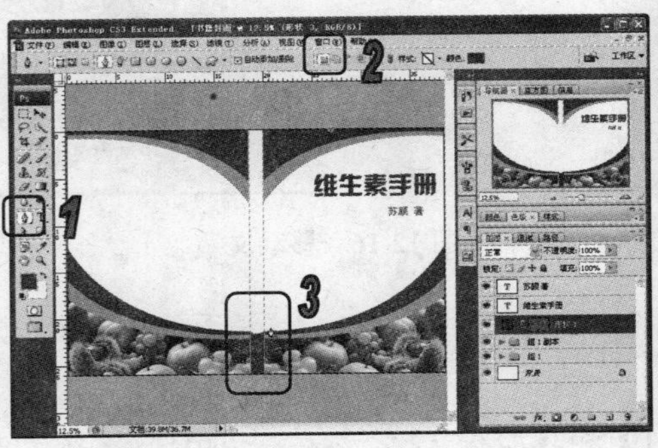

图 12-21　绘制图形

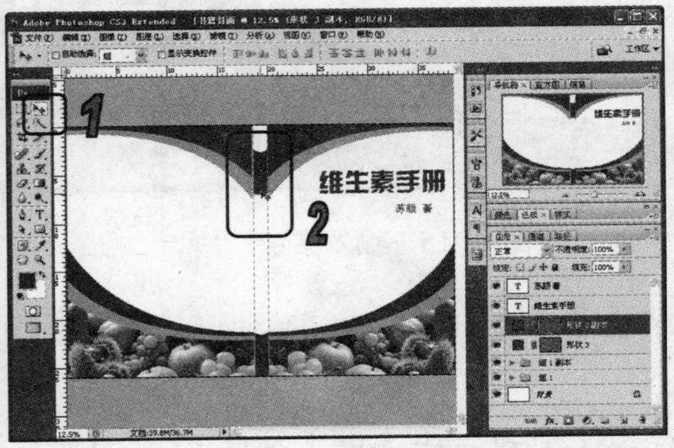

图 12-22　复制并移动

(23) 选择【编辑】|【变换路径】|【垂直翻转】命令，翻转【形状 3 副本】图层，如图 12-23 所示。

(24) 选择【直接选择】工具，选择锚点并调整图形形状，如图 12-24 所示。

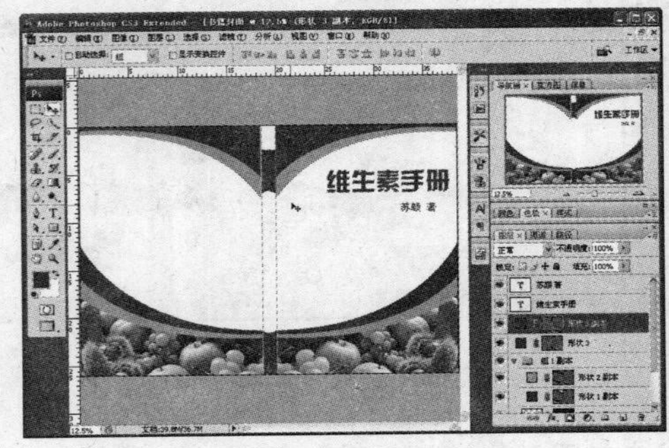

图 12-23　垂直翻转

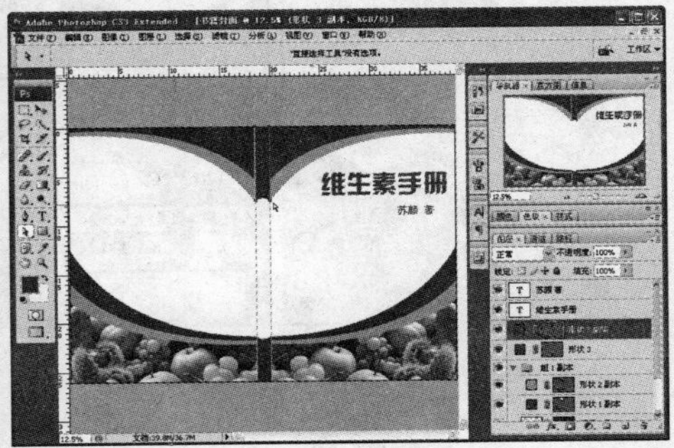

图 12-24　调整形状

(25) 选择【直排文字】工具，在【字符】调板中设置字体为【汉仪菱心体简】，字体大小为 30 点，字符间距为 200，然后在图像中单击并输入文字，如图 12-25 所示。

(26) 选择【移动】工具，在图像中移动文字位置，如图 12-26 所示。

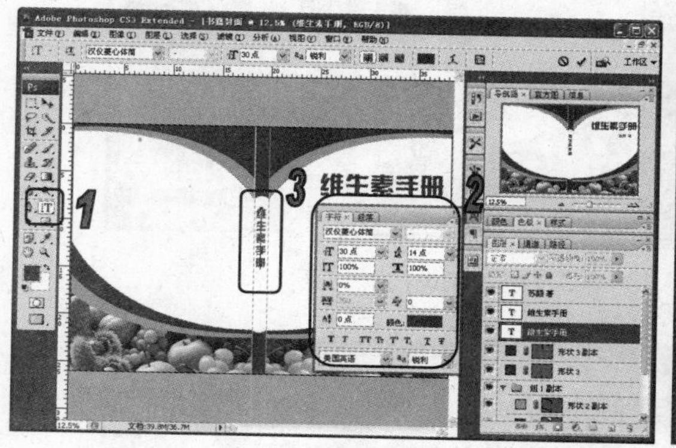

图 12-25　输入文字

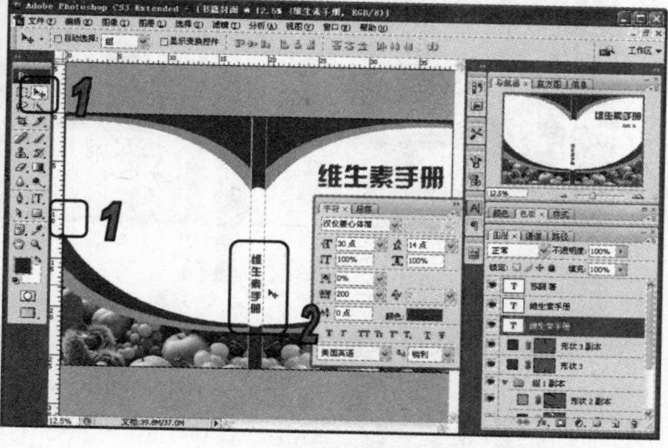

图 12-26　移动文字

(27) 选择【横排文字】工具，在图像中按住鼠标拖动创建文本框，如图 12-27 所示。

(28) 在【字符】调板中，设置字体为【黑体】，字符大小为 12 点，字符间距为 0，然后使用文字工具在文本框内输入文字，如图 12-28 所示。

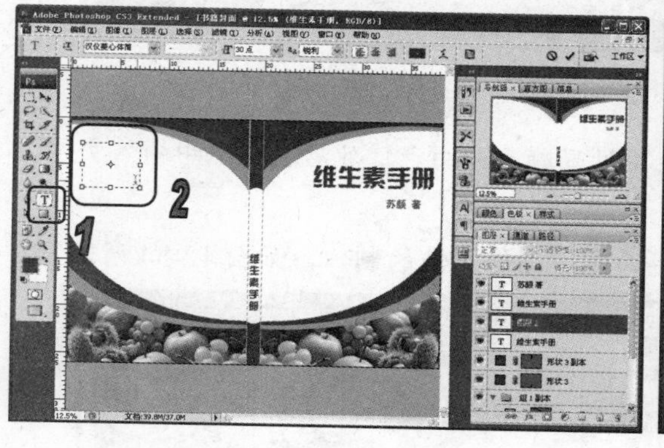

图 12-27　创建文本框

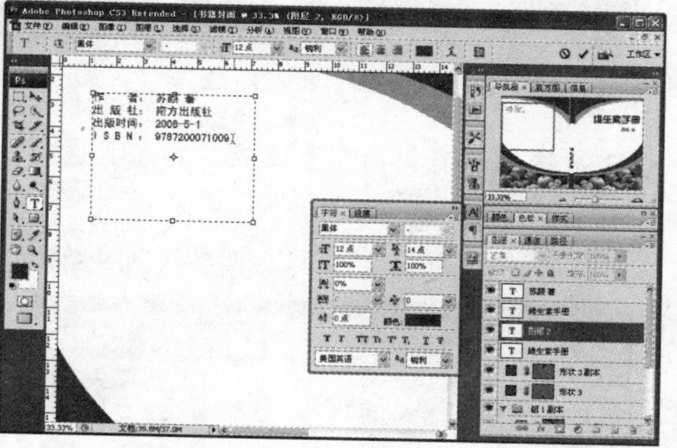

图 12-28　输入文字

(29) 选择【钢笔】工具，在工具选项栏中单击【路径】按钮，在图像中绘制如图 12-29 所示的路径。

(30) 选择【横排文字】工具，在【字符】调板中，设置字体大小为 14 点，字符间距为 50，颜色为【蜡笔洋红红】，然后使用文字工具在图像中输入文字，如图 12-30 所示。

(31) 选择【钢笔】工具，在工具选项栏中单击【路径】按钮，在图像中绘制如图 12-31 所示的路径。

(32) 选择【横排文字】工具，然后使用文字工具在图像中输入文字，如图 12-32 所示。

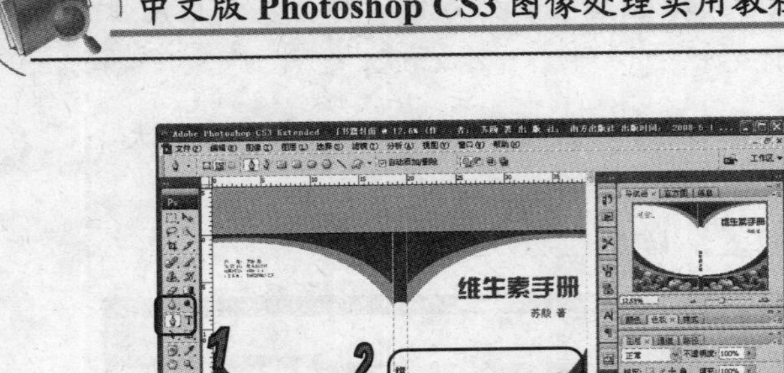

图 12-29　绘制路径

图 12-30　输入文字

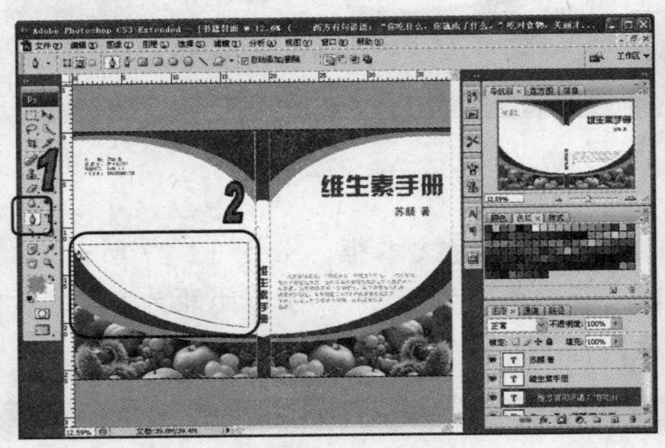

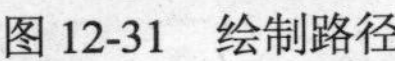

图 12-31　绘制路径

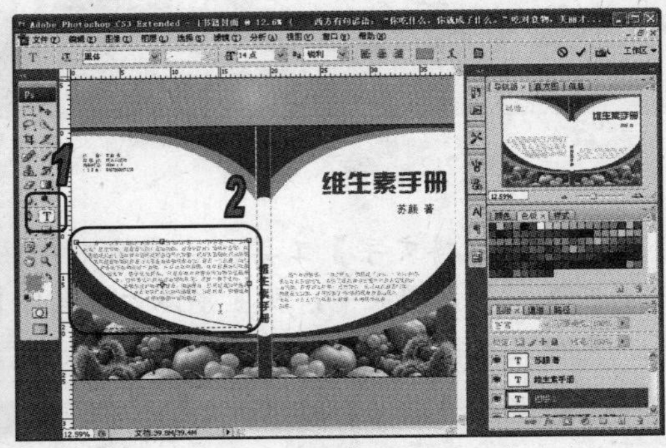

图 12-32　输入文字

(33) 选择【直排文字】工具，在工具选项栏中设置颜色为白色，然后在图像中输入文字，如图 12-33 所示。

(34) 选择【移动】工具，调整输入文字位置，完成图像文件的制作，如图 12-34 所示。

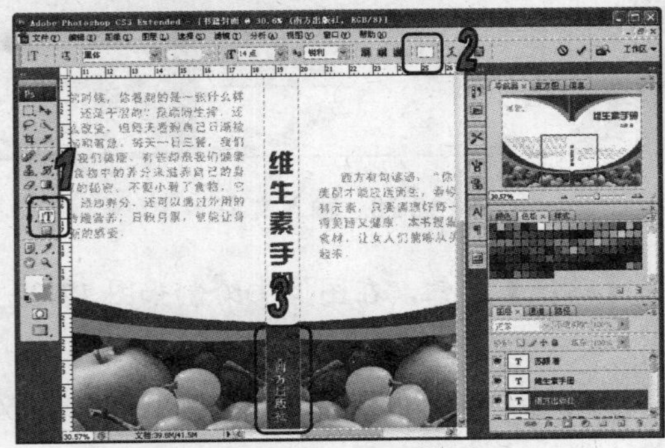

图 12-33　输入文字

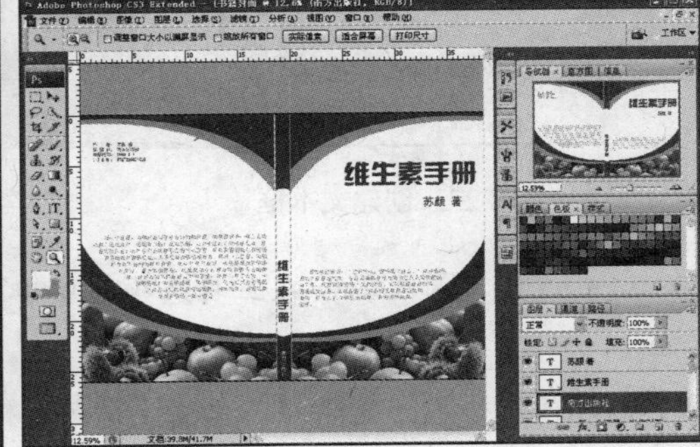

图 12-34　完成效果

12.2　制作电脑桌面

在本节中，我们将使用 Photoshop CS3 制作电脑桌面效果，最终效果如图 12-66 所示。整

个制作过程主要使用路径工具创建选区并结合图层样式、滤镜中命令等。

(1) 启动 Photoshop CS3 应用程序，选择【文件】|【新建】命令，打开对话框。在对话框中输入【名称】为“桌面”，设置【宽度】为 1024 像素，【高度】为 768 像素，【分辨率】为 72 像素/英寸，【颜色模式】为【RGB 颜色】，然后单击【确定】按钮新建文件，如图 12-35 所示。

(2) 选择【多边形套索】工具在图像中创建选区，如图 12-36 所示。

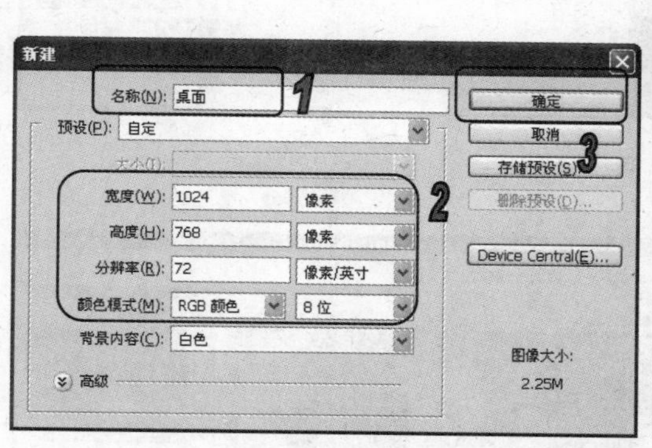

图 12-35　新建文件

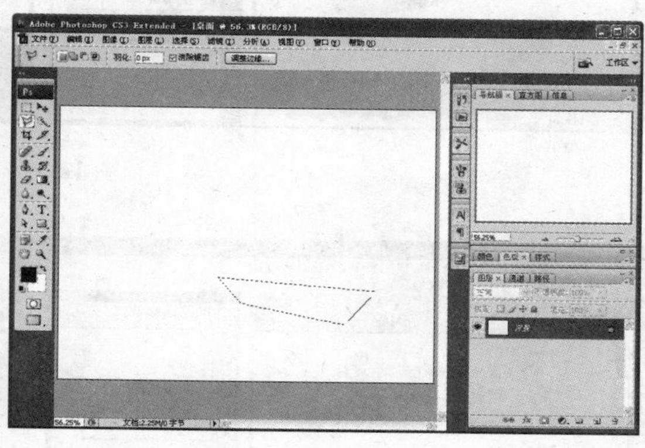

图 12-36　创建选区

(3) 选择【文件】|【打开】命令，在【打开】对话框中选择所需图像文件打开。按 Ctrl+A 键将图像全选，并选择【编辑】|【拷贝】命令，如图 12-37 所示。

(4) 返回正在编辑的文件，选择【编辑】|【贴入】命令，将图像贴入到选区中，如图 12-38 所示。

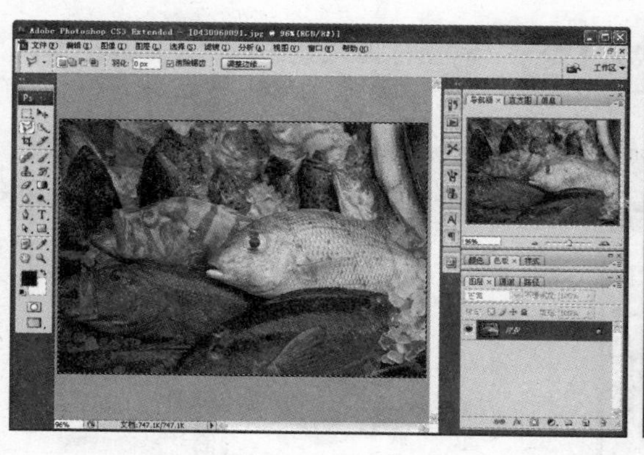

图 12-37　复制图像

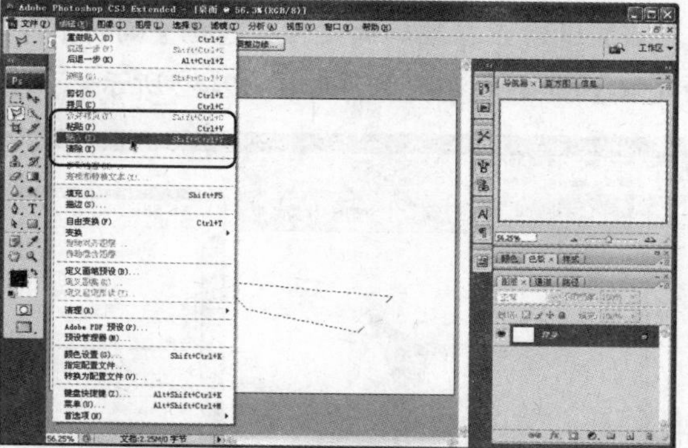

图 12-38　贴入图像

(5) 按 Ctrl+T 键使用【自由变换】命令，调整贴入图像的大小，并按 Enter 键应用调整，如图 12-39 所示。

(6) 选择【多边形套索】工具在图像中创建选区，如图 12-40 所示。

(7) 选择【文件】|【打开】命令，在【打开】对话框中选择所需图像文件打开。按 Ctrl+A 键将图像全选，并选择【编辑】|【拷贝】命令，如图 12-41 所示。

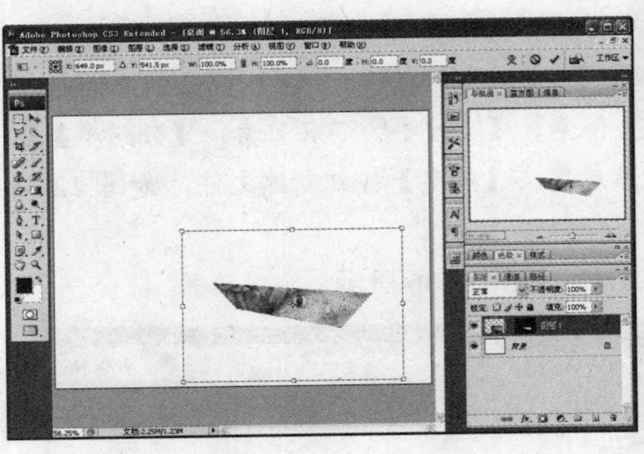

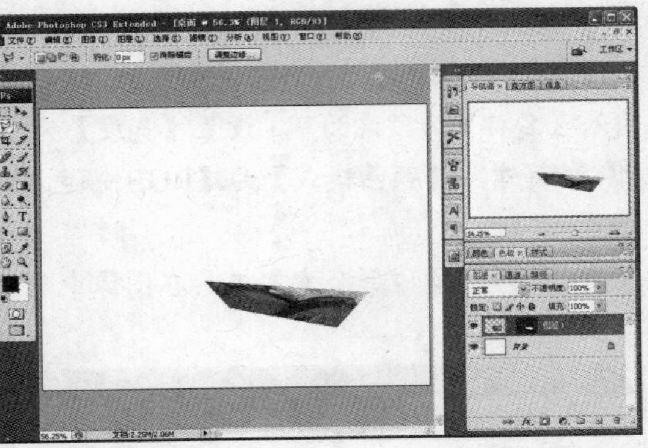

图 12-39　自由变换

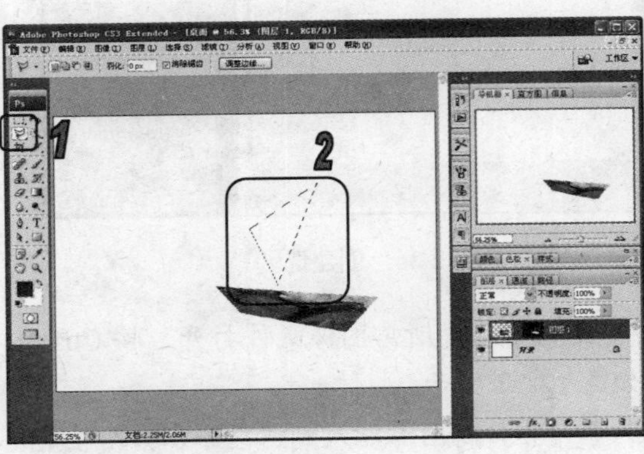

图 12-40　创建选区

图 12-41　复制图像

(8) 返回正在编辑的文件，选择【编辑】|【贴入】命令，将图像贴入到选区中，并应用【自由变换】命令调整图像，如图 12-42 所示。

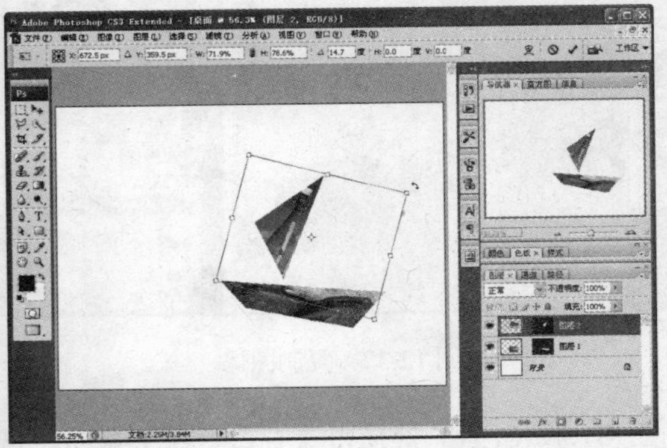

图 12-42　自由变换

(9) 选择【多边形套索】工具在图像中创建选区，如图 12-43 所示。

(10) 选择【文件】|【打开】命令，在【打开】对话框中选择所需图像文件打开。按 Ctrl+A 键将图像全选，并选择【编辑】|【拷贝】命令，如图 12-44 所示。

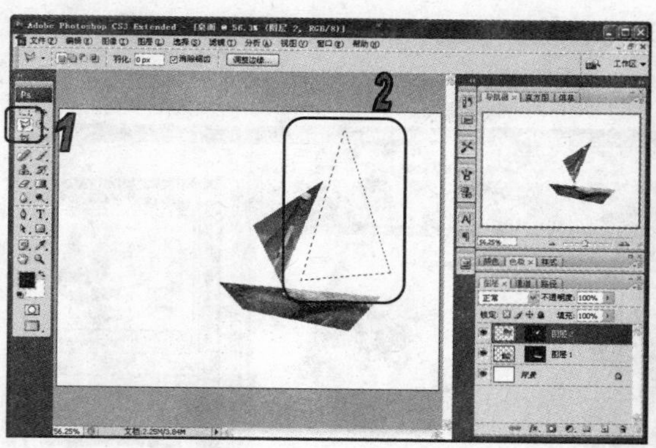

图 12-43 创建选区

图 12-44 复制图像

(11) 返回正在编辑的文件，选择【编辑】|【贴入】命令，将图像贴入到选区中，并应用【自由变换】命令调整图像，如图 12-45 所示。

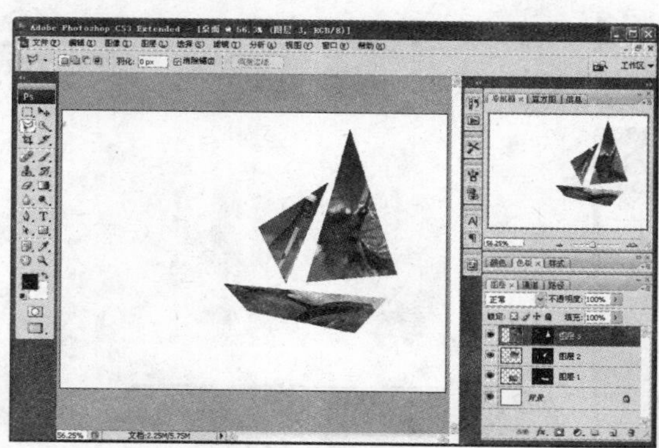

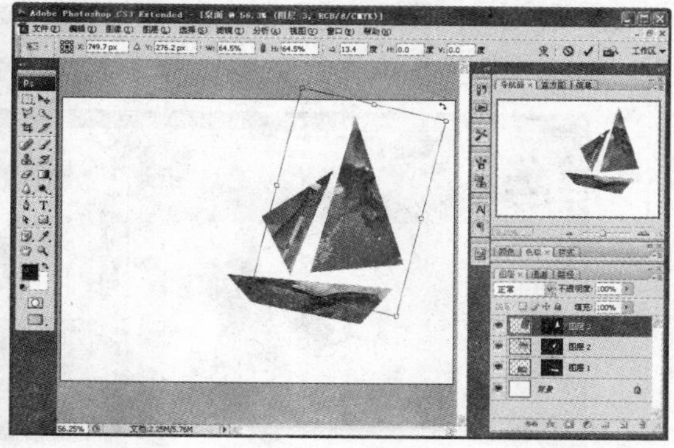

图 12-45 自由变换

(12) 在【图层】调板中选中所有图层，并按 Ctrl+E 合并所有图层，如图 12-46 所示。

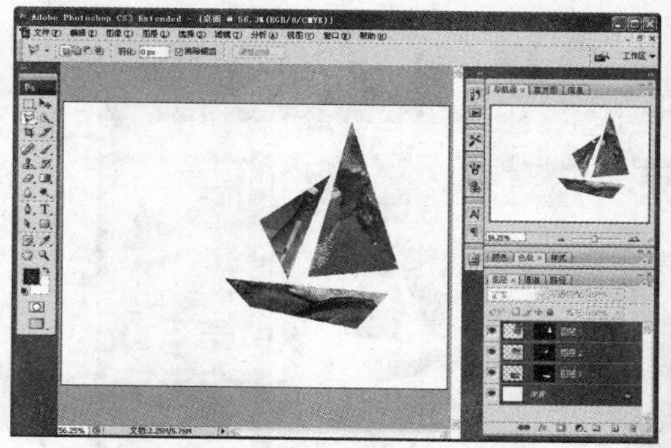

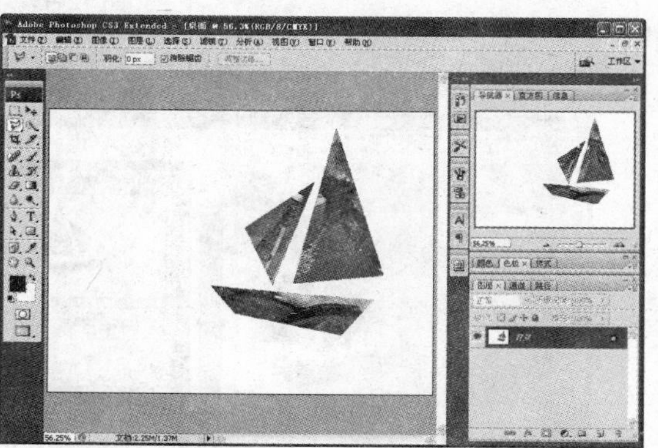

图 12-46 合并图层

(13) 选择【滤镜】|【扭曲】|【海洋波纹】命令，在打开的【海洋波纹】对话框中设置【画笔大小】为 15，【波纹幅度】为 3，然后单击【确定】按钮，如图 12-47 所示。

(14) 选择【魔棒】工具，在工具选项栏中设置【容差】为 10，然后使用工具在图像的白色背景区域单击创建选区，如图 12-48 所示。

图 12-47 【海洋波纹】滤镜

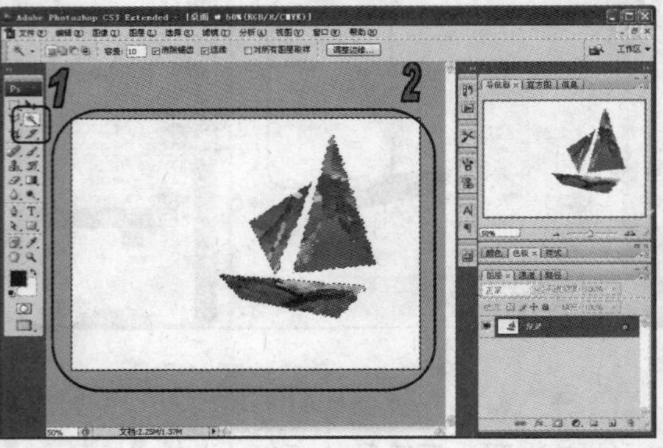

图 12-48 创建选区

(15) 按 Ctrl+Shift+I 键反选选区，并选择【选择】|【修改】|【扩展】命令，打开【扩展选区】对话框，设置【扩展量】为 10 像素，然后单击【确定】按钮，如图 12-49 所示。

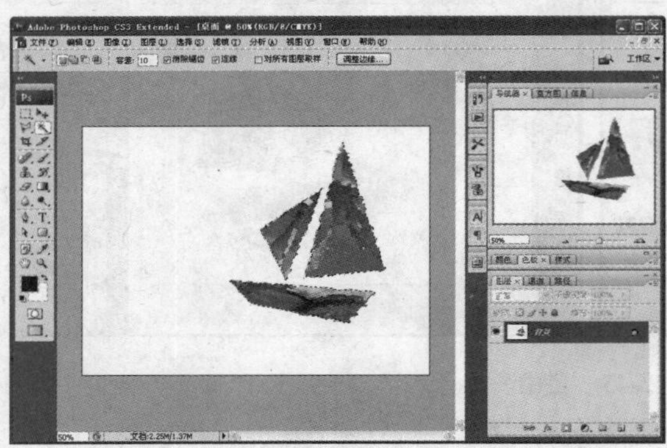

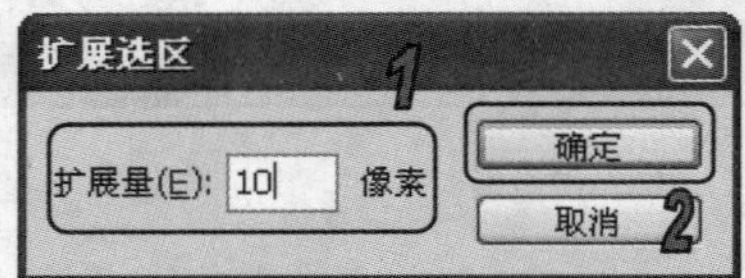

图 12-49 扩展选区

(16) 在图像文件中，按 Ctrl+J 键复制图像，并创建【图层 1】，如图 12-50 所示。

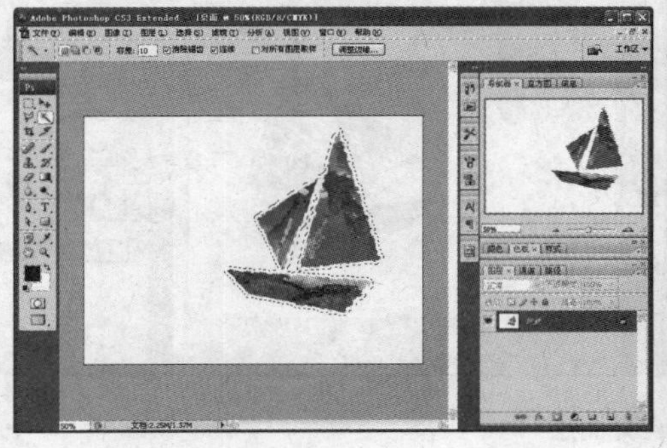

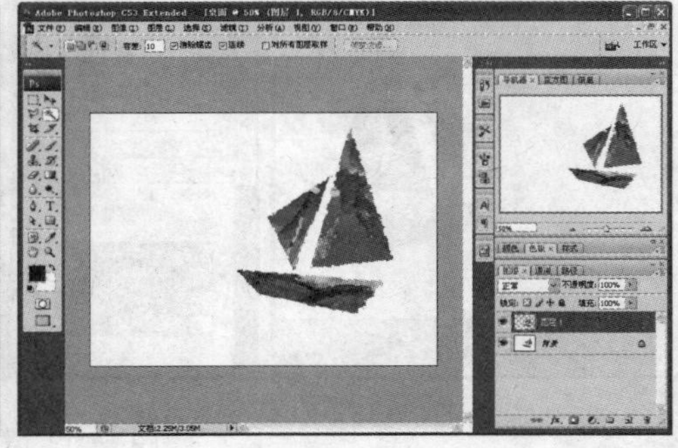

图 12-50 创建图层

(17) 在【图层】调板中，双击【图层 1】打开【图层样式】对话框。选择【投影】样式，

设置【大小】为 10 像素，然后单击【确定】按钮，如图 12-51 所示。

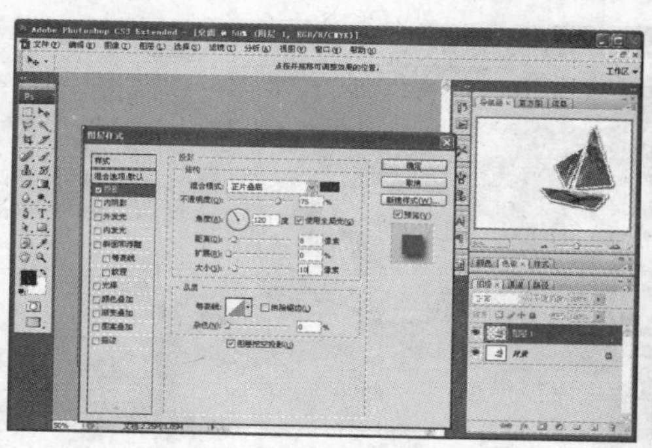

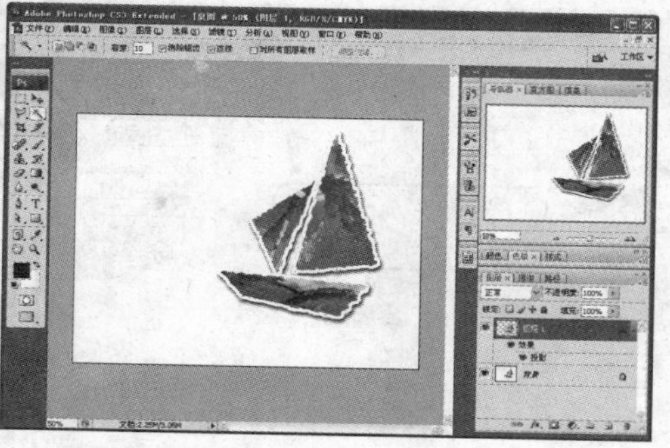

图 12-51 应用【投影】样式

(18) 选择【文件】|【打开】命令，在【打开】对话框中选择所需图像文件打开。按 Ctrl+A 键将图像全选，并选择【编辑】|【拷贝】命令，如图 12-52 所示。

(19) 返回正在编辑的文件，选择【编辑】|【贴入】命令，将图像贴入到图像中，并将其放置在【背景】图层上方，如图 12-53 所示。

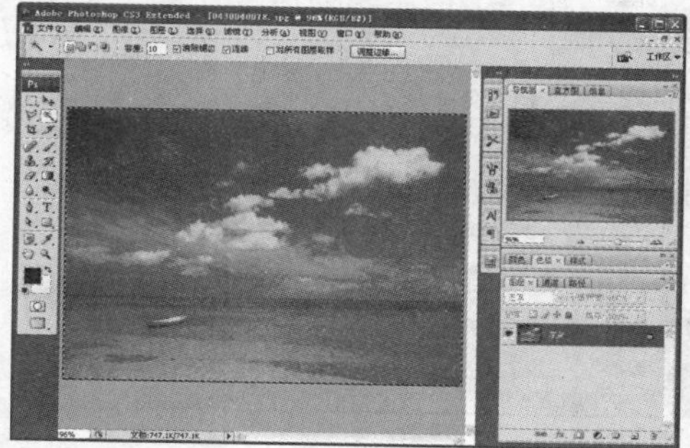

图 12-52 复制图像

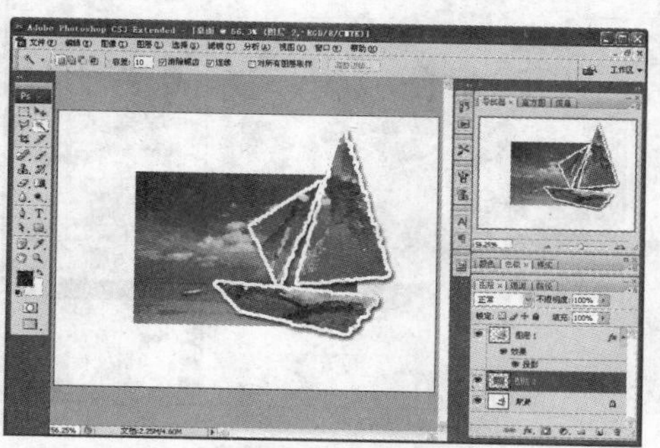

图 12-53 贴入图像

(20) 按 Ctrl+T 键使用【自由变换】命令，调整贴入图像的大小，并按 Enter 键应用调整，如图 12-54 所示。

(21) 在【图层】调板中单击【创建新的填充或调整图层】按钮，在打开的菜单中选择【色相/饱和度】命令，如图 12-55 所示。

图 12-54 自由变换

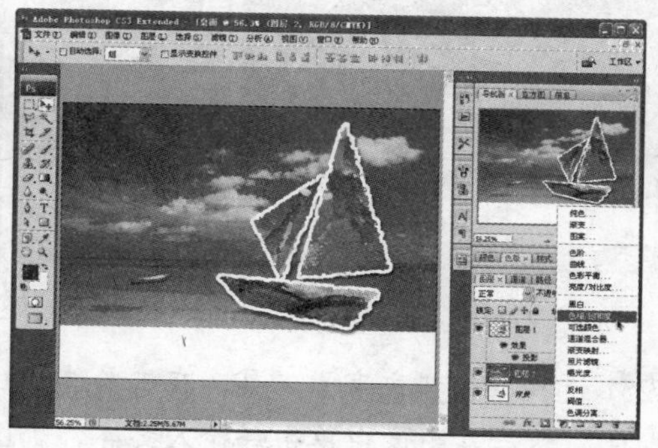

图 12-55 选择【色相饱和度】命令

(22) 在打开的对话框中设置【饱和度】为－45，然后单击【确定】按钮，如图 12-56 所示。

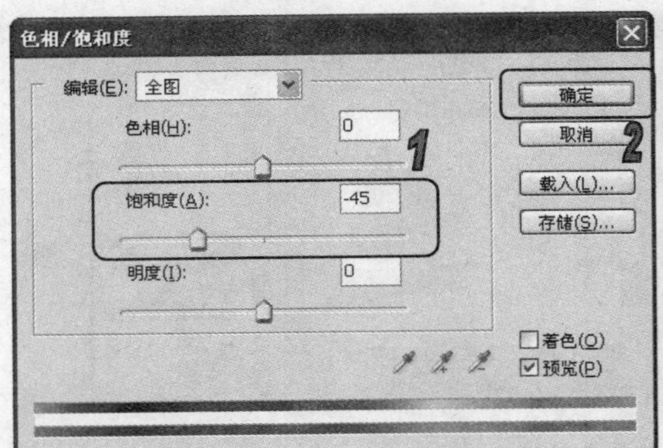

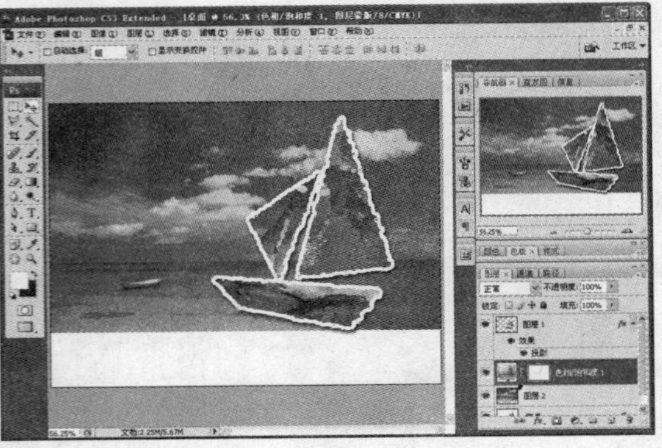

图 12-56　设置【色相/饱和度】对话框

(23) 在【图层】调板中选中【图层 1】，然后选择【移动】工具移动图像位置，如图 12-57 所示。选择【编辑】|【变换】|【变形】命令，如图 12-58 所示。

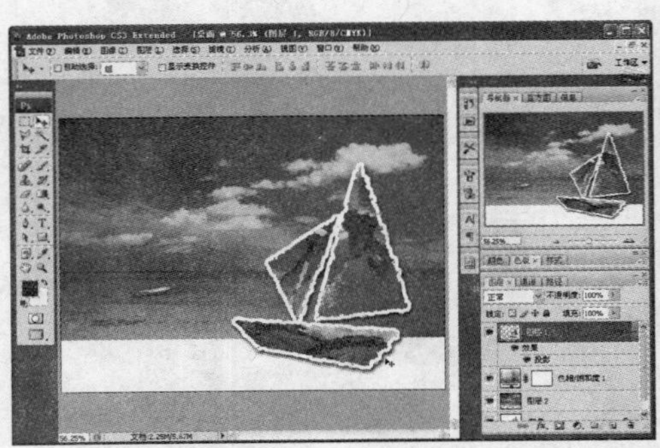

图 12-57　移动图像

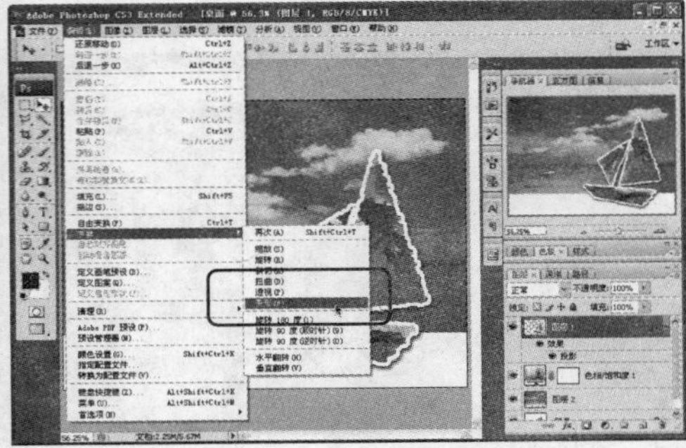

图 12-58　【变形】命令

(24) 使用【变形】命令，调整图像的外观，并按 Enter 键应用调整，如图 12-59 所示。

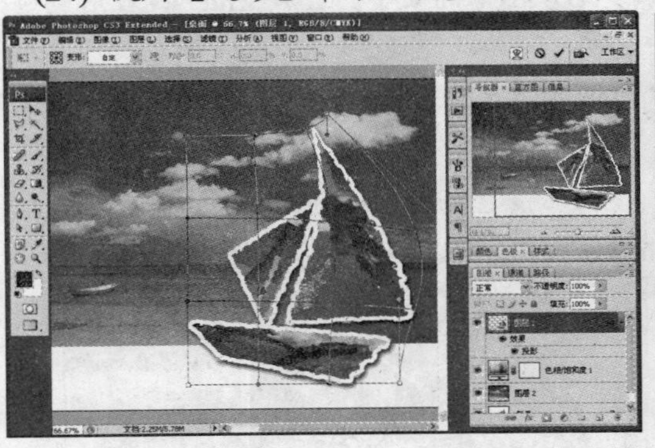

图 12-59　应用【变形】命令

(25) 选择【横排文字】工具，在工具选项栏中设置字体为 Arial Black，大小为 100 点，颜色为白色，然后在图像中单击并输入文字，如图 12-60 所示。

(26) 选择【移动】工具，在图像文件中移动输入文字的位置，如图 12-61 所示。

图 12-60　输入文字

图 12-61　移动文字

(27) 在【样式】调板中，单击调板菜单按钮，在打开调板菜单中选择【文字效果】命令，在弹出的提示框中单击【确定】按钮，如图 12-62 所示。

图 12-62　载入样式

(28) 在【样式】调板中单击【喷溅蜡纸】样式，对文字图层应用图层样式，如图 12-63 所示。

(29) 选择【画笔】工具，在【画笔】调板中选择画笔样式，设置【直径】为 19px，【圆度】为 8%，【间距】为 995%，如图 12-64 所示。

图 12-63　应用样式

图 12-64　设置画笔

(30) 在【图层】调板中单击【创建新图层】按钮创建【图层 3】，并使用【画笔】工具在图像中绘制线条，如图 12-65 所示。

(31) 在【图层】调板中，将【图层 3】拖动至【图层 1】下方，完成电脑桌面的制作，如图 12-66 所示。

图 12-65 绘制线条

图 12-66 完成效果

12.3 制作招贴海报

在本节中，我们将使用 Photoshop CS3 制作电脑桌面效果，效果如图 12-87 所示。整个制作过程主要使用路径工具、选区工具并结合图层样式、滤镜中命令等。

(1) 启动 Photoshop CS3 应用程序，选择【文件】|【新建】命令，打开对话框。在对话框中输入【名称】为“海报”，设置【宽度】为 210 毫米，【高度】为 297 毫米，【分辨率】为 300 像素/英寸，【颜色模式】为【RGB 颜色】，然后单击【确定】按钮。并按 Ctrl+R 键显示标尺，如图 12-67 所示。

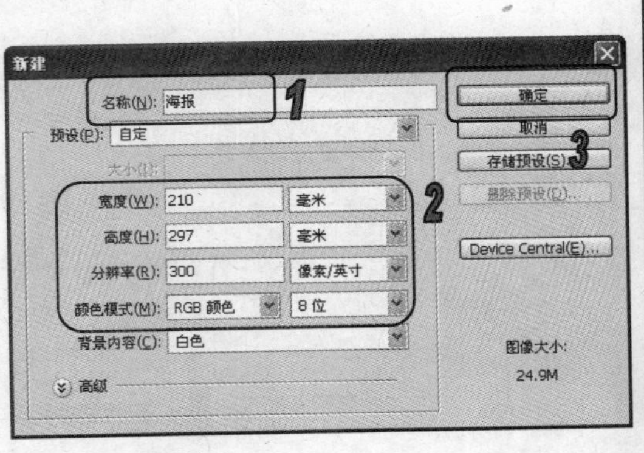

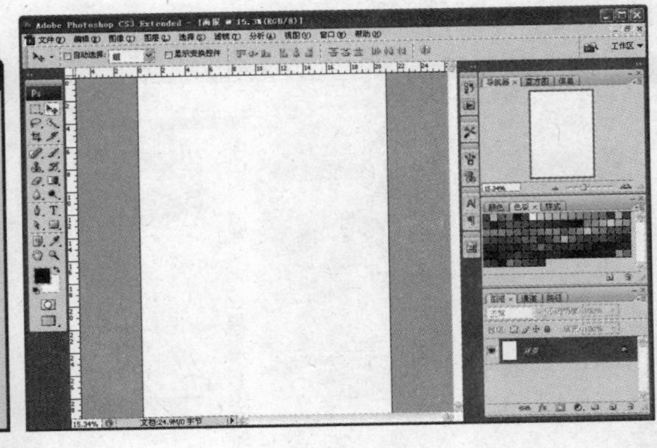

图 12-67 新建文件

(2) 在【色板】调板中单击【纯红】色板，选择【钢笔】工具，在工具选项栏中单击【形状图层】按钮，然后使用工具在图像中绘制形状，如图 12-68 所示。

(3) 选择【转换点】工具，在图像中调整形状图层的外观形状，如图 12-69 所示。

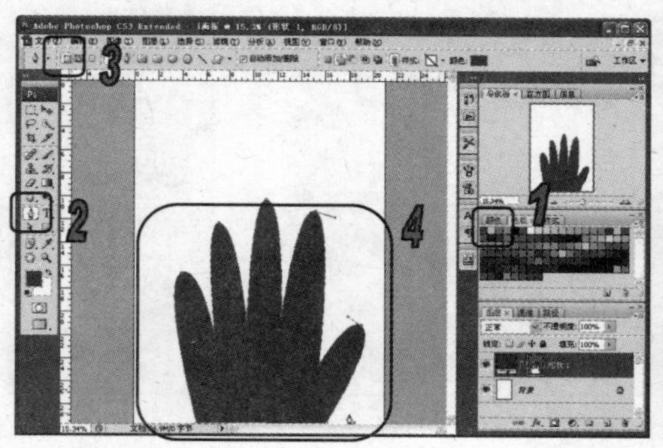

图 12-68　绘制形状

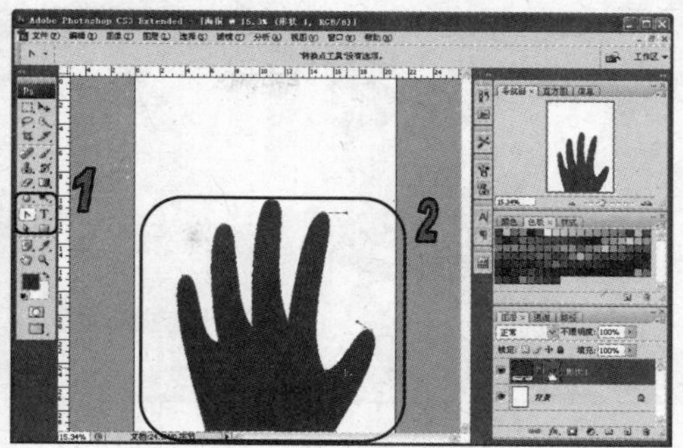

图 12-69　使用【转换点】工具

(4) 选择【图层】调板中的【背景】图层，选择【滤镜】|【风格化】|【凸出】命令，在打开的【凸出】对话框中，选择【块】单选按钮，设置【大小】为 60 像素，【深度】为 60 像素，然后单击【确定】按钮，如图 12-70 所示。

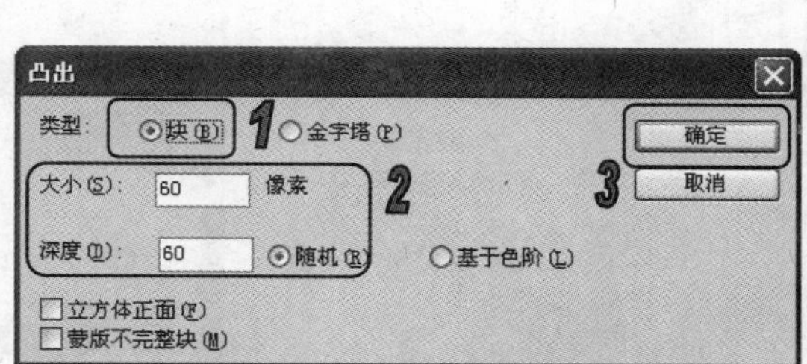

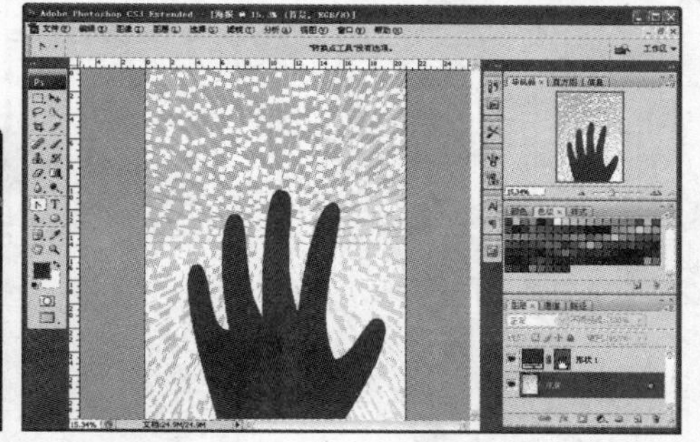

图 12-70　使用【凸出】滤镜

(5) 按 Ctrl+J 键 2 次，复制【形状 1】图层，并使用【自由变换】命令调整【形状 1 副本 1】图层，如图 12-71 所示。

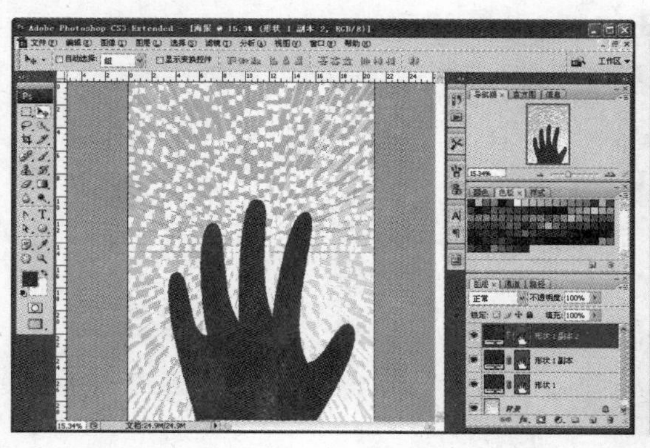

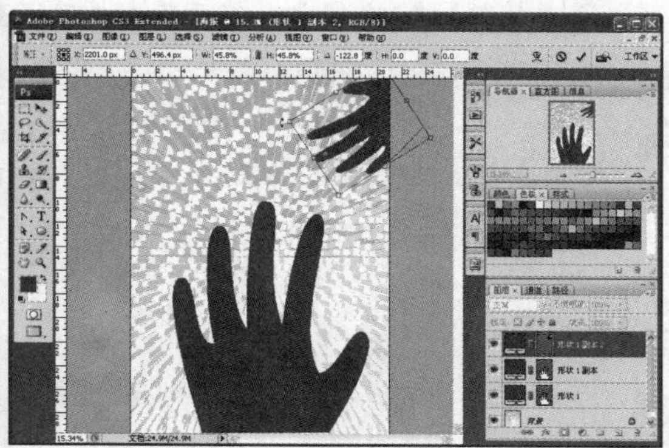

图 12-71　自由变换

(6) 使用【自由变换】命令分别调整【形状 1 副本】和【形状 1】图层，如图 12-72 所示。

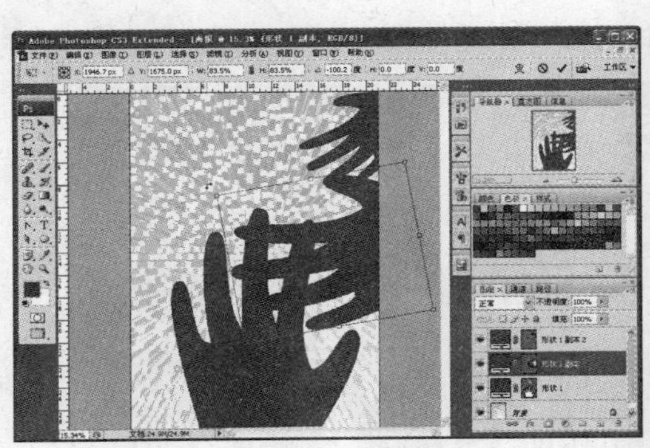

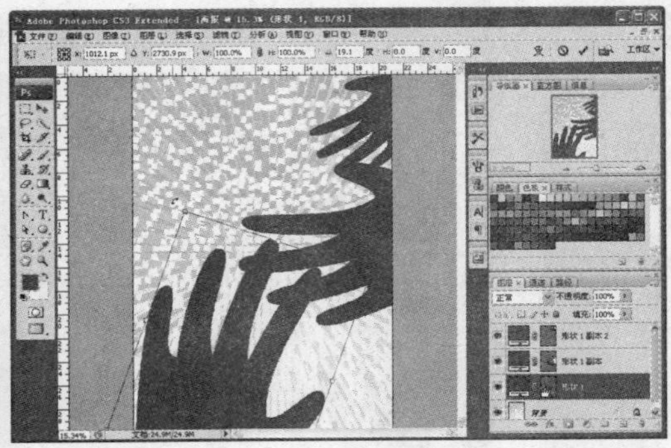

图 12-72　自由变换

(7) 选择【直排文字】工具，在【字符】调板中设置字体为【方正粗活意简体】，字体大小为 120 点，字符间距为 50 点，然后在图像中输入文字，如图 12-73 所示。

(8) 选择【移动】工具，在图像中调整文字位置，如图 12-74 所示。

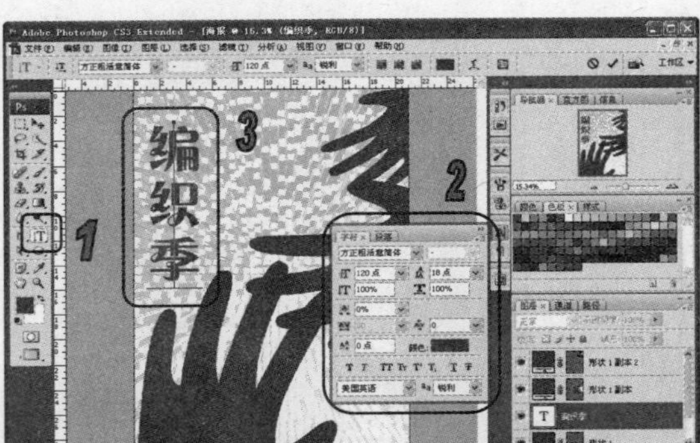

图 12-73　输入文字

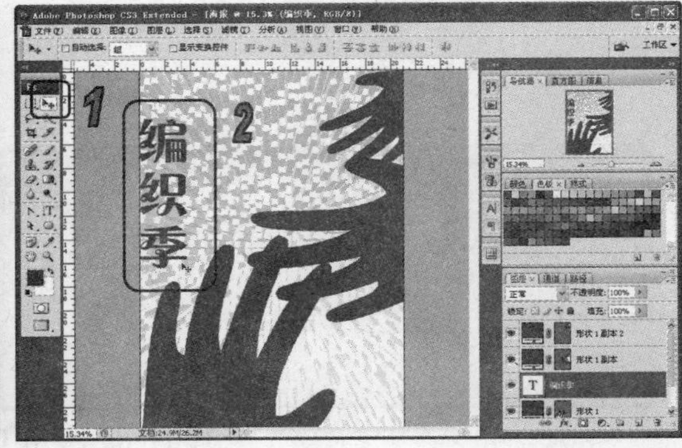

图 12-74　移动文字

(9) 在【图层】调板中，双击【形状 1】图层，打开【图层样式】对话框。选择【投影】样式，设置【大小】为 40 像素，然后单击【确定】按钮，如图 12-75 所示。

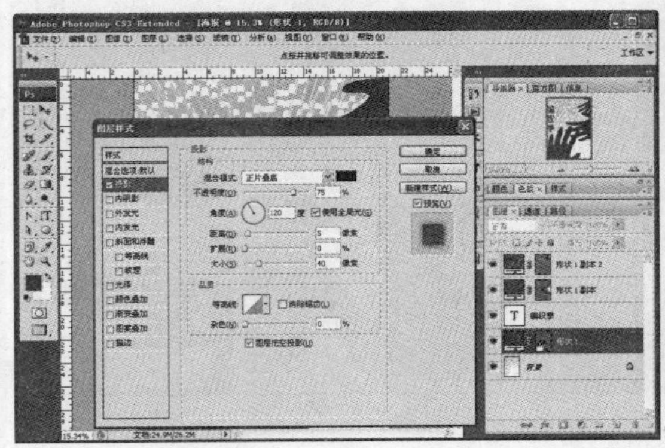

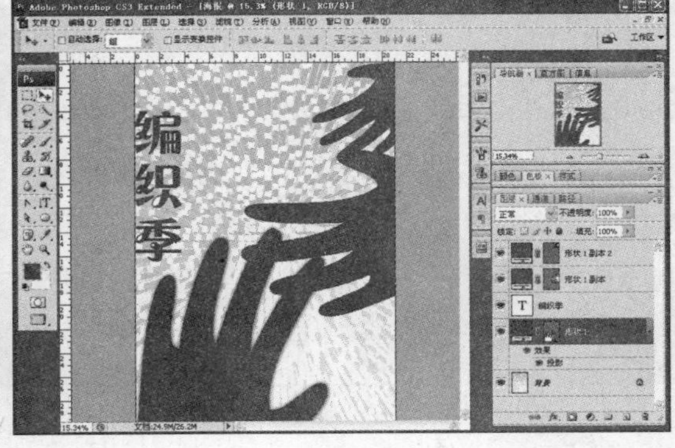

图 12-75　【投影】样式

(10) 在【图层】调板中，按住 Alt 键单击【形状 1】图层中的【效果】，并按住鼠标拖动

之【形状 1 副本】上释放，复制图层样式，如图 12-76 所示。使用相同方法，为【形状 1 副本 1】添加图层样式。

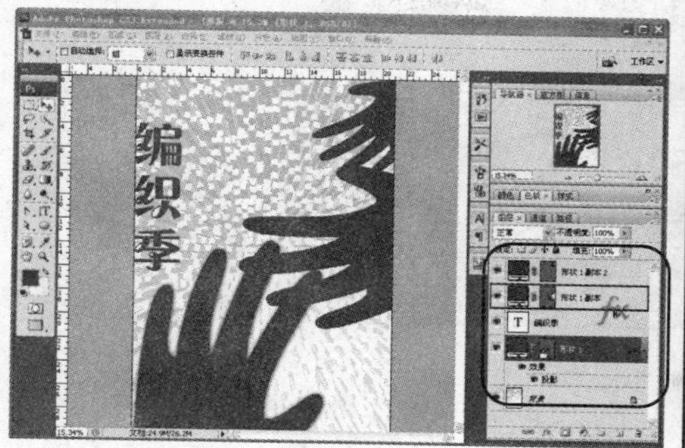

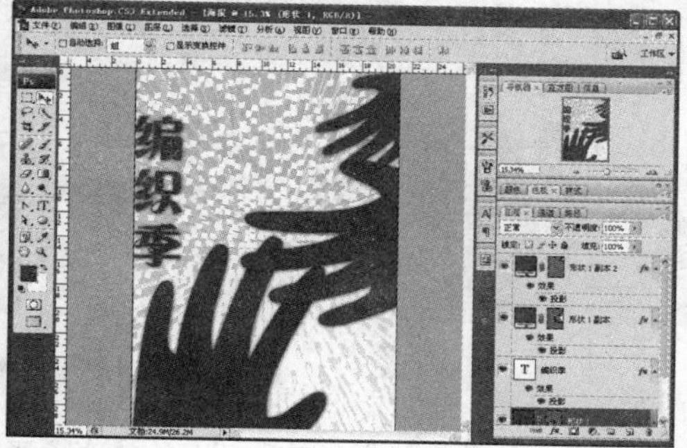

图 12-76　复制图层样式

(11) 在【图层】调板中，按 Ctrl 键选中全部图层，并按 Ctrl+E 键合并选中图层，如图 12-77 所示。

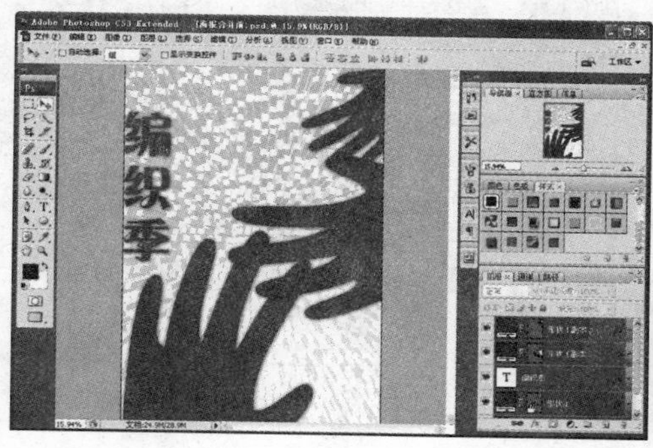

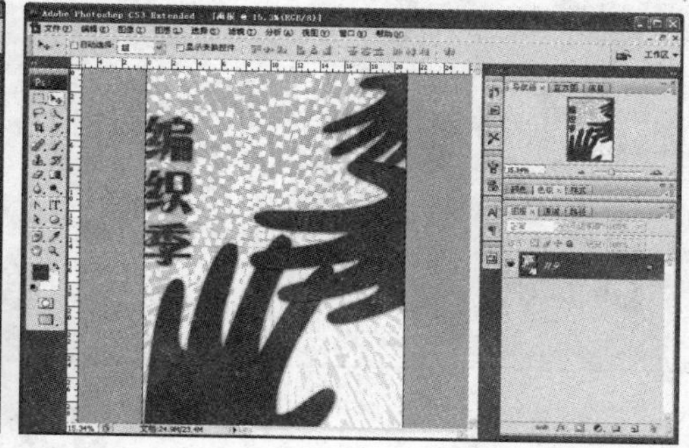

图 12-77　合并图层

(12) 在图像中，根据标尺拖动出参考线，并按 Ctrl+J 键 2 次，复制图层，如图 12-78 所示。

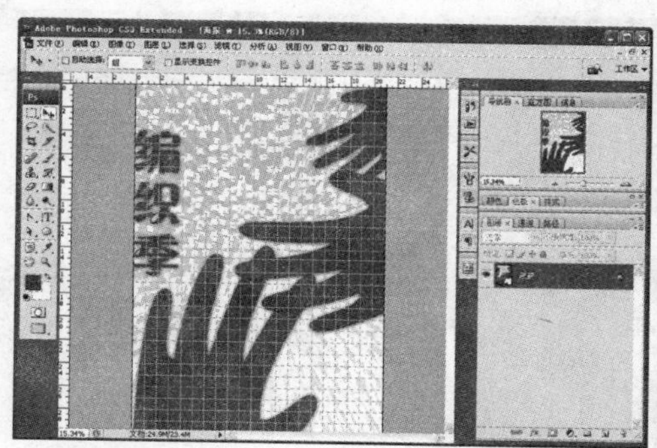

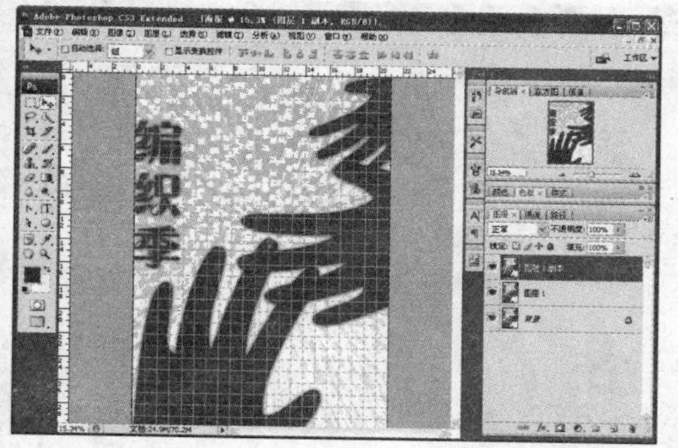

图 12-78　创建参考线并复制图层

(13) 关闭【图层 1 副本】视图，并选择【背景】图层，用黑色填充。选择【矩形选框】工具，在图像中创建选区，如图 12-79 所示。

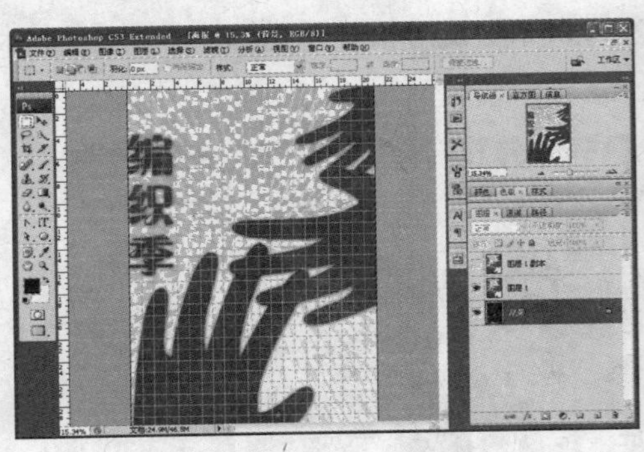
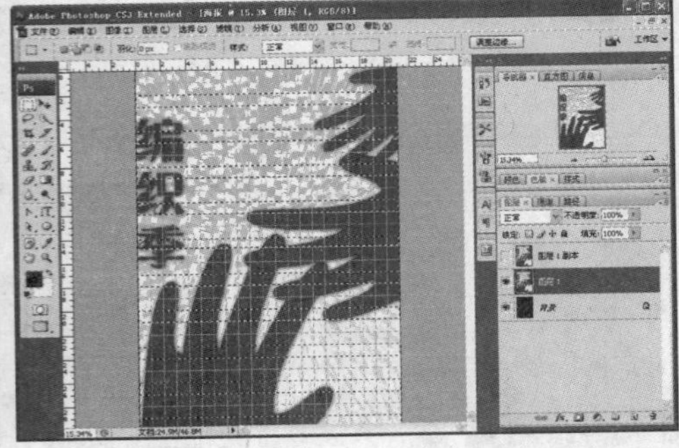

图 12-79 创建选区

(14) 按 Ctrl+Shift+I 键反选选区，并单击【添加图层蒙版】按钮，创建图层蒙版，如图 12-80 所示。

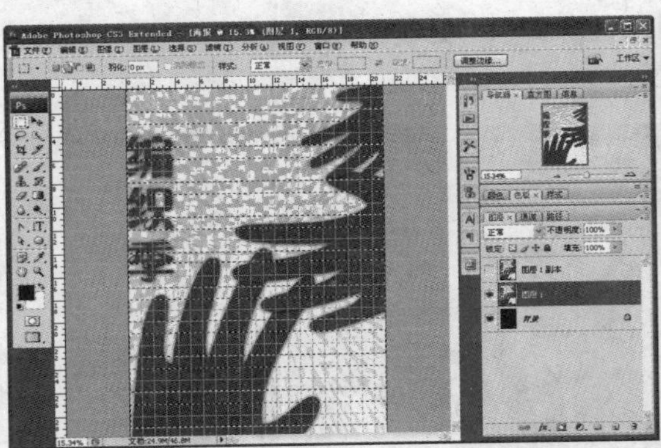

图 12-80 添加蒙版

(15) 打开【图层 1 副本】视图，选择【矩形选框】工具，在图像中创建选区，然后单击【添加图层蒙版】按钮，创建蒙版，如图 12-81 所示。

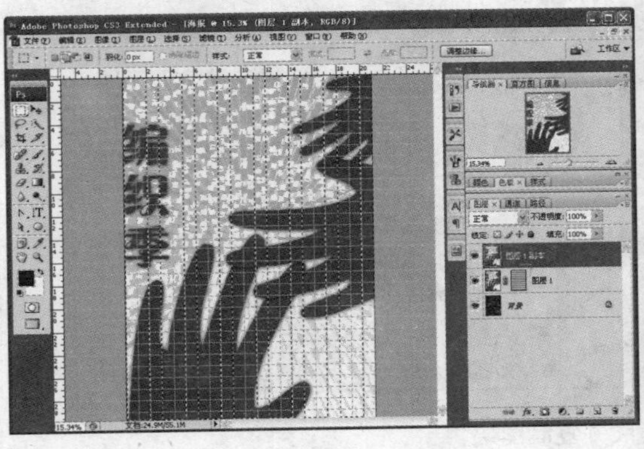
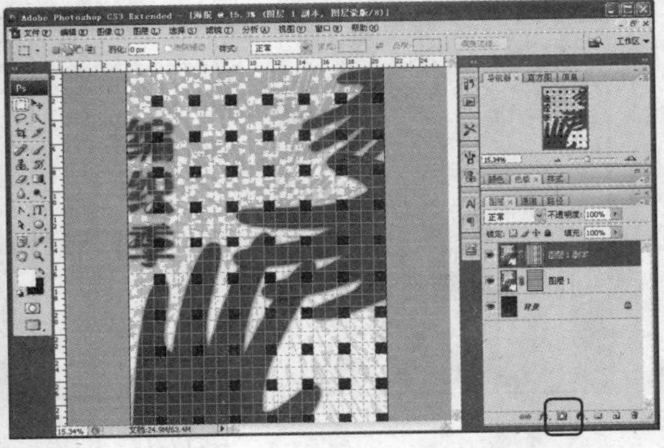

图 12-81 添加蒙版

(16) 按 Ctrl 键单击【图层 1 副本】蒙版，载入选区。然后按 Ctrl+Shift+Alt 键单击【图层 1】蒙版，载入选区，如图 12-82 所示。

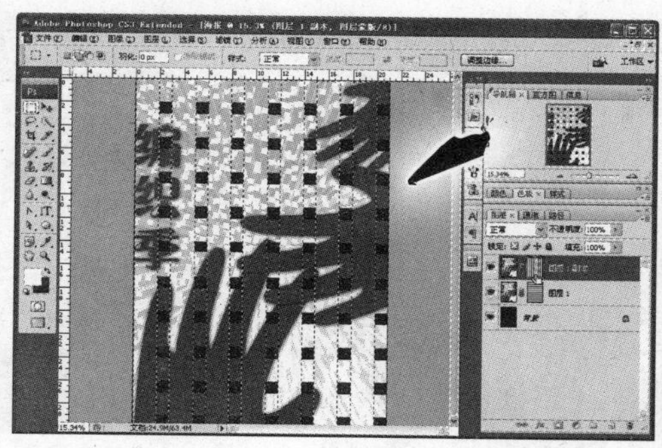

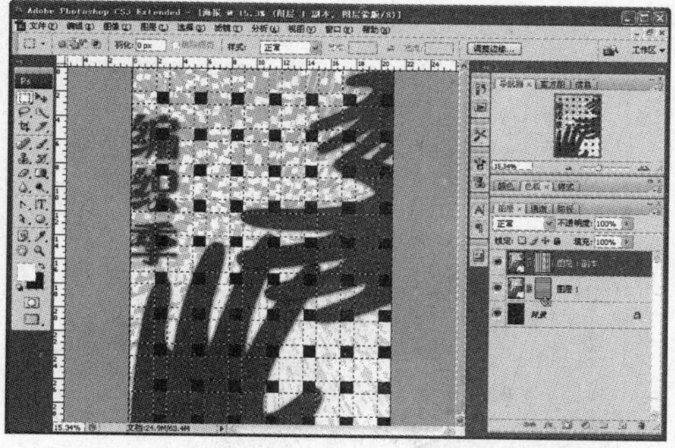

图 12-82　载入选区

(17) 在工具选项栏中单击【从选区减去】按钮，使用【矩形选框】工具在图像中减少选区，并按 Ctrl+J 键复制图像，如图 12-83 所示。

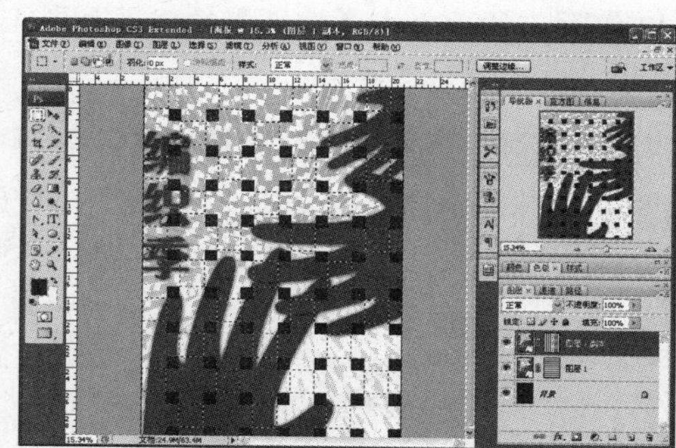

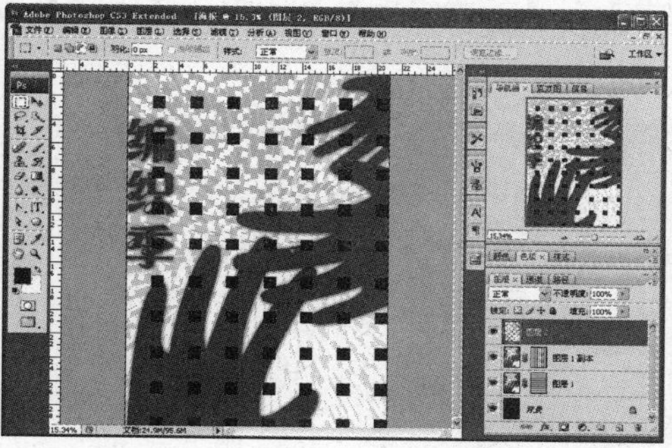

图 12-83　复制图像

(18) 选中【图层 1】，按 Ctrl 键单击【图层 1】蒙版，载入选区。然后按 Ctrl+Shift+Alt 键单击【图层 1 副本】蒙版，载入选区，如图 12-84 所示。

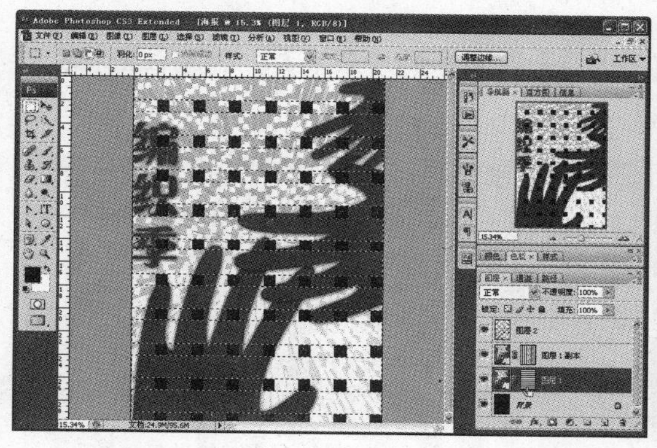

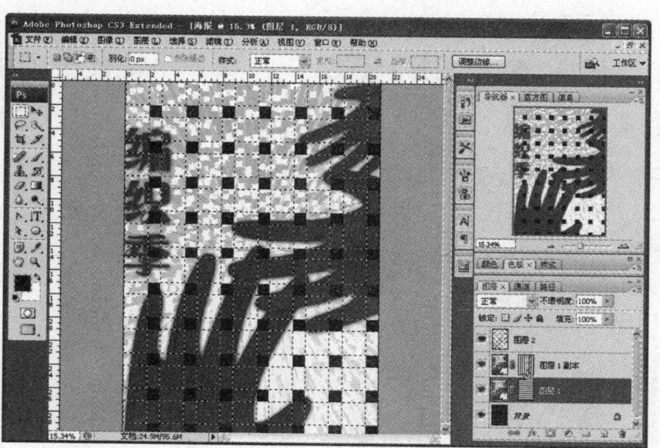

图 12-84　载入选区

(19) 使用【矩形选框】工具在图像中减少选区，并按 Ctrl+J 键复制图像，如图 12-85 所示。

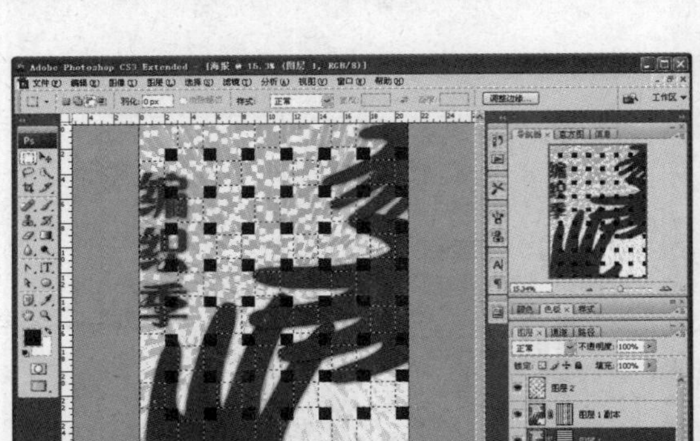
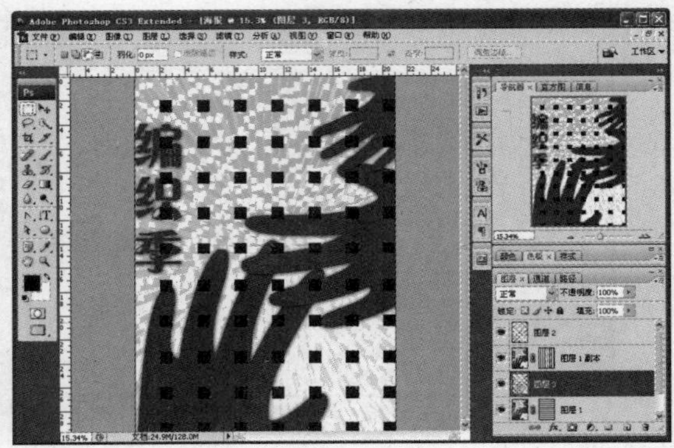

图 12-85　复制图像

(20) 双击【图层 3】，打开【图层样式】对话框，选择【外发光】样式，设置【混合模式】为【正常】，【不透明度】为 40%，【大小】为 40 像素，然后单击【确定】按钮，如图 12-86 所示。

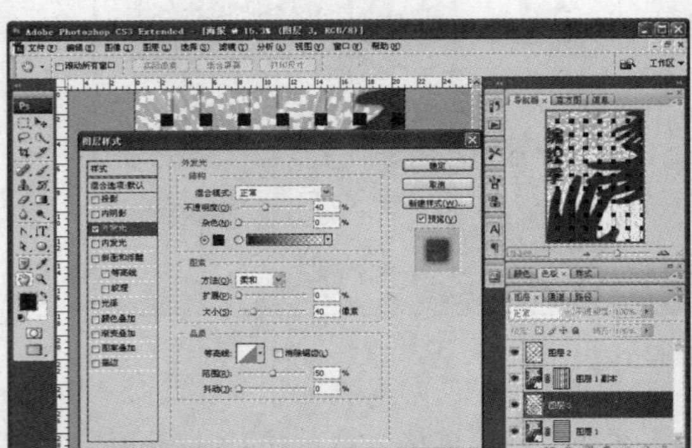
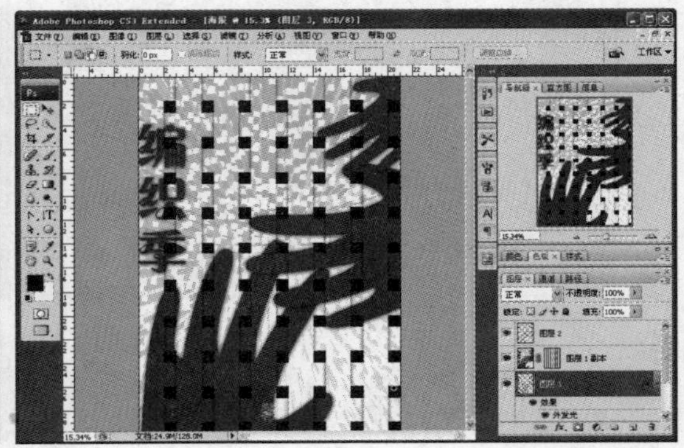

图 12-86　应用【外发光】样式

(21) 在【图层】调板中，按住 Alt 键单击【图层 3】图层中的【效果】，并按住鼠标拖动至【图层 2】上释放，复制图层样式，如图 12-87 所示。

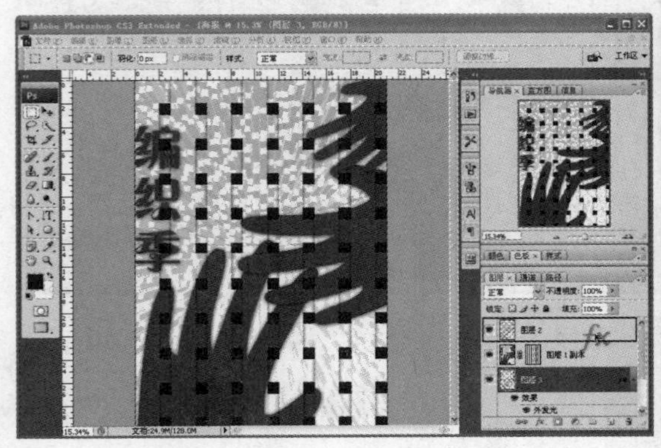
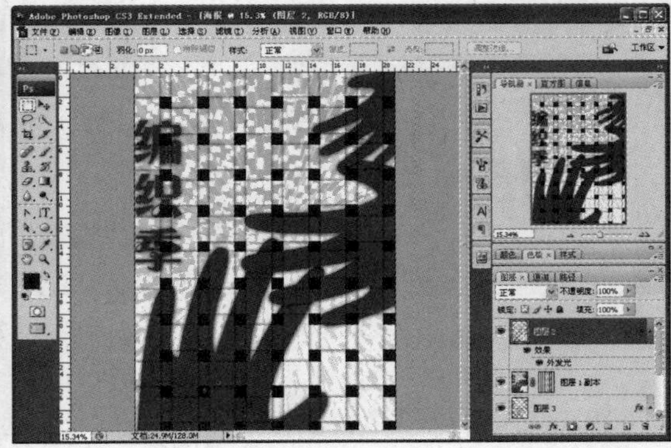

图 12-87　复制图层样式

12.4　制作播放器界面

在本节中，我们将使用 Photoshop CS3 制作播放器界面效果，最终效果如图 12-122 所示。整个制作过程主要使用路径工具、选区工具和文字工具等。

(1) 启动 Photoshop CS3 应用程序，选择【文件】|【新建】命令，打开对话框。在对话框中输入【名称】为“播放器界面”，设置【宽度】和【高度】均为 800 像素，【分辨率】为 150 像素/英寸，【颜色模式】为【RGB 颜色】，然后单击【确定】按钮，如图 12-88 所示。

(2) 选择【视图】|【显示】|【网格】命令，在新建图像文件中显示网格，如图 12-89 所示。

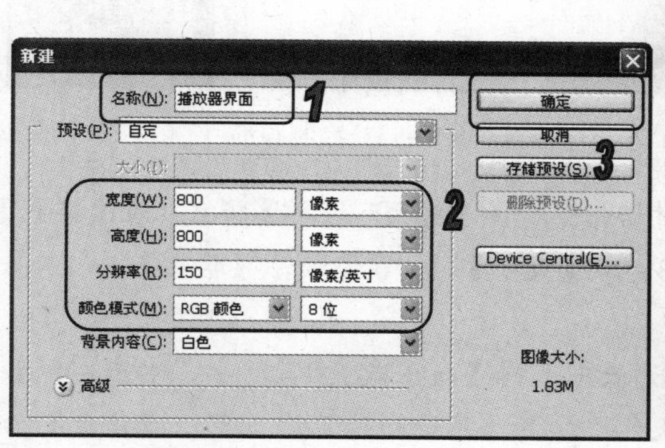

图 12-88　新建文件

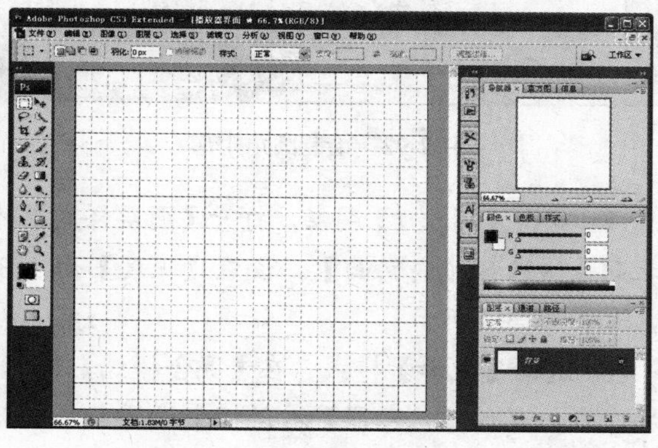

图 12-89　显示网格

(3) 在【色板】调板中单击【20%灰】色板，选择【工具】调板中的【圆角矩形】工具，在工具选项栏中单击【形状图层】按钮，并设置半径为 30px，然后在图像文件中创建圆角矩形，如图 12-90 所示。

(4) 在【色板】调板中单击【85%灰】色板，在工具选项栏中单击【形状图层】按钮，并设置半径为 10px，然后在图像文件中创建如图 12-91 所示的圆角矩形。

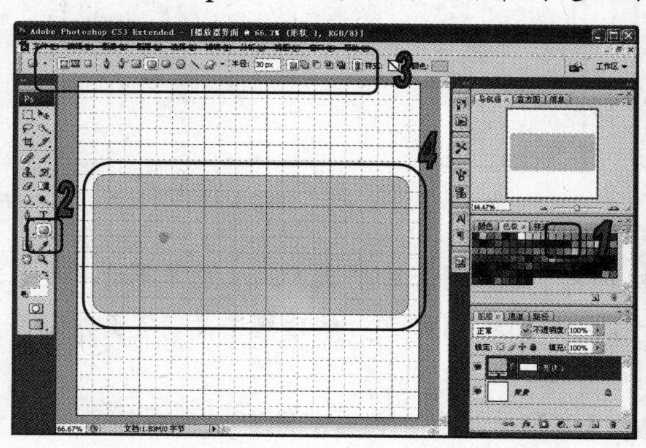

图 12-90　绘制圆角矩形

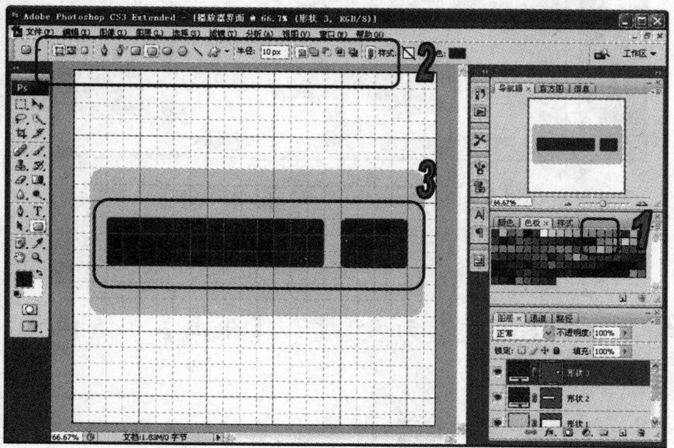

图 12-91　绘制圆角矩形

(5) 在工具选项栏中单击【形状图层】按钮，并设置半径为 20px，然后在图像文件中创建如图 12-92 所示的圆角矩形。

(6) 选择【椭圆】工具，在工具选项栏中单击【形状图层】按钮，然后在图像文件中创建如图 12-93 所示的圆形。

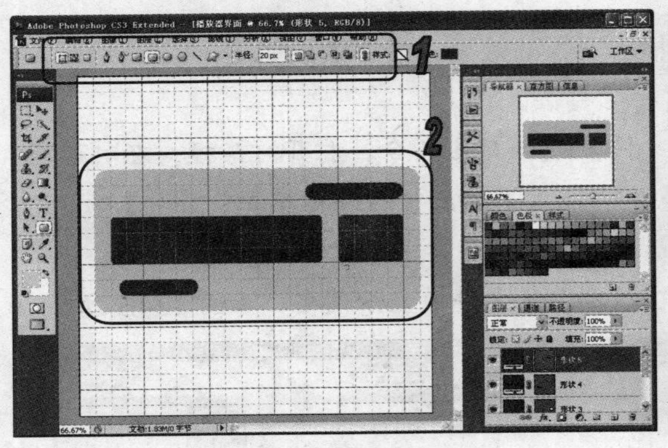

图 12-92　绘制圆角矩形

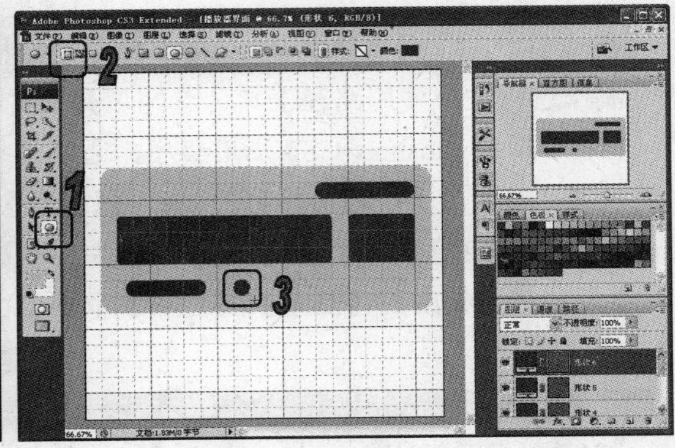

图 12-93　绘制圆形

(7) 双击【形状 1】图层，打开【图层样式】对话框。选择【斜面和浮雕】样式，在【样式】下拉列表中选择【内斜面】，设置【深度】为 20%，【大小】为 16 像素，【软化】为 13 像素，如图 12-94 所示。

(8) 选择【光泽】样式，在【混合模式】下拉列表中选择【线性减淡(添加)】，单击右侧颜色块，在打开的【拾色器】对话框中设置颜色为灰色，设置【不透明度】为 12%，【角度】为 35 度，【距离】为 11 像素，【大小】为 10 像素，如图 12-95 所示。

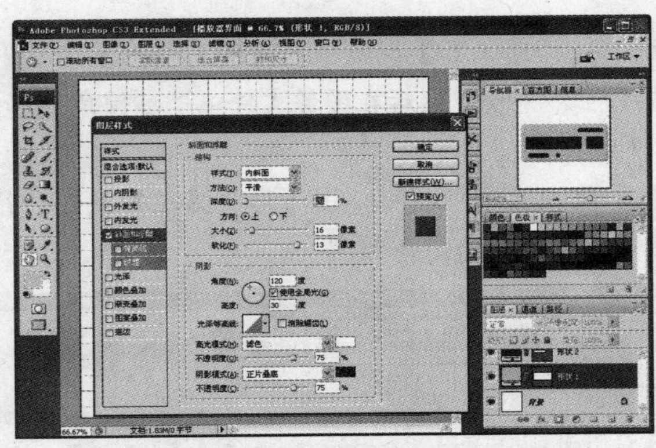

图 12-94　设置【斜面和浮雕】样式

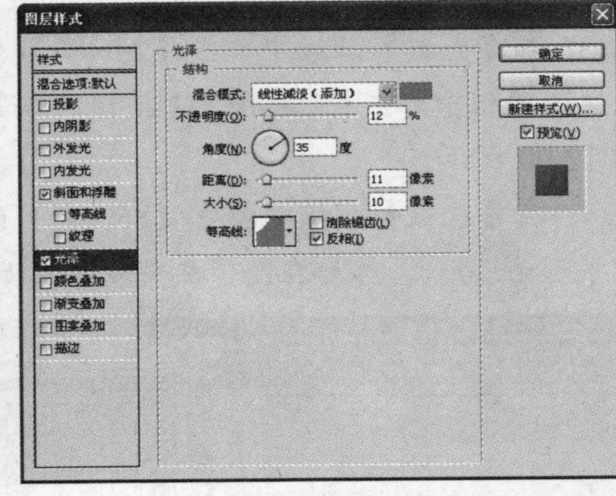

图 12-95　设置【光泽】样式

(9) 选择【投影】样式，在【混合模式】下拉列表中选择【正片叠底】，设置【不透明度】为 75%，【角度】为 35 度，【距离】为 5 像素，【大小】为 10 像素，然后单击【确定】按钮，如图 12-96 所示。

(10) 在【色板】中单击【45%灰】，然后选择【矩形选框】工具在图像中创建选区，如图 12-97 所示。

(11) 在【图层】调板中单击【创建新图层】按钮，创建图层，并使用前景色填充选区，如图 12-98 所示。

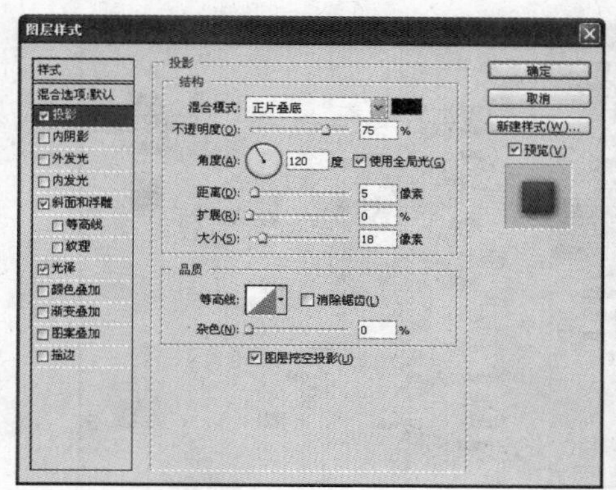

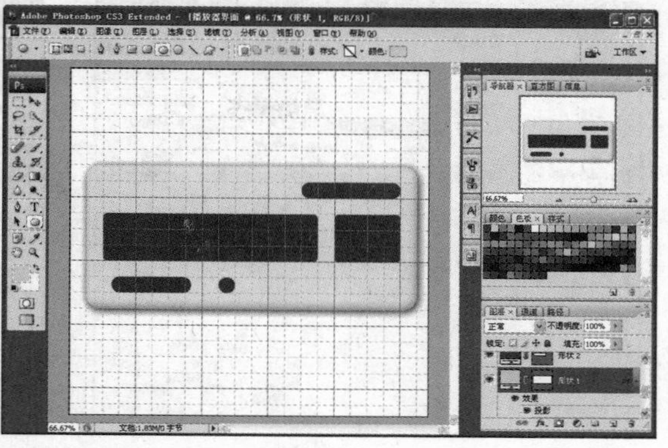

图 12-96　设置【投影】样式

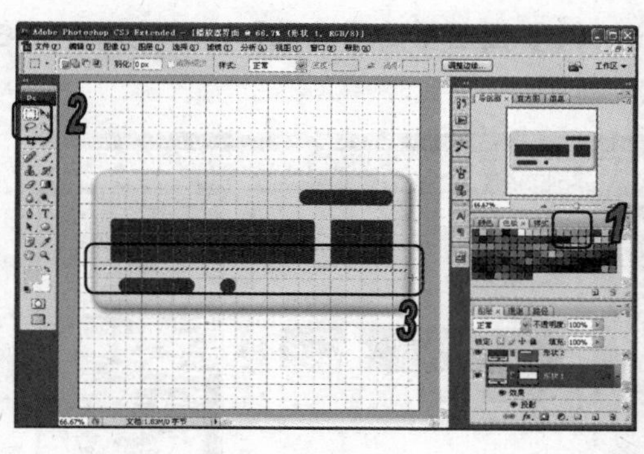

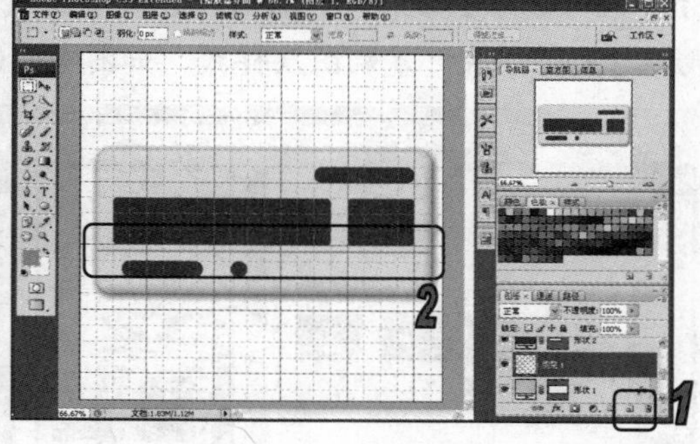

图 12-97　创建选区　　　　图 12-98　填充选区

(12) 双击【图层 1】，打开【图层样式】对话框，选择【斜面和浮雕】样式，在【方法】下拉列表中选择【雕刻清晰】，设置【深度】为 100%，单击【下】单选按钮，【阴影模式】下的【不透明度】为 25%，然后单击【确定】按钮，如图 12-99 所示。

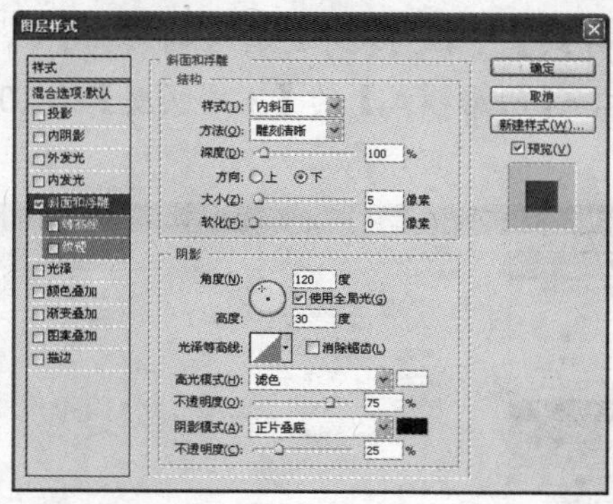

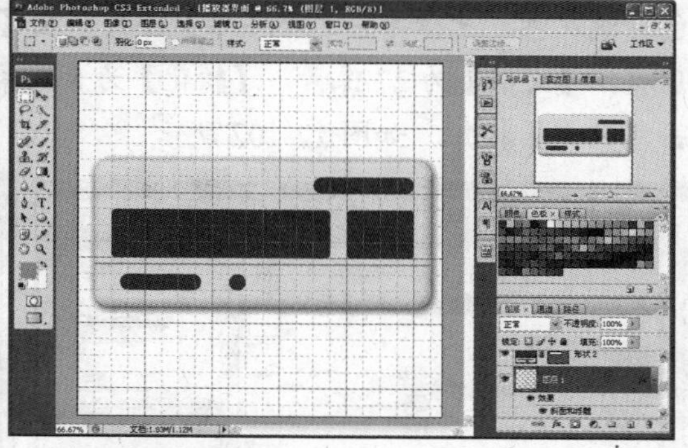

图 12-99　设置【斜面和浮雕】样式

(13) 双击【形状 2】图层，打开【图层样式】对话框。选择【渐变叠加】样式，设置渐变为黑色到深灰色。选择【斜面和浮雕】样式，设置【样式】为【外斜面】，深度为 100%，单击【下】单选按钮，设置【大小】为 6 像素，软化为 0 像素；【阴影模式】的【不透明度】为 25%，然后单击【确定】按钮应用图层样式，如图 12-100 所示。

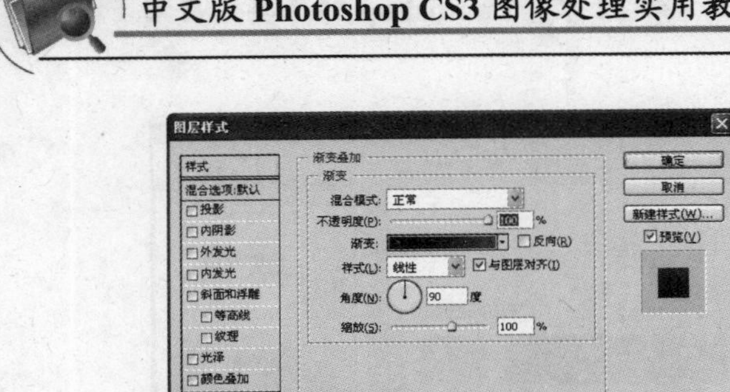

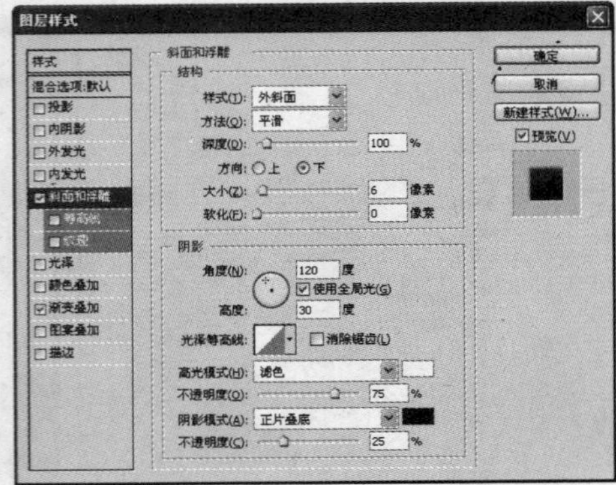

图 12-100　设置【渐变叠加】和【斜面和浮雕】样式

(14) 在【图层】调板中，按住 Alt 键单击【形状 2】图层中的【效果】，并按住鼠标拖动至【形状 3】上释放，复制图层样式，如图 12-101 所示。

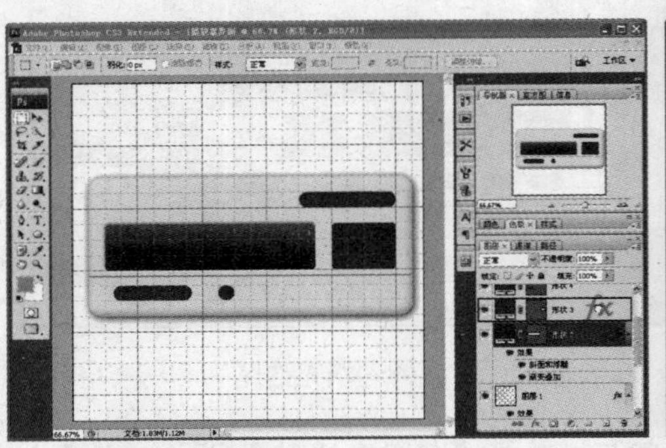

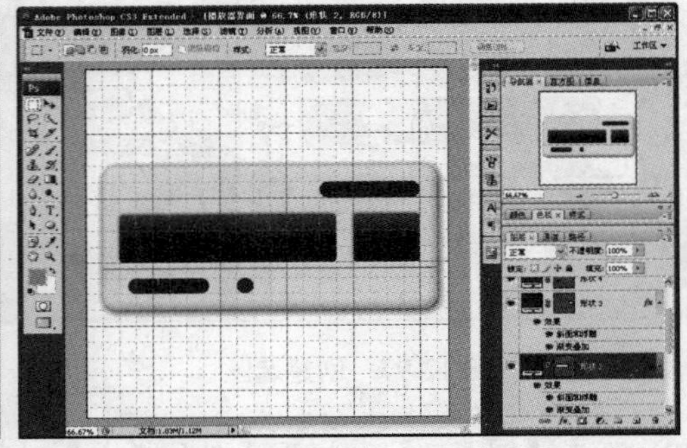

图 12-101　复制图层样式

(15) 双击【形状 4】图层，打开【图层样式】对话框。选择【渐变叠加】样式，设置渐变为深灰色到浅灰色。选择【斜面和浮雕】样式，在【样式】下拉列表中选择【内斜面】，【深度】为 90%，【大小】为 27 像素，【软化】为 8 像素，【阴影模式】的【不透明度】为 10%，然后单击【确定】按钮，如图 12-102 所示。

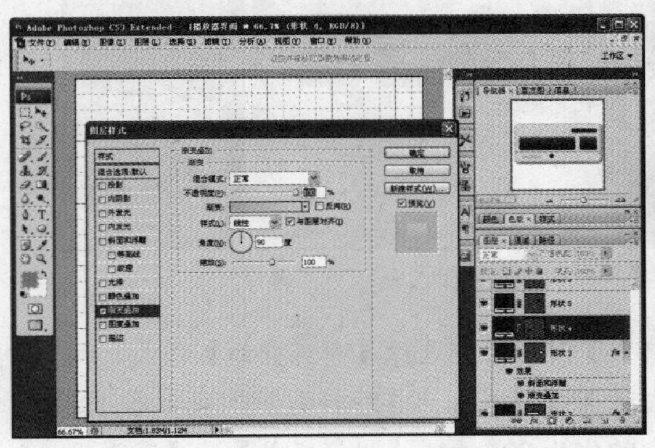

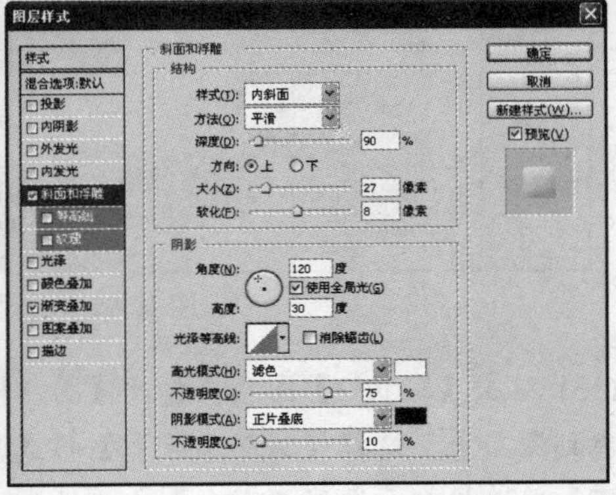

图 12-102　设置【渐变叠加】和【斜面和浮雕】样式

(16) 按住 Ctrl 键单击【形状 4】图层蒙版，载入选区。选择【选择】|【修改】|【扩展】命令，打开【扩展选区】对话框，设置【扩展量】为 3 像素，然后单击【确定】按钮，如图 12-103 所示。

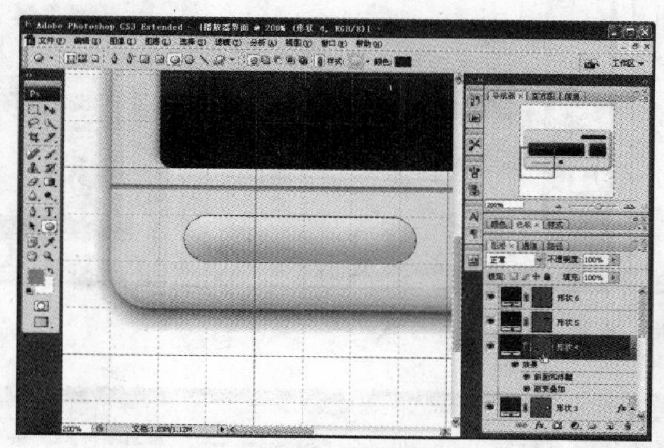

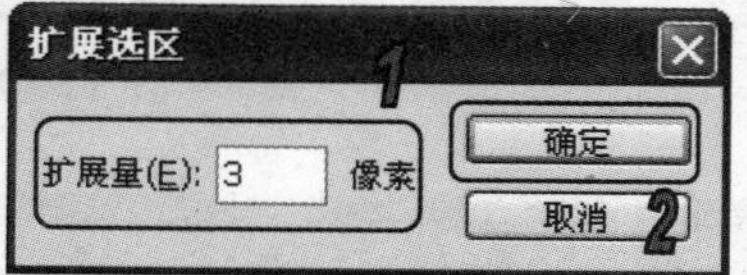

图 12-103　扩展选区

(17) 在【图层】调板中单击【创建新图层】按钮，并使用前景色填充选区，如图 12-104 所示。

(18) 将【图层 2】放置在【形状 4】下方，双击【图层 2】打开【图层样式】对话框，选择【斜面和浮雕】样式，【样式】下拉列表中选择【内斜面】，设置【深度】70%，【大小】为 4 像素，【软化】为 0 像素，【阴影模式】的【不透明度】为 5%，如图 12-105 所示。

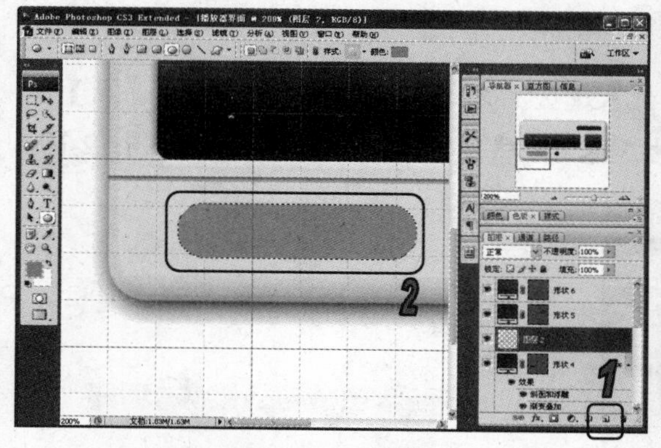

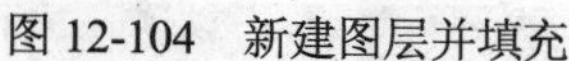

图 12-104　新建图层并填充

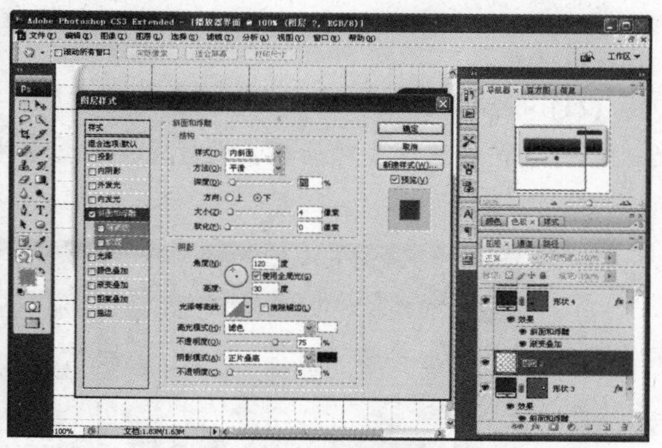

图 12-105　设置【斜面和浮雕】样式

(19) 选择【外发光】样式，【混合模式】为【叠加】，【不透明度】为 70%，【扩展】为 5%，【大小】为 10 像素，然后单击【确定】按钮，如图 12-106 所示。

(20) 在【图层】调板中，按住 Alt 键单击【形状 4】图层中的【效果】，并按住鼠标拖动至【形状 5】上释放，复制图层样式，如图 12-107 所示。

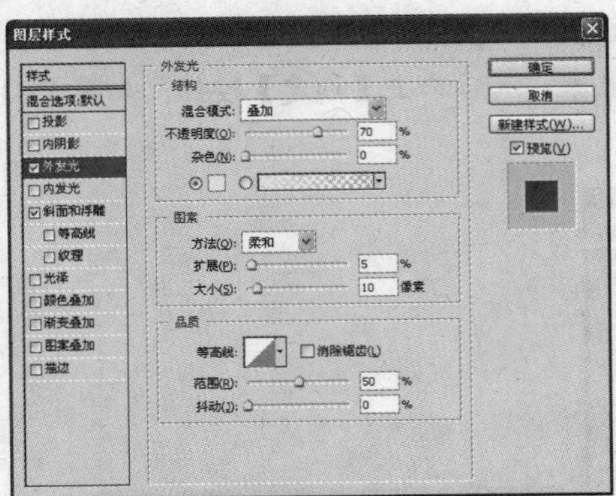

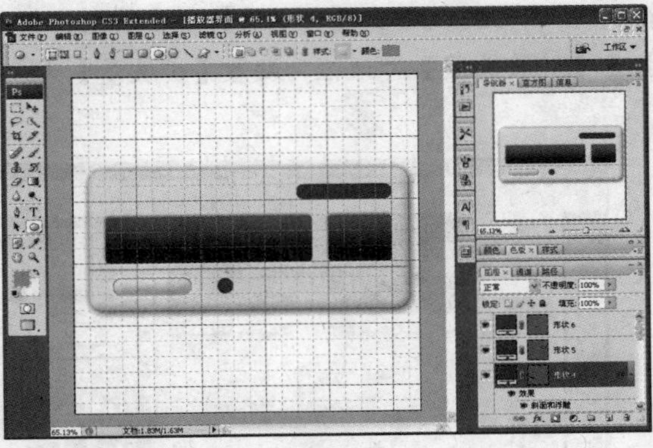

图 12-106　设置【外发光】样式

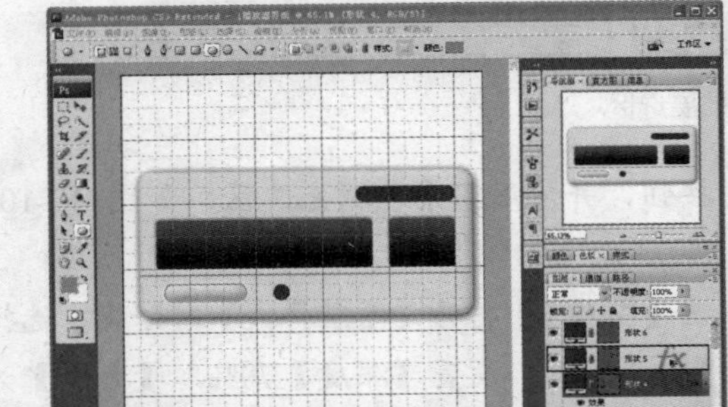

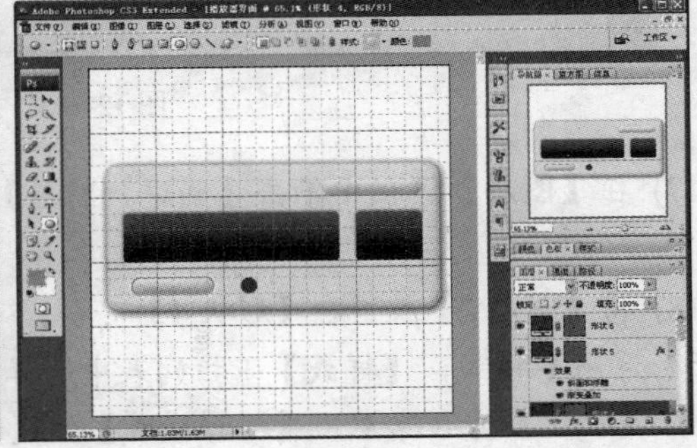

图 12-107　复制图层样式

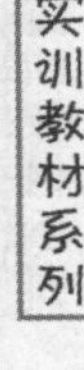

(21) 按住 Ctrl 键单击【形状 5】图层蒙版，载入选区。选择【选择】|【修改】|【扩展】命令，打开【扩展选区】对话框，设置【扩展量】为 3 像素，然后单击【确定】按钮，如图 12-108 所示。

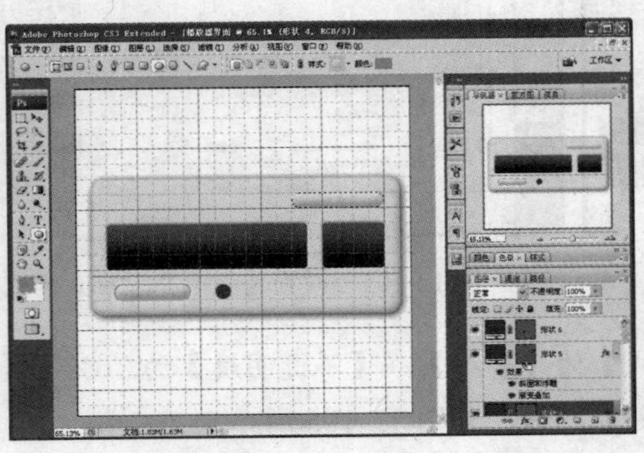

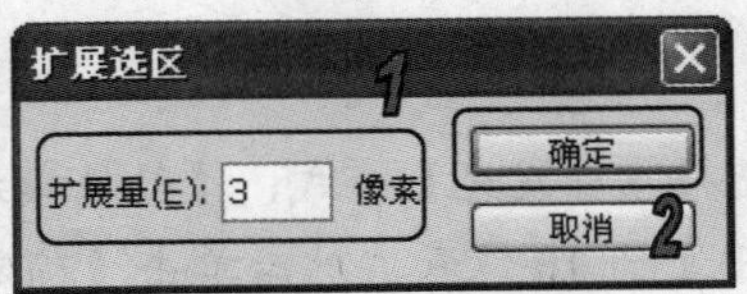

图 12-108　扩展选区

(22) 在【图层】调板中单击【创建新图层】按钮，并使用前景色填充选区，并将【图层 3】放置到【形状 5】下方，如图 12-109 所示。

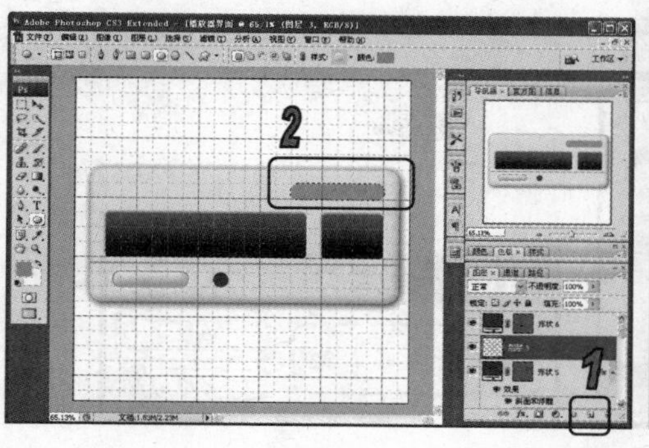

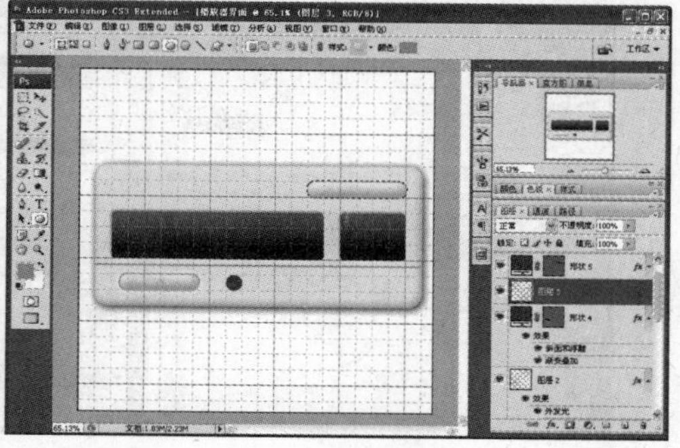

图 12-109 创建图层

(23) 在【图层】调板中，按住 Alt 键单击【图层 2】图层中的【效果】，并按住鼠标拖动至【图层 3】上释放，复制图层样式，如图 12-110 所示。

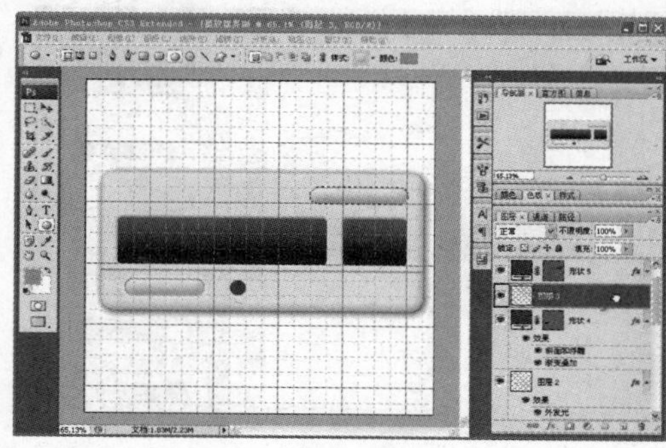

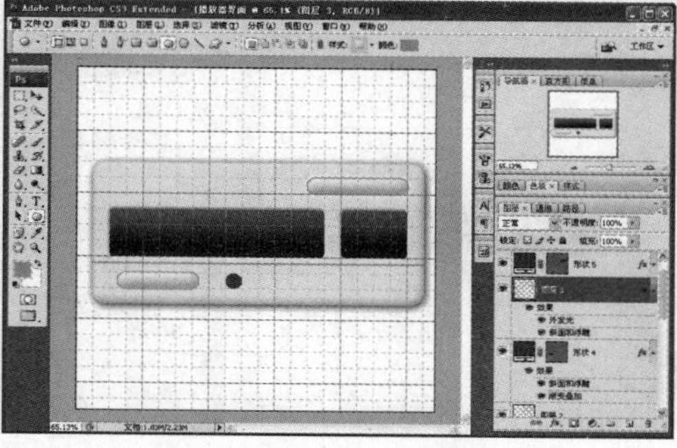

图 12-110 复制图层样式

(24) 在【图层】调板中，按住 Alt 键单击【形状 5】图层中的【效果】，并按住鼠标拖动至【形状 6】上释放，复制图层样式，如图 12-111 所示。

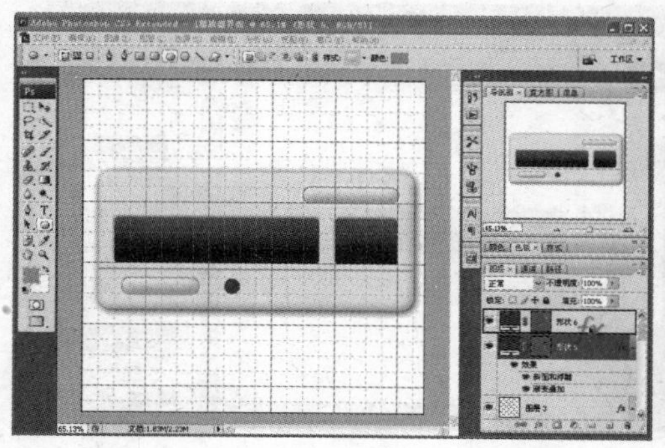

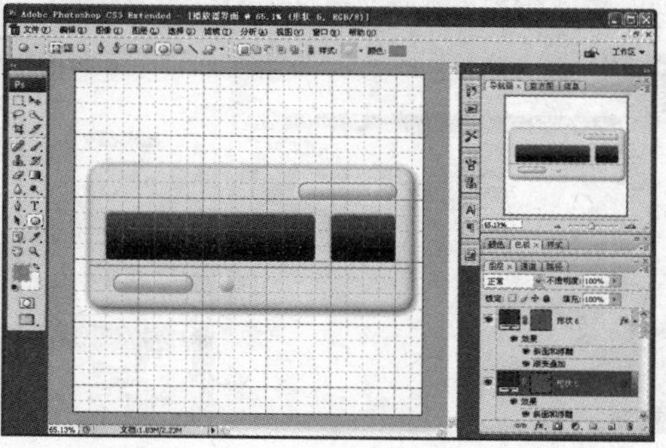

图 12-111 复制图层样式

(25) 按住 Ctrl 键单击【形状 6】图层蒙版，载入选区。选择【选择】|【修改】|【扩展】命令，打开【扩展选区】对话框，设置【扩展量】为 3 像素，然后单击【确定】按钮，如图 12-112 所示。

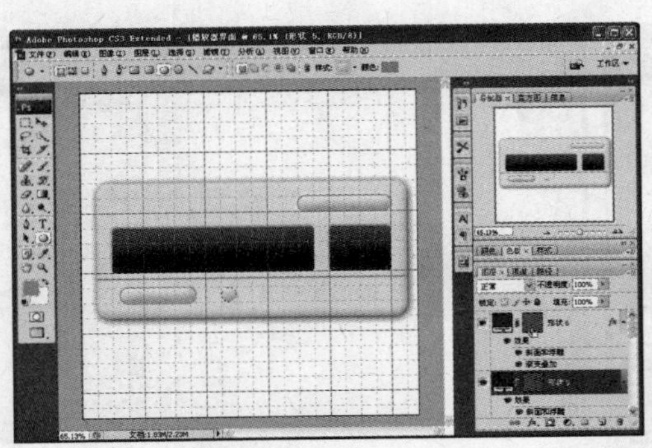
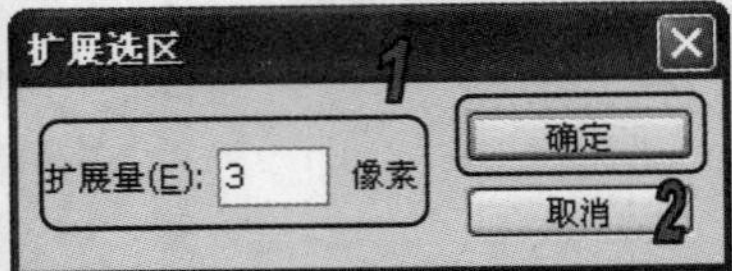

图 12-112 扩展选区

(26) 在【图层】调板中单击【创建新图层】按钮，并使用前景色填充选区，并将【图层 4】放置到【形状 6】下方，然后复制【图层 3】图层样式效果。如图 12-113 所示。

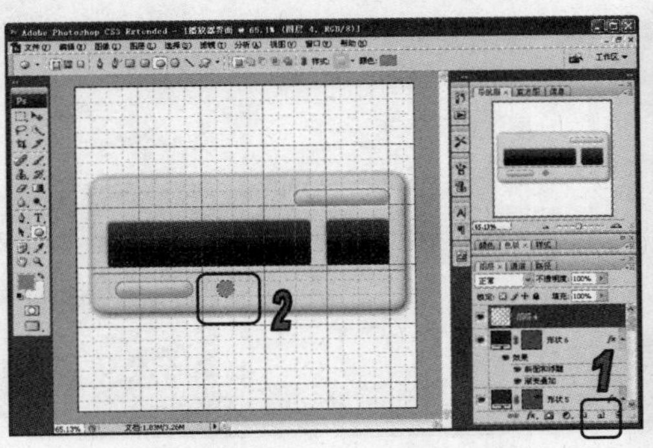
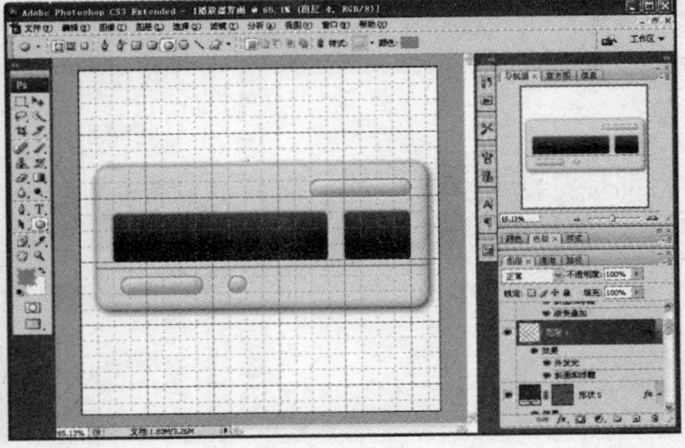

图 12-113 创建新层并复制图层样式

(27) 双击【形状 3】打开【图层样式】对话框。设置渐变为深灰色到浅灰色渐变，然后单击【确定】按钮，接着载入图层选区，如图 12-114 所示。

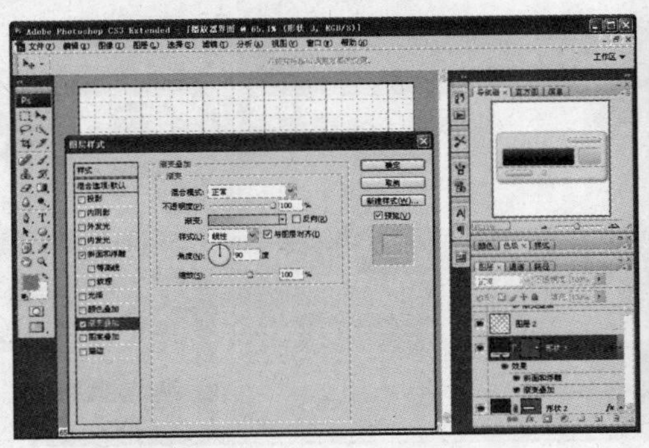
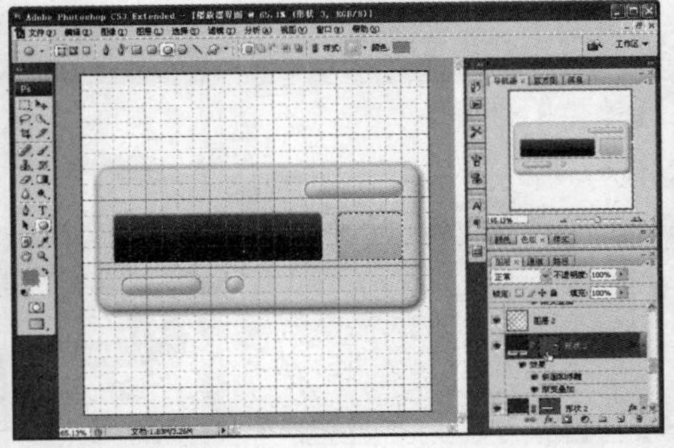

图 12-114 设置图层样式并载入选区

(28) 选择【选择】|【修改】|【收缩】命令，在【收缩选区】对话框中设置【收缩量】为 3 像素，然后单击【确定】按钮，然后创建新图层，并填充如图 12-115 所示。

(29) 在【图层】调板中，按住 Alt 键单击【形状 4】图层中的【效果】，并按住鼠标拖动至【图层 5】上释放，复制图层样式，如图 12-116 所示。

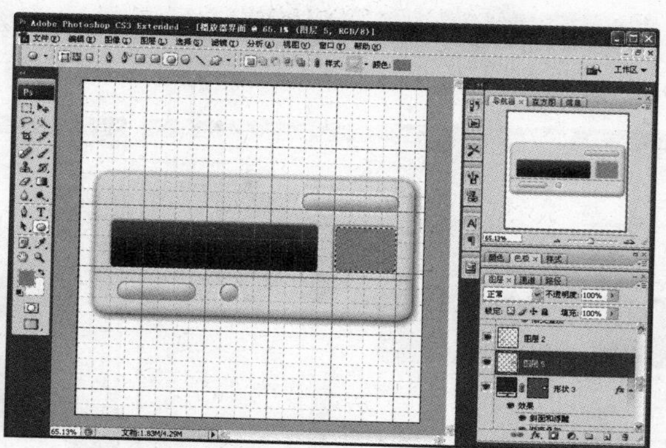

图 12-115 创建图层并填充

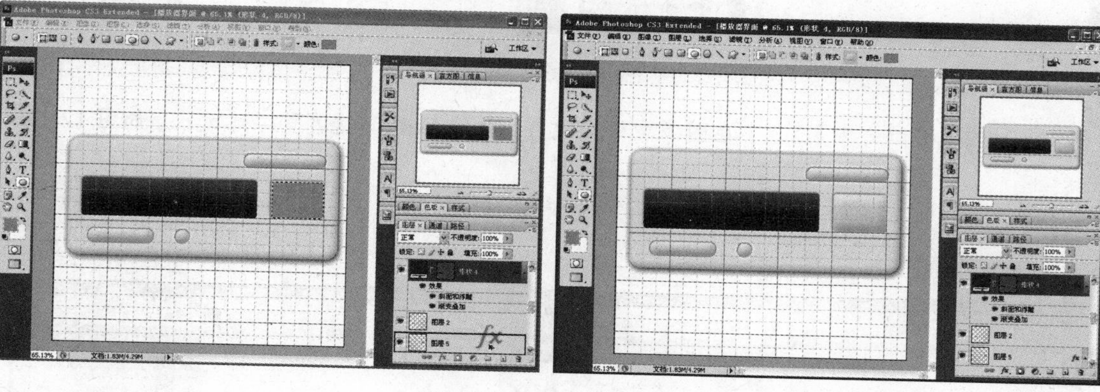

图 12-116 复制图层样式

(30) 创建【图层 6】，选择【矩形选框】工具在图像中创建选区，并使用前景色填充，如图 12-117 所示。

(31) 双击【图层 6】打开【图层样式】对话框，选择【斜面和浮雕】样式，【样式】下拉列表中选择【内斜面】，【方法】为【雕刻清晰】，设置【深度】为 100%，【大小】为 250 像素，【软化】为 0 像素，【阴影模式】的【不透明度】为 20%，然后单击【确定】按钮，如图 12-118 所示。

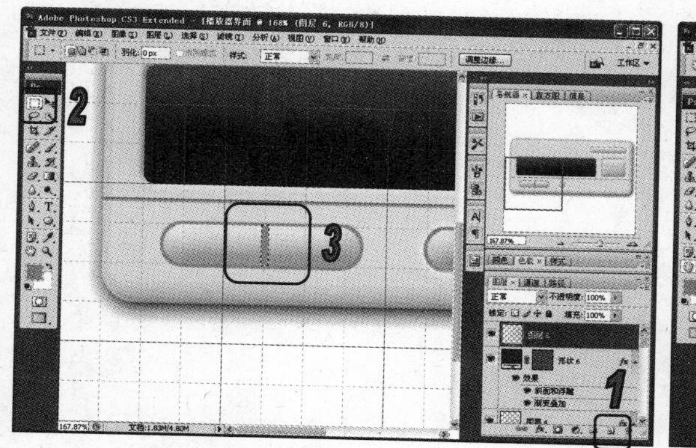

图 12-117 创建图层

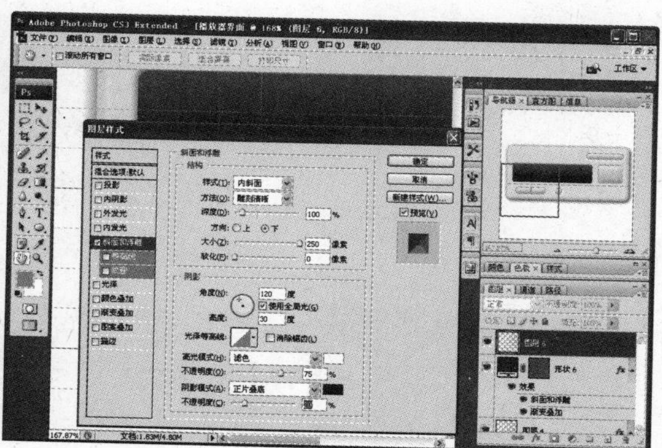

图 12-118 【斜面和浮雕】样式

(32) 按 Ctrl+J 键 2 次，复制【图层 6】，并选择【移动】工具，调整复制图层的位置，如图 12-119 所示。

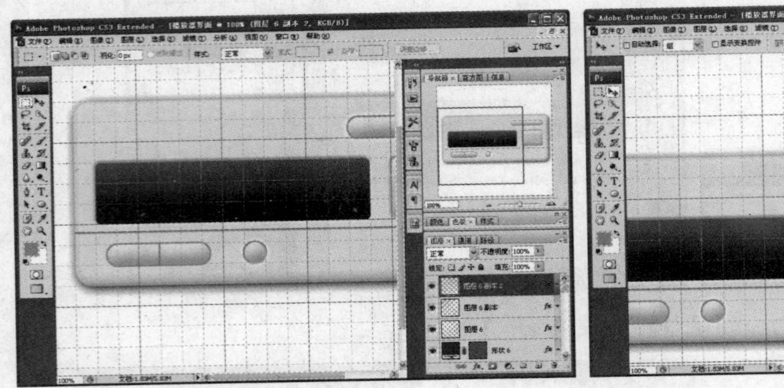

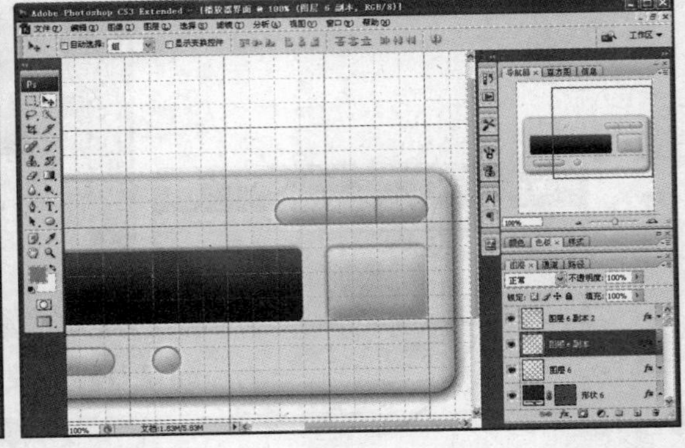

图 12-119　复制图层

(33) 选择【横排文字】工具，在图像中输入文字，并按 Ctrl+T 键调整字体大小，如图 12-120 所示。

(34) 选择【横排文字】工具，在工具选项栏中重新设置字体大小，然后在图像中输入文字，如图 12-121 所示。

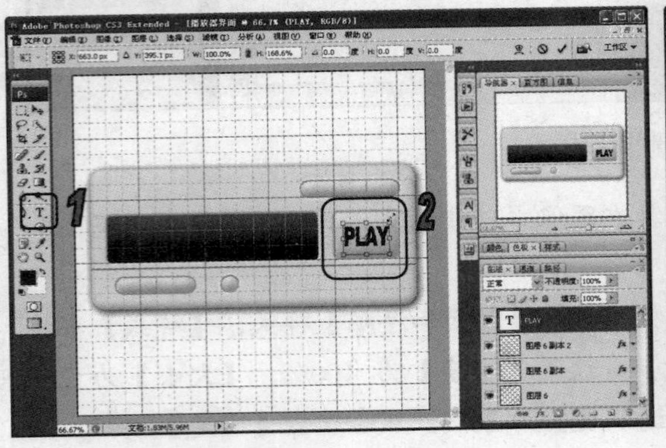

图 12-120　输入文字

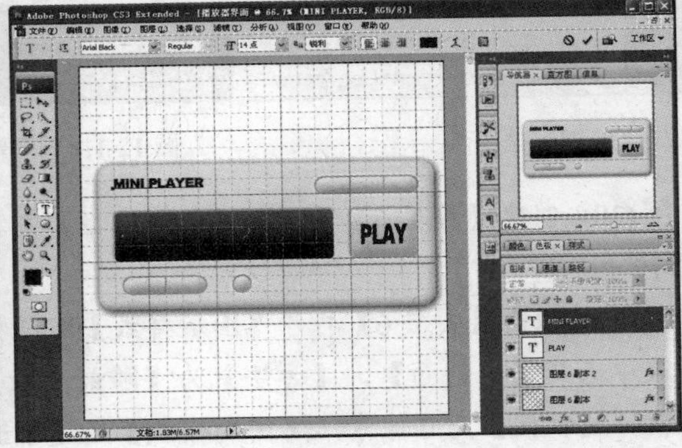

图 12-121　输入文字